westermann

fit fürs abi

Oberstufenwissen

Biologie

fit fürs **abi**

Oberstufenwissen

Biologie

Autoren:

Michael Walory ist Herausgeber und Autor verschiedener Unterrichtswerke für die gymnasiale Oberstufe. Er verfügt über langjährige Unterrichtserfahrung und ist überdies seit langem mit der Entwicklung und Beurteilung von Abituraufgaben betraut.

Karlheinz Uhlenbrock ist Autor verschiedener Lernhilfen für die gymnasiale Oberstufe. Er besitzt langjährige Unterrichtserfahrung in der gymnasialen Oberstufe und in der Konzeption und Durchführung von Abiturprüfungen. Neben der Arbeit in der Schule ist er in der Lehrerausbildung tätig.

westermann GRUPPE

Druck [2] / Jahr 2019

Redaktion & Satz: imprint, Zusmarshausen
Kontakt: lernhilfen@ westermanngruppe.de
Umschlaggestaltung und Innenlayout: Janssen Kahlert Design & Kommunikation, Hannover
Umschlagfoto: iStockphoto.com, Calgary: Mark Kuiken
Druck und Bindung: Westermann Druck GmbH, Braunschweig

ISBN 978-3-7426-**0142**-1

Vorwort

Sie bereiten sich gerade auf eine Klausur oder auf die Abiturprüfung im Fach Biologie vor. Vor Ihnen liegen die Unterrichtsmitschriften, Ihr Schulbuch, ein Biologie-Lexikon. Nun fragen Sie sich: Welche der vielen dort vermerkten Fakten sind wichtig? In welchem größeren Zusammenhang stehen die Einzelinformationen? Und: Wie kann ich meine Vorbereitung angesichts der Fülle der zu lernenden Inhalte zeitsparend und effektiv gestalten?

Der Band **Fit fürs Abi Oberstufenwissen Biologie** möchte Ihnen bei der Beantwortung dieser Fragen helfen und Sie bei der Optimierung Ihrer Vorbereitung unterstützen. Dazu bietet er Ihnen:

- Einen schnellen Überblick über die zentralen Abläufe, Sachzusammenhänge und Fachbegriffe der abiturrelevanten Themengebiete der Biologie. Hierbei wurden die in den „Einheitlichen Prüfungsanforderungen" aller Bundesländer formulierten Basisanforderungen berücksichtigt.
- Prägnante, kurzgefasste Informationen zu den wichtigen Sachgebieten der Oberstufenbiologie.
- Eine strukturierte Darstellung zentraler, erfahrungsgemäß als schwierig empfundener biologischer Abläufe. Sie finden neben der Darstellung der Einzelschritte stets auch eine Zusammenfassung des Gesamtablaufes.
- Möglichkeiten, größere, über den Rahmen einzelner Themengebiete hinausgehende Zusammenhänge zu erkennen. Im Rahmen der mündlichen Abiturprüfung ist dieses häufig Gegenstand des zweiten Prüfungsteiles.
- Anregungen, biologische Theorien, Modelle und Entwicklungen zu hinterfragen und zu bewerten. Nicht allein biologisches Faktenwissen und dessen Anwendung sind Gegenstand der Abiturprüfung, sondern oft auch der kritische Umgang mit diesem Wissen.

Diese **Ziele des Buches** sind an einigen markanten Aufbaubesonderheiten zu erkennen:

- Zwei Einführungskapitel stellen in knapper Form die zentralen biochemischen und cytologischen Grundlagen vor. Auf diese wird in den folgenden Kapiteln zurückgegriffen. Danach folgen acht in sich abgeschlossene Hauptkapitel, welche die zentralen Themengebiete der Oberstufenbiologie behandeln. Alle Kapitel können unabhängig voneinander bearbeitet werden. Bezüge zu verwandten Nachbarkapiteln wie auch themenübergreifende Zusammenhänge werden durch → **Querverweise** angedeutet.
- Im laufenden Text erleichtert **Halbfettdruck** das schnelle Auffinden zentraler Aussagen und Fachbegriffe.
- Der Text wurde an vielen Stellen als **Aufzählung** gestaltet, damit alle zentralen Informationen auf einen Blick erfasst werden können.

Die aufgabenbezogene Wissensanwendung und -darstellung können Sie mithilfe des Ergänzungsbandes **Fit fürs Abi Biologie Klausur-Training** üben. Dieser bietet Ihnen eine Vielzahl von Beispielaufgaben mit ausführlichen Vorschlägen zur Lösung und Hinweise zur optimalen Bearbeitung.

- Zudem finden Sie an Teil- oder Kapitelenden „Überblicke“ – prägnante **Zusammenfassungen** der wichtigsten Inhalte des jeweiligen Kapitels.
- Und nicht zuletzt bietet das umfangreiche Glossar die Möglichkeit, zentrale Begriffe rasch und direkt nachzuschlagen.
- Die im Text erläuterten biologischen Inhalte werden durch zahlreiche **Abbildungen, Diagramme und Ablaufskizzen** visualisiert und vertieft.
- Das Inhaltsverzeichnis sowie das ausführliche **Stichwortverzeichnis** am Ende des Buches ermöglichen eine schnelle Orientierung.

Tipps zur Optimierung Ihrer Prüfungsvorbereitung

Arbeitsorganisation

- Stellen Sie möglichst frühzeitig gemeinsam mit der Fachlehrkraft den konkreten Themenkatalog für die Prüfung zusammen. Listen Sie alle relevanten Unterthemen auf.
- Erfragen Sie den vorgesehenen Terminplan für die Wiederholung im Unterricht.
- Erstellen Sie ausgehend von Themenkatalog und Terminplan der unterrichtlichen Wiederholung Ihren persönlichen Zeit- und Themenplan für die Prüfungsvorbereitung. Stimmen Sie dabei Ihre Wiederholung mit der Wiederholung im Unterricht ab.
- Geben Sie Ihrer Wiederholung eine klare Struktur. Beginnen Sie mit den Basis-Fakten. Bauen Sie die Wiederholung dann in zusammenhängenden Sachsträngen auf (z. B. Klassische Genetik, Humangenetik, Molekulargenetik). Orientieren Sie sich dabei am Aufbau dieses Buches.
- Setzen Sie sich in Ihrem Arbeitsplan realistische und erreichbare Tages- und Wochenziele. Haben Sie diese erreicht, dann gönnen Sie sich eine Erholungspause.
- Denken Sie bei der Erstellung Ihres persönlichen Lernplanes daran, dass Lernergebnisse erst durch mehrfaches Üben sichergestellt werden. Kalkulieren Sie für schwierige Sachverhalte eine Mehrfachwiederholung ein.
- Planen Sie Ihren Zeitrahmen großzügig. Kontinuierliches Arbeiten über mehrere Wochen ist sinnvoller als die Radikalmethode „Fit für die Prüfung in 24 Stunden“.

Fakten lernen

- Die Speicherung von Informationen im Langzeitgedächtnis erfolgt am einfachsten durch mehrfaches Wiederholen. Lesen Sie wichtige Informationen immer wieder durch – am besten mehrere Wochen lang täglich ein Mal.
- Fakten bleiben besser haften, wenn man sie über mehrere Eingangskanäle aufnimmt. Fassen Sie also zentrale Fakten in einer Tabelle zusammen oder

schreiben Sie Merksätze auf. Tragen Sie wichtige Informationen laut vor – auch wenn Sie selbst Ihr einziger Zuhörer sind. Hilfreich kann es beim Lernen schwieriger Sachverhalte zudem sein, sie durch Verknüpfung mit Bildern oder durch Erstellen einer Skizze zu veranschaulichen.

- Wenden Sie die „Spickzettelmethode" an: Schreiben Sie wichtige Informationen zu einem bestimmten Thema (z. B. Proteinbiosynthese) auf eine kleine Karteikarte. Da diese nur wenig Platz bietet, müssen Sie genau überlegen, welche Informationen so wichtig sind, dass sie unbedingt auf die Karte gehören. Den so erstellten „Spickzettel" können Sie nun in Pausen oder Wartezeiten zum Lernen nutzen.
- Eine Alternative ist die „Türrahmenmethode": Schreiben Sie wichtige Fakten, Zusammenhänge usw. auf Zettel und befestigen Sie diese am Rahmen der Tür, durch die Sie täglich am häufigsten gehen. Lesen Sie jedes Mal, wenn Sie die Tür durchschreiten, die Informationen auf den Zetteln durch oder versuchen Sie diese laut aufzusagen, ohne auf das Blatt zu schauen. Gelingt Ihnen Letzteres dreimal nacheinander fehlerfrei, können Sie den Zettel abnehmen. Dieser Inhalt sitzt!
- Üben Sie im Team. Stellen Sie sich in der Übungsgruppe gegenseitig Fragen und Aufgaben. Suchen Sie gemeinsam nach optimalen Lösungswegen. Erst wenn man einen Sachverhalt einer zweiten Person erklären kann, hat man ihn wirklich verstanden. Diskutieren Sie strittige Fragen, Theorien, Modelle. Entwickeln Sie Stellungnahmen zu aktuellen biologischen Themen.

Für alle Tipps gilt: Wenden Sie zum Lernen die Methode an, die Ihrem Lernstil am besten entspricht. **Fit fürs Abi Oberstufenwissen Biologie** kann als Lerngrundlage verwendet werden: als Hilfe bei der Strukturierung der Wiederholung, als Nachschlagewerk für Fakten oder als Vorlage für die Beschreibung komplexer biologischer Abläufe.

Das Autorenteam wünscht Ihnen in jedem Fall eine gelungene Vorbereitung und einen erfolgreichen Verlauf Ihrer Prüfung!

App für Smartphones

Fürs Nachschlagen und Lernen unterwegs gibt es das **Glossar auch als App für Ihr Smartphone**. Einfach im *Apple App Store* oder im *Google Play Store* „Fit fürs Abi"eingeben und kostenlos herunterladen. Die App erklärt wichtige Fachbegriffe nicht nur für das Fach Biologie, sondern auch für sieben weitere Abiturfächer. Digitale „Karteikarten" erleichtern das Auswendiglernen.

Achtung!
Das Glossar gibt es als App für Smartphones.

1 Bau- und Inhaltsstoffe der Zelle

In diesem Kapitel werden die wesentlichen Inhaltsstoffe der Zelle, deren Aufbau sowie deren Funktion in Grundzügen beschrieben. Die besonderen Eigenschaften von Wasser-Molekülen werden dabei ebenso behandelt wie die chemischen Strukturen von Kohlenhydraten, Lipiden und Proteinen. Daneben werden die Strukturen der Nucleinsäuren DNA und RNA, die in Zellen zur Speicherung und Übertragung von Informationen dienen, in diesem Kapitel thematisiert.

1.1 Wasser – Grundlage des Lebens

Zellen bestehen chemisch betrachtet vor allem aus Wasser, Proteinen, Nucleinsäuren und Kohlenhydraten. Wasser dient dabei unter anderem als Löse- und Transportmittel sowie als Reaktionspartner. Die besondere biologische Bedeutung des Wassers ist auf die Struktur des Wasser-Moleküls zurückzuführen.

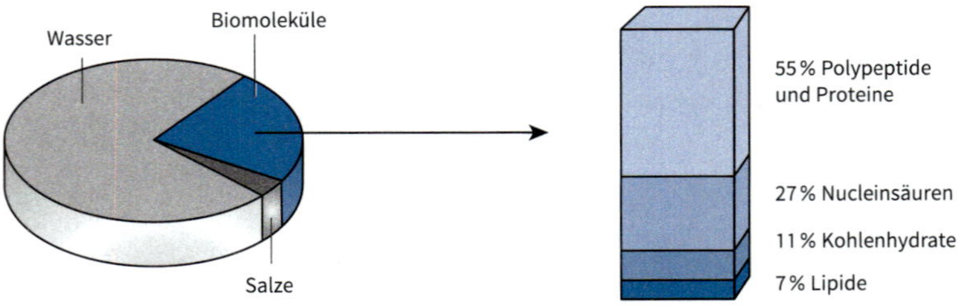

Abb. 1.1: Chemische Zusammensetzung von Zellen

Dipolcharakter des Wasser-Moleküls

Die Wasserstoff-Atome des Wasser-Moleküls bilden einen Winkel von 105°. Zwischen Sauerstoff- und Wasserstoff-Atom besteht eine **polare Elektronenpaarbindung:** Bindende Elektronenpaare werden vom Sauerstoff-Atom stärker als vom Wasserstoff-Atom angezogen. Durch diese ungleiche Ladungsverteilung wird das Sauerstoff-Atom partiell negativ (Symbol: δ^- = negative Teilladung), die Wasserstoff-Atome partiell positiv (δ^+ = positive Teilladung). Das Wasser-Molekül wird zum **Dipol**.

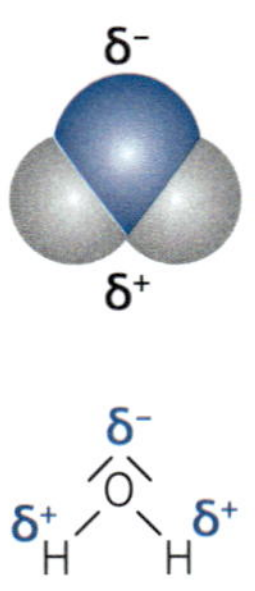

Abb. 1.2: Ladungsverschiebung im Wasser-Molekül

Der Dipolcharakter des Wassers bedingt sein Löslichkeitsverhalten: Polare Stoffe lösen sich im polaren Lösemittel Wasser, unpolare Stoffe nur in unpolaren Lösemitteln („Gleiches löst sich in Gleichem“).

Moleküle mit polaren Gruppen wie Hydroxy-Gruppen (—OH), Carboxy-Gruppen (—COOH) oder Amino-Gruppen (—NH_2) sind folglich **hydrophil** („wasserliebend"). Das gilt auch für Ionen (Teilchen mit positiver oder negativer Ladung). Im Wasser werden sie von einer Hülle aus Wasser-Molekülen, der **Hydrathülle,** umgeben und sind so frei beweglich. Überwiegen unpolare Gruppen wie Kohlenwasserstoffketten, so sind die enstprechenden Moleküle **hydrophob** („wassermeidend").

Wasserstoffbrückenbindungen

Nähern sich zwei Wasser-Moleküle, so bildet sich zwischen diesen eine besondere Bindung, die **Wasserstoffbrücke**. Bei dieser ziehen sich das partiell positive Wasserstoff-Atom eines Moleküls und das partiell negativ geladenen Sauerstoff-Atom eines anderen Moleküls gegenseitig an.

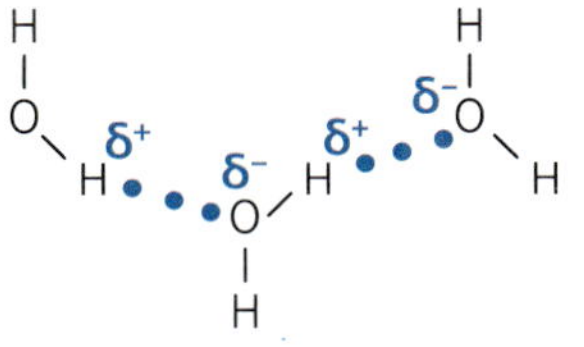

Abb. 1.3: Bildung von Wasserstoffbrücken

Die Wasserstoffbrücke spielt eine große Rolle für die räumliche Struktur von Nucleinsäuren und Proteinen. Sie bedingt auch die **Dichteanomalie des Wassers**: Im Eis bilden Wasser-Moleküle durch die Wasserstoffbrücken ein weiträumiges Molekülgitter. Das Volumen ist entsprechend groß.

Wasser im festen Zustand besitzt damit – im Gegensatz zu anderen Flüssigkeiten – eine geringere Dichte als flüssiges Wasser. Deshalb schwimmt Eis auf dem Wasser – Grundvoraussetzung für das Leben in einem winterkalten See. Beim Schmelzen von Eis wird das Gitter zerstört, das Volumen nimmt ab und die Dichte folglich zu. Bei 4 °C hat Wasser seine größte Dichte.

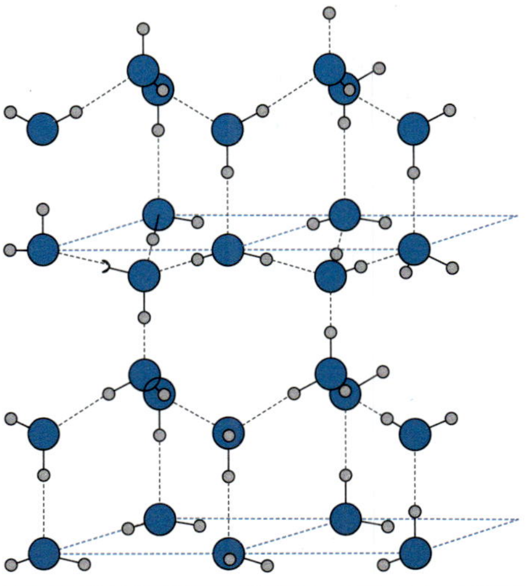
Abb. 1.4: Anordnung der Wasser-Moleküle im Eis

1.2 Kohlenhydrate

Allgemeine Formel: $(CH_2O)_n$

Kohlenhydrate sind wichtige Bau- und Betriebsstoffe. Sie enthalten als kleinste Baueinheit die Monosaccharide (Einfachzucker). Die Verknüpfung zweier Monomere führt zu den Disacchariden. In Polysacchariden sind mehrere tausend Monomere miteinander verbunden.

Monosaccharide (Einfachzucker)

Monosaccharide gr. *monos* = einzeln *sakcharon* = Zucker

Je nach der Anzahl der Kohlenstoffatome im Molekül unterteilt man die Monosaccharide in **Hexosen** (sechs C-Atome) oder **Pentosen** (fünf C-Atome).

Glucose (Traubenzucker) ist ein wichtiger Vertreter der Hexosen. Seine Summenformel lautet $C_6H_{12}O_6$.
Fünf der sechs Kohlenstoff-Atome bilden zusammen mit einem Sauerstoff-Atom einen sechsgliedrigen Ring.

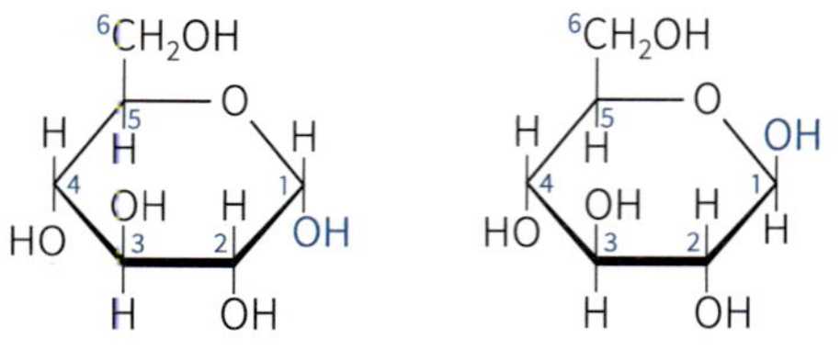

Abb. 1.5: α-Glucose (links) und β-Glucose (rechts)

Die Position der Kohlenstoff-Atome wird durch Ziffern markiert. Nach der Stellung der Hydroxy-Gruppe (–OH-Gruppe) am C-1-Atom unterscheidet man α- und β-Glucose.

Weitere wichtige Hexosen sind Fructose (Fruchtzucker) und Galactose. Fructose ist in den meisten Früchten enthalten, Galactose ist Bestandteil des Disaccharids Lactose (Milchzucker).

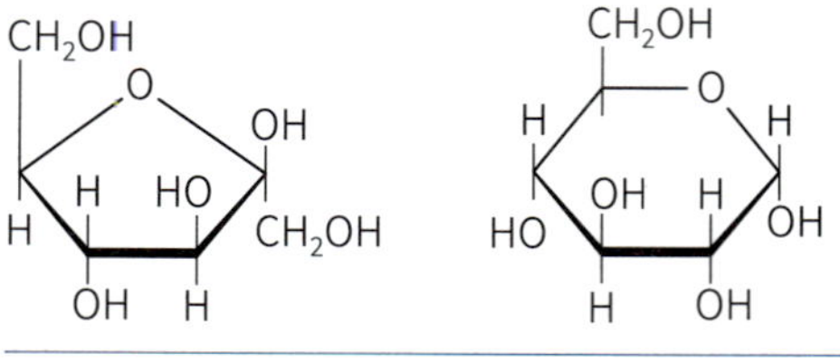

Abb. 1.6: Fructose (links) und Galactose (rechts)

Bausteine der DNA

Ribose sowie Desoxyribose gehören zu den Pentosen. Beide Monosaccharide unterscheiden sich lediglich am C-2-Atom:
Desoxyribose besitzt hier keine Hydroxy-Gruppe.

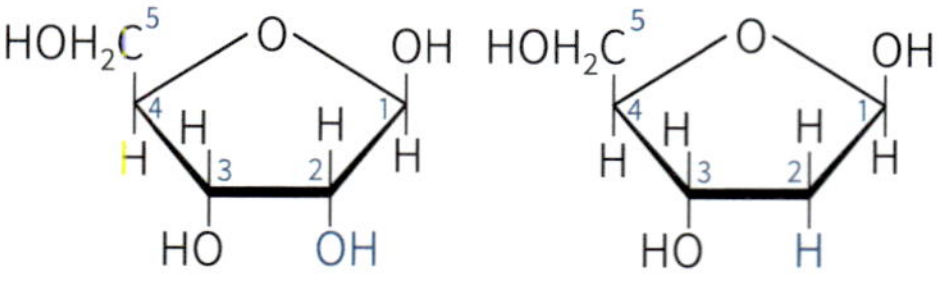

Abb. 1.7: Ribose (links) und Desoxyribose (rechts)

Ribose ist Bestandteil der Ribonucleinsäure (RNA), Desoxyribose findet sich in der Desoxyribonucleinsäure (DNA).

Disaccharide (Zweifachzucker)

Zwei Monosaccharide reagieren unter Wasserabspaltung zum Disaccharid. Die entstehende Bindung nennt man **glykosidische Bindung**. Saccharose (umgangssprachlich Haushaltszucker) ist das Disaccharid aus α-Glucose und β-Fructose. Maltose besteht aus zwei Glucose-Molekülen, Lactose (Milchzucker) aus einem Glucose- und einen Galactose-Molekül.

Disaccharid
gr. *diploos* = zweifach

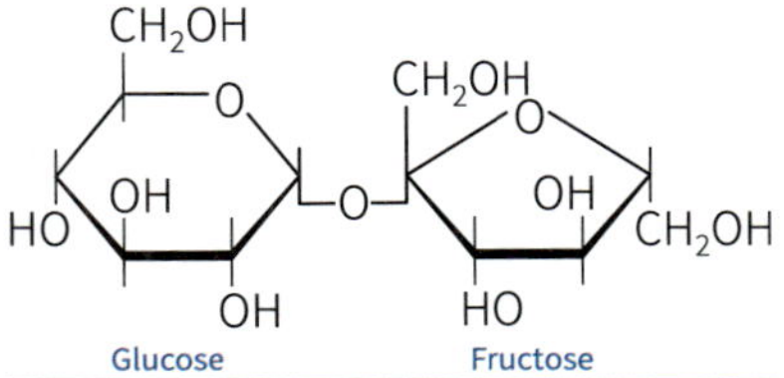

Abb. 1.8: Strukturformel der Saccharose

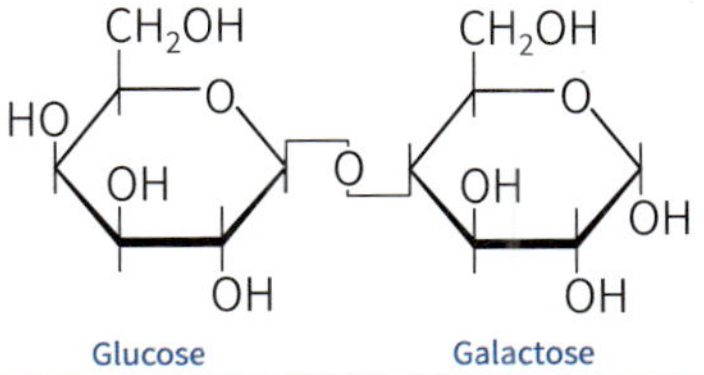

Abb. 1.9: Strukturformel der Lactose

Saccharose:
Glucose + Fructose

Lactose:
Gluclose + Galactose

Polysaccharide (Vielfachzucker)

Polysaccharide bestehen aus über zehn bis zu mehreren tausend Monosacchariden. Stärke und Cellulose sind typische Vertreter.

Polysaccharide:
gr. *polys* = viel

Bei **Stärke**, dem wesentlichen Reservekohlenhydrat höherer Pflanzen, kann man zwischen zwei Formen unterscheiden: Amylose und Amylopektin. Amylose besteht aus einer schraubigen unverzweigten Kette aus mehreren hundert Glucose-Molekülen. Amylopektin setzt sich aus mehreren tausend Glucose-Molekülen zusammen. Sie ist zudem verzweigt. **Glykogen** ist der entsprechende Reservestoff tierischer Zellen („tierische Stärke").

Stärke:
Amylose + Amylopektin

Glykogen =
tierische Stärke

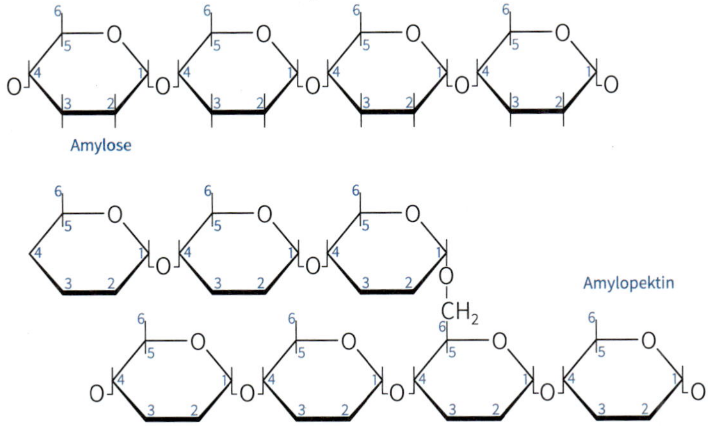

Abb. 1.10: Ausschnitt aus einem Stärkemolekül

Cellulose besteht aus langen unverzweigten Ketten von Glucose-Molekülen, die nebeneinander angeordnet sind. Dieses Polysaccharid ist Hauptbestandteil pflanzlicher Zellwände.

1.3 Lipide

Zu den Lipiden zählen chemisch sehr verschieden gebaute Stoffe wie **Fette** und **Phospholipide**. Alle Lipide besitzen ausgedehnte unpolare Molekülabschnitte. Dadurch erklärt sich ihre Gemeinsamkeit: Sie sind in unpolaren Lösungsmitteln wie Benzin gut löslich, im polaren Lösungsmittel Wasser hingegen unlöslich. Reagiert Alkohol unter Wasserabspaltung mit einer organischen Säure, entsteht ein **Ester**. Fette sind Ester aus Glycerin (Alkohol mit drei –OH-Gruppen) und drei Fettsäuren. Letztere können gesättigt oder ungesättigt sein, also C–C-Einfachbindungen oder C=C-Doppelbindungen zwischen den Kohlenstoff-Atomen besitzen. Fette bezeichnet man wegen ihres chemischen Aufbaus auch als **Triglyceride**. Sie spielen eine wichtige Rolle als energiereiche Speichersubstanz.

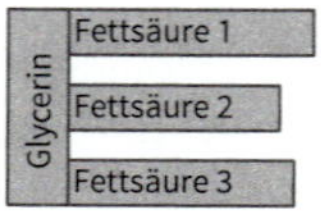

Abb. 1.11: vereinfachtes Modell eines Fettmoleküls

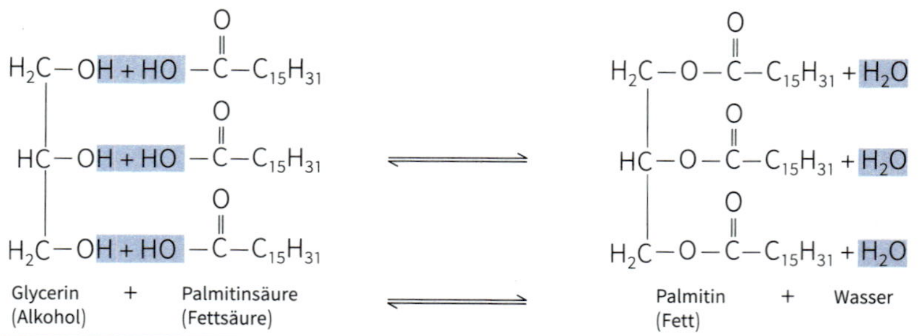

Abb. 1.12: Fettbildung aus Glycerin und Fettsäuren

Phospholipide (z. B. Lecithin) sind wichtige Bausteine der Biomembran. Im Lecithin sind zwei hydrophobe Fettsäuren mit einem hydrophilen Molekülabschnitt verbunden.

Das Gesamt-Molekül besitzt dadurch einen hydrophoben und einen hydrophilen Teil. Im Wasser lagern sich Phospholipide spontan zusammen und bilden kugelförmige Aggregate, einschichtige Micellen oder doppelschichtige Liposomen. In Biomembranen liegen sie stets in Doppelschichten vor.

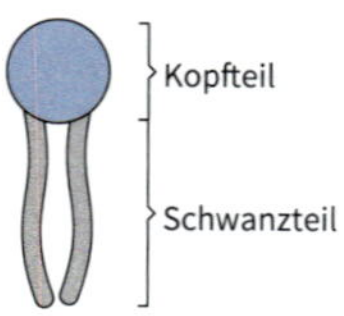

Micelle

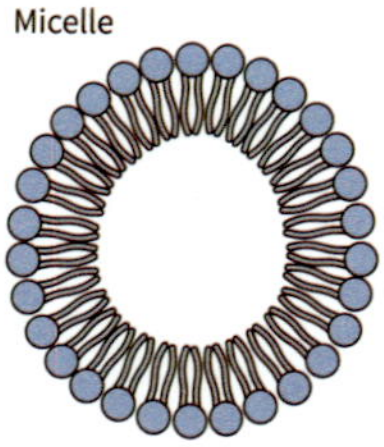

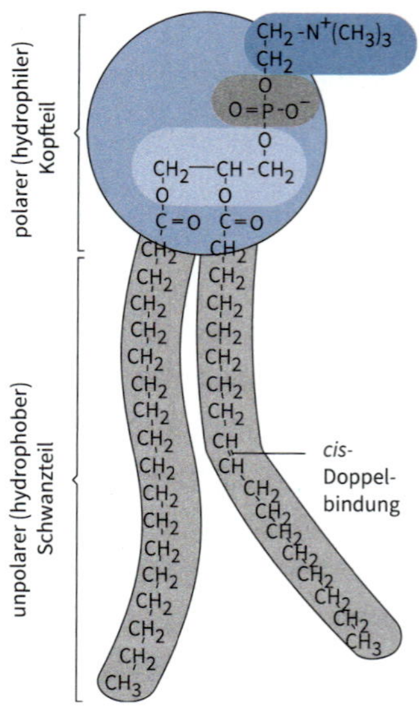

Abb. 1.13: Struktur eines Phospolipids (Lecithin)

1.4 Proteine

Funktion

Proteine oder Eiweiße haben vielfältige Funktionen:

- Katalyse chemischer Reaktionen (Enzyme, z. B. α-Amylase)
- Bewegung (z. B. Aktin- und Myosinfilamente im Muskel)
- Gerüstsubstanz (in Haut, Haaren, Horn und Federn, z. B. Keratin und Kollagen)
- Transport (z. B. von Atemgasen im Blut durch Hämoglobin)
- Immunität (Antikörper)
- Nährstoff (z. B. Hühnereiweiß)

Protein
gr. *proteios* = vorrangig

Aufbau

Proteine sind sehr große kettenförmige Moleküle. Ihre Grundbausteine sind die Aminosäuren. Diese sind stets nach dem gleichen Grundschema aufgebaut: An ein zentrales Kohlenstoff-Atom (α-C-Atom) ist ein Wasserstoff-Atom, eine Aminogruppe ($-NH_2$), eine Carboxy-Gruppe ($-COOH$) und ein organischer Rest (Abkürzung: R) gebunden. Nur in dem organischen Rest unterscheiden sich die verschiedenen Aminosäuren. Der Rest verleiht jeder Aminosäure charakteristische Eigenschaften: Man unterscheidet Aminosäuren mit polarem oder mit unpolarem Rest. Bei den Aminosäuren mit polarem Rest gibt es neutrale Aminosäuren, saure und basische Aminosäuren.

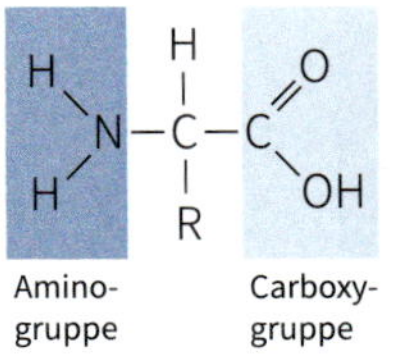

Abb. 1.14: Grundstruktur einer Aminosäure

Die Verknüpfung zweier Aminosäuren führt zum **Dipeptid**. Dabei reagiert die Carboxy-Gruppe einer Aminosäure mit der Aminogruppe der anderen Aminosäure unter Wasseraustritt. Die so entstandene Peptidbindung ist das grundlegende Bauprinzip aller Proteine.

Bezeichnung	**Anzahl der Aminosäuren**
Dipeptid	2
Oligopeptid	bis 10
Polypeptid	über 10
Protein	über 100

Bei Verknüpfung von drei bis zehn Aminosäuren spricht man vom Oligopeptid, bei mehr als 10 Aminosäuren von einem Polypeptid. Ab etwa 100 Aminosäuren spricht man dann von **Proteinen**.

Die Vielfalt der Proteine wird durch die verschiedenen Reste der einzelnen Aminosäuren und deren Abfolge bestimmt. Diese lineare Abfolge der einzelnen Aminosäuren, die **Aminosäuresequenz**, wird als **Primärstruktur** bezeichnet. Sie ist von zentraler Bedeutung für die Funktion eines Proteins. Der Austausch nur einer Aminosäure innerhalb eines Proteins kann bereits gravierende Folgen haben, da dies die räumliche Struktur des Proteins beeinträchtigen kann.

Primärstruktur = Aminosäuresequenz

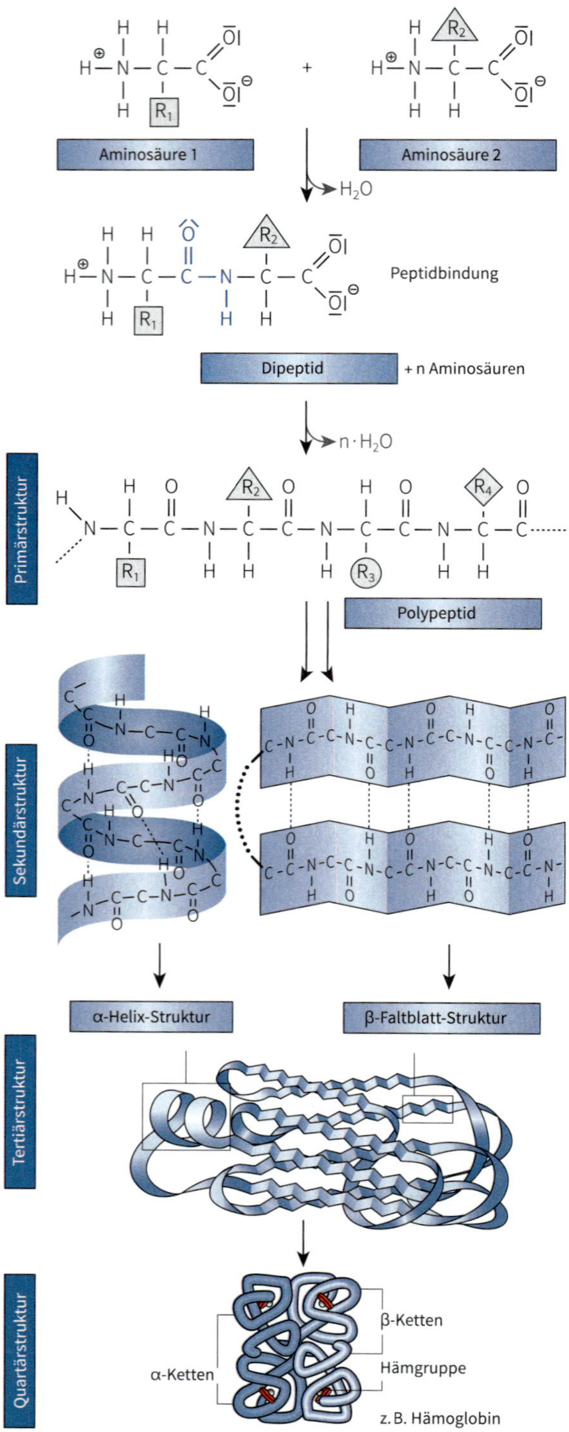

Abb. 1.15: Strukturen der Proteine

Räumliche Gestalt

Die Polypeptidkette kann in charakteristischer Weise räumlich angeordnet sein. Man unterscheidet verschiedene Strukturen/Ebenen:

- **Sekundärstruktur:** symmetrische, dreidimensionale Anordnung der Polypeptidkette. Neben der schraubig gewundenen **α-Helix** (Stabilisierung durch Wasserstoffbrücken innerhalb einer Molekülkette gibt es die **β-Faltblatt-Struktur** (Stabilisierung durch Wasserstoffbrücken zwischen mehreren Polypeptidketten).
  Beispiel: Die α-Helix ist bestimmendes Strukturmerkmal von Haaren, das β-Faltblatt tritt gehäuft in Seide auf.
- **Tertiärstruktur:** asymmetrische dreidimensionale Anordnung, die neben ungeordneten Abschnitten auch α-helicale und β-Faltblatt-Strukturen enthalten kann. Die Stabilisierung erfolgt über Wasserstoffbrücken, VAN-DER-WAALS-Bindungen, Ionenbindungen sowie Elektronenpaarbindungen zwischen den Resten der unterschiedlichen Aminosäuren. Reagieren zwei Aminosäuren mit SH-Gruppen in ihrem organischen Rest, so entsteht eine besonders stabile Elektronenpaarbindung, die Disulfidbrücke (–S–S–).
  Beispiel: Myoglobin.
- **Quartärstruktur:** geordnete, dreidimensionale Anordnung, die aus mehreren Polypeptidketten besteht. Die einzelnen Ketten bezeichnet man als Untereinheiten.
  Beispiel: Hämoglobin mit zwei identischen Polypeptidketten (α_2, β_2). Hinzu kommt die Hämgruppe, die den Sauerstoff bindet.

1.5 Nucleinsäuren

Bei den Nucleinsäuren unterscheidet man:

- **DNA** (Desoxyribonucleinacid)
- **RNA** (Ribonucleinacid)

DNA ist Träger der Erbinformation (gentischer Code (→ Seite 59).
Bei Eukaryoten kommt sie in Zellkern, in Mitochondrien sowie in Chloroplasten vor. Prokaryoten besitzen DNA frei in Cytoplasma. Manche Prokaryoten enthalten zudem kleine Ringe aus DNA, die sogenannten Plasmide.
RNA findet sich im Kernplasma, in Ribosomen sowie im Cytoplasma. Sie ist u.a. wichtig für die Proteinbiosynthese (→ Seite 58).

Bausteine der DNA

Die DNA enthält verschiedene Bausteine:

- Phosphorsäure-Moleküle
- Zucker-Moleküle (Desoxyribose)
- stickstoffhaltige, organische Basen:
  Adenin (A) und Guanin (G),
  Cytosin (C) und Thymin (T)

Die Basen Adenin und Guanin werden als **Purinbasen** bezeichnet, da sie die Grundstruktur der Purine (Doppelringsystem mit vier Stickstoff-Atomen) enthalten.
Cytosin und Thymin sind **Pyrimidinbasen** (ein Sechserring mit zwei Stickstoff-Atomen).

Verknüpfung der Bausteine

Die Verbindung des Zuckers mit der Base nennt man Nucleosid, die Verknüpfung der drei DNA-Grundbausteine Base, Zucker und Phosphorsäure führt zum Nucleotid.
Geht man vom Kohlenstoffgerüst des Zuckers aus, so erfolgt die Verknüpfung mit der Base über das C-1-Atom. Die Phosphorsäure wird über das C-5-Atom des Zuckers gebunden.

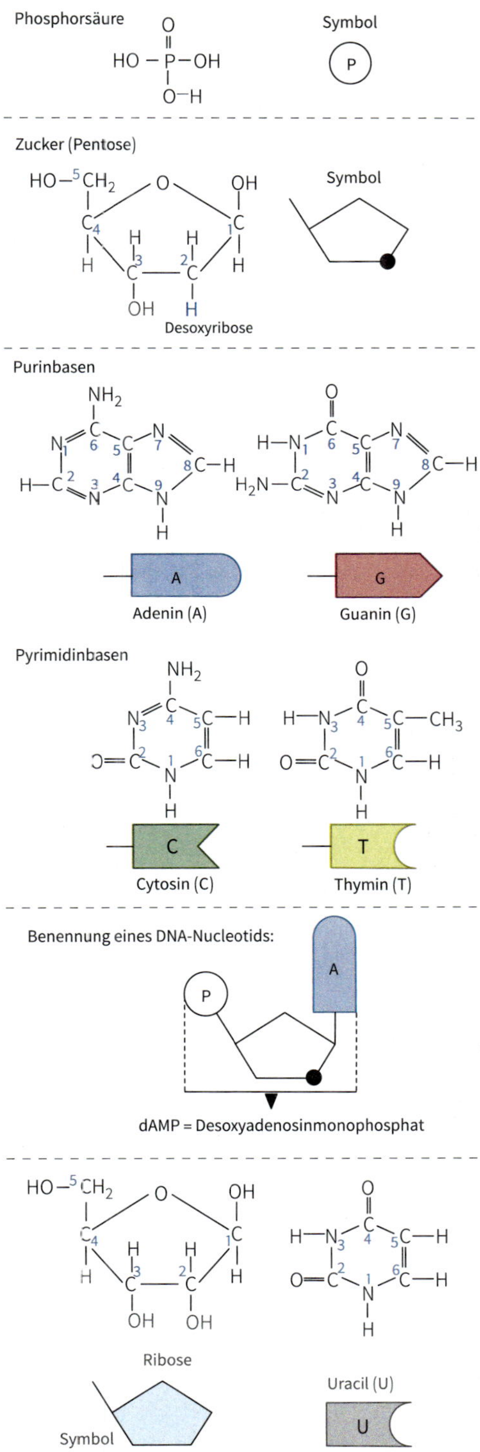

Abb. 1.16: Bausteine der DNA und RNA

Durch Verknüpfung vieler Nucleotide ensteht ein **Polynucleotidstrang**: Ein C-5-Atom des Nucleotids wird über die Phosphorsäure mit dem C-3-Atom des nächsten Nucleotids verbunden. Die Verbindung erfolgt vom 5′-Ende zum 3′-Ende.

Räumliche Struktur der DNA

Merkmale des DNA-Modells nach Watson und Crick (1953) sind:

- Zucker-Phosphat-Bänder außen, Basen innen (Strickleitermodell)
- komplementäre Basenpaarung durch Wasserstoffbrückenbindungen: Adenin paart mit Thymin (zwei H-Brücken), Cytosin paart mit Guanin (drei H-Brücken)
- zwei gegenläufige, antiparallele Polynucleotidstränge (ein Strang mit 5′ → 3′-Richtung, der andere Strang mit 3′ → 5′-Richtung)
- strickleiterartige Verdrehung der beiden Polynucleotidstränge führt zur **Doppelhelix**
- zehn Basenpaare pro Windung der Doppelhelix
- Die Abfolge der Basen (Basensequenz) bestimmt die genetische Information.

A = T
G ≡ C
Chargaff'sche Regel:
A + G = T + C

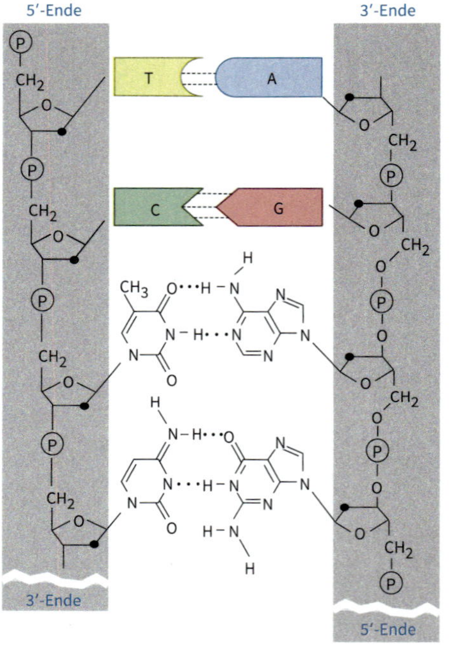

Abb. 1.17: Aufbau der DNA

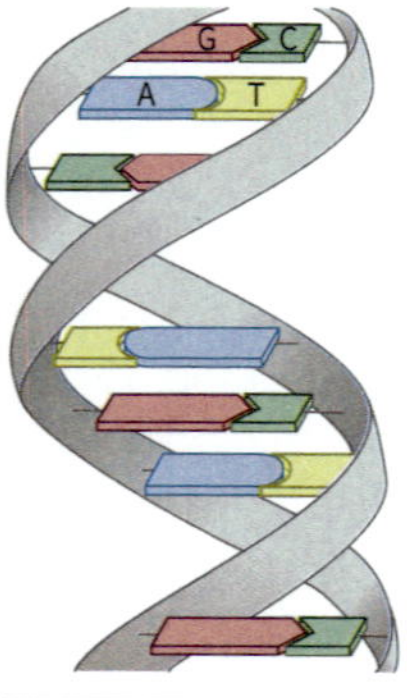

Abb. 1.18: Räumliches Modell der DNA

Bau und Raumstruktur der RNA

RNA:
- Ribose statt Desoxyribose
- Uracil statt Thymin

Die RNA unterscheidet sich in zwei Punkten von der DNA: Beim Zucker handelt es sich um eine Ribose (→ Seite 10), anstelle der Base Thymin gibt es die Base Uracil (U). Uracil zeigt eine komplementäre Basenpaarung mit Adenin (A). In Zellen findet man drei Typen von RNA:

- **mRNA** (messenger-RNA). Die mRNA liegt als einzelner, ungepaarter Polynucleotidstrang vor, der aus einigen bis über zehntausend Nucleotiden bestehen kann. Die mRNA überbringt dem Proteinbiosyntheseapparat am Ribosom eine Abschrift des jeweiligen Polynucleotidstranges (→ Seite 58).

- **tRNA** (transferRNA). Diese Nucleinsäure besteht aus einem Einzelstrang mit 80 bis 90 Nucleotiden, der durch Basenpaarungen innerhalb des Moleküls zu einer charakteristischen Kleeblatt-Struktur geformt ist. Die tRNA überträgt Aminosäuren zu den Ribosomen der Zelle (→ Seite 58).
- **rRNA** (ribosomale RNA). Diese RNA ist am Aufbau der Ribosomen und an ihrer enzymatischen Aktivität beteiligt.

Überblick

Wasser
- Dipol
- Wasserstoffbrückenbindungen
- Dichteanomalie

Kohlenhydrate
- Monosaccharide: Glucose, Fructose, Galactose
- Disaccharide: Saccharose (Glucose + Fructose), Maltose (Glucose + Glucose), Lactose (Glucose + Galactose)
- Polysaccharide: Stärke, Glykogen, Cellulose

Lipide
- Fette: hydrophobe Moleküle aus einem Glycerin-Rest und drei Fettsäure-Resten
- Phospholipide: Membranbestandteile mit hydrophilem und hydrophobem Molekülabschnitt

Proteine
- 20 verschiedene Aminosäuren
- Peptidbindung
- Dipeptid, Oligopeptid, Polypeptid, Protein
- Primärstruktur = Aminosäuresequenz
- Sekundärstrukturen: α-Helix, β-Faltblatt
- Tertiärstrukturen
- Quartärstrukturen = mehrere Polypetidketten

Nucleinsäuren: DNA
- Träger der genetischen Information
- Bausteine: Base, Zucker, Phosphat
- Doppelhelix aus zwei Polynucleotiden
- Komplementäre Basenpaarung: A=T; G≡C

Nucleinsäuren: RNA
- Ribose statt Desoxyribose, Base Uracil statt Thymin
- mRNA, tRNA und rRNA

2 Zellbiologie

Die Zellen aller Lebewesen lassen sich den beiden Grundtypen der Prokaryoten und Eukaryoten zuordnen. In diesem Kapitel erhalten sie einen Überblick über deren unterschiedlichen Aufbau sowie eine Beschreibung der verschiedenen Zellbestandteile. Die Grundlagen der Endosymbionten-Theorie werden dabei ebenso besprochen wie der Aufbau von Biomembranen. Daneben werden zentrale Mechanismen des Stofftransports durch Biomembranen thematisiert.

2.1 Prokaryoten und Eukaryoten

gr. *archaios* = uralt, ursprünglich

Traditionell unterscheidet man in der Biologie zwei Zelltypen: die **Procyte** und die **Eucyte**. Bei der einfacher gebauten Procyte liegt die DNA frei im Plasma, ein Zellkern fehlt. Die Eucyte hat einen Zellkern (Karyon), der von einer Membran umschlossen ist. Organismen ohne Zellkern nennt man **Prokaryoten**. Zu ihnen zählen die Bakterien und die Archaeen. Letztere bezeichnete man früher auch als Archaebakterien oder Urbakterien. Alle aus Eucyten aufgebauten Organismen bezeichnet man als **Eukaryoten**. Zu ihnen zählen Einzeller, Pilze, Pflanzen und Tiere.

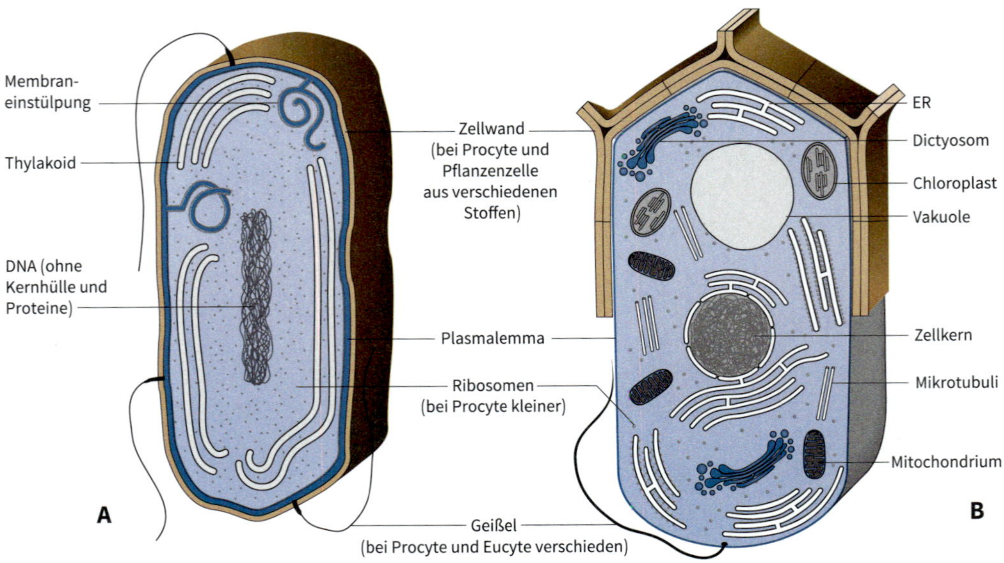

Abb. 2.1: Vergleich Procyte mit Eucyte; **A** Bakterienzelle; **B** Pflanzenzelle oben, Tierzelle (unten)

Merkmale der Prokaryoten

- ringförmige DNA, ohne Kernhülle und ohne Proteine, haploid
- zusätzlich ringförmige DNA (Plasmide) bei manchen Bakterien
- mehrschichtige Zellwand aus Murein
- eventuell Geißel zur Fortbewegung, Pili zum Anheften an Substrat oder andere Zellen
- nur kleine Ribosomen (70S-Typ), andere Organellen fehlen

Prokaryot
gr. *pro* = vorher
karyon = Kern

Merkmale der Eukaryoten

- echter Zellkern mit Kernhülle; diploid
- Bildung getrennter Reaktionsräume durch Membranen = **Kompartimentierung**
- zahlreiche Organellen mit spezifischer Funktion, beispielsweise Mitochondrien zur Energiegewinnung
- größere Ribosomen (80S-Typ), Mikrotubuli und Mikrofilamente

Eukaryot
gr. *eu* = wahr, echt

In der Pflanzenzelle finden sich – zusätzlich zu den Elementen der Tierzelle – folgende Bestandteile:

- Zellwand aus Cellulose
- Vakuole als Speicher für Reservestoffe oder Endlager für Exkrete
- Chloroplasten und andere Plastiden (Leukoplasten, Chromoplasten)

Endosymbionten-Theorie

Nach dieser heute allgemein anerkannten Theorie haben sich die Zellorganellen Mitochondrien und Chloroplasten aus ursprünglich frei lebenden Bakterien entwickelt. Vermutlich wurden die Bakterien von Ur-Eukaryoten durch Endocytose aufgenommen. Hier wurden sie jedoch nicht verdaut, sondern lebten in ihnen weiter. Im Laufe der Evolution wurden die aufgenommenen Bakterien und die eukaryotische Zelle voneinander abhängig, es bildete sich eine Endosymbiose.

Endosymbiose
gr. *endo* = innen
symbiosis = Zusammenleben

Belege für die Endosymbionten-Theorie:

- Die Größe von Mitochondrien und Chloroplasten entspricht der kleiner Bakterien, sie sind von zwei Membranen umgeben.
- Beide Zellorganellen enthalten eine eigende DNA, die wie bei Bakterien ringförmig ist.
- Beide Zellorganellen teilen sich unabhängig von der übrigen Zellteilung.
- Beide Zellorganellen verfügen über eigene Ribosomen, die den bakteriellen Ribosomen gleichen.

2.2 Die eukaryotische Zelle

<table>
<tr><th>Zellerganell</th><th>Bau/Bestandteil</th><th>Funktion</th></tr>
<tr><td>Zellkern (Nukleus)
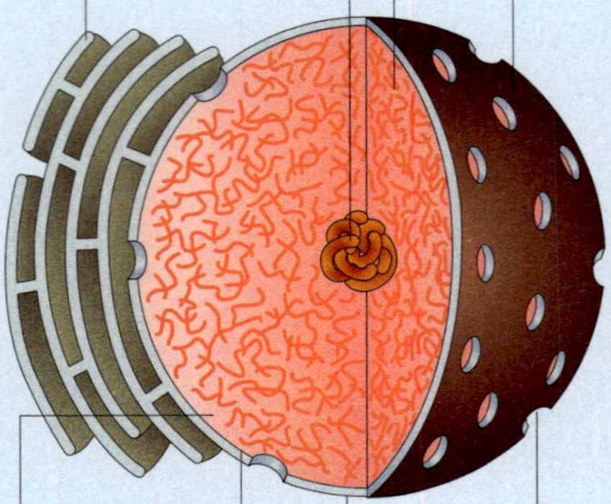</td><td>⦿ Chromatin (DNA + Protein)
⦿ Kernplasma
⦿ Kernkörperchen (Nukleolus)
⦿ Kernhülle mit Kernporen</td><td>⦿ Steuerzentrale der Zelle
⦿ Träger der Erbinformation</td></tr>
<tr><td>Endoplasmatisches Retikulum (ER)
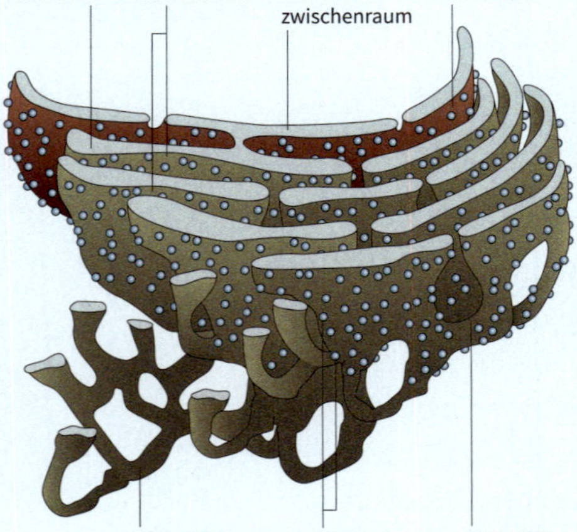</td><td>⦿ membranumschlossenes Hohlraumsystem
⦿ Zisternen = Hohlräume, Röhren oder Bläschen des ER
⦿ Lumen = Inneres des ERs
⦿ raues ER mit Ribosomen
⦿ glattes ER ohne Ribosomen</td><td>⦿ Transport
⦿ Stoffumwandlung</td></tr>
<tr><td>Ribosomen
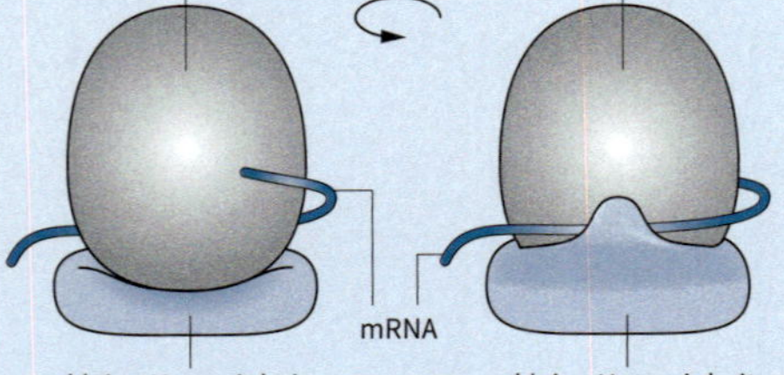</td><td>⦿ große und kleine Untereinheit, bestehend aus Protein und rRNA
⦿ Untereinheiten bei Eukaryoten größer und schwerer als bei Prokaryoten
⦿ Polysomen = viele Ribosomen hintereinander</td><td>⦿ Ort der Proteinbiosynthese</td></tr>
</table>

<table>
<tr><th>Zellerganell</th><th>Bau/Bestandteil</th><th>Funktion</th></tr>
<tr>
<td>Mitochondrien (→ Seite 30)
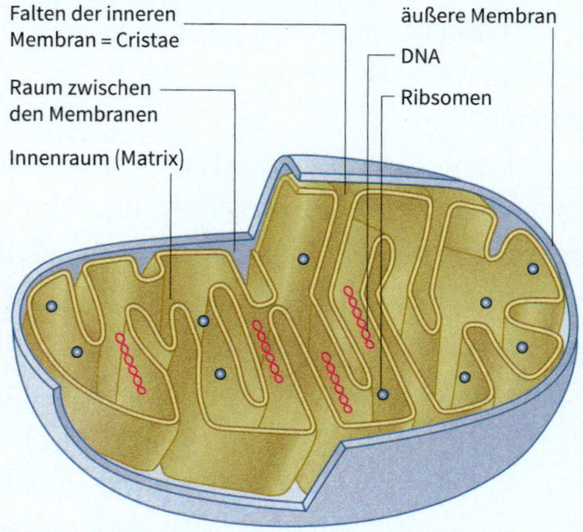</td>
<td>⦿ glatte äußere und stark gefaltete innere Membran
⦿ Christae = Falten der inneren Membran
⦿ Matrix (Innenraum)
⦿ DNA
⦿ Ribosomen</td>
<td>⦿ Kraftwerke der Zelle
⦿ Bildung von ATP bei der Zellatmung
⦿ Fettsäure- und Aminosäureabbau</td>
</tr>
<tr>
<td>Chloroplasten (→ Seite 36)
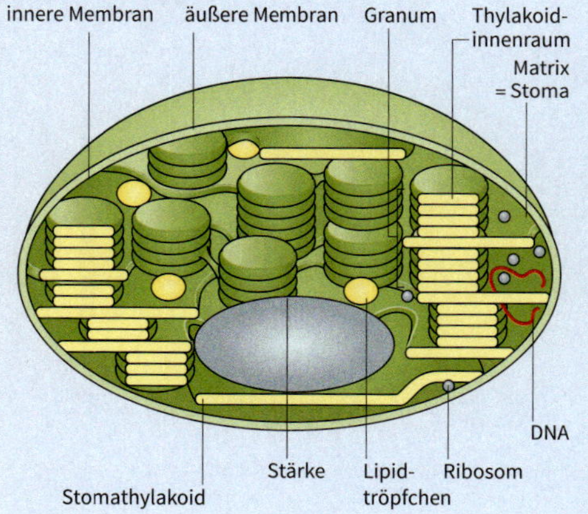</td>
<td>⦿ äußere Membran
⦿ innere Membran mit zahlreichen, lamellenartigen Membransäckchen = Granum
⦿ Stroma-Thylakoide
⦿ Stroma (Matrix)
⦿ DNA
⦿ Ribosomen</td>
<td>⦿ Ort der Fotosynthese</td>
</tr>
<tr>
<td>Dictyosomen/Golgi-Apparat
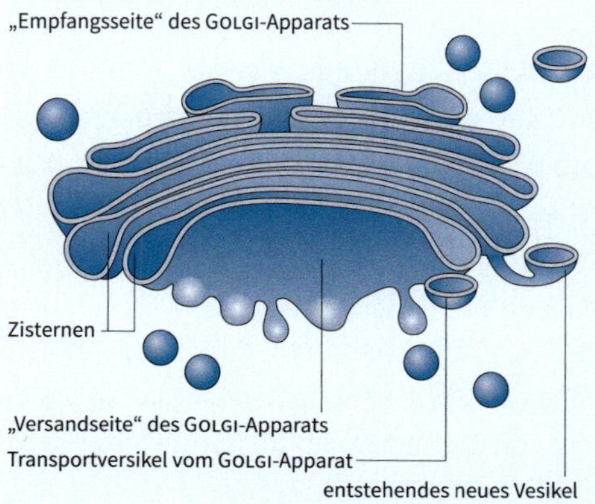</td>
<td>⦿ Zisternen (membranumschlossene Scheibchen)
⦿ Transport-Vesikel (membranumschlossene Bläschen)
⦿ Golgi-Apparat = Summe aller Dictyosomen einer Zelle</td>
<td>⦿ Bildung der Zellmembran und Zellwand
⦿ Verpackung von Lipiden und Proteinen aus dem ER</td>
</tr>
</table>

2.3 Biomembranen

Membranen grenzen Zellen bzw. Zellorganellen nach außen hin ab. Ein unkontrollierter Stoffaustausch wird dadurch verhindert. Es entstehen voneinander abgegrenzte Reaktionsräume, die **Kompartimente**.

Membranaufbau und Membranmodell

Membranen bestehen aus Lipiden, Proteinen und in geringen Mengen aus Kohlenhydraten. Bei den Membranlipiden handelt es sich um **Phospholipide**. Sie besitzen gleichzeitig einen hydrophilen und einen hydrophoben Bereich. In der Membran sind sie in einer Doppelschicht angeordnet: Die hydrophilen Bereiche der Phospholipide sind nach außen zum Wasser, die hydrophoben Bereiche nach innen gerichtet. Es entsteht eine Lipid-Doppelschicht.

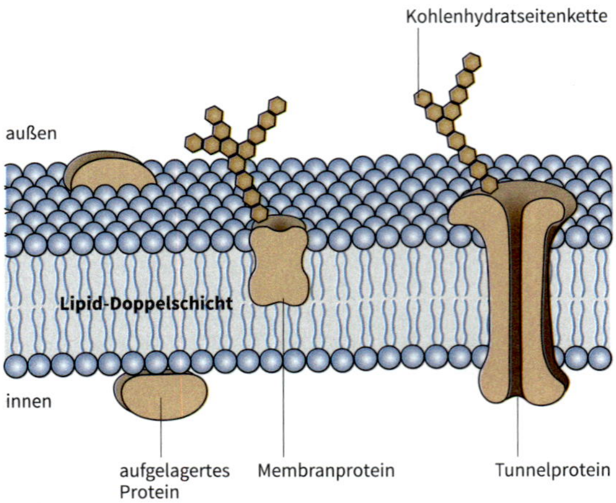

Abb. 2.2: Fluid-mosaic-Modell der Zellmembran

Nach dem derzeit anerkannten **Fluid-Mosaic-Modell** (Singer und Nicolson, 1972) besteht eine Biomembran aus einer mehr oder weniger flüssigen Phospholipid-Doppelschicht, in die Proteine mosaikartig eingelagert sind. Die Proteine können sich durch die besonderen Eigenschaften der Phospholipid-Doppelschicht in der Membran frei bewegen. Sie schwimmen darin unregelmäßig verteilt, wie Eisberge im Meer. Manche Proteine sind lose an die Membranoberfläche gebunden und werden dann als **periphere Proteine** bezeichnet. **Integrale Proteine** dringen unterschiedlich tief in die Lipid-Doppelschicht ein. Sie können sich ganz durch diese hindurchziehen und so Tunnelproteine bilden. Membranproteine dienen dem Stofftransport sowie der Verknüpfung von Zellen. Je nach spezifischer Funktion kann ihr Anteil in einer Membran beträchtlich variieren.

Die **Membran-Asymmetrie** ergibt sich unter anderem durch die Kohlenhydratketten: Nur auf der Membranaußenseite sind Kohlenhydrate an Lipide und Proteine gebunden. Man spricht von Glycolipiden beziehungsweise Glycoproteinen. Die entsprechende Schicht nennt man Glykokalyx.

2.4 Stofftransport durch Biomembranen

Der Stofftransport durch Biomembranen kann auf unterschiedlicher Weise erfolgen: Bei der freien Diffusion gelangen Stoffe dirket durch die Lipid-Doppelschicht. Proteine sind nicht beteiligt. Für den gezielten spezifischen Tronsport verfügt die Zelle über besondere Proteine, die Kanalproteine und Carrierproteine. Erfolgt dieser Transport ohne Energieaufwand, so liegt ein passiver Transport vor. Andernfalls spricht man von einem aktiven Transport.

Freie Diffusion

Charakteristisch für die freie, das heißt ungehinderte Diffusion ist:

- Transport ohne Energieaufwand in Richtung des Konzentrationsgefälles
- Transfer durch die Lipid-Doppelschicht
- unspezifisch, das heißt nicht selektiv
- große und kleine hydrophobe Moleküle wie O_2, CO_2 werden befördert
- linearer Zusammenhang zwischen der Transportgeschwindigkeit und dem Konzentrationsunterschied

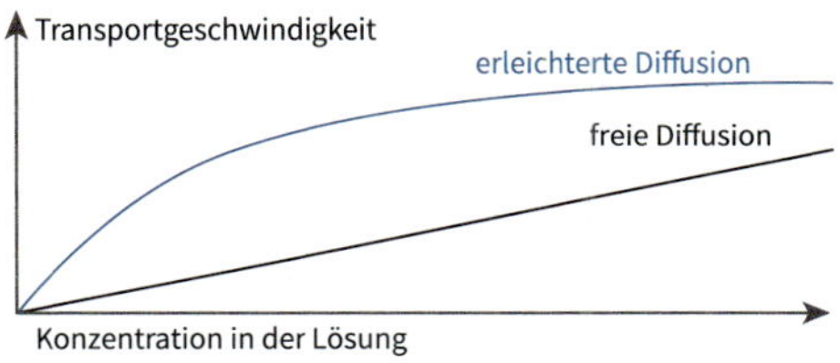

Abb. 2.3: Freie Diffusion und erleichterte Diffusion

Passiver Transport – erleichterte Diffusion

Typisch für diesen Transport ist:

- Transfer nur in Richtung des Konzentrationsgefälles ohne Energieaufwand
- Transport über Kanalproteine oder spezifische Proteincarrier
- reversible Änderung der Carrier-Gestalt bei Substratbindung
- spezifischer Transfer
- schneller als die freie Diffusion
- Transfer von Wassermolekülen durch hydrophile Tunnelproteine, die Aquaporine
- Transfer auch großer, polarer Stoffe (Beispiel: Glucose)
- Sättigungskurve bei der grafischen Darstellung der Transportgeschwindigkeit gegen die Konzentration der Lösung; begrenzte Transportkapazität der Carrier als Ursache

Aktiver Transport

Sollen Ionen oder Moleküle vom Ort niedriger Konzentration zum Ort höherer Konzentration befördert werden, so ist dafür Energie notwendig. Nach der Art der Bereitstellung der Energie unterscheidet man den **primär aktiven** und den **sekundär aktiven** Transport: Beim primär aktiven Transport werden Stoffe unter ATP-Spaltung direkt transportiert. Es wird dadurch ein Stoff- bzw. Ionengradient erzeugt. Bei der Rückdiffusion dieser Stoffe werden andere Moleküle gegen deren Konzentrationsgefälle mittransportiert (sekundär aktiver Transport).

Beispiel

Die **Natrium-Kalium-Pumpe** ist ein Membranprotein, bei dem die Spaltung von ATP zum gleichzeitigen Transport von zwei K^+-Ionen ins Zellinnere und drei Na^+-Ionen nach außen führt. Als Folge dieses primär aktiven Transports entsteht ein Konzentrationsgradient. Dieser kann als Energiequelle für den Transport von Glucose ins Zellinnere genutzt werden. Der sekundär aktive Transport bringt damit Glucose vom Ort der niedrigen Glucose-Konzentration zum Ort der hohen Konzentration.

Häufig erfolgt auch der Transport von Protonen (H^+-Ionen) durch die Membran primär aktiv. Die Protonenpumpen schaffen so die Voraussetzung für einen folgenden sekundär aktiven Transport von Ionen.

Charakteristisch für den aktiven Transport ist:

- Transfer gegen den Konzentrationsgradienten unter ATP-Verbrauch
- spezifischer Transfer durch Carrierproteine
- Transport polarer Stoffe (Beispiel: Na^+- bzw. K^+-Ionen)

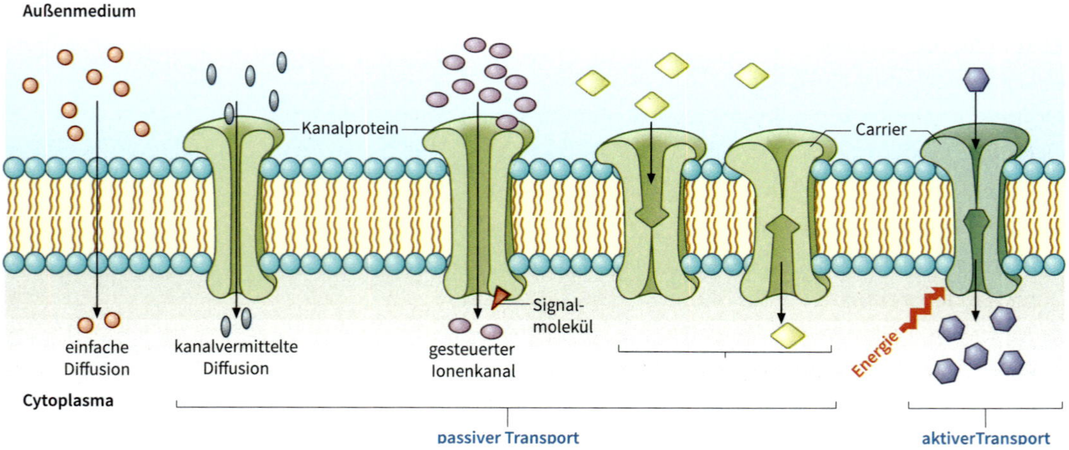

Abb. 2.4: Modellhafte Darstellung verschiedener Transportformen

Überblick

Prokaryoten

- Bakterien und Archaeen
- ringförmige DNA frei im Plasma, zusätzlich Plasmide möglich
- keine membranumschlossenen Zellorganellen
- Zellwände aus Murein

Eukaryoten

- kernhaltige Einzeller, Pilze, Pflanzen und Tiere
- echter Zellkern mit Kernhülle
- Kompartimentierung durch Membranen
- Zellorganellen

Zellorganellen

- **Zellkern** mit Chromatin und Kernkörperchen, Kernhülle aus innerer und äußerer Membran; Träger der Erbanlagen, Steuerzentrale
- **Mitochondrien** mit DNA und Ribosomen in der Matrix, äußere und innere Membran, Zellatmung
- **Chloroplasten** mit DNA und Ribosomen im Stroma, äußere und innere Membran, Grana- und Stromathylakoide, Fotosynthese
- **Ribosomen** mit kleiner und großer Untereinheit, Proteinbiosynthese

Endosymbionten-Theorie

- Mitochondrien und Chloroplasten sind aus Prokaryoten hervorgegangen, die von Ureukaryoten als Symbionten aufgenommen wurden

Biomembran

- Bestandteile: Phospholipide, Proteine, Kohlenhydrate
- Kompartimentierung
- Fluid-Mosaic-Modell: flüssige Phospholipid-Doppelschicht mit mosaikartig eingelagerten peripheren und integralen Proteinen; Membran-Asymmetrie

Stofftransport

- freie Diffusion durh Lipid-Doppelschicht; in Richtung der Transportgefälles, ohne Energieaufwand
- passiver Transport in Richtung des Konzentrationsgefälles ohne Energieaufwand; Kanalproteine und Carrierproteine
- aktiver Transport gegen das Konzentrationsgefälle mithilfe von Energie; spezifisch mithilfe von Carrierproteinen

3 Stoffwechsel

In diesem Kapitel erhalten Sie Informationen zu Enzymen, ihren Eigenschaften sowie deren Beeinflussung durch Hemmstoffe. Ein weiterer Schwerpunkt des Kapitels ist der Stoffabbau bei der Zellatmung. Hierbei werden die zentralen Abschnitte des Glucoseabbaus wie Glykolyse, Citratzyklus und Atmungskette thematisiert. Den Abschluss des Kapitels bildet der Stoffaufbau bei der Fotosynthese.

3.1 Enzyme

Enzyme wirken als Katalysatoren

Enzyme (Fermente) sind Proteine, die für biochemische Reaktionen unentbehrlich sind. Sie

- erniedrigen die Aktivierungsenergie und ermöglichen damit Reaktionen, die sonst nicht oder nur äußerst langsam ablaufen würden,
- gehen aus der Reaktion unverändert hervor.

Stoffe mit diesen Eigenschaften nennt man **(Bio-) Katalysatoren**.

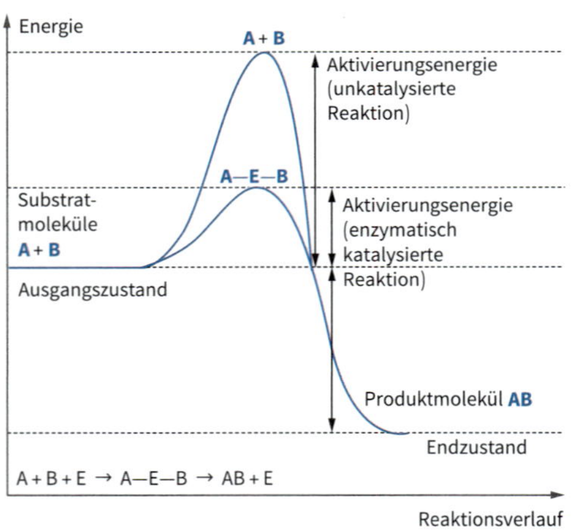

Abb. 3.1: Enzyme erniedrigen die Aktivierungsenergie

Ablauf der enzymatischen Reaktion

Die enzymatische Reaktion lässt sich mithilfe des Schlüssel-Schloss-Modells verdeutlichen:

- Das Substratmolekül (Schlüssel) verbindet sich mit dem Enzym (Schloss) und bildet einen Enzym-Substrat-Komplex.
- Das Substrat bindet an einen bestimmten Abschnitt des Enzyms, dem **aktiven Zentrum**. Das Substrat muss eine zum Enzym passende Form haben, man sagt: Enzyme sind **substratspezifisch**. Das aktive Zentrum lässt nur ganz bestimmte chemische Reaktionen zu. Enzyme sind folglich **reaktionsspezifisch (wirkungsspezifisch)**.
- Der Enzym-Substrat-Komplex zerfällt, Produkt und Enzym werden freigesetzt.

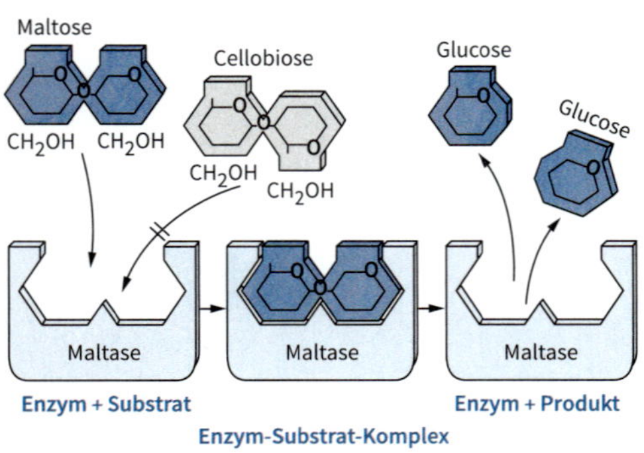

Abb. 3.2: Modellhafte Darstellung der Enzymreaktion

Beeinflussung der Enzymaktivität

Trägt man die Enzymaktivität gegen die **Temperatur** auf, so erhält man eine charakteristische Optimumkurve: Mit steigender Temperatur wächst die Teilchenbewegung (BROWN'sche Bewegung). Das Zusammentreffen von Enzym und Substrat wird so begünstigt, die Enzymaktivität steigt. Gewöhnlich verdoppelt bis verdreifacht sich die Reaktionsgeschwindigkeit bei einer Erhöhung um 10 °C (**RGT-Regel**). Ab einer bestimmten Temperatur führt eine weitere Temperaturerhöhung zur Zerstörung (Denaturierung) des Enzyms.

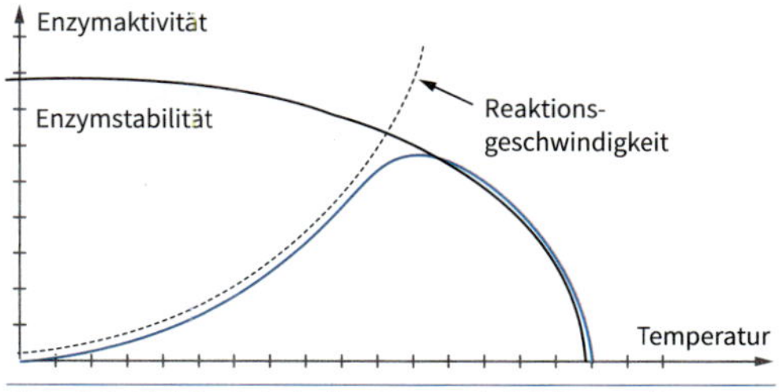

Abb. 3.3: Abhängigkeit der Enzymaktivität von der Temperatur

Trägt man die Enzymaktivität gegen den pH-Wert auf, so erhält man ebenfalls eine Optimumkurve mit den drei Kardinalpunkten pH-Minimum, pH-Optimum und pH-Maximum. Die meisten Enzyme haben ihr pH-Optimum bei einem pH-Wert von 7. Eine Abweichung von diesem pH-Optimum beeinflusst die stabilisierenden Wechselwirkungen innerhalb des Proteinmoleküls und damit dessen Tertiärstruktur.

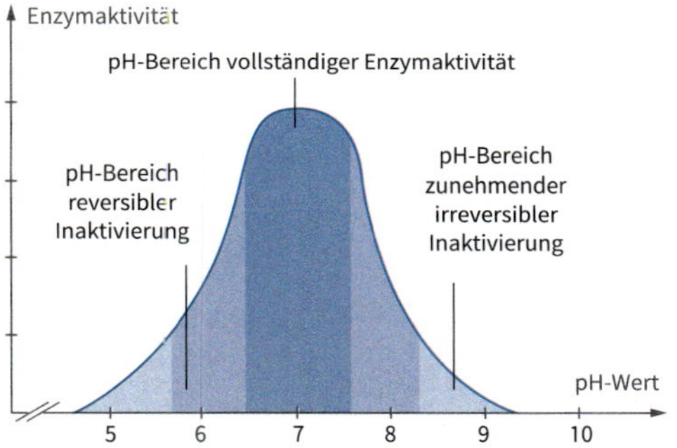

Abb. 3.4: Abhängigkeit der Enzymaktivität vom pH-Wert

Reaktionsgeschwindigkeit und Hemmung der Enzymaktivität

Trägt man die Reaktionsgeschwindigkeit *v* einer enzymkatalysierten Reaktion gegen die Substratkonzentration auf, so erhält man eine typische Sättigungskurve. Bei niedriger Substratkonzentration (① in nebenstehender Grafik) sind noch zahlreiche Enzym-Moleküle frei, die Geschwindigkeit ist entsprechend hoch. Mit steigender Substratkonzentration (②) nimmt die Zahl der gebundenen Enzym-Moleküle zu, bis schließlich alle Enzyme belegt sind (③). Eine weitere Erhöhung der Substratkonzentration bewirkt keine Steigerung der Geschwindigkeit.

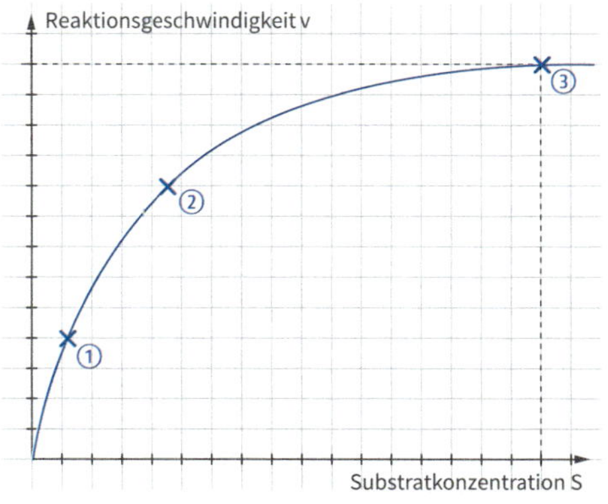

Abb. 3.5: Verlauf einer ungehemmten Enzymreaktion

Die Enzymaktivität wird durch Hemmstoffe oder Inhibitoren reguliert. Es werden zwei Typen reversibler (also umkehrbarer) Hemmung unterschieden:

- **Kompetitive Hemmung**: Der Hemmstoff ähnelt in seiner chemischen Struktur dem Substrat und konkurriert mit diesem um die Besetzung des aktiven Zentrums. Ein gebundener Hemmstoff wird nicht umgesetzt und löst sich wieder aus dem aktiven Zentrum. Er verringert dadurch die Geschwindigkeit der Enzymreaktion. Eine Erhöhung der Substratkonzentration führt zur Verdrängung des Hemmstoffs. Bei hoher Substratkonzentration wird daher die maximale Reaktionsgeschwindigkeit trotz des Hemmstoffs erreicht.

kompetitiv
lat. *competere* = zusammen etwas begehren

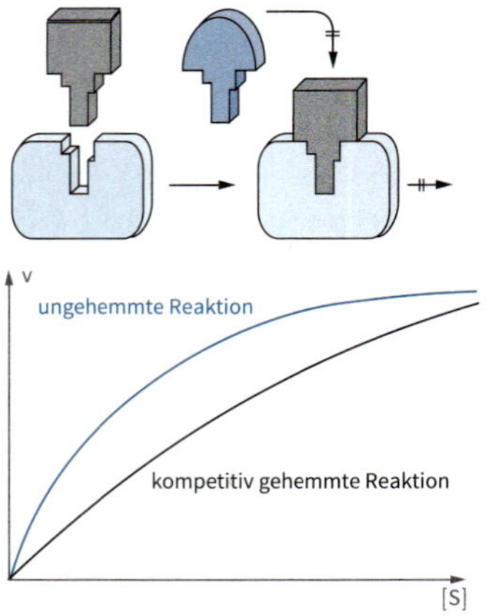

Abb. 3.6: Kompetitive Hemmung der Enzymreaktion

- **Nichtkompetitive Hemmung**: Der Hemmstoff lagert sich außerhalb des aktiven Zentrums an das Enzym. Dies führt zu einer Veränderung der dreidimensionalen Struktur des Enzyms; die Form des aktiven Zentrums verändert sich, Substrat-Moleküle können nicht mehr binden. Auch wenn sich der Hemmstoff ablöst, bindet er sofort an einem anderen Enzym-Molekül. Da hierdurch die Zahl aktiver Enzyme verringert wird, kann die maximale Reaktionsgeschwindigkeit einer ungehemmten Reaktion nicht erreicht werden. Eine Erhöhung der Substratkonzentration kann die Hemmwirkung nicht beeinflussen, da Hemmstoff und Substrat nicht um das aktive Zentrum konkurrieren.

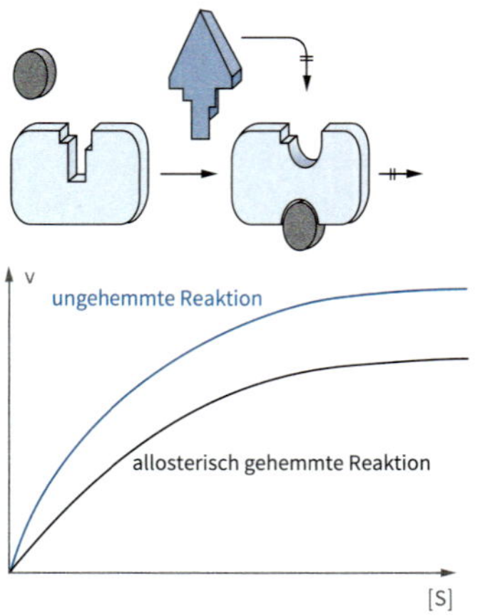

Abb. 3.7: Nichtkompetitive Hemmung der Enzymreaktion

Binden kompetitive oder nichtkompetitive Hemmstoffe dauerthaft an Enzymen, so liegt eine **irreversible Hemmung** vor.
Beispiele: Bestimmte Antibiotika, Schwermetall-Ionen. Sie binden dauerhaft entweder am aktiven Zentrum des Enzyms oder außerhalb davon.

Cosubstrate – Cofaktoren

Für die Katalyse benötigen bestimmte Enzyme neben dem eigentlichen Substrat noch zusätzliche Komponenten. Derartige Cosubstrate oder Cofaktoren, die nicht aus Proteinen bestehen, sind z. B. ATP und NAD^+. Die Cosubstrate ATP und NAD^+ spielen eine zentrale Rolle im Stoffwechsel.

Energietransport durch ATP

Das Cosubstrat **A**denosin**t**riphos**p**hat (**ATP**) hat die Aufgabe, chemische Energie zu speichern und zu übertragen. ATP besitzt drei Phosphatgruppen. Bei der Abspaltung einer Phosphatgruppe wird Energie frei, es entsteht Adenosindiphosphat (ADP). Nochmalige Abspaltung einer Phosphatgruppe führt zu Adenosinmonophosphat (AMP). Durch energieliefernde Reaktionen können AMP und ADP wieder zu ATP regeneriert werden. Die gleiche Funktion als Energieüberträger hat Guanosintriphosphat (GTP).

ATP = universelle Energiewährung der Zelle

Wasserstoff- und Elektronentransport durch NAD

Bei Oxidations- und Reduktionsvorgängen erfolgt der Wasserstofftransport über Cosubstrate. Das Cosubstrat **N**icotinamid-**A**denin-**D**inucleotid (**NAD**) kann als NAD^+ oder $NADH + H^+$ vorliegen: NAD^+ bindet reversibel ein Wasserstoff-Atom eines H_2-Moleküls und zwei Elektronen und wird so zu NADH reduziert.

Zur Erinnerung:
Oxidation = Elektronenabgabe
Reduktion = Elektronenaufnahme

$$NAD^+_{ox.} + H{-}H \rightarrow NADH_{red.} + H^+$$

In einer Folgereaktion gibt es das Wasserstoff-Atom und die Elektronen wieder ab und wird so zu NAD^+ oxidiert.
Die gleiche Funktion übernehmen an anderer Stelle im Stoffwechsel die Cofaktoren $NADP^+/NADPH + H^+$ und $FAD/FADH_2$.

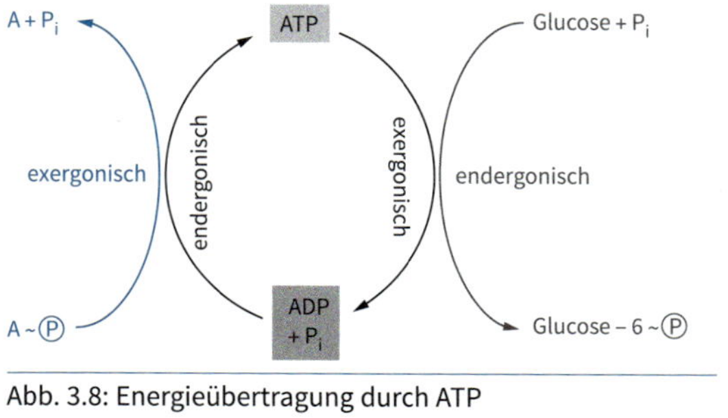

Abb. 3.8: Energieübertragung durch ATP

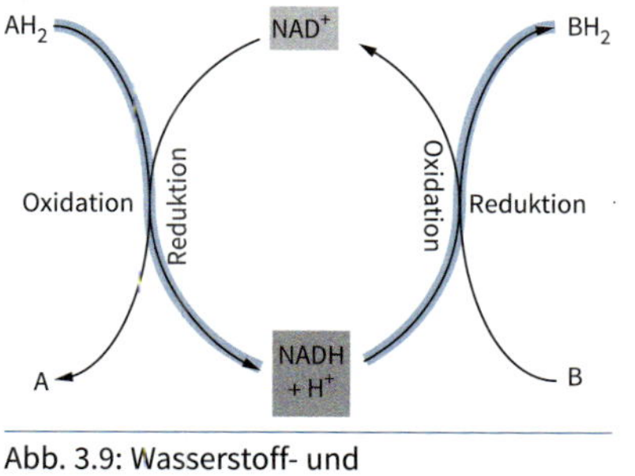

Abb. 3.9: Wasserstoff- und Elektronentransport durch NAD

3.2 Stoffabbau – Zellatmung

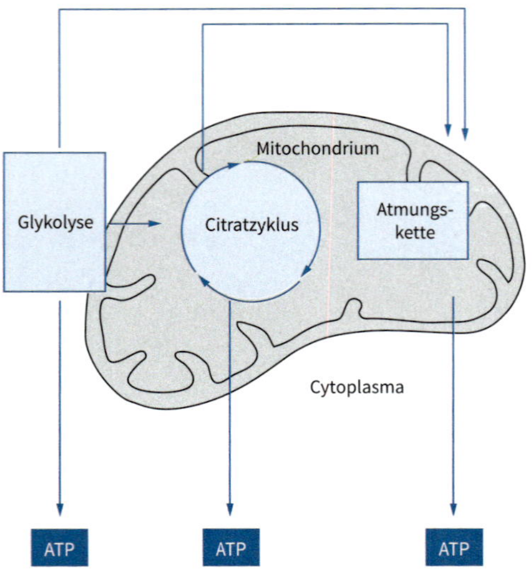

Abb. 3.10: Vereinfachtes Schema der Zellatmung

Überblick

Die Umwandlung energiereicher körpereigener Stoffe in energieärmere Stoffe bezeichnet man als **Dissimilation**. Dabei wird Energie frei gesetzt. Diese wird in Form von ATP und als Wärme nutzbar. Wird für diese Umwandlung Sauerstoff benötigt, so spricht man allgemein von **Zellatmung**.

Bei der Zellatmung wird die energiereiche Verbindung Glucose vollständig zu Kohlenstoffdioxid und Wasser oxidiert:

$$C_6H_{12}O_6 + 6\,O_2 \rightarrow 6\,CO_2 + 6\,H_2O + \text{Energie}$$

Die chemische Energie der Glucose wird dabei in mehreren Teilschritten abgegeben und in Form von ATP gespeichert. Dieses ATP kann dann von Organismen genutzt werden, um Arbeit zu leisten.

Die Teilschritte des Glucoseabbaus sind:

- Glykolyse
- Citratzyklus
- Atmungskette

Zellatmung:
- aerob
- vollständige Oxidation
- hoher Energiegewinn

Bei der Glykolyse, die im Cytoplasma stattfindet, wird Glucose zunächst in zwei C_3-Körper zerlegt. Nur ein kleiner Teil der dabei gebildeten Energie wird in Form von ATP gebunden. Frei werdende Elektronen gelangen zusammen mit Wasserstoff als $NADH + H^+$ in die Mitochondrien. Hier erfolgt im Verlauf des Citratzyklus der vollständige Abbau der C_3-Körper zu CO_2. Erneut wird dabei ATP gebildet und Elektronen werden zusammen mit Wasserstoff auf NAD^+ übertragen. Es etsteht $NADH + H^+$. Die reduzierten Cofaktoren $NADH + H^+$ aus der Glykolyse und aus dem Citratzyklus werden in der Atmungskette zur Energieerzeugung verwendet. Der überwiegende Teil der ATP-Bildung erfolgt also in den Mitochondrien („Kraftwerke der Zelle“).

Gärung:
- anaerob
- unvollständige Oxidation
- geringer Energiegewinn

Bei **Abwesenheit von Sauerstoff** können bestimmte Organismen Glucose zu Ethanol und CO_2 oder zu Milchsäure vergären. Diese unvollständige Oxidation von Nährstoffen mit dem Ziel, ATP zu gewinnen, nennt man **Gärung**. Der Energiegewinn fällt dabei im Vergleich zur vollständigen Oxidation bei der Zellatmung deutlich geringer aus.

Glykolyse

In mehreren, enzymkatalysierten Reaktionen werden aus einem Glucose-Molekül (C_6-Körper) schrittweise zwei Moleküle Pyruvat (C_3-Körper) gebildet. Zwei Teilreaktionen benötigen Energie in Form von ATP: die Bildung von Glucose-6-phosphat aus Glucose und die Reaktion von Fructose-6-phosphat zu Fructose-1,6-bisphosphat. Diesem ATP-Verbrauch steht ein Gewinn von 2 ATP-Molekülen pro C_3-Körper in zwei späteren Reaktionsschritten gegenüber. Pro C_6-Körper werden also 2 ATP-Moleküle verbraucht, aber zweimal 2 ATP-Moleküle gewonnen. Insgesamt liefert die Glykolyse damit 2 Moleküle ATP pro Molekül Glucose. Die Oxidation des C_3-Körpers Glycerinaldehyd-3-phosphat zu 1,3-Bisphosphoglycerat ist daneben mit der Reduktion von NAD^+ zu $NADH + H^+$ gekoppelt. Bilanzgleichung der Glykolyse:

Glucose + 2 NAD^+ + 2 ADP + 2 Ⓟ
→ 2 Pyruvat + 2 NADH + H^+ + 2 ATP

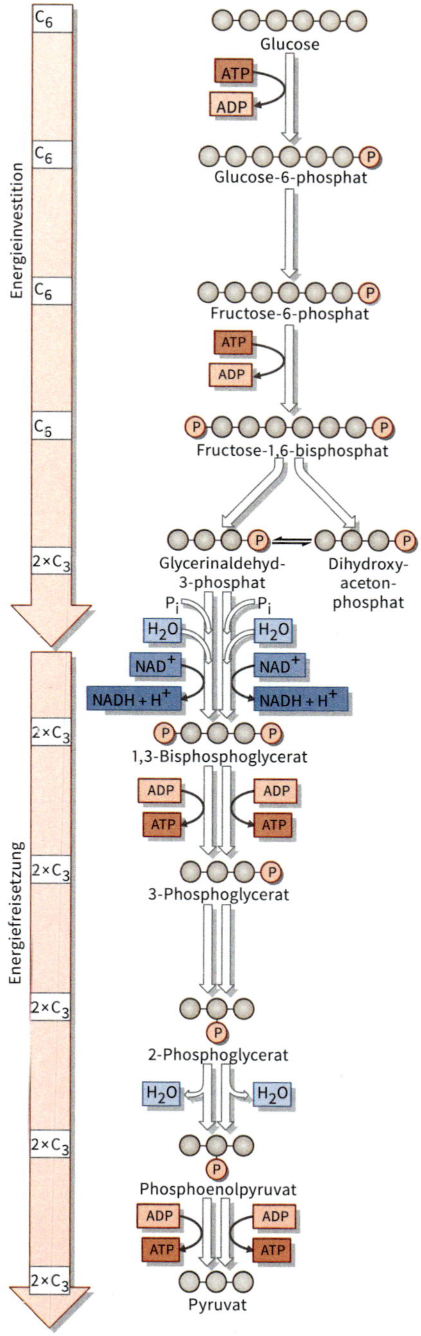

Abb. 3.11: Ablauf der Glykolyse

Gärungen

Unter aeroben Bedingungen erfolgt die weitere Oxidation von Pyruvat vollständig zu CO_2 und H_2O. Fehlt Sauerstoff, so kann Energie durch unvollständige Oxidation gewonnen werden. Die entsprechenden anaeroben Stoffwechselwege bezeichnet man als Gärungen.

- Bei der **alkoholischen Gärung** wird Pyruvat beispielsweise von Hefen zu Ethanol und CO_2 abgebaut:
  Pyruvat + NADH + H^+ → Ethanol + CO_2 + NAD^+
- Bei der **Milchsäuregärung** wandeln beispielsweise Bakterien Pyruvat in Lactat, das Anion der Milchsäure, um:
  Pyruvat + NADH + H^+ → Lactat + NAD^+.
  Auch in menschlichen Muskelzellen findet bei Sauerstoffmangel Milchsäuregärung statt.

Pro Molekül Glucose werden jeweils zwei Moleküle ATP gebildet. Das bei den Gärungen ebenfalls entstehende NAD^+ dient der Regeneration des in der Glykolyse benötigten NAD^+.

Citratzyklus

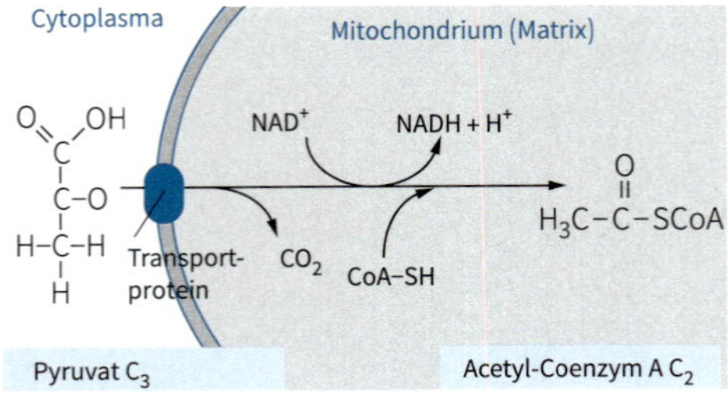

Abb. 3.12: Oxidative Decarboxylierung

Bei Anwesenheit von Sauerstoff wird der C_3-Körper Pyruvat unter Abspaltung eines CO_2-Moleküls an Coenzym A angelagert. Die entstehende C_2-Einheit, **Acetyl-Coenzym A**, wird als aktivierte Essigsäure bezeichnet. Auf die Abspaltung eines CO_2-Moleküls (Decarboxylierung) folgt unmittelbar eine Oxidation, weshalb man den Gesamtvorgang als **oxidative Decarboxylierung** bezeichnet.

Citratzyklus: nach seinem Entdecker HANS KREBS auch KREBS-Zyklus genannt

Nun beginnt der eigentliche Citratzyklus: Die C_2-Einheit Acetyl-Coenzym A reagiert zusammen mit einem C_4-Körper. Es entsteht der C_6-Körper Citrat. In Folgereaktionen können nun zwei Kohlenstoff-Atome in Form von CO_2-Molekülen den Zyklus verlassen. Die weiteren Schritte dienen der Regeneration des entstehenden C_4-Körpers zum Akzeptormolekül Oxalacetat. Auch das zweite bei der Glycolyse entstandene Molekül Pyruvat durchläuft anschließend den Citratzyklus. Damit wurden die sechs Kohlenstoff-Atome eines Glucose-Moleküls vollständig zu sechs CO_2-Molekülen oxidiert. Die Oxidation ist mit der Bildung von acht Molekülen NADH + H^+ und zwei Molekülen $FADH_2$ verbunden. Weiterhin entstehen zwei GTP-Moleküle.

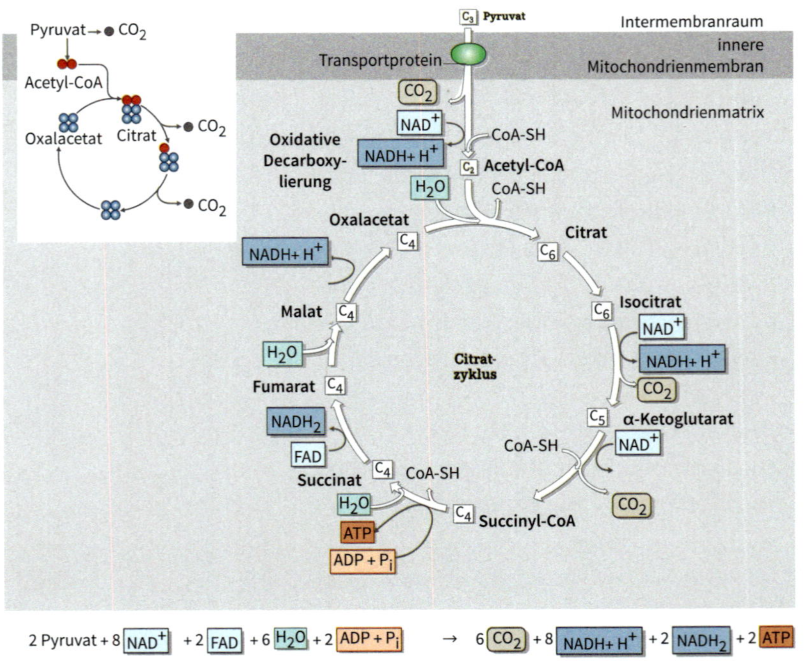

Abb. 3.13: Ablauf des Citratzyklus

Atmungskette

Im letzten Schritt der Zellatmung werden NADH + H^+ und $FADH_2$ aus der Glycolyse und dem Citratzyklus zu NAD^+ und FAD oxidiert. Die dabei freiwerdenden Elektronen und H-Atome werden auf Sauerstoff übertragen. Es entsteht Wasser. Gleichzeitig wird Energie frei. Diese mehrschrittige Reaktionfolge findet in der inneren Mitochondrienmembran statt und wird **Atmungskette** genannt.

Die Freisetzung der Elektronen von NADH + H^+ und $FADH_2$ erfolgt an speziellen Enzymkomplexen in der inneren Mitochondrienmembran. Diese Freisetzung ist mit dem Transfer von H^+-Ionen (Protonen) durch die innere Mitochondrienmembran in den Intermembranraum gekoppelt. Hierdurch entsteht ein Protonengradient, der für die Bildung von ATP genutzt wird: Protonen fließen zurück in den Matrixraum und passieren dabei ein Membranprotein, die **ATP-Synthase**. Dabei entsteht ATP. Da diese Phosphorylierung von ADP letztlich durch die Oxidation von NADH + H^+ und $FADH_2$ angetrieben wird, spricht man von einer **oxidativen Phosphorylierung.** Hierbei werden pro NADH + H^+ drei Moleküle ATP gebildet. $FADH_2$ liefert nur zwei Moleküle ATP, da seine Elektronen erst später an einem Carrierkomplex in die Atmungskette eingeschleust werden.
Bilanz: Die Atmungskette liefert aus zehn Molekülen NADH + H^+ und zwei Molekülen $FADH_2$ bis zu 34 Moleküle ATP. Allerdings müssen zwei Moleküle ATP noch für den Transport von NADH + H^+ aus dem Cytoplasma ins Mitochondrium abgezogen werden. Insgesamt ergibt ein Molekül Glucose bei seiner vollständigen Oxidation 36 Moleküle ATP.

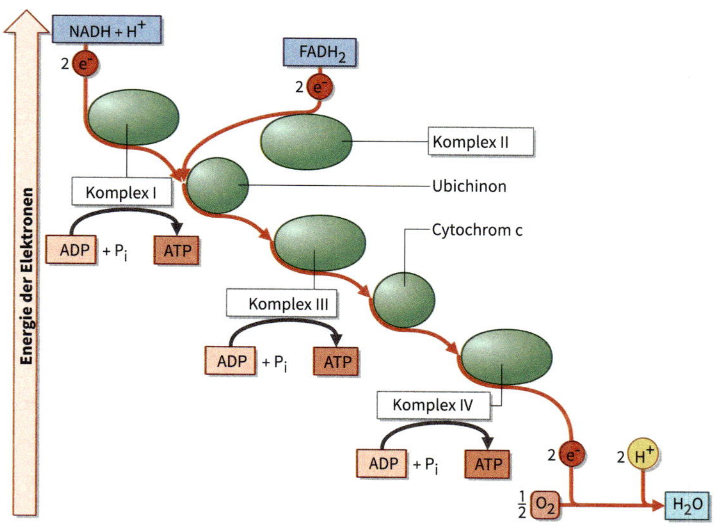

Abb. 3.14: Atmungskette und oxidative Phosphorylierung

3.3 Fotosynthese

Bedeutung der Fotosynthese

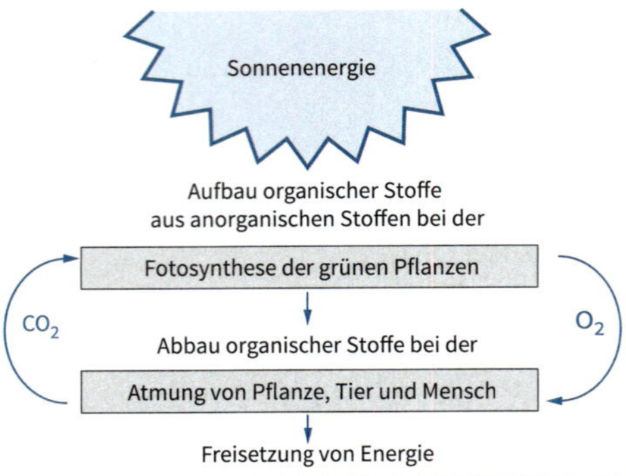

Abb. 3.15: Wechselbeziehung zwischen Fotosynthese und Zellatmung

Die Fotosynthese ist der zentrale Stoffwechselvorgang auf der Erde: Aus den energiearmen, anorganischen Stoffen Kohlenstoffdioxid und Wasser bauen Pflanzen in den Chloroplasten die energiereiche organische Verbindung Glucose auf. Als Nebenprodukt wird Sauerstoff frei. Die Energie für diese Reaktion stammt vom Sonnenlicht. Bei der Fotosynthese wird also Lichtenergie in chemische Energie umgewandelt.

Bruttogleichung der Fotosynthese

$$6\,CO_2 + 12\,H_2O \xrightarrow[\text{Chlorophyll}]{\text{Licht}} C_6H_{12}O_6 + 6\,O_2 + 6\,H_2O$$

gr. *autos* = selbst
gr. *trophos* = Nahrung
gr. *heteros* = fremd

Pflanzen nutzen die gebildete Glucose für den Aufbau körpereigener Stoffe (Baustoffwechsel). Sie sind **autotrophe Organismen**. Die erzeugte pflanzliche Biomasse bildet die Nahrungsgrundlage für alle übrigen Lebewesen. Diese **heterotrophen Organismen** bauen die organischen Stoffe im Verlauf der Zellatmung wieder zu energiearmen anorganischen Stoffen ab. Dabei wird Kohlenstoffdioxid freigesetzt. Der Kreislauf schließt sich. Damit schafft die Fotosynthese die Voraussetzung für das Leben auf unserer Erde.
Daneben wird die erzeugte Glucose bei Pflanzen – wie bei heterotrophen Organismen auch – zur Energieumwandlung im Verlauf der Zellatmung genutzt.

Außenfaktoren der Fotosynthese

Die Fotosynthese wird im Wesentlichen von den Außenfaktoren Licht, Temperatur und Kohlenstoffdioxid beeinflusst.

Licht

Die Fotosyntheseleistung einer Pflanze kann über die CO_2-Aufnahme experimentell verfolgt werden. Allerdings bauen Pflanzen bei der Zellatmung Nährstoffe ab, sodass immer auch CO_2 produziert wird. Dieses CO_2 kann von der Pflanze direkt für die Fotosynthese verwendet werden. Die experimentell bestimmte CO_2-Aufnahme gibt also nur die scheinbare *(apparente)* Fotosyntheseleistung wieder.

Untersucht man die Abhängigkeit der Fotosyntheseleistung von der Lichtintensität, so erhält man eine Sättigungskurve. Bei geringen Lichtintensitäten überwiegt die CO_2-Abgabe durch Zellatmung die fotosynthetische CO_2-Aufnahme. Der **Lichtkompensationspunkt** charakterisiert die Lichtintensität, bei der sich CO_2-Abgabe und CO_2-Aufnahme entsprechen. Die apparente Fotosyntheseleistung steigt danach proportional zur Lichtintensität. Ab einer bestimmten Lichtintensität führt auch eine weitere Zunahme der Lichtintensität zu keiner Erhöhung der Fotosyntheseleistung (**Lichtsättigung**).
Schattenpflanzen besitzen im Gegensatz zu Sonnenpflanzen geringere Lichtkompensationspunkte und niedrigere Lichtsättigungen.

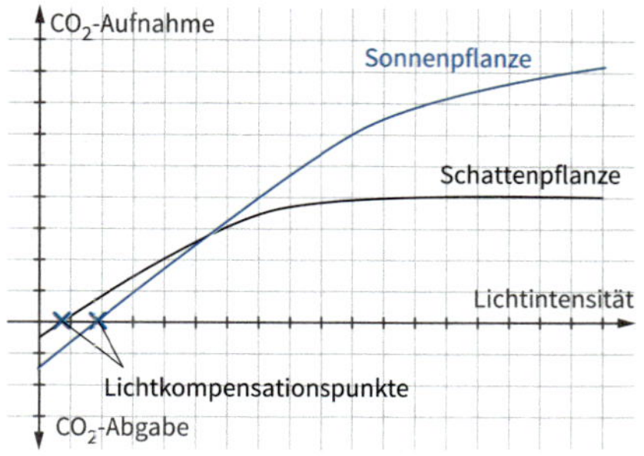

Abb. 3.16: Abhängigkeit der Fotosynthese von der Lichtintensität

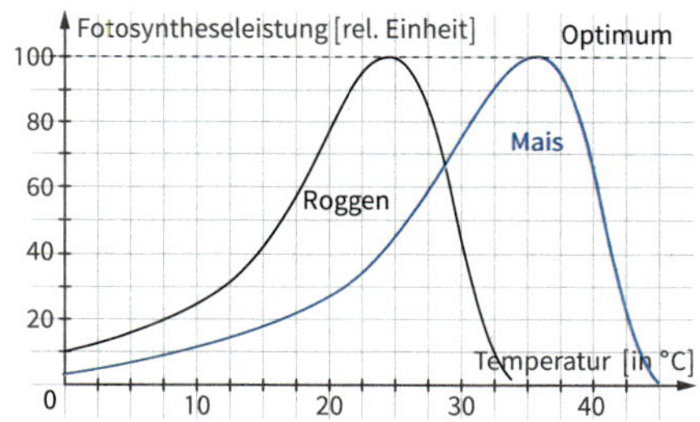

Abb. 3.17: Abhängigkeit der Fotosynthese von der Temperatur bei verschiedenen Pflanzen

Temperatur

Bei hoher Lichtintensität wird die Fotosyntheserate maßgeblich von der Temperatur bestimmt. Die Fotosynthese zeigt dann die für enzymkatalysierte Reaktionen typische Temperaturabhängigkeit. Trägt man die Fotosyntheseleistung gegen die Temperatur auf, so ergeben sich charakteristische Optimumkurven. Die Lage der drei Kardinalpunkte Minimum, Optimum und Maximum ist abhängig vom Standort und der jeweiligen Pflanzenart.
Eine strenge Temperaturabhängigkeit ergibt sich nur dort, wo enzymatische Reaktionen bestimmend sind. So steigt bei Starklicht die Fotosynthese mit zunehmender Temperatur stark an und erreicht bei einheimischen sommergrünen Pflanzen bei 20 bis 35 °C ihr Optimum. Wirken fotochemische Reaktionen limitierend (→ lichtabhängige Reaktionen, Seite 39), so ist der Temperatureinfluss gering. Bei Schwachlicht hat die Erhöhung der Temperatur praktisch keinen Einfluss auf die Fotosynthese.

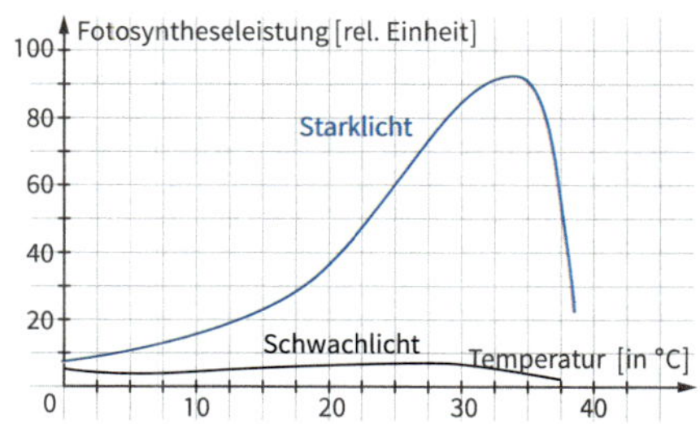

Abb. 3.18: Abhängigkeit der Fotosynthese von der Temperatur bei verschiedenen Lichtintensitäten

Kohlenstoffdioxid

Der CO_2-Gehalt der Luft beträgt ca. 0,04 Vol. %. Er liegt damit deutlich unter dem Optimum der Pflanzen von etwa 0,1 Vol. %. Die Fotosyntheseleistung lässt sich daher, bei sonst optimalen Bedingungen, durch künstliche Begasung mit CO_2 beträchtlich steigern.

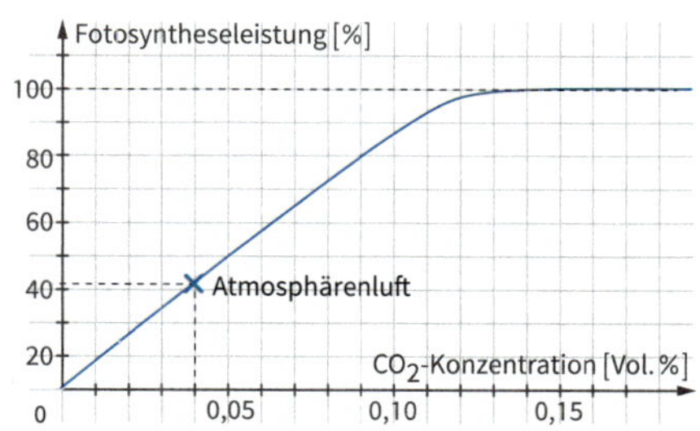

Abb. 3.19: Abhängigkeit der Fotosynthese von der Kohlenstoffdioxid-Konzentration

Minimumgesetz

LIEBIG (1862): „Der im Minimum vorhandene Ernährungsfaktor bestimmt das Wachstum der Pflanzen."

Sämtliche Faktoren wirken bei der Fotosynthese zusammen, wobei der am weitesten vom Optimum entfernte Faktor die Fotosyntheserate am meisten beeinflusst. Man spricht hier auch vom sogenannten **Minimumgesetz**. So bleibt etwa die Fotosyntheserate trotz optimaler Licht- und Temperaturverhältnisse begrenzt, wenn zu wenig Kohlenstoffdioxid vorhanden ist.

Lichtabsorption und Fotosysteme

Bau der Chloroplasten

Grüne Blätter enthalten Chloroplasten, die von einer Doppelmembran umschlossen sind. Die innere Membran schnürt zahlreiche Membransäckchen, die Thylakoide, ab. Man unterscheidet zwei Typen: In der Grundsubstanz, dem Stroma, findet man einzeln liegende Stromathylakoide. Daneben erkennt man geldrollenartige Stapel, die Grana genannt werden. Sie bestehen aus übereinanderliegenden Granathylakoiden. Der Innenraum des Chloroplasten wird durch dieses zusammenhängende Membransystem in zwei getrennte Reaktionsräume gegliedert.

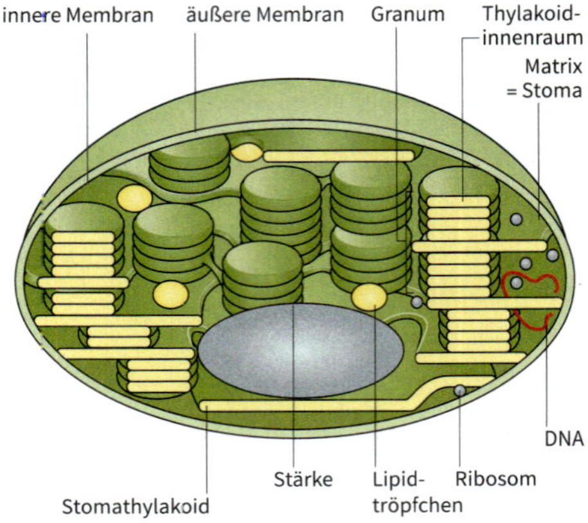

Abb. 3.20: Aufbau eines Chloroplasten

Absorptionsspektrum

Absorption lat. *absorbere* = aufsaugen

In den Thylakoiden der Chloroplasten befinden sich verschiedene Blattfarbstoffe. Diese absorbieren in unterschiedlichem Maße Licht. Trägt man die Lichtabsorption dieser Farbstoffe gegen die Wellenlänge des Lichts auf, so erhält man das Absorptionsspektrum. Dabei zeigt sich:

- Chlorophyll a absorbiert vorwiegend im blauen und roten Bereich.
- Chlorophyll b besitzt Absorptionsmaxima, die zu mittleren Wellenlängen verschoben sind.
- Sämtliche Pigmente zeigen nur geringe Absorption im grünen Bereich (Grünlücke).

Wirkungsspektrum

Bestrahlt man lebende Pflanzen mit Licht unterschiedlicher Wellenlänge, so kann man über die gebildete Sauerstoffmenge die Fotosyntheseleistung bestimmen.

Die grafische Darstellung dieser Messwerte zeigt das Wirkungsspektrum.

Es zeigt, bei welchen Wellenlängen die Fotosynthese am besten läuft.

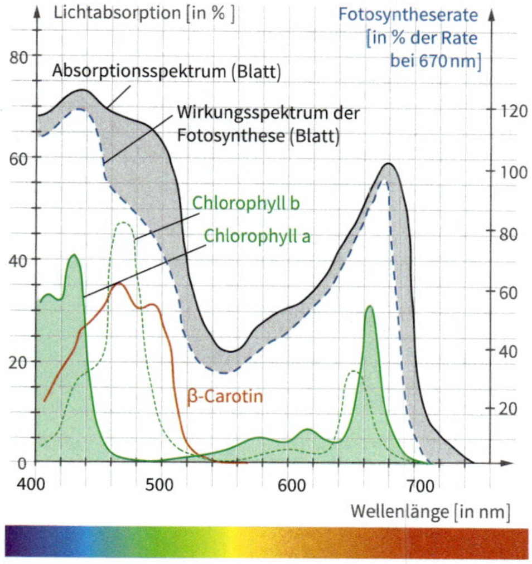

Abb. 3.21: Absorptions- und Wirkungsspektrum im Vergleich

Der Vergleich von Absorptions- und Wirkungsspektrum zeigt:

- Nur absorbiertes Licht ist fotosynthetisch wirksam.
- Chlorophyll a ist das zentrale Fotosynthese-Pigment, hier stimmen die Maxima beider Spektren überein.
- Chlorophyll b und β-Carotin verringern die Grünlücke, indem sie Licht dort absorbieren, wo Chlorophyll a nicht absorbiert. Sie dienen als **Antennenpigmente**.

ENGELMANN'scher Bakterienversuch

Dieser Versuch gibt in einfacher Form ein fotosynthetisches Wirkungsspektrum wieder: Eine Fadenalge wird mit Licht unterschiedlicher Wellenlängen bestrahlt. Zugegebene sauerstoffliebende Bakterien lagern sich bei Belichtung bevorzugt da an, wo die Fotosynthese der Alge ihre Leistungsmaxima aufweist: im blau-violetten und orange-roten Bereich des sichtbaren Lichts.

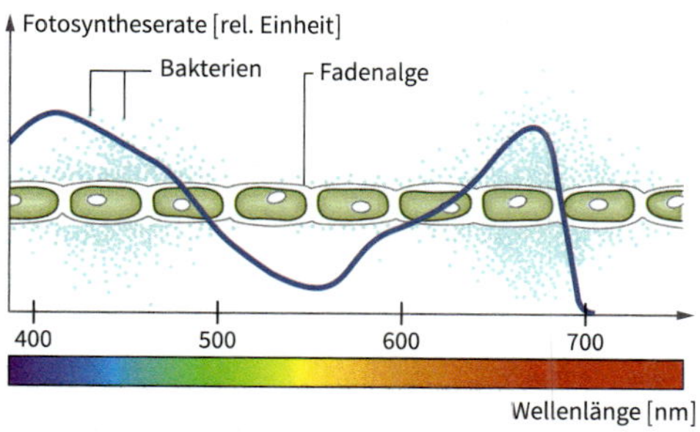

Abb. 3.22: ENGELMANN-Versuch

THEODOR WILHELM ENGELMANN (1843 – 1909) führte diesen Versuch erstmalig durch.

Fotosysteme

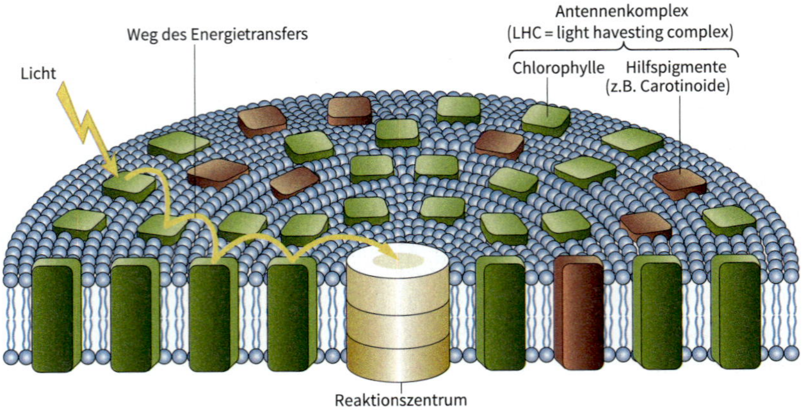

Abb. 3.23: Antennenkomplexe und Reaktionszentrum eines Fotosystems

Fotosysteme sind funktionelle Einheiten aus verschiedenen Fotosynthesefarbstoffen, die sich in den Thylakoidmembranen der Chloroplasten befinden. Sie besitzen einen lichtsammelnden **Antennenkomplex**, der aus zahlreichen Chlorophyll-Molekülen und Carotinoiden beseht. Er wird auch als LHC-Komplex *(light harvesting complex)* bezeichnet. Die verschiedenen Farbstoffmoleküle dienen als Antennenpigmente, indem sie Licht unterschiedlicher Wellenlänge absorbieren und die entsprechende Energie innerhalb des Komplexes an ein besonderes Chlorophyll-a-Molekül weiterleiten, das **Reaktionszentrum**. Nur dieses kann die absorbierte Energie in fotochemische Arbeit umwandeln, indem es ein energiereiches Elektron an einen Akzeptor weiterleitet.

Belichtet man Algen mit rotem Licht von 700 nm, so ist die Fotosyntheseleistung gering. Vergleichbares zeigt sich bei Bestrahlung mit Licht von 680 nm. Die gleichzeitige Gabe von Licht beider Wellenlängen, führt zu einer mehr als doppelt so großen Fotosyntheseleistung. Dieser nach seinem Entdecker bezeichnete **Emerson-Effekt** lässt sich nur durch die Annahme zweier zusammenhängender Fotosysteme erklären, die einzeln weniger leisten als in Kombination. Man nennt sie **Fotosystem I** und **Fotosystem II**. Im Fotosystem I besteht das Reaktionszentrum aus Chlorophyll-a-Molekülen, die am besten bei 700 nm absorbieren (**P700**). Das Reaktionszentrum von Fotosystem II hat sein Absorptionsmaximum bei 680 nm (**P680**).

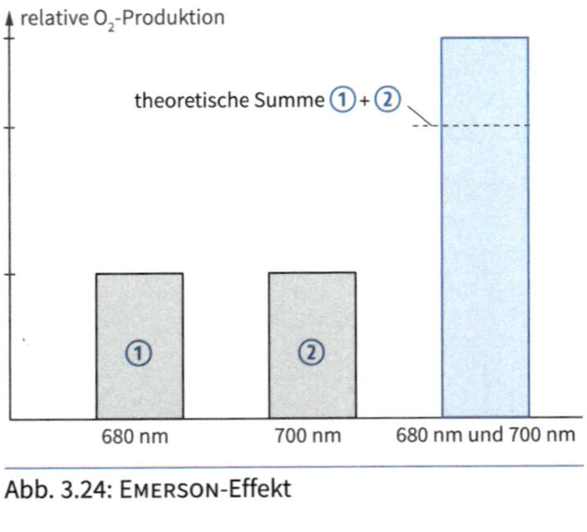

Abb. 3.24: Emerson-Effekt

Lichtabhängige Reaktionen

Die Fotosynthese lässt sich in zwei Teilvorgänge untergliedern: In die lichtabhängige Bildung von Sauerstoff, NADPH + H⁺ und ATP (Primärreaktion) sowie die lichtunabhängige Reduktion von CO_2 zu Glucose (Sekundärreaktion).

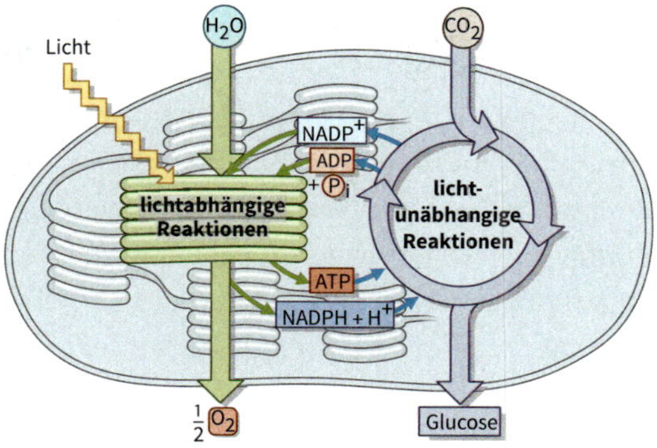

Abb. 3.25: Zusammenwirken lichtabhängiger und lichtunabhängiger Reaktion

P680 und die Fotolyse des Wassers

Lichtenergie wird von den Antennenkomplexen des Fotosystems II absorbiert und zum Reaktionszentrum P680 weitergeleitet. Das Chlorophyll-a-Molekül gelangt dadurch in einen angeregten Zustand und gibt ein energiereiches Elektron an ein Akzeptormolekül weiter. Im Chlorophyll-a-Molekül wird die entstandene Elektronenlücke durch Elektronen gefüllt, die aus der Spaltung von Wasser stammen. Wassermoleküle werden bei dieser sogenannten **Fotolyse** durch Licht und Enzyme in Sauerstoff, Protonen und Elektronen zerlegt. Der gebildete Sauerstoff stammt folglich vom Wasser und nicht vom CO_2. Den Nachweis erbrachte R. HILL: Belichtete Chloroplasten bilden in Gegenwart eines künstlichen Elektronenakzeptors auch ohne Kohlenstoffdioxid Sauerstoff.

Fotolyse
$2\,H_2O \rightarrow 4\,H^+ + O_2 + 4\,e^-$

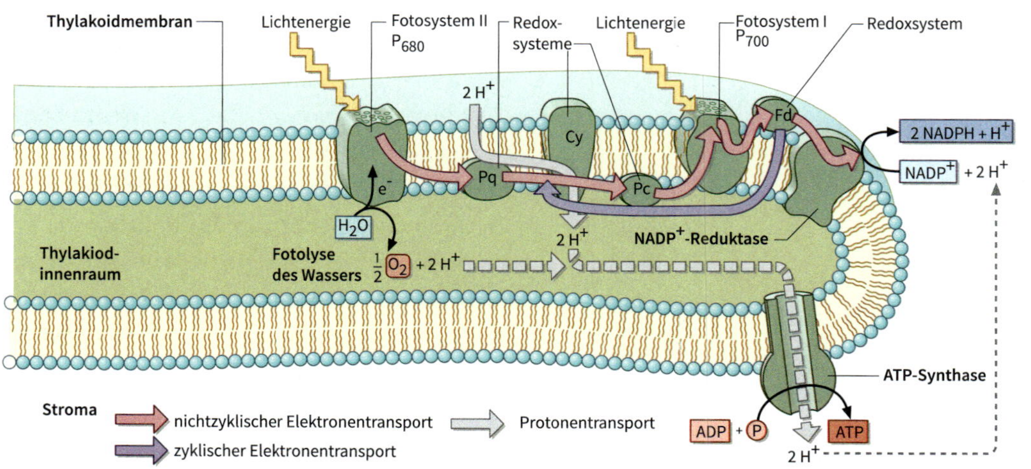

Abb. 3.26: Schema der lichtabhängigen Reaktionen

Elektronentransport und ATP-Bildung

Die angeregten Elektronen fließen über eine Elektronentransportkette vom Akzeptormolekül des Fotosystems II zum Fotosystem I. Während dieses Transfers passieren sie verschiedene Redoxsysteme (Pq, Cy und Pc). Der Elektronentransfer läuft bergab, das heißt von Redoxsystemen mit hohem Energieniveau auf solche mit niedrigerem Energieniveau. Dabei werden H^+-Ionen gegen das Konzentrationsgefälle in den Thylakoid-Innenraum gepumpt. Der entstehende Protonengradient wird zur ATP-Bildung genutzt. Protonen fließen durch das Enzym ATP-Synthase zurück ins Stroma und bilden dabei ATP (**Fotophosphorylierung**). Die Elektronen gelangen im weiteren Verlauf zum Fotosystem I (P700). Hier füllen sie die Elektronenlücke auf, die dort durch eine weitere lichtinduzierte Anregung eines Elektrons entstanden ist. Das Elektron wird von einem Redoxsystem (Fd) übernommen und auf $NADP^+$ übertragen. Es entsteht $NADPH + H^+$.

Zyklischer Elektronentransport

Bei ausreichend hoher Konzentration an $NADPH + H^+$ in der Zelle ist auch ein Elektronenfluss nur über Fotosystem I möglich: Dabei fließen die vom P700 auf Fd übertragenen Elektronen über Cy zum P700 zurück und erzeugen dabei ATP.

Lichtunabhängige Reaktionen

Die lichtunabhängigen Reaktionen finden in einer Art Kreisprozess statt, der nach seinem Entdecker **CALVIN-Zyklus** genannt wird.

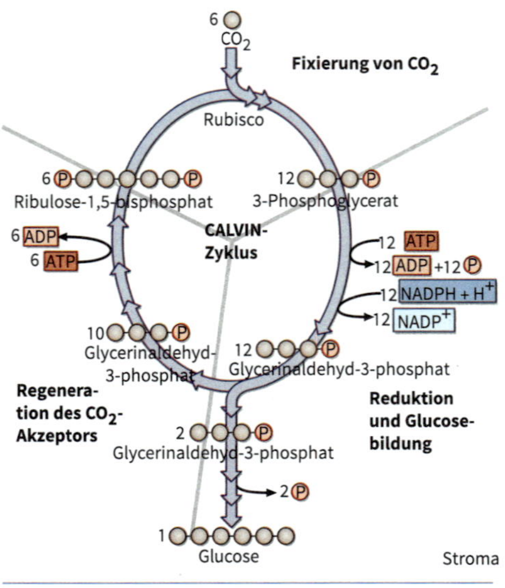

Abb. 3.27: Schema des CALVIN-Zyklus

Er lässt sich in drei Abschnitte unterteilen:

a) **Fixierung von CO_2:** Primärakzeptor für CO_2 ist ein C_5-Körper (Ribulose-1,5-bisphosphat). Der erste Schritt wird durch ein Enzym mit der Kurzbezeichnung Rubisco katalysiert. Das dabei entstehende Produkt, ein C_6-Körper, ist instabil und zerfällt in zwei C_3-Körper (3-Phosphoglycerat).

b) **Reduktion des C_3-Körpers:** Die Produkte der Primärreaktionen, ATP und $NADPH + H^+$, werden zur Reduktion des C_3-Körpers eingesetzt. Zwei entstehende C_3-Körper (Glycerinaldehyd-3-phosphat) werden in mehreren Reaktionsschritten zum C_6-Körper Glucose umgesetzt.

c) **Regeneration des Primärakzeptors:** 10 C_3-Körper werden in mehreren enzymkatalysierten Schritten zu 6 C_5-Körpern umgebaut.

C_4- und CAM-Pflanzen

Die meisten grünen Pflanzen schließen in der Mittagszeit eines heißen und trockenen Sommertages ihre Spaltöffnungen, um den Wasserverlust durch Transpiration einzuschränken. Gleichzeitig wird so die CO_2-Aufnahme eingeschränkt und die Fotosyntheseleistung begrenzt. Die verringerte CO_2-Konzentration hat einen weiteren Effekt zur Folge: Das Enzym *Rubisco* (→ Seite 40) bindet nun O_2 anstelle von CO_2. Das entstehende Produkt zerfällt, wobei die gebildeten Moleküle im weiteren Verlauf abgebaut werden. Bei dieser **Lichtatmung** (Fotorespiration) werden aber weder Nährstoffe noch ATP gebildet. Dadurch wird die Fotosyntheseleistung zusätzlich gemindert.

C_4-Pflanzen

Bei einigen Pflanzen wird CO_2 zuerst an einen C_3-Körper (Phosphoenolpyruvat, PEP) gebunden. Das katalysierende Enzym *PEP-Carboxylase* hat eine deutlich höhere Affinität zu CO_2 als *Rubisco*, sodass auch bei geringer CO_2-Versorgung ausreichend Fotosynthese betrieben werden kann. Die bei dieser CO_2-Fixierung gebildete Äpfelsäure hat vier C-Atome, weshalb man diese Pflanzen C_4-Pflanzen nennt. Im Gegensatz dazu sind Pflanzen, bei denen CO_2 mithilfe des Enzyms *Rubisco* gebunden wird, C_3-Pflanzen. Im anatomischen Aufbau der Blätter zeigen C_4-Pflanzen Besonderheiten: Sie besitzen Bündelscheidenzellen, die die Leitbündel umschließen. Zwischen der Leitbündelscheide und der Blattepidermis liegen die Mesophyllzellen. Hier erfolgt die CO_2-Fixierung. Anschließend werden die C_4-Körper in die Bündelscheidenzellen transportiert, in denen CO_2 wieder freigesetzt und anschließend gebunden wird. Aufgrund der höheren CO_2-Konzentration findet jetzt kein Stoffverlust durch Lichtatmung statt. Es folgt die Weiterverarbeitung über den CALVIN-Zyklus. Bei optimaler Lichtversorgung zeigen C_4-Pflanzen eine höhere Zuwachsrate als C_3-Pflanzen. Zu diesen **Hochleistungspflanzen** gehören beispielweise Mais, Zuckerrohr und Hirse.

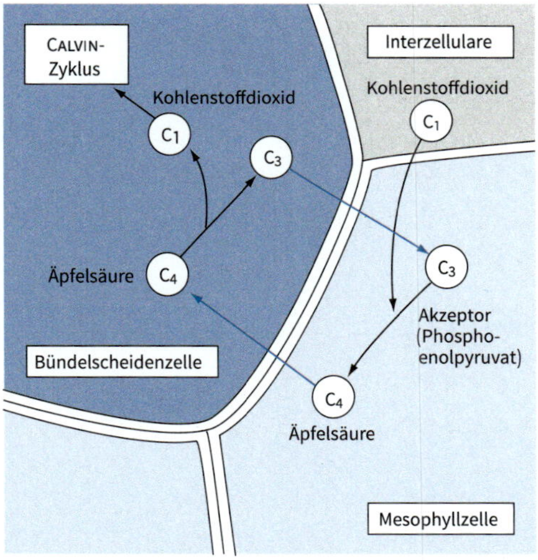

Abb. 3.28: Stoffwechselweg der C_4-Pflanzen

CAM-Pflanzen

Eine weitere Form der Anpassung an trockene Standorte zeigen **CAM-Pflanzen** *(**C**rassulaceen **A**cid **M**etabolism)*. Zu ihnen zählen Dickblattgewächse *(Crassulaceen)*, aber auch Kakteen und Ananaspflanzen. Sie öffnen nachts ihre Spaltöffnungen und schließen sie tagsüber. Dadurch vermeiden sie Wasserverluste. Die notwendige CO_2-Aufnahme erfolgt wie bei C_4-Pflanzen: Nachts wird Äpfelsäure in Vakuolen gespeichert, wodurch der pH-Wert des Zellsaftes sinkt. Bei Tagesbeginn schließen die Spaltöffnungen, Äpfelsäure wird wieder gespalten und der pH-Wert steigt. Wegen der regelmäßigen Änderung des Säuregehaltes im Tag-Nacht-Wechsel spricht man vom **diurnalem Säurezyklus**. Das freigesetzte CO_2 wird tagsüber im CALVIN-Zyklus verarbeitet. CAM-Pflanzen sind im Vergleich zu C_3-Pflanzen effektive Wassersparer bei allerdings deutlich niedrigerer Produktivität.

Überblick

Stoffabbau – Zellatmung

- Glykolyse
  - Zerlegung des C_6-Körpers Glucose in zwei C_3-Körper (Pyruvat)
  - Bildung von ATP und NADH + H^+
  - Ort: Cytoplasma
- Gärung
  - ohne Sauerstoff
  - Zerlegung des C_6-Körpers in Ethanol und CO_2 oder Lactat
  - Bildung von ATP
- Citratzyklus
  - schrittweise Oxidation des C_3-Körpers zu drei Molekülen CO_2
  - Bildung von GTP (≙ ATP)
  - Ort: Matrix der Mitochondrien
- Atmungskette
  - Elektronentransfer zum Sauerstoff; ATP-Bildung
  - Ort: innere Mitochondrienmembran

Stoffaufbau – Fotosynthese

- Lichtabhängige Reaktionen
  - Fotolyse des Wassers
  - Transfer von Elektronen über Redoxsysteme zu $NADP^+$
  - Protonengradient zur Energiebildung (Fotophosphorylierung)
  - Ort: Thylakoid-Membran
- Lichtunabhängige Reaktionen/CALVIN-Zyklus
  - Cofaktoren und ATP zur Reduktion von CO_2; Bildung von Glucose
  - Ort: Stroma der Chloroplasten

Genetik

4

In knapper Form werden zunächst die von MENDEL entdeckten Regelmäßigkeiten der Vererbung und deren cytologische Grundlagen thematisiert. Es folgt das zentrale Teilkapitel Molekulare Genetik mit den Themen Bau und Funktion der DNA, Proteinbiosynthese und Genregulation. Weitere wichtige Bereiche der modernen Genetik wie die Bakterien- und Virengenetik, die Gentechnik und die Humangenetik werden anschließend in eigenen Teilkapiteln behandelt.

4.1 Cytologische Grundlagen der Vererbung

Chromosomen

Chromosomen bestehen aus einem linearen DNA-Molekül und basisch reagierenden Proteinen, den **Histonen**. Die DNA windet sich um die Außenseite der Histone und bildet so die **Nucleosomen**. Sie erscheinen auf dem DNA-Faden aufgereiht wie eine Perlenkette.

Die fortgesetzte Auffaltung der Kette führt zur Chromatinfaser. Sie ist die typische Chromosonengestalt während der Interphase.

Verdichtet sich die Chromatinfaser durch weitere Aufwindungen und Faltungen extrem weiter, so wird sie nun unter dem Lichtmikroskop als Metaphase-Chromosom sichtbar. Dieses zeigt eine charakteristische Gestalt und besteht aus zwei Hälften, den **Chromatiden**, die in der Mitte durch das **Centromer** verbunden sind.

Die beiden Chromatiden eines solchen **Zwei-Chromatiden-Chromosoms** sind genetisch identisch und werden als Schwesterchromatiden bezeichnet. Im Verlauf der Zellteilung werden die Chromatiden getrennt. Die Chromosomen liegen dann als **Ein-Chromatid-Chromosom** vor.

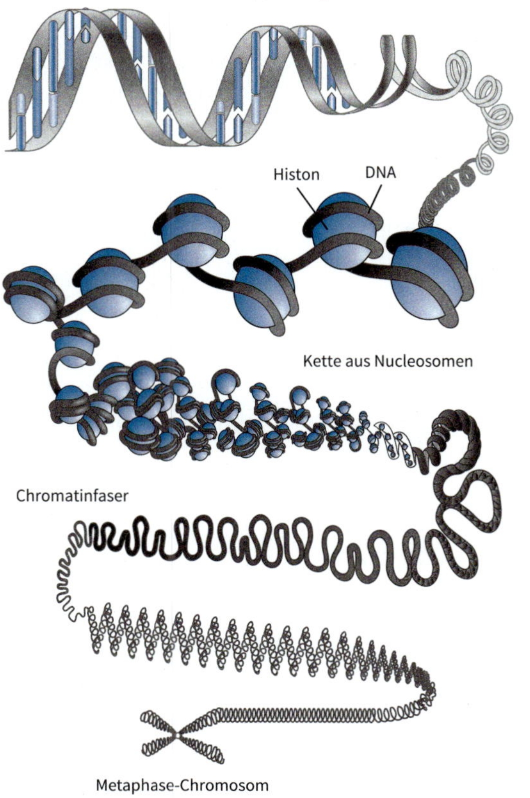

Abb. 4.1: „Verpackung“ der DNA

In einem Karyogramm menschlicher Körperzellen lassen sich Chromosomen nach Größe und Aussehen ordnen. Jeweils zwei Chromosomen einer Körperzelle zeigen ähnliche Gestalt. Man nennt sie **homologe Chromosomen**: Je eins stammt ursprünglich von der Mutter, das andere vom Vater. Homologe Chromosomen besitzen dieselbe Länge, dieselbe Position des Centromers und dasselbe Bandenmuster – sind aber genetisch verschieden.

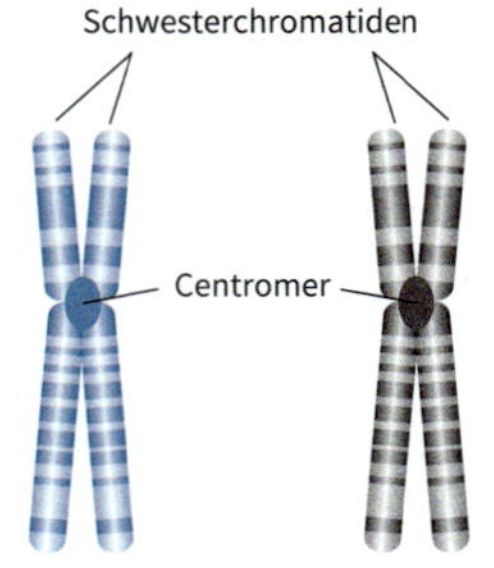

Abb. 4.2: Schematische Darstellung eines homologen Chromosomenpaares

Im Karyogramm erkennt man zwei besondere Chromosomen, die **Geschlechtschromosmen** oder auch **Gonosomen**. Sie bestimmen beim Menschen das Geschlecht. Die übrigen Chromosomen nennt man Körperchromosomen oder **Autosomen**.

Der Kern einer Körperzelle enthält je einen Chromosomensatz von Mutter und Vater, er ist diploid (Abkürzung: 2 n). In den Keimzellen liegt nur ein einfacher, haploider Chromosomensatz vor (1 n).

Merke

Die beiden Chromatiden eines Zwei-Chromatiden-Chromosoms sind genetisch identisch.
Die beiden homologen Chromosomen haben zwar ähnliche Gestalt, sind aber nicht genetisch identisch.

Mitotische Zellteilung

Zellzyklus = Interphase + Mitose + Cytokinese

Zellzyklus

Das Ziel einer jeden Zellteilung ist die Bildung genetisch identischer Tochterzellen. Dies wird durch Verdopplung vorhandener Erbinformation und anschließende, exakte Teilung erreicht. Den sich wiederholenden Vorgang aus Verdopplung (Interphase) und Teilung von Erbinformation (Mitose), einschließlich der zufälligen Aufteilung der übrigen Zellbestandteile (Cytokinese), nennt man Zellzyklus.

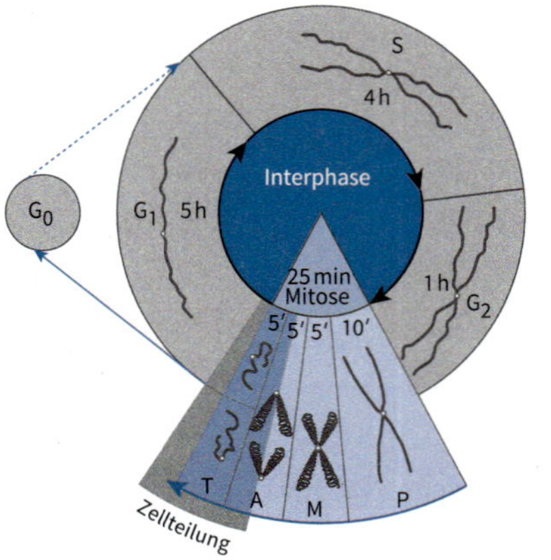

Abb. 4.3: Zellzyklus im Überblick

Interphase

Man unterscheidet drei Abschnitte:

- **G_1-Phase** – Wachstumsphase. Die Chromosomen liegen als entspiralisierte DNA-Moleküle vor (Ein-Chromatid-Chromosom).
- **S-Phase** – Verdopplung der DNA. Ein-Chromatid-Chromosomen werden zu Zwei-Chromatid-Chromosomen.
- **G_2-Phase** – Weiteres Wachstum der Zelle. Vorbereitungen für die Mitose und Zellteilung kommen zum Abschluss.

Zellen, die ihre Teilungsfähigkeit verloren haben oder sich längere Zeit nicht teilen, befinden sich in der **G_0-Phase**.

Mitose

Aufgrund sichtbarer Veränderung der Chromosomengestalt unterscheidet man allgemein vier Phasen:

- **Prophase** – Spiralisierung und Verkürzung der Chromosomen (Kondensation). Chromosomen bestehen aus Zwei-Chromatiden-Chromosomen, die durch das Centromer miteinander verbunden sind. Der Spindelapparat bildet die Spindelfasern.
- **Metaphase** – Maximale Verkürzung der Chromosomen. Anordnung in der Zellmitte zwischen den Zellpolen zur Äquatorialebene. Spindelfasern verbinden das Centromer eines jeden Chromatids mit den Zellpolen.
- **Anaphase** – Verkürzung der Spindelfasern. Trennung der Zwei-Chromatiden-Chromosomen am Centromer und Wanderung der Ein-Chromatid-Chromosomen zu den Zellpolen.
- **Telophase** – Entspiralisierung der Chromosomen, Bildung der Kernmembran.

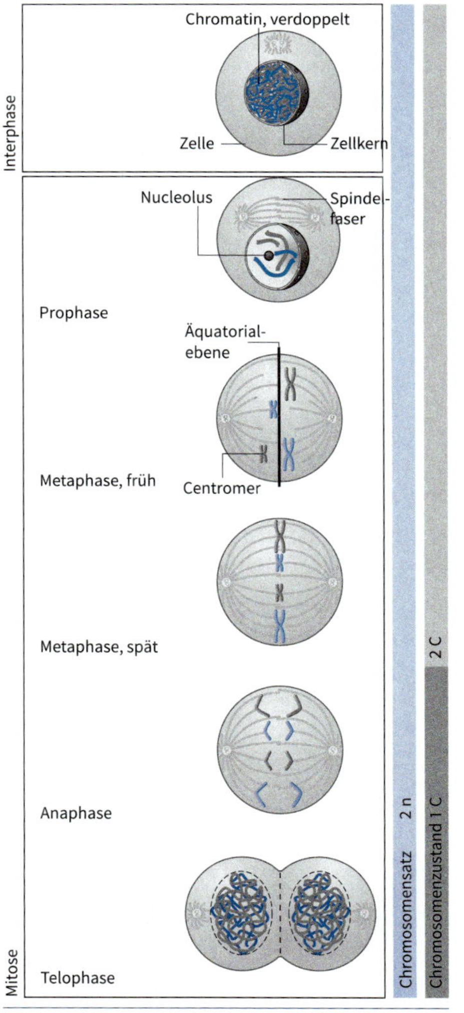

Abb. 4.4: Interphase und mitotische Zellteilung

Cytokinese

Die Zelle wird in der Äquatorialebene durchschnürt, nachdem die Tochterzellen je einen Zellkern erhalten haben. Jede Zelle besitzt damit einen vollständigen diploiden Satz aus Ein-Chromatid-Chromosomen.

Während des gesamten Vorgangs der Mitose bleibt der diploide Chromosomensatz erhalten. Beide Tochterzellen erhalten das vollständige identische Erbmaterial.

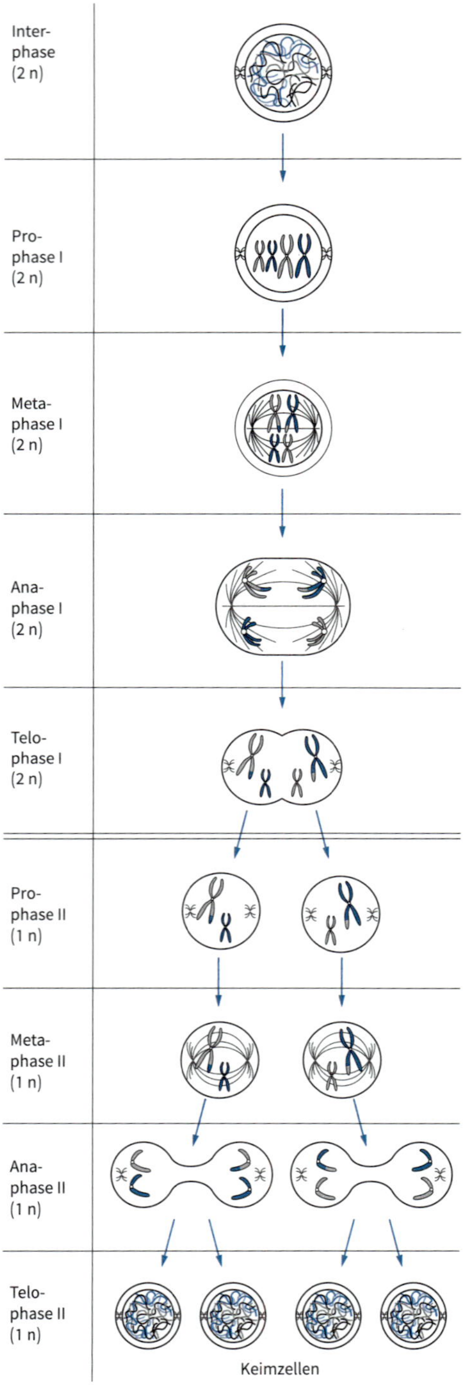

Abb. 4.5: Meiose und Zellteilung

Meiotische Zellteilung

Die Meiose verfolgt zwei zentrale Ziele:

- **Reduktionsteilung:** Die Anzahl der Chromosomen ist artspezifisch. Um diese Chromosomenanzahl auch in nachfolgenden Generationen dauerhaft zu erhalten, muss ihre Zahl bei der Bildung der Keimzellen halbiert werden. Es findet eine Reduktion des diploiden Chromosomensatzes zum haploiden Satz statt ($2\,n \rightarrow 1\,n$).
- **Rekombination:** Die Meiose führt zur Durchmischung des ursprünglich väterlichen und mütterlichen Erbmaterials. Die Rekombination stellt damit die Grundlage für die genetische Verschiedenheit der Individuen dar.

Ablauf der Meiose

Nach einer Interphase liegen die Chromosomen zunächst als Zwei-Chromatiden-Chromosomen vor. Die Meiose verläuft dann in zwei hintereinanderfolgenden Teilungen.

Reifeteilung I

- **Prophase I:** Homologe Chromosomen lagern sich parallel nebeneinander an (Paarung). Beim Mensch bilden sich so aus 46 Chromosomen 23 Chromosomenpaare. Nach weiterer Spiralisierung werden nun die vier Chromatiden eines jeden homologen Chromosomenpaares sichtbar (Tetrade).
- **Metaphase I:** Anordnung der Chromosomenpaare in der Äquatorialebene.
- **Anaphase I:** Trennung der homologen Chromosomenpaare.
- **Telophase I:** Teilung der Zellen. Beim Mann entstehen zwei gleich große Zellen. Bei der Frau entstehen durch ungleiche Verteilung des Plasmas eine große und eine kleine Zelle.
  Aus der größeren Zelle entsteht später die Eizelle. Die kleinere, plasmaärmere Zelle wird Polkörperchen oder auch Richtungskörper genannt.

Reifeteilung II

Diese Teilung gleicht in ihrem Verlauf einer Mitose. Dabei werden die Chromatiden eines Zwei-Chromatiden-Chromosoms geteilt. Das Ergebnis sind beim Mann vier gleichgroße haploide Spermien. Bei der Frau entsteht eine haploide Eizelle und drei kleine Polkörperchen. Letztere gehen zugrunde.

Konsequenzen aus der Meiose

Bereits während der ersten Reifeteilung der Meiose werden die beiden zentralen Ziele der Meiose erreicht, die Reduktion der Chromosomenzahl (2 n → 1 n) und die Durchmischung des Erbmaterials (Rekombination). Bei letzterer unterscheidet man zwei Formen: die inter- und die intrachromosomale Rekombination.

Interchromosomale Rekombination

lat. *inter* = zwischen; *recombinare* = wieder verknüpfen

Unter dem Begriff interchromosomale Rekombination versteht man die Durchmischung des Erbmaterials durch die zufallsbedingte Verteilung mütterlicher und väterlicher Chromosomen im Verlauf der Reifeteilung I. Die Anordnung homologer Chromosomen während der Metaphase I geschieht so, dass in unregelmäßiger Abfolge mal ein Chromosom väterlicher, mal eines mütterlicher Herkunft oberhalb der Äquatorialebene liegt. Bei zwei homologen Chromosomenpaaren können so vier verschiedene Kombinationen entstehen. Abhängig von der Anzahl der homologen Chromosomenpaare in einem diploiden Chromosomensatz gibt es 2^n mögliche Kombinationen. Bei den 23 Chromosomenpaaren des Menschen führt die Rekombination in der Meiose demnach zu $2^{23} \approx 8$ Millionen verschiedenen Keimzellen. Die interchromosomale Rekombination bildet damit die Grundlage für die genetische Verschiedenheit der Keimzellen und die genetische Variabilität von Organismen.

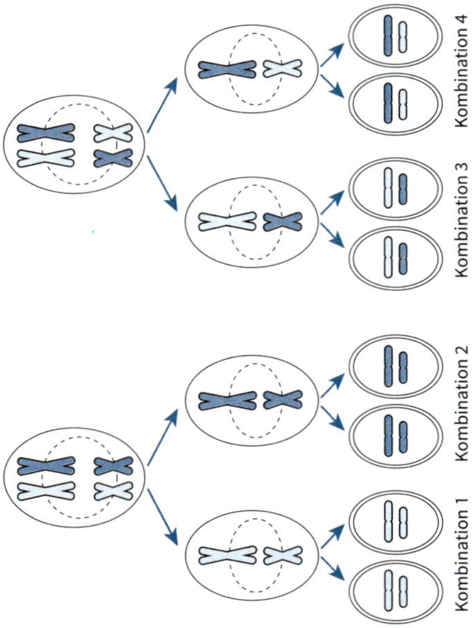

Abb. 4.6: Kombinationsmöglichkeiten bei zwei homologen Chromosomenpaaren

lat. *intra* = innerhalb

Intrachromosomale Rekombination

Durch Stückaustausch zwischen homologen Chromosomen kommt es zu einer weiteren Durchmischung des Erbmaterials. Während der Prophase I kann es zwischen den Chromatiden eines homologen Chromosomenpaares zum Bruch von Chromosomenstücken und anschließendem Verheilen über Kreuz kommen. Dieser Austausch wird **Crossing-over** (engl. Überkreuzung) genannt. Dabei wird genetisches Material zwischen den Chromatiden homologer Chromosomen ausgetauscht. Die Überkreuzungspunkte sind lichtmikroskopisch als **Chiasmata** sichtbar.

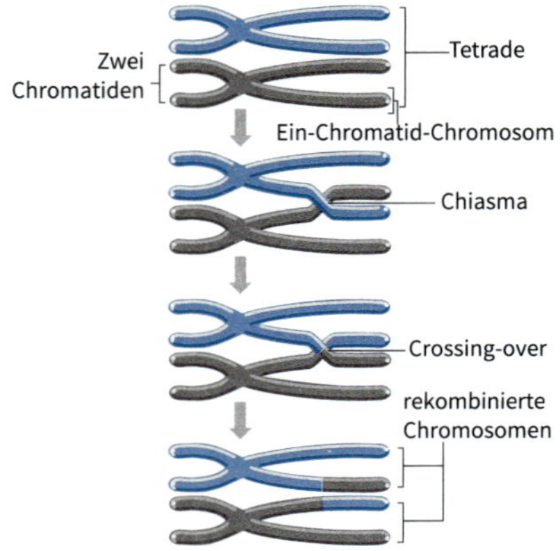

Abb. 4.7: Intrachromosomale Rekombination

Überblick

Zellteilung

- Ziel: Bildung genetisch identischer Tochterzellen
- Ablauf: Interphase (Verdopplung des Erbmaterials), Mitose (Teilung des Zellkerns), Cytokinese (Trennung der übrigen Zellbestandteile)
- Interphase mit G_1-, S- und G_2-Phase
- Mitose mit Pro-, Meta-, Ana- und Telophase

Meiose

- Ziele: Reduktion des diploiden Chromosomensatzes ($2\,n \rightarrow 1\,n$), Rekombination des Erbmaterials
- Ablauf: Reifeteilung I mit Paarung und anschließender Trennung homologer Chromosomen, Reifeteilung II mit Trennung der Zwei-Chromatiden-Chromosomen
- Interchromosomale Rekombination: Durchmischung des Erbmaterials durch zufallsbedingte Verteilung mütterlicher und väterlicher Chromosomen während der Metaphase I
- Intrachromosomale Rekombination: Durchmischung des Erbmaterials durch Crossing-over während der Prophase I

4.2 Klassische Genetik

Die MENDEL'schen Regeln

GREGOR MENDEL führte im 19. Jahrhundert Kreuzungsversuche mit der Gartenerbse durch. Das Versuchsobjekt erwies sich dabei als besonders geeignet. Die Gartenerbse bietet

- einen kurzen Generationszyklus; bereits nach kurzer Zeit liegen die Nachkommen (Samen) einer Kreuzung vor.
- eine hohe Nachkommenzahl. Damit liegt ausreichend großes Zahlenmaterial vor, um die Ergebnisse statistisch abzusichern.
- zahlreiche, einfach zu unterscheidende Merkmale.
- die Möglichkeit der Selbstbestäubung, sodass Reinerbigkeit (Homozygotie) gewährleistet ist.
- die Möglichkeit der Fremdbestäubung, was zur Mischerbigkeit (Heterozygotie) führt.

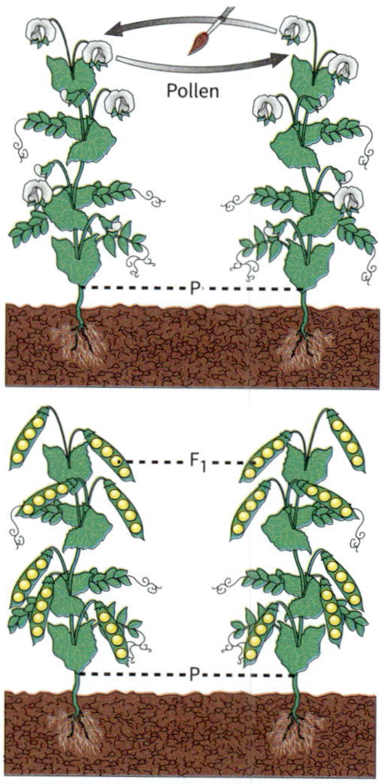

Abb. 4.8: MENDELS Experimente mit der Gartenerbse

Monohybrider dominant-rezessiver Erbgang

gr. *monos* = eins

Betrachtet man nur die Vererbung *eines* Merkmals (Beispiel: Samenfarbe), so lässt dieser Erbgang folgende Regelmäßigkeiten erkennen:

- **1. MENDEL'sche Regel** – Kreuzt man zwei Individuen einer Art, die sich in einem Merkmal reinerbig unterscheiden, so sind die Nachkommen in der Tochtergeneration (1. Filialgeneration, F_1) untereinander gleich (**Uniformitätsregel**). Dabei ist es gleichgültig, welcher der beiden Rassen Vater oder Mutter angehören. Dieses Phänomen beschreibt die Reziprozitätsregel.
- **2. MENDEL'sche Regel** – Kreuzt man die F_1-Individuen untereinander, so spaltet sich die F_2-Generation im Zahlenverhältnis 3 : 1 auf (**Spaltungsregel**).

lat. *reciprocus* = wechselseitig

MENDEL schloss aus seinen Kreuzungen, dass der Erbfaktor für eine Samenfarbe in der F_1-Generation nicht verschwunden, sondern nur überdeckt war. Den Faktor, der sich durchgesetzt hatte, nannte er dominant, den zurückgetretenen Faktor rezessiv.

Dihybrider dominant-rezessiver Erbgang

Betrachtet man die Vererbung *zweier* Merkmale, wie etwa Samenfarbe und Samenform bei der Gartenerbse, so gelangt man zu einer weiteren Regel. MENDEL beobachtete, dass die Nachkommen in der F_1 ausschließlich gelb-runde Samen bildeten. Die Uniformitätsregel wurde dadurch bestätigt. Nach der Selbstbestäubung erhielt MENDEL in der F_2 zwei neue Phänotypen: gelb-kantige und grün-runde Samen. Betrachtet man alle Phänotypen, so stehen diese in einem Zahlenverhältnis von etwa 9 : 3 : 3 : 1.

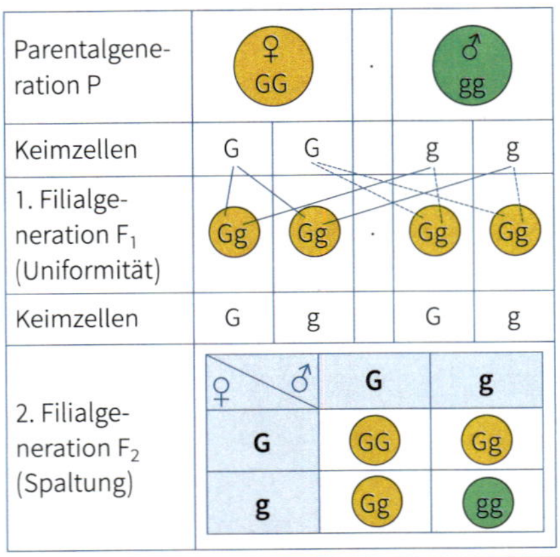

Abb. 4.9: Kombinationsquadrat eines monohybriden dominant-rezessiven Erbganges

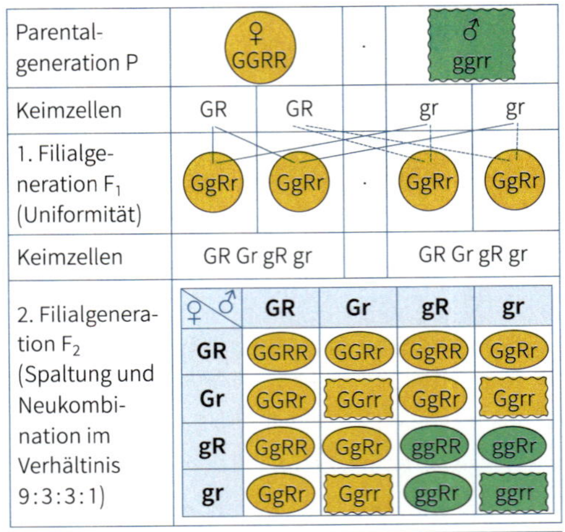

Abb. 4.10: Kombinationsquadrat eines dihybriden dominant-rezessiven Erbganges

- **3. MENDEL'sche Regel** – Kreuzt man Individuen einer Art, die sich in mehreren Merkmalen unterscheiden, werden die Anlagen getrennt und unabhängig voneinander vererbt (**Unabhängigkeitsregel, Regel von der Neukombination**).

Erklärung der MENDEL'schen Regeln

MENDEL gelang es, die Gesetzmäßigkeiten der Vererbung zu entschlüsseln, da er nicht nur das Auftreten bestimmter Merkmale erfasste, sondern auch deren zahlenmäßige Verteilung. Die Aufspaltung der F_2-Generation im Zahlenverhältnis 3 : 1 lässt sich nur unter folgenden Annahmen erklären:

- Die Anlagen für die Merkmalsausbildung müssen in jedem Individuum doppelt vorliegen. Heute wissen wir, dass es sich bei den Anlagen um die DNA-Abschnitte (Gene) homologer Chromosomen handelt. Gene kommen in verschiedenen Zustandsformen, den **Allelen** vor. Liegen gleiche Allele eines Gens vor, so spricht man von **Homozygotie**. Verschiedene Allele eines Gens führen zur **Heterozygotie**.

- Ein Allel kann das andere Allel in seiner Wirkung auf das äußere Erscheinungsbild (**Phänotyp**) überdecken, es ist dann dominant. Das überdeckte Allel ist rezessiv. Die Gesamtheit der Erbfaktoren, hier also die Allelkombinationen, bezeichnet man als **Genotyp**. Dominante Allele werden mit Großbuchstaben versehen, rezessive Allele mit entsprechenden Kleinbuchstaben. *Beispiel:* Das für die gelbe Samenfarbe verantwortliche Allel ist dominant („G"), das Allel für grüne Farbe ist rezessiv („g").
- Dominante Allele werden im homozygoten und im heterozygoten Zustand phänotypisch sichtbar, rezessive Allele nur, wenn sie homozygot vorliegen. *Beispiel:* Die Genotypen GG und Gg führen zur gelben Samenfarbe, der Genotyp gg bedingt die grüne Samenfarbe.
- Bei der Befruchtung werden die homologen Chromosomen und damit die verschiedenen Allele neu kombiniert. Diese zufällige Neuverteilung der Allele ist auch der Schlüssel zur Erklärung der 3. MENDEL'schen Regel. Geht man davon aus, dass die Allele für das eine Merkmal auf einem Chromosomenpaar, die Allele für das zweite Merkmal jedoch auf einem anderen Chromosomenpaar liegen, so ergeben sich vier verschiedene Keimzellen. Deren Kombination führt zu den verschiedenen Genotypen in der F_2-Generation.

Intermediärer Erbgang

lat. *intermedius* = dazwischenliegend

Ist keines der beiden Allele eines Gens dominant, so spricht man von unvollständiger Dominanz. Da der Phänotyp zwischen dem der Eltern liegt, nennt man diese Merkmalsausbildung **intermediär**.

Beispiel

Die P-Generation der Wunderblume besitzt Blüten mit roter bzw. mit weißer Farbe. In der F_1-Generation treten ausschließlich rosafarbene Pflanzen auf. Während die F_1-Generation uniform rosafarben ist, spaltet die F_2-Generation im Geno- und Phänotypenverhältnis von 1 : 2 : 1 auf. Typisch für intermediäre Erbgänge ist also die Tatsache, dass Genotyp und Phänotyp stets übereinstimmen.

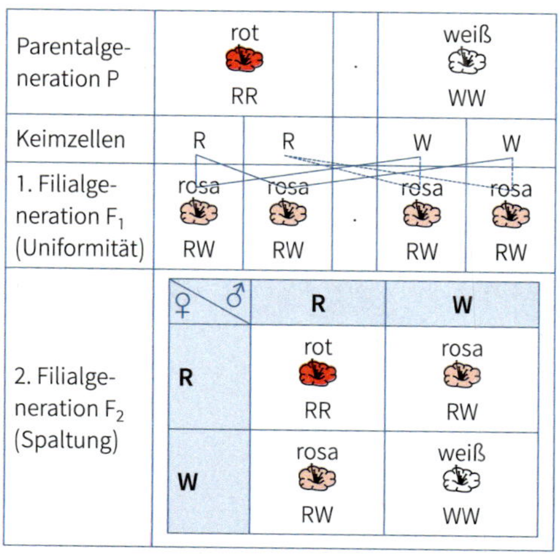

Abb. 4.11: Intermediärer Erbgang mit unvollständiger Dominanz bei der Wunderblume

4.3 Molekulare Genetik

DNA als Träger der Erbinformation

Transformationsexperimente

FREDERICK GRIFFITH (1877 – 1941), britischer Mediziner und Bakteriologe

OSWALD T. AVERY (1877 – 1955), kanadischer Mediziner

Lange Zeit war man sich über die chemische Natur der Erbinformation im Unklaren. Die Proteine schienen zunächst die geeigneten Träger der Erbinformation zu sein. Erst die Experimente von GRIFFITH (1928) und AVERY (1944) brachten hier Klarheit. Beide Forscher arbeiteten mit zwei verschiedenen Bakterienstämmen:

- **S-Pneumokokken** besitzen eine umhüllende Kapsel, die den Bakterienkolonien eine glatte Oberfläche verleiht (S von engl. *smooth* = glatt). Diese Bakterien verursachen eine bei Säugetieren tödlich verlaufende Lungenentzündung, da die Kapsel sie vor der Immunabwehr des Wirtes schützt.
- **R-Pneumokokken** fehlt die Kapsel, sodass die Stämme eine raue Oberfläche besitzen (R von engl. *rough* = rau). Diese Bakterien werden daher von der Immunabwehr des Wirtes vernichtet. Der R-Stamm ist folglich nicht krankheitserregend.

GRIFFITH infizierte Mäuse mit S-Bakterien. Wie erwartet starben die Mäuse. Bei Infizierung mit R-Bakterien überlebten sie. Die entsprechenden Bakterienkolonien ließen sich auf Nährböden nachweisen. Durch Hitze abgetötete S-Bakterien zeigten keine Wirkung.

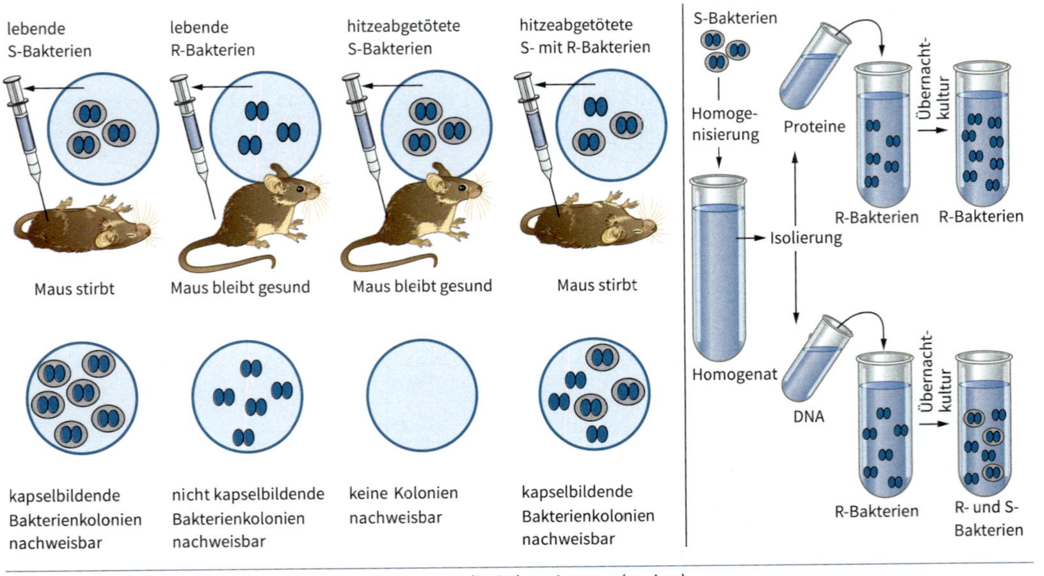

Abb. 4.12: Transformationsexperimente von GRIFFITH (links) und AVERY (rechts)

Transformation = Aufnahme freier DNA in eine Zelle

Anschließend impfte GRIFFITH Mäuse mit einem Gemisch aus hitzeabgetöteten S-Bakterien und lebenden R-Bakterien. Entgegen den Erwartungen starben die so infizierten Mäuse. Auf dem Nährboden ließen sich lebende S-Bakterien nachweisen. Die Information zur Kapselbildung musste also von den toten S-Bakterien auf den lebenden R-Stamm übertragen (transformiert) worden sein, sodass sich krankheitserregende S-Bakterien bildeten. Zur Erklärung nahm GRIFFITH ein transformierendes Prinzip an, ohne dieses näher charakterisieren zu können.

AVERY gelang die Identifizierung des transformierenden Prinzips: Aus abgetöteten S-Pneumokokken wurden die verschiedenen Makromoleküle (Polysaccharide, Proteine und DNA) isoliert. Diese gab er einzeln zu lebenden R-Bakterien. Ausschließlich die isolierte DNA konnte die Bildung lebender S-Bakterien bewirken. Diese Übertragung von Erbinformation mittels isolierter DNA (= **Transformation**) liefert damit den Beweis, dass nur die DNA Träger der Erbinformation ist.

Einen weiteren Beweis für die DNA als Träger der Erbinformation brachten 1952 die Experimente von HERSHEY und CHASE (→ Seite 76).

Die Replikation der DNA

In der Interphase des Zellzyklus wird die DNA identisch verdoppelt. Diesen Vorgang nennt man **Replikation**. Er lässt sich mithilfe des DNA-Modells (→ Seite 16) vereinfacht darstellen:

Der DNA-Doppelstrang öffnet sich wie ein Reißverschluss. An die beiden freien Stränge lagern sich die komplementären Nucleotide an. Es entstehen zwei neue DNA-Doppelstränge, die jeweils zur Hälfte aus einem elterlichen und einem neuen Strang bestehen (**semikonservative Replikation**).

Denkbar wäre jedoch auch ein Mechanismus, bei dem der elterliche DNA-Doppelstrang nur als Vorlage für die beiden neuen Doppelstränge dient. Er bliebe hierbei komplett erhalten (**konservative Replikation**).

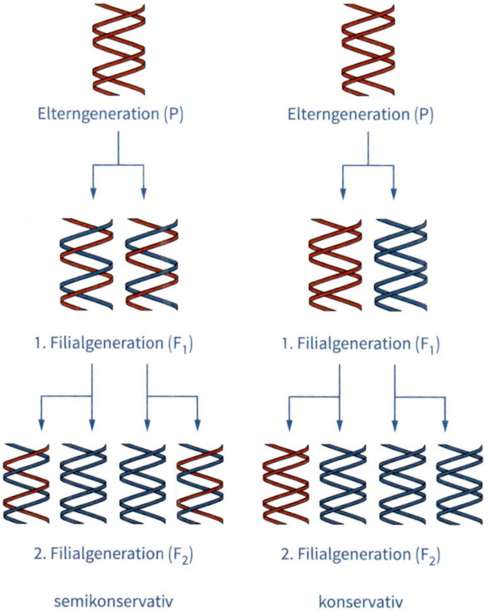

Abb. 4.13: Denkbare Mechanismen der Replikation

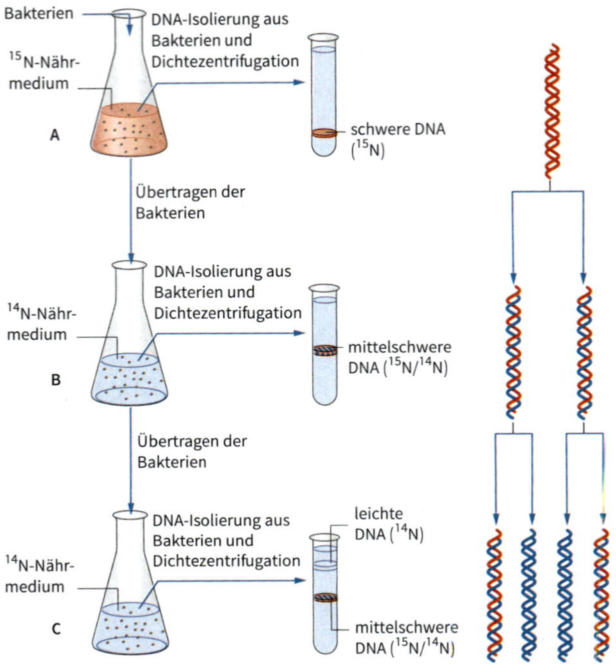

Abb. 4.14: MESELSON-STAHL-Experiment, **A – C** Versuchsansätze

MESELSON-STAHL-Experiment

MESELSON und STAHL führten ein Experiment durch, das die Frage nach der richtigen Modellvorstellung der DNA-Replikation beantwortete. Sie züchteten Bakterien in einem Nährmedium, das als einzige Stickstoffquelle das Isotop ^{15}N enthält. Hierbei handelt es sich um Stickstoff-Atome, die eine größere Masse und Dichte bei sonst gleichen chemischen Eigenschaften aufweisen. DNA-Moleküle mit ^{15}N-Stickstoff lassen sich daher von DNA-Molekülen mit leichterem Stickstoff (^{14}N) durch Zentrifugation trennen. Die in ^{15}N über mehrere Generationen gezüchteten Bakterien enthielten schweren Stickstoff in beiden DNA-Strängen. Bei der Zentrifugation sedimentierten diese weiter nach unten als ^{14}N-DNA. Für die Dauer einer Zellteilung überführten MESELSON und STAHL die Bakterien in ein Nährmedium mit leichtem Stickstoff. Die replizierte DNA war jetzt mittelschwer, ihre Dichte lag zwischen der der schweren und der leichten DNA. Dieses Ergebnis lässt sich nur mit einer semikonservativen Replikation erklären. Die untersuchte DNA besteht aus einem schweren und einem neusynthetisierten, leichten DNA-Strang. Nach einer erneuten Teilung in leichtem ^{14}N zeigte sich das erwartete Ergebnis einer halbschweren und einer leichten DNA. Eine konservative Replikation hätte nach einer Teilung zwei getrennte Banden erzeugt, eine leichte und eine schwere.

Molekularer Mechanismus der DNA-Replikation

Für die semikonservative Replikation der DNA werden benötigt:

- ein DNA-Strang als Vorlage (Matrize)
- Nucleosidtriphosphate (ATP, GTP, CTP und TTP) als energiereiche Bausteine für die Bildung des neuen DNA-Stranges
- Startermoleküle (Primer), an die die ersten Nucleotide geknüpft werden
- Enzyme mit spezifischer Funktion: Helicase zur Entwindung der DNA, Primase zur Bildung der Primer, DNA-Polymerase zur Verknüpfung der Nucleotide und Ligase zum Schluss der Lücken zwischen benachbarten Nucleotiden.

Ablauf

Die Replikation beginnt mit der Entwindung des DNA-Doppelstranges durch das Enzym Helicase. Es entsteht eine Y-förmige Replikationsgabel. An die nun freien DNA-Einzelstränge synthetisiert das Enzym Primase kurze Startermoleküle, die Primer. An diese bindet die DNA-Polymerase komplementär zum DNA-Strang freie Nucleotide. So entsteht ein neuer DNA-Doppelstrang.

Allerdings kann die DNA-Polymerase nur an das 3′-Ende des Primers einzelne Nucleotide binden. Da die beiden Einzelstränge antiparallel verlaufen, ist eine kontinuierliche Synthese nur an einem der beiden elterlichen Stränge möglich. Der dabei gebildete neue Einzelstrang wird **Leitstrang** genannt. Am anderen Elternstrang erfolgt die Synthese in entgegengesetzter Richtung von der Replikationsgabel weg. Es entsteht der **Folgestrang**. Nach ca. 1000 Nucleotiden bricht die Synthese an diesem Strang ab und beginnt in der weiter fortschreitenden Gabel von neuem. So entstehen kurze DNA-Stücke, die nach ihrem Entdecker OKAZAKI-Fragmente genannt werden. Die Replikation findet am Folgestrang also diskontinuierlich statt. Anschließend werden die Primer von einem Enzym abgebaut und die entstandenen Lücken mit komplementären Nucleotiden aufgefüllt. Zuletzt werden die **OKAZAKI-Fragmente** durch das Enzym Ligase zu einem durchgehenden DNA-Einzelstrang verknüpft.

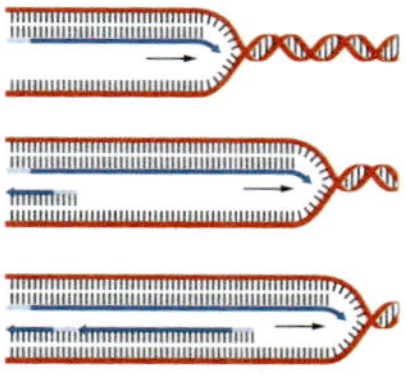

Abb. 4.15: Phasen der DNA-Replikation

OKAZAKI-Fragment: 100 – 200 Nucleotide bei Prokaryoten, 1000 – 2000 Nucleotide bei Eukaryoten

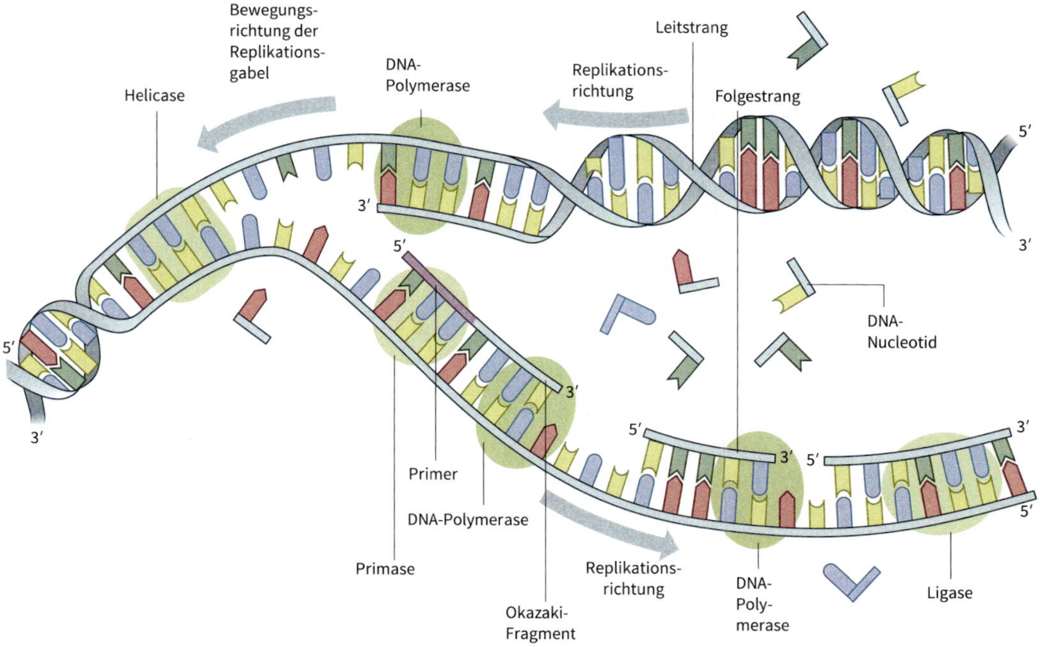

Abb. 4.16: Molekularer Mechanismus der DNA-Replikation

Vom Gen zum Genprodukt

Ein-Gen-ein-Enzym-Hypothese

GEORGE BEADLE (1903 – 1989), US-amerikanischer Biologe

Edward L. Tatum (1909 – 1975), US-amerikanischer Genetiker; Nobelpreis für Medizin und Physiologie (1958)

Mit ihrem klassischen Experiment zeigten BEADLE und TATUM (1941), dass Gene den Phänotyp bestimmen, indem sie die Bildung von Enzymen codieren. Die so gebildeten Enzyme katalysieren dann Reaktionen, die zum entsprechenden Phänotyp führen.

BEADLE und TATUM erzeugten durch Bestrahlung verschiedene Mutationen beim Schimmelpilz *Neurospora crassa*. Einige dieser Mutationen führten dazu, dass der Pilz die Aminosäure Arginin nicht mehr bilden konnte. Diese **Mangelmutanten** waren bei ihrem Wachstum auf Arginin bzw. Vorstufen des Arginin-Stoffwechsels angewiesen.
Die Forscher isolierten drei verschiedene Typen von Mangelmutanten, die sich in ihrem Gendefekt und ihren Ansprüchen an das Nährmedium unterschieden. So wuchs beispielsweise Typ II nur dann, wenn dem Nährboden Arginin oder Citrullin zugesetzt wurde. Die Zugabe von Ornithin führte zu keinem Wachstum.

Mangelmutante	Minimalnährboden und Ornithin	Minimalnährboden und Citrullin	Minimalnährboden und Arginin
Typ I	+	+	+
Typ II	–	+	+
Typ III	–	–	+

+ = Wachstum – = kein Wachstum

Abb. 4.17: Versuchsergebnisse

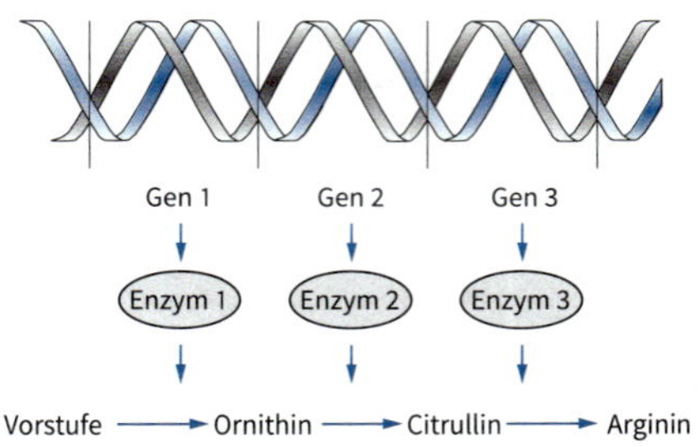

Abb. 4.18: Ein-Gen-ein-Enzym-Hypothese am Beispiel des Arginin-Stoffwechsels

BEADLE und TATUM folgerten, dass bei der Typ II-Mutante dasjenige Enzym fehlte oder defekt war, das die Umwandlung von Ornithin in Citrullin katalysiert. Nur so war es zu erklären, dass diese Mangelmutante bei Zugabe von Ornithin nicht wuchs, wohl aber nach Zugabe von Citrullin. Auch die übrigen Mangelmutanten ließen sich nur dadurch erklären, dass in der Stoffwechselkette zum Arginin jeweils ein bestimmtes Enzym ausgefallen war. Sie verallgemeinerten ihre Erkenntnisse: Jedes Gen codiert ein bestimmtes Enzym (Ein-Gen-ein-Enzym-Hypothese).

Erweiterung der Ein-Gen-ein-Enzym-Hypothese

Enzyme bestehen aus Proteinen. Nicht jedes Protein ist jedoch auch notwendigerweise ein Enzym. Ein Beispiel dafür ist das Keratin der Haare. Aus diesem Grund wurde die Ein-Gen-ein-Enzym-Hypothese zur **Ein-Gen-ein-Protein-Hypothese** erweitert.

Viele Proteine bestehen aus mehreren Polypeptidketten wie zum Beispiel das Hämoglobin. Es enthält vier Polypeptidketten, zwei α- und zwei β-Ketten. Die α- und die β-Ketten unterscheiden sich in ihrer Aminosäuresequenz. Sie werden von zwei unterschiedlichen Genen codiert. Ein Gen enthält also die Information für die Synthese eines Polypeptids. Die Ein-Gen-ein-Protein-Hypothese wurde daher zur **Ein-Gen-ein-Polypeptid-Hypothese** erweitert.

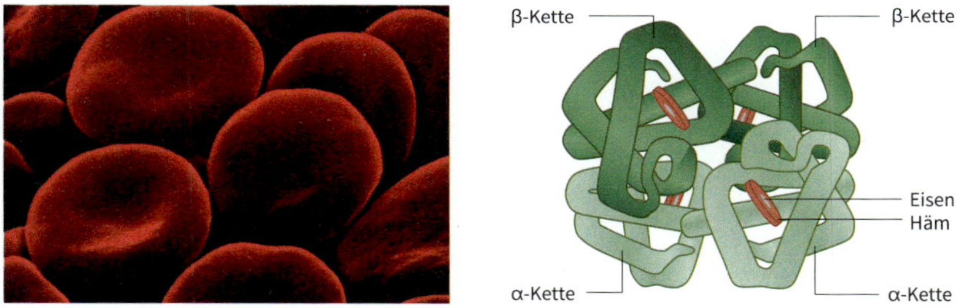

Abb. 4.19: Hämoglobin-Molekül

Aber selbst diese erweiterte Hypothese musste abermals verändert werden. So können bei Eukaryoten durch Spleißen (→ Seite 62) aus einem Gen mehrere verschiedene Polypeptide hervorgehen. Ein Gen kann also zu verschiedenen Genprodukten führen.

Hinzu kommt, dass bestimmte Gene nur für RNA-Moleküle, nicht aber für Polypeptide codieren. Ein Beispiel hierfür stellen die RNA-Moleküle dar, die am Aufbau der Ribosomen beteiligt sind. In diesem Fall spricht man daher besser von einer **Ein-Gen-eine-RNA-Hypothese**.

Proteinbiosynthese bei Prokaryoten

Überblick

Die Umsetzung und Realisierung der genetischen Information findet in zwei klar voneinander getrennten Teilvorgängen statt.

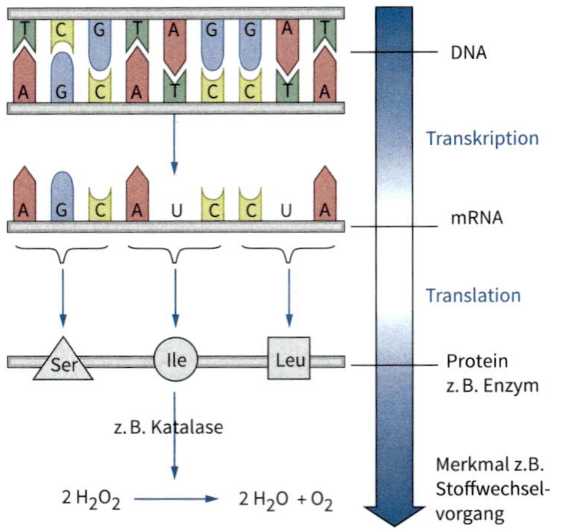

Abb. 4.20: Fluss der genetischen Information

① **Transkription:** Die in der Basensequenz der DNA enthaltene Information zur Bildung eines Proteins wird zunächst in die Basensequenz einer **mRNA** umgeschrieben (mRNA = messenger RNA). Bei der mRNA handelt es sich um einzelsträngige Kopien kurzer DNA-Abschnitte. Die Transkription findet bei Prokaryoten im Cytoplasma statt.

② **Translation:** Die in der mRNA vorliegende Information wird an den Ribosomen im Cytoplasma in die entsprechende Aminosäuresequenz umgesetzt. Die Vermittlung zwischen der Basensequenz der mRNA und der Polypeptidsequenz erfolgt durch **tRNA**-Moleküle (tRNA = transfer RNA). Im Unterschied zu anderen Nucleinsäurearten sind tRNAs kleine Moleküle aus rund 80 Nucleotiden. Eingebaut in die Ribosomen tritt eine dritte RNA-Art auf, die ribosomale RNA (**rRNA**). Sie dient dem Erkennen und dem Binden der mRNA am Ribosom.

Tipp

Der Informationsfluss bei der Proteinbiosynthese lässt sich vereinfacht wie folgt darstellen:

$$\text{DNA} \xrightarrow{\text{Transkription}} \text{mRNA} \xrightarrow{\text{Translation}} \text{Polypeptid}$$

Früher nahm man an, dass der Fluss der genetischen Information ausschließlich in diese Richtung fließen kann. Man sprach vom **Dogma der Molekularbiologie**. Heute sind jedoch Viren bekannt, die in der Lage sind, ihre RNA in DNA umzuschreiben (Retroviren; → Seite 74).

Transkription

Benötigte Komponenten: DNA, Nucleosidtriphosphate der vier Basen, RNA-Polymerase.

Ablauf

- Bindung der RNA-Polymerase an einer spezifischen DNA-Sequenz (**Promotor**).
- Blasenartige Öffnung der DNA hinter der Promotor-Region. Die Doppelstränge der DNA liegen nun getrennt vor.
- RNA-Synthese. Nur einer der beiden Stränge, die DNA-Matrize (= codogener Strang) wird abgelesen. Die RNA-Polymerase lagert hierzu komplementär zum codogenen Strang Nucleotide in 5′ → 3′-Richtung an. Dazu benötigt die RNA-Polymerase keinen Primer. Die neu gebildete RNA löst sich von der DNA, während die RNA-Polymerase weiterwandert und dabei immer neue Nucleotide an das 3′-Ende der mRNA anlagert.
- Stopp der Synthese. Erreicht die RNA-Polymerase eine bestimmte DNA-Sequenz (**Terminator**), so löst sie sich vom codogenen Strang.

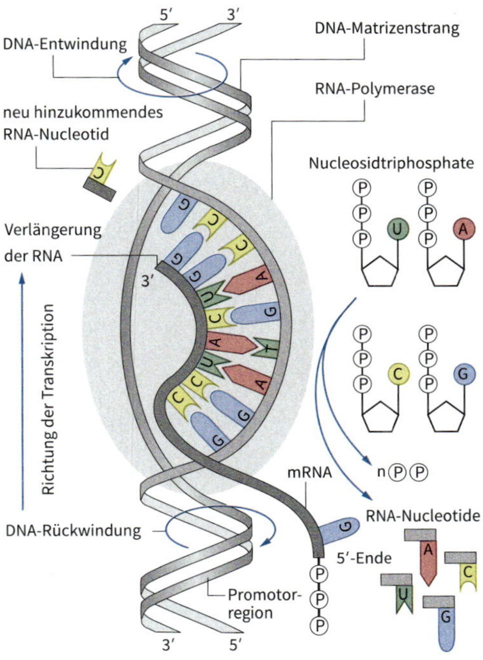

Abb. 4.21: Schema der Transkription

Der genetische Code

Der genetische Code ist die in der Basensequenz der DNA verschlüsselt vorliegende Information zur Bildung einer Aminosäuresequenz.

Eigenschaften des genetischen Codes

- Der genetische Code ist ein **Triplett-Code**, das heißt, jeweils drei Basen (**Codon**) enthalten die Information für eine spezifische Aminosäure.
- Der genetische Code ist **degeneriert**. So codiert zwar jedes Codon nur eine Aminosäure, aber viele Aminosäuren werden durch mehrere verschiedene Codons bestimmt.
- Der genetische Code ist **kommafrei**, das heißt, die Codons schließen lückenlos aneinander an.
- Der genetische Code ist **nicht überlappend**. Eine Base ist immer nur Bestandteil eines Codons.
- Der genetische Code ist prinzipiell **universell**. Bis auf wenige Ausnahmen nutzen alle Lebewesen denselben genetischen Code.

Code-Sonne

Mithilfe der Code-Sonne lässt sich jedem Basentriplett eindeutig eine Aminosäure zuordnen. Die Code-Sonne gibt die Sequenz der mRNA an und wird von innen nach außen (in 5′ → 3′-Richtung) gelesen. Mit dem Start-Codon AUG beginnt die Proteinbiosynthese. Von den 64 möglichen Kombinationen codieren 61 Codons Aminosäuren. Die Codons UAA, UAG und UGA sind Stopp-Codons, die die Proteinbiosynthese beenden.

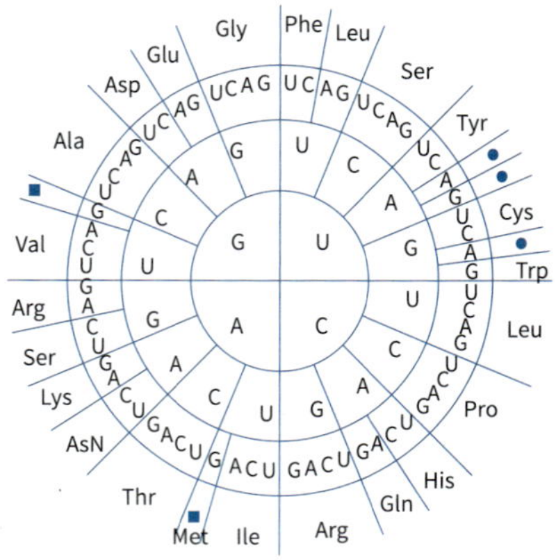

Abb. 4.22: Die Code-Sonne;
■ = Start-Codon, • = Stopp-Codon

Translation

Bei der Translation wird die in der mRNA enthaltene Information in die Aminosäuresequenz der Proteine übersetzt.

Benötigte Komponenten:
mRNA, tRNA, Aminosäuren, Enzyme, Ribosomen.

Aufbau der tRNA

Innerhalb eines tRNA-Moleküls kommt es teilweise zu Basenpaarungen. Die Folge ist eine für jedes tRNA-Molekül typische L-förmige Raumstruktur. Jede tRNA enthält ein spezifisches Basentriplett, das **Anticodon**. Mit diesem bindet die tRNA an ein komplementäres Codon der mRNA. Die Bindung der spezifischen Aminosäure erfolgt am 3′-Ende des tRNA-Moleküls (**Aminosäurebindungsstelle**), das stets mit den Basen CCA endet. Die Auswahl der richtigen Aminosäure erfolgt durch das verknüpfende Enzym, die *tRNA-Synthetase*. Für jede der 20 Aminosäuren gibt es ein solches Enzym, das die richtige tRNA aufgrund ihrer charakteristischen Raumstruktur erkennt.

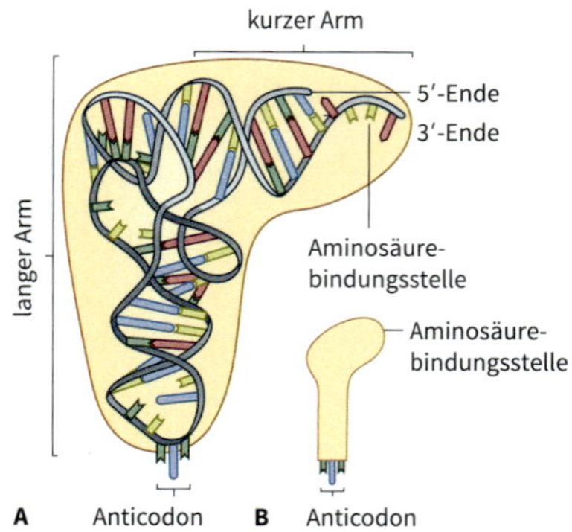

Abb. 4.23: tRNA. **A** Raumstruktur **B** Schema

Ablauf der Translation

① **Initiation (Start):** Ribosomen bestehen aus einer großen und einer kleinen Untereinheit. Die mRNA lagert sich an einer bestimmten Sequenz, der Ribosomenerkennungssequenz, an die kleine Untereinheit. Sie wandert dann in Richtung 3′-Ende der mRNA, bis sie auf ein Start-Codon (AUG) trifft. Nun lagert sich komplementär die Start-tRNA mit ihrem Anticodon (UAC) an. Sie trägt stets die Aminosäure Methionin. Abschließend kommt die große Untereinheit hinzu.

② **Elongation (Verlängerung):** Das nun zusammengesetzte Ribosom verfügt über drei tRNA-Bindungsstellen: Am Eingang (**A-Stelle**) bindet die tRNA, die die Aminosäure anliefert. Die **P-Stelle** bindet die tRNA mit der wachsenden Polypeptidkette. Die entladenen tRNAs verlassen das Ribosom über die **E-Stelle**. Die Start-tRNA besetzt die P-Stelle der Ribosomen. An das Codon in der freien A-Stelle lagert sich die nächste beladene tRNA an. Die Aminosäure der Start-tRNA wird mit der Aminosäure der zweiten tRNA zu einem Dipeptid verknüpft. Das Ribosom wandert nun ein Codon weiter. Die tRNA verlagert sich zusammen mit dem Dipeptid aus der A- in die P-Stelle. Zugleich wird die entladene Start-tRNA aus der P- in die E-Stelle verlagert. Das Wiederholen dieser Vorgänge führt zum gewünschten Polypeptid.

③ **Termination (Abbruch):** Wird eines der drei Stopp-Codons (UAG, UGA und UAA) erreicht, so führt dies zum Abbruch der Kettenverlängerung. Für diese Codons existieren keine entsprechenden tRNA-Moleküle. Das Ribosom zerfällt in seine beiden Untereinheiten, das gebildete Polypeptid wird freigesetzt.

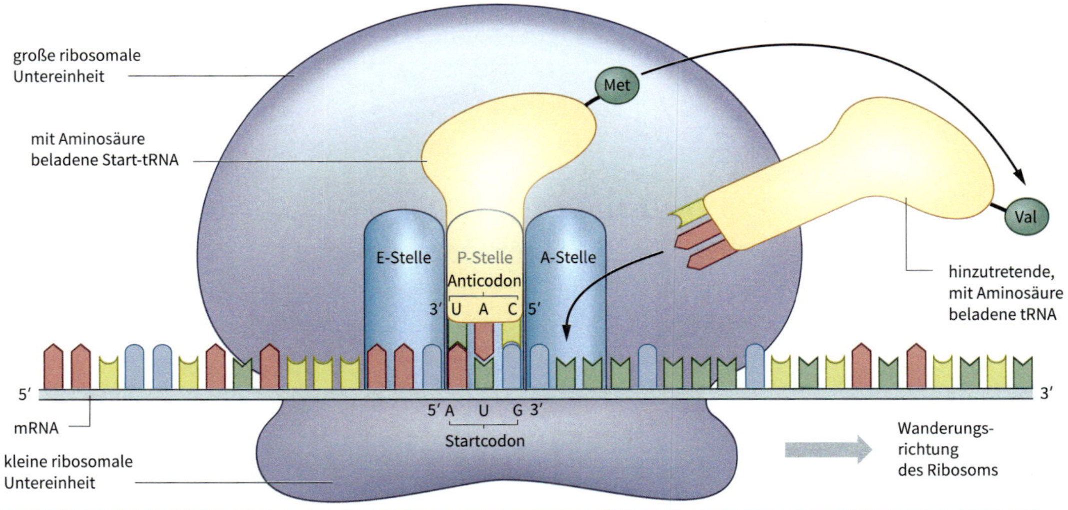

Abb. 4.24: Ablauf der Translation

Proteinbiosynthese bei Eukaryoten

Exon = codierender DNA-Abschnitt

Intron = nicht codierender DNA-Abschnitt

engl. *splicing* = zusammenschneiden

Die zentralen Abläufe der Proteinbiosynthese stimmen bei Pro- und Eukaryoten überein. Dennoch zeigt die eukaryotische Zelle einige Besonderheiten.

- **Mosaikartige Zusammensetzung der DNA:** Die eukaryotische DNA besteht aus codierenden Abschnitten (**Exons**) und nicht codierenden Abschnitten (**Introns**). Beide werden in die vorläufige prä-mRNA transkribiert.
- **Reifung der mRNA (Prozessierung):** Die prä-mRNA durchläuft im Zellkern einen mehrfachen Umbau bis zur reifen mRNA: Die Introns werden unter Bildung von „Lasso-Strukturen" herausgeschnitten (**Spleißen**).
  Die zunächst gestückelte genetische Information liegt nun zusammenhängend vor. Das 5′-Ende erhält eine besondere Sequenz (**cap-Sequenz**), die eine Anlagerung an das Ribosom erleichtert. Das 3′-Ende wird mit einer Sequenz aus bis zu 250 Adenin-Nucleotiden versehen. Dieser **Poly (A)-Schwanz** verhindert den schnellen Abbau der mRNA. Die anschließende Translation verläuft wie bei den Prokaryoten.
- Die Transkription findet im Zellkern statt, die Translation im Cytoplasma.
- **Ribosomenaufbau:** Die eukaryotischen 80S-Ribosomen bestehen aus 60S- und 40S-Untereinheiten (Prokaryoten: 70S-Ribosomen aus 50S- und 30S-Untereinheiten).

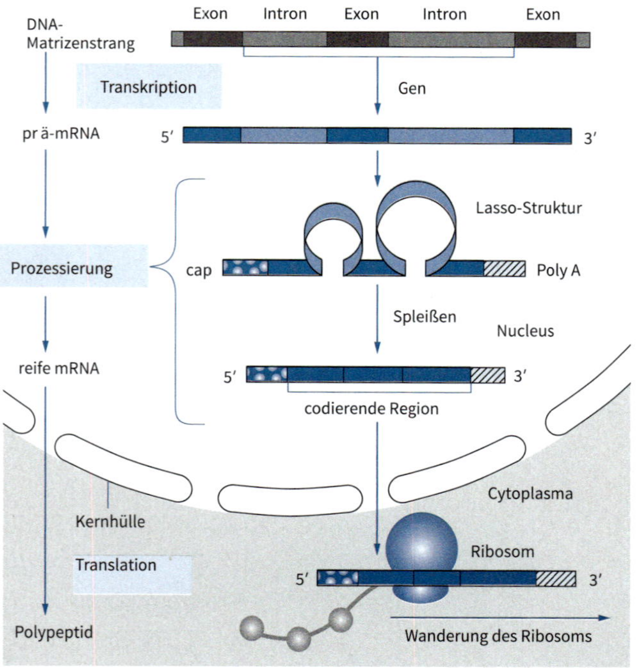

Abb. 4.25: Proteinbiosynthese bei Eukaryoten

Genmutationen

Unter dem Begriff Genmutation versteht man Veränderungen innerhalb eines Gens.

Eine solche Mutation kann nur einzelne Basen beziehungsweise Basenpaare betreffen und wird dann Punktmutation genannt. Beispielsweise wird bei der **Substitution** ein Basenpaar der DNA gegen ein anderes ausgetauscht. Dies kann unterschiedliche Auswirkungen haben:

- Mutationen im nichtcodierenden Bereich der DNA und Mutationen, die aufgrund des degenerierten genetischen Codes zur selben Aminosäure führen, haben keine Auswirkungen (= **stumme oder neutrale Mutation**).
- Mutationen, die zum Einbau einer falschen Aminosäure in das Protein führen (= **Missense-Mutation**), können gravierende Folgen haben, wenn z. B. die betroffene Aminosäure im aktiven Zentrum eines Enzyms von Bedeutung ist.
- Mutationen, die zu einem Stopp-Codon führen, haben meist einen Funktionsverlust des Proteins zur Folge (= **Nonsense-Mutation**).

Das Hinzufügen (**Insertion**) oder Entfernen eines Nucleotids (**Deletion**) führt zur Verschiebung des Leserasters. Es werden andere Tripletts abgelesen und eine veränderte Aminosäuresequenz gebildet. Die Folge dieser **Rasterschub-Mutationen** ist ein verändertes Protein. Folgt auf eine Insertion eine Deletion, so wird die Wirkung der ersten Mutation durch die zweite Mutation kompensiert und das Raster zeigt danach die normale Abfolge. Gleiches gilt für dreimalige Insertion oder dreimalige Deletion.

Wird eine kurze Basensequenz aus der DNA ausgeschnitten und in umgekehrter Reihenfolge an gleicher Stelle wieder eingebaut, so liegt eine **Inversion** vor.

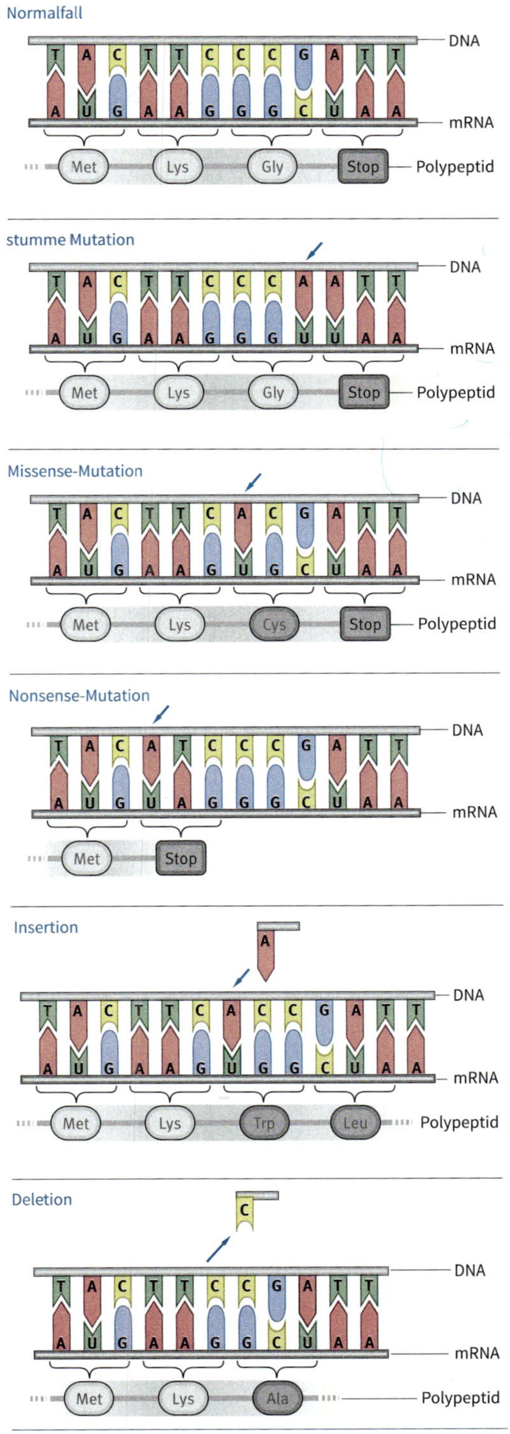

Abb. 4.26: Genmutation und ihre Auswirkungen

Genregulation bei Prokaryoten

FRANÇIS JACOB (1920) und JACQUES MONOD (1910 – 1976) erhielten 1965 gemeinsam den Medizin-Nobelpreis für die Entwicklung ihres Operon-Modells.

JACOB und MONOD entwickelten ein Modell zur Genregulation bei *E. coli* (**Operon-Modell**). Es arbeitet mit folgenden Elementen:

- **Strukturgene.** Sie enthalten die genetische Information zur Bildung der Enzyme.
- **Regulatorgen.** Dieses enthält die Information zur Bildung eines Repressor-Proteins.
- **Repressor.** Protein, das die Enzymsynthese unterbinden kann.
- **Operator.** DNA-Abschnitt, an den das Repressor-Protein reversibel bindet.
- **Promotor.** DNA-Abschnitt, an den die RNA-Polymerase bindet.
- **Operon.** Oberbegriff für den DNA-Abschnitt aus Promotor, Operator und Strukturgenen.

Substratinduktion

Die Enzymbildung wird bei dieser Form von Genregulation erst bei Anwesenheit eines bestimmten Substrates C (= Induktor) ausgelöst. Nach der Modellvorstellung von JACOB und MONOD kann das Repressor-Molekül aktiv oder passiv vorliegen. Bei Abwesenheit des Substrates ist es aktiv und bindet an den Operator. Eine Transkription und somit die Enzymbildung wird blockiert. Bei Anwesenheit des Substrates bindet das Substrat an das Repressor-Molekül, sodass dieses seine Gestalt verändert und nicht mehr am Operator binden kann. Die RNA-Polymerase lagert sich an den Promotor an und die Enzyme des Substratabbaus werden gebildet.

Beispiel: lac-Operon. Normalerweise ist Glucose die zentrale Energiequelle für *E. coli.* Bei Abwesenheit von Glucose kann *E. coli* auch Lactose verwerten. Lactose induziert dann den eigenen Abbau, indem es sich an den Repressor bindet und die Bildung der Lactose abbauenden Enzyme ermöglicht.

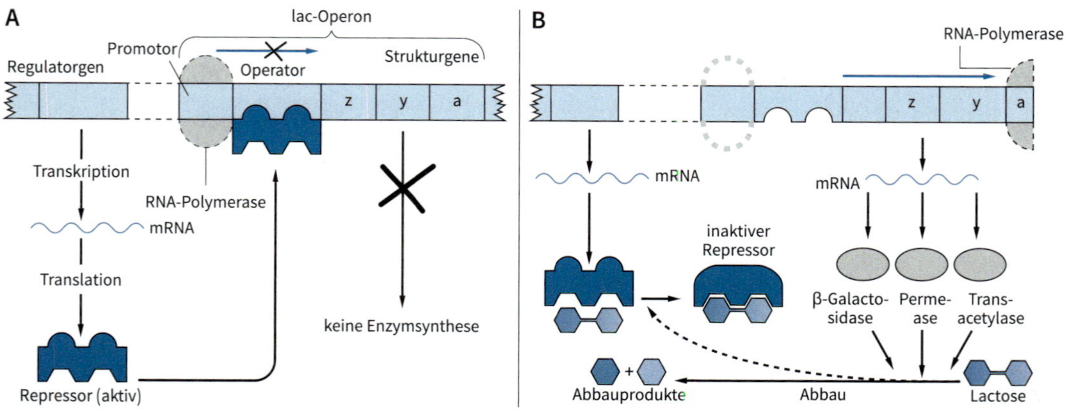

Abb. 4.27: Lactose Operon. **A** blockiert, **B** induziert

Endproduktrepression

Das Endprodukt eines Stoffwechselweges unterbindet hier die Enzymneusynthese. Zunächst liegt der Repressor inaktiv vor. Die Enzyme eines Stoffwechselweges, der zu dem Endprodukt führt, werden gebildet. Liegt dieses Endprodukt im Überschuss vor, so wird die weitere Bildung unterbunden, indem es an den Repressor bindet. Dadurch wird dieser aktiv und unterbindet die weitere Transkription.

Beispiel: Trp-Operon. Ist die Aminosäure Tryptophan (Trp) in genügender hoher Konzentration vorhanden, so wirkt Trp als Inhibitor der weiteren Trp-Produktion, indem es sich an den Repressor bindet und ihn aktiviert.

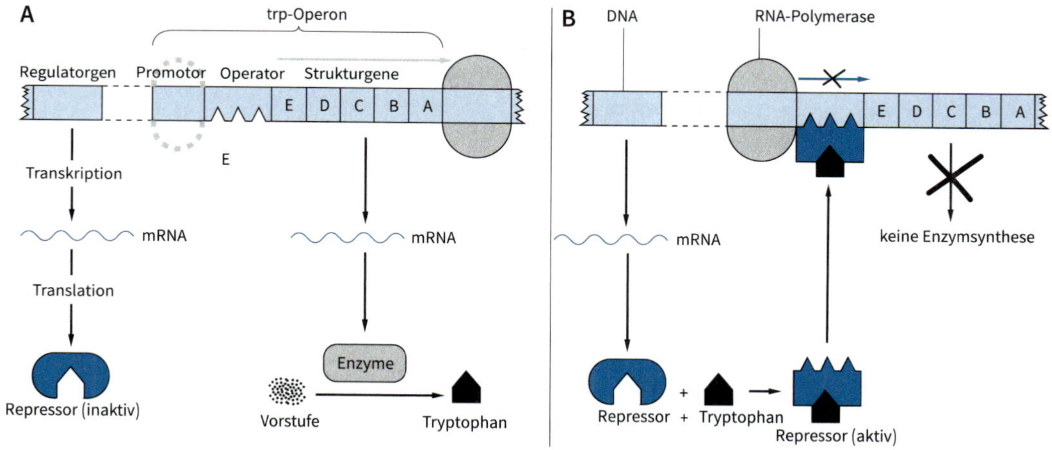

Abb. 4.28: Tryptophan-Operon. **A** induziert; **B** blockiert

Merke

Eine Substratinduktion wie beim lac-Operon findet man vor allem bei abbauenden, katabolen Stoffwechselreaktionen. Im Gegensatz dazu erfolgt die Regulation der Genexpression bei aufbauenden, anabolen Stoffwechselreaktionen über eine Endproduktrepression.

Beide Formen der Genregulation sind Beispiele für negative Genkontrolle, weil die Operons durch die aktive Form des Repressorproteins abgeschaltet werden.

Genregulation bei Eukaryoten

Bei Eukaryoten sind – im Gegensatz zu Prokaryoten – Transkription und Translation räumlich und zeitlich getrennt. Dadurch ist eine differenzierte Regulation der Genexpression auf verschiedenen Ebenen möglich. So kann eine Regulation bei der Transkription, dem Spleißen, beim RNA-Transport aus der Zelle oder bei der Translation erfolgen. An diesen Vorgängen sind Multiproteinkomplexe beteiligt, die bei Bedarf entstehen und nach der Regulation wieder in die einzelnen Proteine zerfallen.

Regulation auf Transkriptionsebene

Die Regulation findet bei Eukaryoten überwiegend auf Transkriptionsebene statt. Folgende Elemente spielen eine zentrale Rolle:

- **Promotor-Region.** Sie ist Erkennungsstelle für die RNA-Polymerase und bewirkt den Start der Transkription. In der Promoterregion gibt es häufig eine Basensequenz, die reich an **T**hymin und **A**denin ist (**TATA**-Box). Mutationen im Bereich der TATA-Box setzen die Promotorfunktion und damit die Transkriptionsrate deutlich herab.

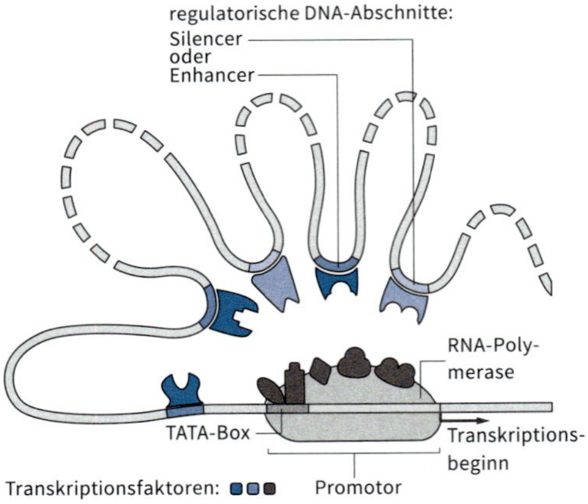

Abb. 4.29: Transkriptionskontrolle bei Eukaryoten

- **Transkriptionsfaktoren.** Dies sind Regulatorproteine, die an die Promotorregion binden und der Anlagerung sowie Aktivierung der RNA-Polymerase dienen.
- **Enhancer und Silencer**. Diese zusätzlichen Kontrollsequenzen befinden sich einige tausend Basenpaare vom Transkriptionsstart entfernt. Enhancer (engl. Verstärker) binden nach dem Schlüssel-Schloss-Prinzip Aktivatorproteine. Durch Schleifenbildung der DNA wird der Kontakt zwischen ihnen und den Transkriptionsfaktoren am Promotor ermöglicht. Auf diese Weise wird dann die Transkription stimuliert. Silencer (engl. Dämpfer) unterdrücken die Transkriptionsaktivität. Aus dem Zusammenspiel mehrerer Enhancer und Silencer ergibt sich die Transkriptionsrate des Gens.

Regulation durch alternatives Spleißen

Auch nach der Transkription kann eine Regulation der Genexpression erfolgen. Ein Beispiel ist das **alternative Spleißen**. Dabei werden nicht nur Introns, sondern auch eine oder mehrere Exons aus der prä-mRNA herausgeschnitten. Aus ein- und derselben prä-mRNA können so verschiedene reife RNA-Moleküle entstehen. Dadurch erhöht sich die Zahl der Proteine, die ein einzelnes Gen codieren kann.

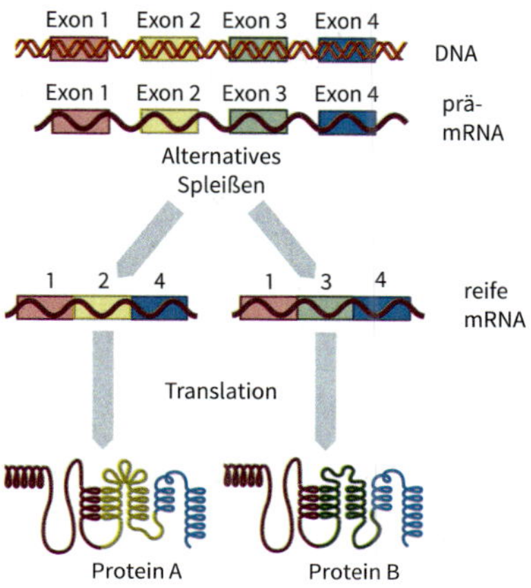

Abb. 4.30: Alternatives Spleißen

Regulation durch epigenetische Mechanismen

Eine Genregulation kann auch über Veränderungen an den Chromosomen erfolgen. Dabei wirken Umweltfaktoren auf das Chromatin und die DNA und verändern so die Funktion und die Aktivität von Genen. Die molekularen Mechanismen einer solchen Regulation, bei der die DNA-Sequenz unverändert bleibt, beschreibt die **Epigenetik**. Zu den epigenetischen Mechanismen, die zu einem Ab- oder Anschalten von Genen führen, zählen:

- **Methylierung von Basen**. Spezifische Enzyme binden Methylgruppen ($-CH_3$) an einzelne Cytosin-Basen. Dadurch wird die Raumstruktur der DNA verändert. In der Folge können Transkriptionsfaktoren nicht mehr binden, die RNA-Polymerase ist blockiert. Die entsprechenden Gene sind abgeschaltet.
  Methylierungsmuster von Genen werden bei der Replikation an die Tochterzellen weitergeben. Sie können auch über die Keimzellen in die nächste Generation gelangen. Durch Entfernen der Methylgruppen können Gene auch wieder aktiviert werden.

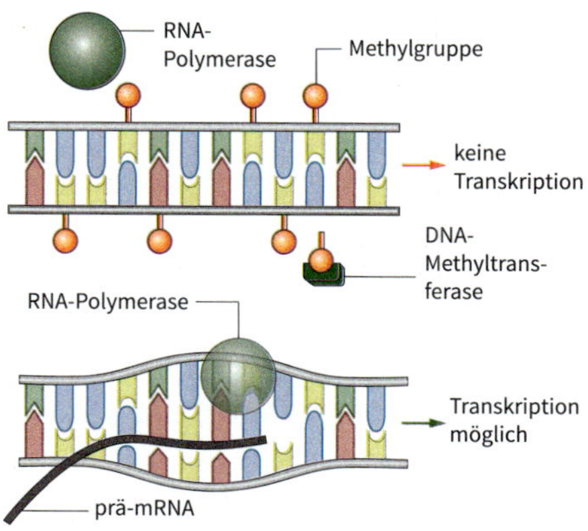

Abb. 4.31: DNA-Methylierung

- **Modifikation von Histonen**. Spezifische Enzyme binden Acetylgruppen (-C(O)CH_3), Methylgruppen oder Phosphatgruppen an bestimmte Aminosäuren von Histonen. Dadurch wird der Zusammenhalt zwischen den Histonen und der DNA gelockert. Gene, die zuvor durch die dichte Packung des Chromatins blockiert waren, können nun exprimiert werden. Umgekehrt verdichtet sich die Chromatinstruktur, wenn beispielsweise Acetylgruppen enzymatisch entfernt werden. Die Gene sind dann nicht lesbar, weil die RNA-Polymerase durch die enge Wicklung nicht an die DNA gelangt.

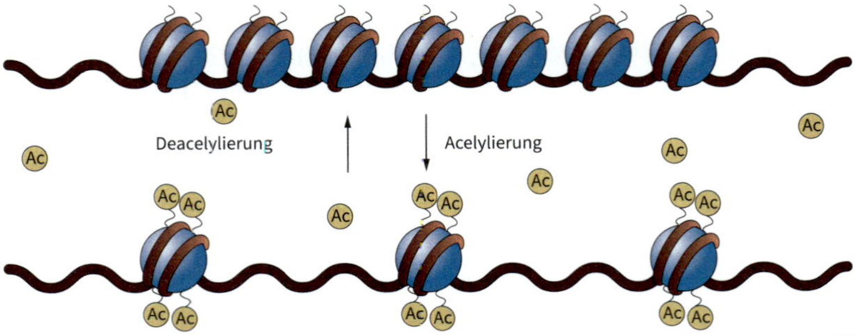

Abb. 4.32: Histonmodifikation durch Acetylierung

Beispiele

- Die Königin und die Arbeiterinnen eines Bienenstocks haben denselben Genotyp. Allein das Futter während des Larvenstadiums entscheidet über den späteren Phänotyp. Das Futter führt bei Arbeiterinnen zu einer Hemmung der Methylierung von Cytosin und entscheidet damit über ihre weitere Entwicklung.
- Eineiige Zwillinge sind genetisch identisch. In ihrem Methylierungsmuster können sich jedoch im Laufe der Zeit unterscheiden. Die Unterschiede sind umso größer, je unterschiedlicher die Lebensbedingungen der Zwillinge sind. Zu den wirksamen Umweltfaktoren zählen beispielsweise die Nahrungsmenge, Alkohol- und Nicotinkonsum, aber auch erlebte Traumata. Teilweise treten die so erzeugten Methylierungsmuster auch in nachfolgenden Generationen auf.
- Werden Tumorrepressorgene methyliert, verlieren sie ihre Kontrollfunktion. Die entsprechenden Zellen können sich jetzt ungehemmt vermehren und werden so zu Krebszellen.
- Jeder Mensch enthält Gene väterlicher und mütterlicher Herkunft, die normalerweise beide exprimiert werden. In Einzelfällen findet jedoch eine epigenetische Modifizierung (genetic imprintig) statt. In der Folge wird nur das väterliche oder mütterliche Gen abgelesen.

Regulation durch RNA-Interferenz.
Auf der Ebene der Translation kann die Genexpression durch Wechselwirkungen zwischen verschiedenen RNA-Molekülen erfolgen (= RNA-Interferenz).

Interferenz = lat. interferre, überlagern

Dabei finden folgende Teilschritte statt:
- Die DNA im Zellkern codiert kurze RNA-Stücke (= miRNA), die sich anschließend zu Doppelsträngen falten.
- miRNA wird von sogenannten RISC-Proteinkomplexen gebunden und in Einzelstränge zerlegt.
- Einzelsträngige miRNA bindet an komplementäre mRNA-Sequenzen und blockiert so die Translation. Anschließend wird die mRNA durch den RISC-Komplex abgebaut. So wird die Translation bestimmter Proteine gezielt gehemmt.

RISC = engl. RNA induced silencing complex

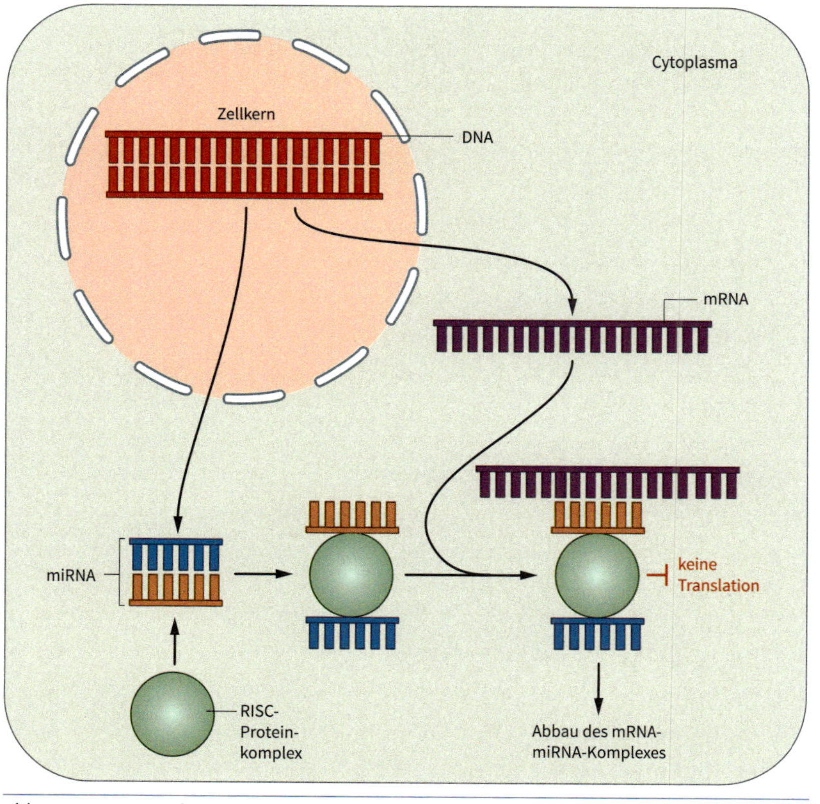

Abb. 4.33: RNA-Interferenz

Überblick

Replikation der DNA

- Ziel: genetisch identische Verdoppelung der DNA
- Mechanismus: semikonservativ, die neue DNA besteht aus elterlichem und neusynthetisiertem Strang
- Ablauf:
  - Entwindung der DNA
  - Primer-Bildung
  - kontinuierliche Synthese an einem Strang, diskontinuierlich am anderen Strang
  - Bildung von OKAZAKI-Fragmenten
  - Verknüpfung durch Ligase

Proteinbiosynthese bei Prokaryoten

- Transkription = Bildung der mRNA
  - nur codogener Strang/Matrize der DNA wird abgelesen
  - RNA-Polymerase liest Matrize in 3′ → 5′ Richtung ab
  - Ort: Cytoplasma
- Translation = Übersetzung der Information der mRNA in die entsprechende Aminosäuresequenz
  - t-RNA bindet spezifische Aminosäure
  - mRNA bindet an Ribosomen
  - beladene t-RNA bindet mit Anticodon komplementär an mRNA
  - drei t-RNA-Bindungsstellen: A-, P- und E- Stelle
  - Verknüpfung der Aminosäuren, Weiterwandern des Ribosoms um ein Codon
  - Stopp-Codons der mRNA bedingen Abbruch der Kettenverlängerung
  - Ort: Ribosomen im Cytoplasma
- Genetischer Code = Übersetzungsvorschrift der Basensequenz der DNA in die Aminosäuresequenz der Proteine
  Eigenschaften:
  - universell
  - Triplett-Code
  - degeneriert
  - kommafrei
  - nicht überlappend

Proteinbiosynthese bei Eukaryoten

- Mosaikgene aus Exons und Introns
- aus prä-mRNA entsteht durch Spleißen, cap-Struktur und Poly-A-Schwanz die reife mRNA
- Transkription im Zellkern, Translation an Ribosomen im Cytoplasma

Überblick

Genmutationen

Punktmutation = Veränderung einer Base bzw. eines Basenpaares innerhalb eines Gens:

- Substitution = Austausch eines Basepaares
  - Neutrale oder stumme Mutation ⇒ es wird dieselbe Aminosäure gebildet
  - Missense-Mutation ⇒ es wird eine andere Aminosäure gebildet
  - Nonsense-Mutation ⇒ keine weitere Bildung von Aminosäuren, da Kettenabbruch
- Insertion = Hinzufügen eines Nucleotids; führt zu Rasterschubmutation
- Deletion = Entfernen eines Nucleotids; führt zu Rasterschubmutation
- Inversion = Einbau einer Basensequenz in umgekehrter Reihenfolge

Genregulation bei Prokaryoten

- Operonmodell
  - Strukturgene mit Information für die Bildung der Enzyme
  - Regulatorgen mit Information zur Bildung des Repressor-Proteins
  - Repressor = Protein, das an den Operator bindet
  - Promotor = DNA-Abschnitt, an den die RNA-Polymerase bindet
  - Operon = DNA-Abschnitt aus Promotor, Operator und Strukturgenen
- Substratinduktion
  - Substrat induziert die Bildung von Enzymen, die dessen Abbau bewirken; bei fehlendem Substrat wird kein Enzym gebildet
  - bei abbauenden (= katabolen) Stoffwechselwegen
  - Beispiel: lac-Operon
- Endproduktrepression
  - Endprodukt eines Stoffwechselweges verhindert die Enzymbildung
  - bei aufbauenden (anabolen) Stoffwechselwegen
  - Beispiel: trp-Operon

Gegenregulation bei Eukaryoten

- Regulation auf Transkriptionsebene durch Transkriptionsfaktoren
- Enhancer/Silencer = DNA-Abschnitte, die nach Bindung des Transkriptionsfaktors die Transkription verstärken/dämpfen
- Alternatives Spleißen = verschiedene mRNA-Moleküle werden aus derselben prä-mRNA gebildet.
- Epigenetische Regulation
  - Methylierung von Basen führt zur Genblockierung
  - Histonmodifizierung durch Acetylgruppen verändert die Genexpression
- RNA-Interferenz
  - kurze RNA-Moleküle binden an mRNA und verhindern so die Translation

4.4 Bakterien- und Virengenetik

Bau und Vermehrung der Bakterien

Bakterien wie das Darmbakterium *Escherichia coli* gehören zu den Prokaryoten. Sie weisen für molekulargenetische Untersuchungen eine Reihe von Vorteilen auf:

- Bakterien lassen sich mit geringem Aufwand unter sterilen Bedingungen züchten.
- Bakterien besitzen eine kurze Generationsdauer. Unter günstigen Bedingungen teilen sie sich alle 20 Minuten. Aus nur einer Ausgangszelle entsteht innerhalb weniger Stunden eine Kolonie aus etwa 10^{10} erbgleichen Tochterzellen.
- Die Wildform von *E. coli* benötigt für das Wachstum nur einfache Nährstoffe als Kohlenstoff- und Energiequelle und Mineralien. Die Wildform ist **prototroph**.

griech. *protos* = der Erste
griech. *trophe* = Ernährung

- Aufgrund der hohen Nachkommenzahl treten Mutationen relativ häufig auf. So kennt man beispielsweise zahlreiche Mutanten, denen die Fähigkeit zur Synthese einzelner Aminosäuren fehlt. Solche Mangelmutanten sind **auxotroph**. Sie sind beim Wachstum auf die Zufuhr der entsprechenden Aminosäure angewiesen.

griech. *auxano* = ich wachse

- Bakterien haben nur ein einziges ringförmiges Chromosom. Coli-Bakterien sind daher haploid: Ein mutiertes Gen wirkt sich sofort aus und wird in seiner Wirkung nicht durch ein zweites Allel überdeckt.
- Viele Bakterienstämme besitzen extrachromosomale DNA in Form kleiner ringförmiger Moleküle. Solche **Plasmide** werden unabhängig vom Chromosom repliziert und enthalten Gene, die beispielsweise für die Antibiotika-Resistenz verantwortlich sind.
- Auf der Zelloberfläche können fadenförmige Strukturen, die Pili, auftreten. Sie dienen der Kontaktaufnahme mit anderen Bakterien.

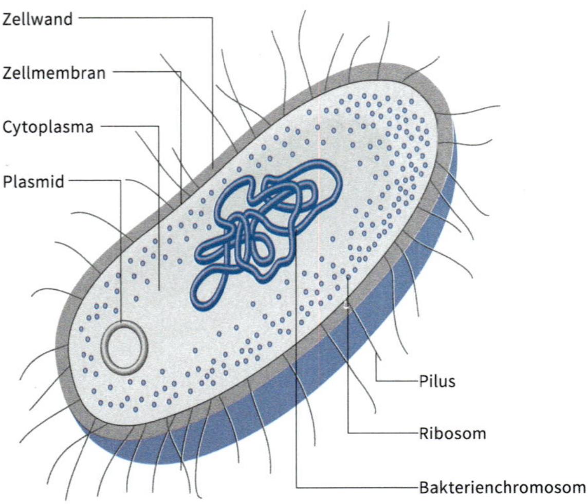

Abb. 4.34: Bakterienzelle *(E.coli)*

Bakterien fehlen jedoch wichtige Elemente der Eucyte (→ Seite 18 f.). Daher lassen sich nicht alle an ihnen gewonnene Erkenntnisse auch auf Eukaryoten übertragen.

Rekombination bei Bakterien

Bei Eukaryoten erfolgt die Durchmischung des Erbmaterials während der Meiose und der Befruchtung. LEDERBERG und TATUM konnten 1946 in ihrem klassischen Experiment zeigen, dass auch bei Prokaryoten eine besondere Form der Rekombination existiert.

LEDERBERG und TATUM arbeiteten mit zwei Stämmen von Mangelmutanten: Stamm A konnte die Aminosäuren Phenylalanin und Cystein nicht bilden (phe⁻ cys⁻), Stamm B die Aminosäuren Threonin und Leucin (thr⁻ leu⁻). Beide auxotrophen Stämme wuchsen folglich nur auf einem Vollmedium, dem die fehlenden Aminosäuren zugesetzt waren. Die Forscher gaben nun beide Stämme zusammen und plattierten sie auf einem Minimalnährboden aus. Überraschenderweise wuchsen auf diesem Minimalboden einige Kolonien heran. Diese prototrophen Kolonien konnten nicht durch eine doppelte Rückmutation entstanden sein, da sie für ein solches Ereignis zu häufig auftraten. Es musste folglich ein direkter Austausch des Genmaterials zwischen beiden Stämmen stattgefunden haben. Diesen Vorgang bezeichnet man als **Konjugation**.

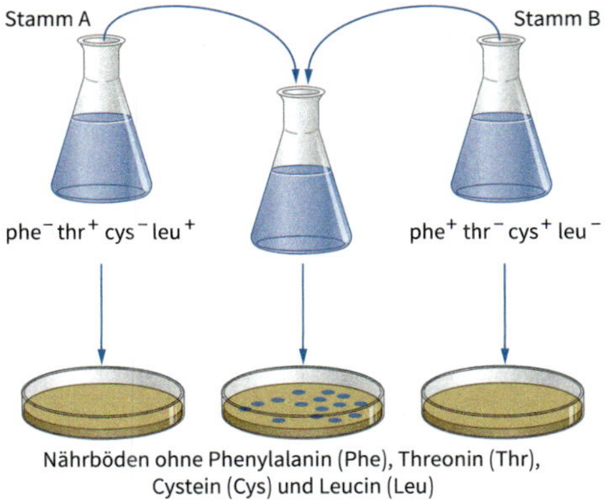

Abb. 4.35: Konjugationsexperimente von TATUM und LEDERBERG

lat. *konjugare* = verbinden

Die Erklärung für die beobachtete Rekombination liefert das elektronenmikroskopische Bild: Treten zwei Bakterien über einen Zellfortsatz, den Sex-Pilus in Kontakt, so bildet sich zwischen den Zellen eine Plasmabrücke. Über diese erfolgt der Austausch des Genmaterials.

Bei der Konjugation unterscheidet man verschiedene Zelltypen:

- **F^+-Zellen** stellen die Spenderzellen dar. Sie besitzen ein besonderes Plasmid, den Fertiliäts- oder F^+-Faktor. Dieser enthält unter anderem die Information zur Ausbildung des Sex-Pilus.
- **F^--Zellen** sind die Empfängerzellen.

Die Konjugation stellt einen einseitigen Gentransfer dar, bei dem F^+-Zellen eine Kopie des F-Faktors auf die F^--Zelle übertragen. Dadurch wird diese zur F^+-Zelle. Ist das Plasmid mit dem F-Faktor in das bakterielle Chromosom eingebaut, so kommt es häufig zur Rekombination. Entsprechend werden diese Zellen als **Hfr-Zellen** bezeichnet (engl. *High frequency of recombination*.) Bei der Konjugation wird dann eine Kopie des bakteriellen Chromosoms übertragen.

Der Kontakt zwischen beiden Zellen bricht aber in der Regel ab, bevor die gesamte DNA-Kopie in die F⁻-Zelle gelangt. Diese ist nun partiell diploid, da sie neben der eigenen DNA auch ein Stück der Spender-DNA enthält. Die Spender-DNA wird teilweise in das Chromosom der F⁻-Zelle eingebaut. Durch diese Rekombination können Eigenschaften der Hfr-Zelle in der F⁻-Zelle übertragen werden. Das ausgetauschte Material der F⁻-Zelle wird anschließend abgebaut.

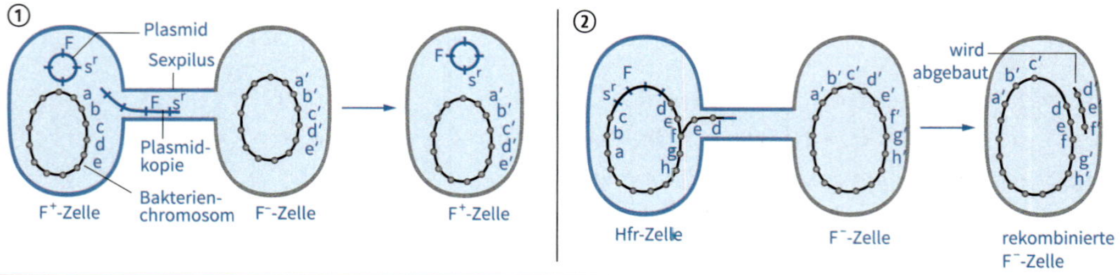

Abb. 4.36: ① Konjugation zwischen F⁺- und F⁻-Zelle; ② Konjugation zwischen Hfr- und F⁻-Zelle; Buchstaben a bis h: Gene, sr: Resistenzgen, F: F-Faktor

Bau und Vermehrung der Viren

Viren unterscheiden sich erheblich in ihrer Gestalt: Neben stäbchenförmigen und kugelförmigen Viren kennt man auch komplizierter gebaute Formen. Trotz dieser Vielfalt weisen Viren einheitliche Merkmale auf:

- Viren besitzen entweder DNA oder RNA, die von einer Proteinhülle (**Capsid**) umgeben ist. Die Erbinformation kann als doppelsträngige DNA oder einsträngige RNA vorliegen. Zu den RNA-Viren gehören die **Retroviren**. Diese können nach erfolgter Infektion mithilfe des Enzyms *Reverse Transkriptase* RNA in DNA umschreiben.
- Viren besitzen keinen eigenen Stoffwechsel und sind bei der Vermehrung auf einen Wirt angewiesen. Ihnen fehlt damit ein wichtiges Kennzeichen des Lebendigen. Bei der Infektion nutzen sie den Syntheseapparat des Wirtes, um neue Virenbestandteile zu bilden. Die Wirtszelle geht dabei meist zugrunde. Viele Viren sind daher Krankheitserreger (lat. *virus:* Gift).
- Viren zeigen eine enge Wirtsspezifität. So befällt eine Gruppe von Viren nur Bakterien. Zu diesen **Bakteriophagen** oder kurz Phagen zählen die Phagen des Typs λ und des Typs T, die nur *E. coli* befallen.

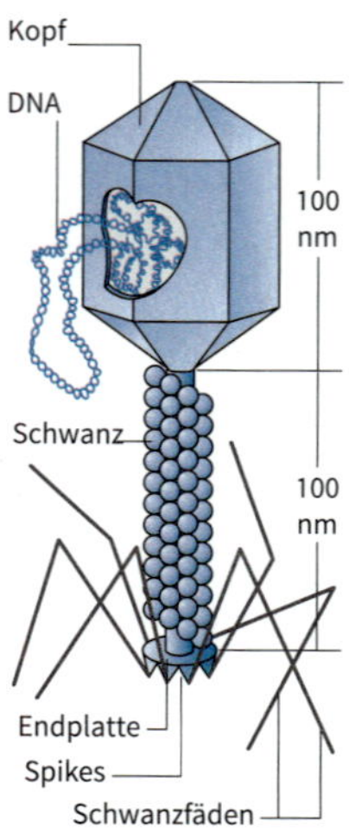

Abb. 4.37: Bau eines T-Phagen

Der **Phage T** besteht aus einem Kopfteil mit doppelsträngiger DNA, einem Schwanzteil und einer Endplatte. Durch den kontraktilen Schwanz wird die DNA in das Bakterium injiziert. Die Endplatte besteht aus Spikes und langen Schwanzfäden. Sie dienen der Anheftung an die bakterielle Zellwand.

Nach dem Befall der Wirtszelle kann die Virenvermehrung auf zwei Wegen erfolgen:

Lytischer Zyklus. Die Infektion einer *E. coli-Zelle* durch den Phagen T lässt sich in mehrere Phasen unterteilen:

Lyse
gr. *lysis* = Auflösung

① *Adsorptionsphase:* Das Virus dockt nach dem Schlüssel-Schloss-Prinzip an Rezeptoren der bakteriellen Zellwand an.

② *Injektionsphase:* Die virale Erbinformation gelangt in die Zelle. Die Phagenhülle bleibt zurück.

③ *Latenzphase:* Die virale Erbinformation übernimmt den Stoffwechsel der Wirtszelle. Es werden Phagenbausteine wie Hüllprotein, Phagen-DNA und Schwanzfäden aufgebaut.

⑥ *Reifungsphase:* Die getrennt vorliegenden Phagenbestandteile lagern sich in Selbstorganisation („self assembly") zu fertigen Phagen zusammen.

⑤ *Freisetzungsphase:* Durch Wirkung des phagencodierten Enzyms Lysozym wird die Zellwand abgebaut. Die Zelle platzt und gibt etwa 200 neue infektiöse Phagen frei. Da bei dieser Form der Virenvermehrung die Wirtszelle zerstört oder lysiert wird, spricht man von lytischen Zyklus.

Lysogener Zyklus. Es kann vorkommen, dass sich das Virus nach der Injektion in das Wirtschromosom integriert und als **Prophage** weiterexistiert. Bakterienzellen können sich dann teilen, die virale DNA wird mitrepliziert. Durch ein bestimmtes Signal, wie etwa einen Temperaturschock, kann die DNA des Prophagen aus dem Wirtschromosom ausgeschnitten werden. Der Prophage wechselt dann in den lytischen Zyklus über.

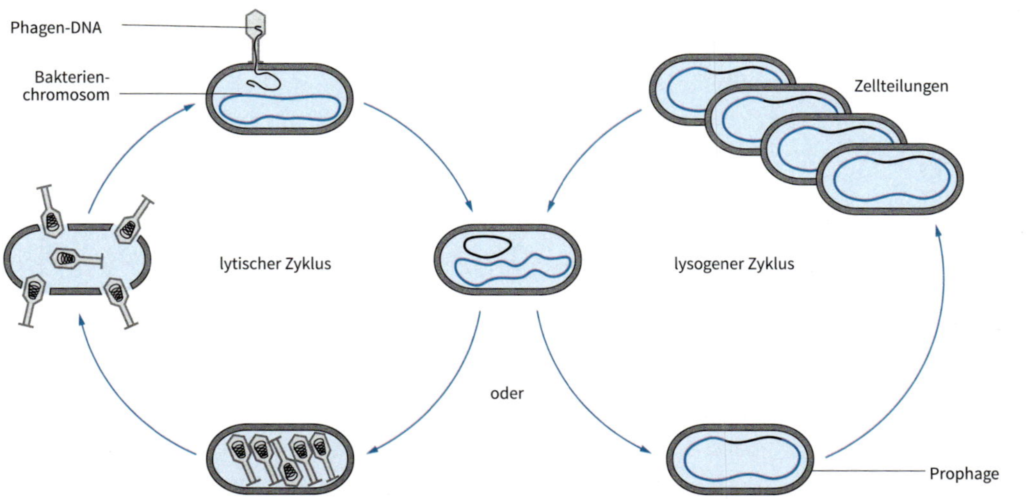

Abb. 4.38: Lytischer und lysogener Zyklus

ALFRED HERSHEY (1908 – 1997)
MARTHA CHASE (1907 – 2003)
US-amerikanische Biologen

HERSHEY-CHASE-Experiment

Im Jahre 1952 zeigten die Biologen HERSHEY und CHASE mit ihrem klassischen Experiment, dass bei der Phageninfektion nur die DNA in die Wirtszelle gelangt und nicht das Hüllprotein. In einem Versuchsansatz markierten sie Phagen-DNA mit radioaktiven Phosphor-Atomen (^{32}P), in einem anderen Ansatz die Proteinhülle mit radioaktiven Schwefelatomen (^{35}S). Diese Markierung ist spezifisch, da DNA keine Schwefel-Atome und Proteine keine Phosphor-Atome enthalten. Nach erfolgter Infektion wurden die Phagenreste noch vor der Bakterienlyse von den Bakterien abgetrennt und zentrifugiert. In den Zellen ließ sich nur radioaktiver Phosphor nachweisen. Damit war klar, dass nur die DNA in die Zelle gelangt war und nur diese Träger der genetischen Information ist.

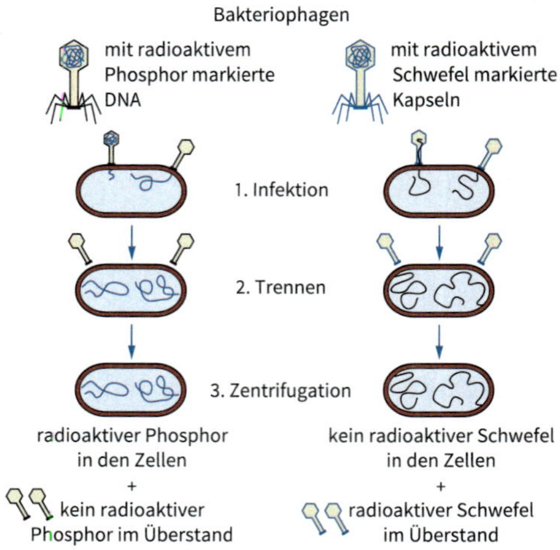

Abb. 4.39: Schema des HERSHEY-CHASE-Experimentes

Genübertragung bei Viren

Genetische Rekombination findet man auch bei Viren. Diese ist aber stets an die Infektion einer lebenden Zelle gebunden, da Viren keinen eigenen Stoffwechsel besitzen.

Rekombination

Vom Phagen T2 sind verschiedene Mutanten bekannt. Diese unterscheiden sich im Aussehen der Löcher (fr. *plaques*), die sie in einem Bakterienrasen bei der Vermehrung erzeugen. Ein Stamm mit den Allelen h^+ und r^- erzeugt große trübe Plaques, der andere mit den Allelen h^- und r^+ kleine klare Plaques. Bei einer Doppelinfektion von Coli-Bakterien mit beiden Stämmen findet man neben den Ausgangsstämmen auch kleine trübe und große klare Plaques. Bei der Vermehrung in der Wirtszelle muss also eine Rekombination der viralen Gene stattgefunden haben.

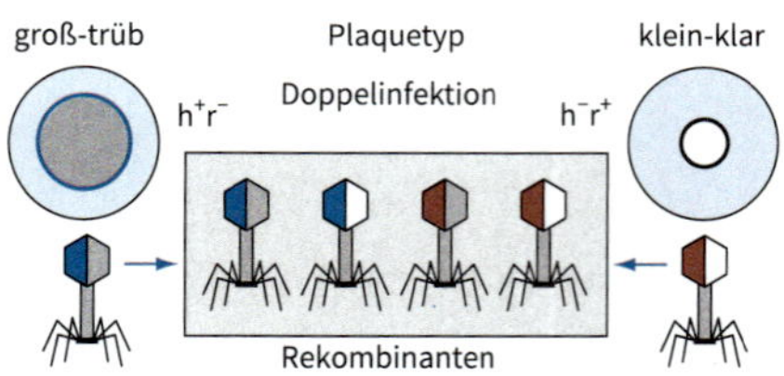

Abb. 4.40: Rekombination bei Viren

Transduktion

Eine Genübertragung ist nicht nur zwischen Phagen, sondern auch zwischen Zellen mithilfe von Phagen möglich. Die Phagen dienen hierbei als „Gen-Taxi".

So können nach erfolgter Infektion Chromosomenfragmente der Wirtszelle in die Phagen-DNA eingebaut werden. Infiziert nun dieser Phage eine neue Wirtszelle, so kann die DNA der alten Wirtszelle in die neue Zelle gelangen und durch Rekombinationsvorgänge in deren Chromosom eingebaut werden. Da hierbei nach dem Zufallsprinzip jedes beliebige Gen übertragen werden kann, spricht man auch von **allgemeiner Transduktion**. Im Gegensatz dazu werden bei der **speziellen Transduktion** nur bestimmte Wirtsgene übertragen. So bauen sich bestimmte lysogene Phagen immer an der gleichen Stelle ins Bakterienchromosom ein. Beim Wechsel in den lytischen Zyklus werden dann gelegentlich Teile der benachbarten zellulären DNA mit übernommen und später bei erneuter Infektion in die neue Wirtszelle transduziert.

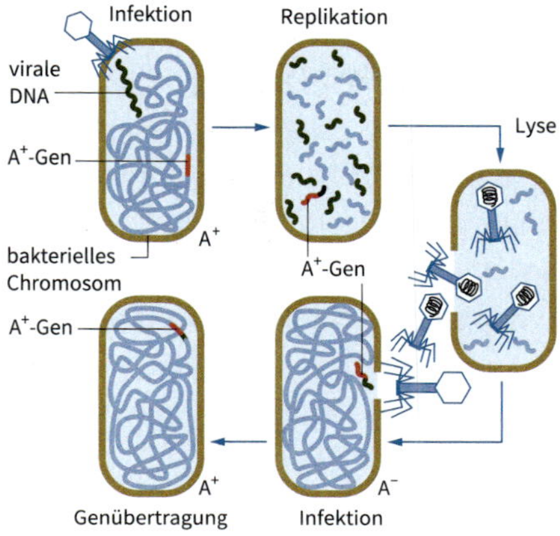

Abb. 4.41: Allgemeine Transduktion

Bakterien

- ungeschlechtliche Vermehrung
- nur ein Chromosom, daher haploid
- zusätzlich extrachromosomale DNA in Form von Plasmiden
- Rekombination durch Konjugation: F^+-Zellen übertragen DNA in F^--Zellen; Hfr-Zellen mit integriertem F-Faktor

Viren

- kein eigener Stoffwechsel
- Bakteriophagen = Viren, die Bakterien befallen
- Lytischer Zyklus = Vermehrung in der Wirtszelle über Adsorption, Injektion, Latenz, Reifung und Freisetzung neuer Viren
- Lysogener Zyklus = virale DNA wird als Prophage in das Wirtschromosom integriert und dort mit repliziert
- Rekombination zwischen Phagen durch Doppelinfektion einer Wirtszelle
- Transduktion: Rekombination zwischen Wirtszellen durch Phagen

Überblick

4.5 Gentechnik

In vitro: Bezeichnung für Vorgänge, die außerhalb des Organismus „im Reagenzglas“ ablaufen

In vivo: Bezeichnung für Vorgänge, die im lebenden Organismus unter physiologischen Bedingungen ablaufen.

In der Gentechnik nutzt man biotechnische Methoden und Verfahren, um mit ihrer Hilfe gezielt in das Genom von Lebewesen einzugreifen. DNA verschiedener Lebewesen wird dabei in vitro oder in vivo verändert und neu zusammengesetzt. Die entstandene **rekombinante DNA** kann dann in einen Organismus eingeschleust werden. Die Herstellung rekombinanter DNA und die anschließende Ausprägung der gewünschten Merkmale sind möglich, da sämtliche Lebewesen denselben genetischen Code benutzen.

Gentechnische Verfahren werden heute in unterschiedlichen Bereichen angewendet:

- Die **Grüne Gentechnik** beschäftigt sich mit gentechnisch veränderten Nutzpflanzen. Diese haben die Züchtung in den letzten Jahren geradezu revolutioniert. Denn anders als bei herkömmlichen Züchtungsmethoden lassen sich mithilfe der Gentechnik auch Merkmale nicht verwandter Arten miteinander kombinieren.
- Unter **Roter Gentechnik** versteht man die Nutzung gentechnischer Verfahren im Bereich der Medizin und Pharmaindustrie. Viele neue Medikamente, aber auch Insulin und der Blutgerinnungsfaktor VIII beruhen darauf.
- Die **Weiße Gentechnik** findet in der Lebensmittel- und Waschmittelindustrie Anwendung. Man verfolgt dabei das Ziel, Substanzen kostengünstig und in hoher Reinheit herzustellen. Dies gelingt durch den Einsatz gentechnisch verändert Mikroorganismen.
- Die **Graue Gentechnik** beschäftigt sich mit Umwelttechnik. Schwerpunkte sind hierbei die biologische Reinigung von Abwässern sowie die Aufbereitung von Abfall.

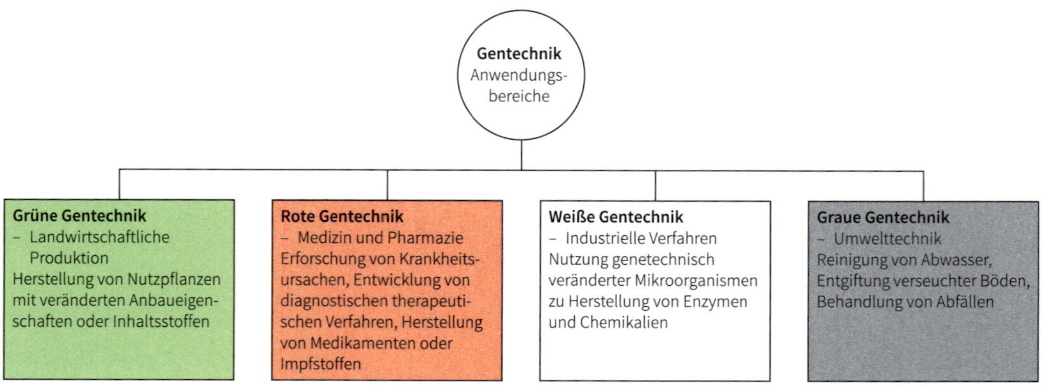

Abb. 4.42: Anwendungsbereiche der Gentechnik

Beispiele

Antimatsch-Tomate

Das Enzym ***Polygalacturonase*** (PG) verursacht das Matschigwerden von Tomaten. Mithilfe von ***A. tumefaciens*** wurde ein Gen ins Genom der Antimatsch-Tomate eingeschleust, das eine **antisense-RNA** codiert. Diese mRNA ist komplementär zur PG-mRNA und hybridisiert mit dieser zum Doppelstrang. Dadurch wird die Translation und folglich die Bildung des Enzyms ***Polygalacturonase*** unterbunden. Eine längere Haltbarkeit der Tomaten ist die Folge.

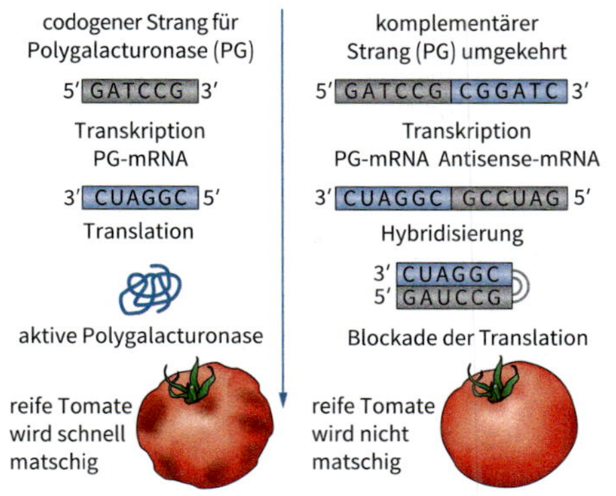

Abb. 4.43: Antisense-Technik bei der Antimatsch-Tomate

Transgenes Schaf Tracy

Durch Mikroinjektion wurde das menschliche Gen zur Produktion von Alpha-1-Antitrypsin (AAT) in den männlichen Vorkern einer befruchteten Eizelle eines Schafes gebracht. Als Vorkern bezeichnet man den haploiden Kern von Eizelle bzw. Spermium. Beim Verschmelzen der Vorkerne gelangte das menschliche Gen ins Genom der Eizelle. Die Eizelle entwickelte sich dann in einer Leihmutter, die die transgenen Lämmer austrug.

Die Menge des produzierten AAT reichte allerdings nur bei einem Tier, dem Schaf Tracy, für eine kommerzielle Nutzung. AAT benötigen Patienten, die aufgrund einer Erbkrankheit unter einem AAT-Mangel leiden.

Transgene Lachse

Die Gene für ein Wachstumshormon des pazifischen Lachses wurden in ein Bakterienplasmid eingebaut. Die rekombinierte DNA konnte vervielfältigt und dann zu befruchteten Fischeiern des Nordatlantik-Lachses gegeben werden. Es erfolgte der Einbau in das Genom der Lachseier. Einige Nachkommen der Fischbrut zeigten ein stärkeres Wachstum. Diese wurden weitergezüchtet und führten dann zu transgenen Lachsen. Zwar ist auch Zuchtlachs von Natur aus mit ausreichenden Mengen an natürlichen Wachstumshormonen ausgestattet, diese bildet er allerdings hauptsächlich in den Sommermonaten. Der gentechnisch veränderte Lachs wächst zur Freude der Züchter dagegen das ganze Jahr über. Allerdings besitzen transgene Lachse eine erhebliche kürzere Lebenszeit und erzeugen weniger Nachkommen.

Werkzeuge der Gentechnik

Restriktionsenzyme

Die zentralen Werkzeuge der Gentechnik sind Restriktionsenzyme:

- Sie spalten den DNA-Doppelstrang im Inneren (Endonucleasen) und wirken wie biochemische Scheren.
- Sie sind hochspezifisch, das heißt, sie schneiden nur an bestimmten Stellen. Die Erkennungssequenz ist in sich spiegelbildlich. Dabei entspricht die Basenabfolge des einen DNA-Stranges der Sequenz des komplementären Stranges in umgekehrter Richtung (**Palindrom**).
- Sie schneiden – je nach Typ – den DNA-Strang glatt oder aber versetzt durch. Beim versetzten Schneiden ragt an den Schnittstellen jeweils ein kurzes Stück Einzelstrang-DNA heraus. Diese überstehenden Enden haben die Tendenz, sich wieder zusammenzulagern (klebrige Enden, ***sticky ends***).
- Sie schneiden nur DNA, die nicht über Methylgruppen ($-CH_3$) geschützt ist.

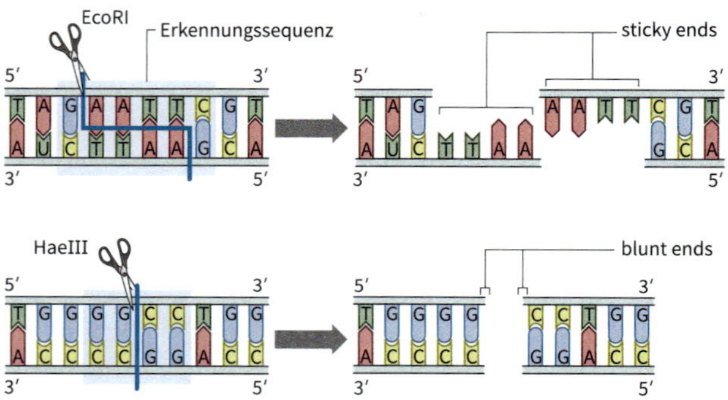

Abb. 4.44: Erkennungssequenz und Wirkung verschiedener Restriktionsenzyme

Mittlerweile verfügt die Gentechnik über eine Vielzahl verschiedener Restriktionsenzyme mit genau definierten Erkennungssequenzen. Beispielsweise schneidet **EcoR I**, das aus *Escherichia coli* isoliert wurde, nur die Sequenz: 5′ GAATTC 3′ und erzeugt dabei *sticky ends*.Das Enzym Hae III, welches aus *Haemophilus aegypticus* isoliert wurde, erzeugt einen glatten Schnitt. Die Enden nennt man *blunt ends*.

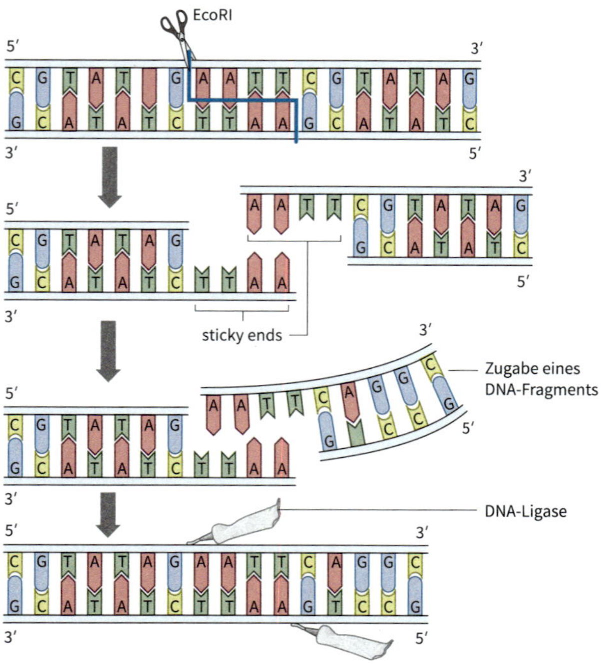

Abb. 4.45: Wirkungsweise von EcoR1 und DNA-Ligase

Ligasen

Restriktionsenzyme können *sticky ends* erzeugen, die sich über schwache Wasserstoffbrücken verbinden. Das Enzym Ligase verknüpft die Enden durch eine stabile Elektronenpaarbindung.

Methoden des Gentransfers

Vektoren

Der Transfer von Fremd-DNA in einen Organismus kann über **Vektoren** („Gentaxis") erfolgen. Häufig nutzt man hierbei **Plasmide.** Dazu werden Fremd-DNA und Plasmid mit dem gleichen Restriktionsenzym behandelt. Durch zufällige Paarungen zwischen den klebrigen Enden verschiedener DNA-Fragmente entsteht das rekombinante Plasmid. Anschließend schleust man das rekombinante Plasmid in die Bakterien (= **Transformation**).

Selektion

Nicht jedes Plasmid enthält das gewünschte Fremd-Gen. Um dieses zu identifizieren nutzt man Plasmide, die Resistenzgene für die Antibiotika *Ampicillin* und *Tetracyclin* enthalten. Das Wirtsbakterium besitzt diese Resistenzen nicht. Der Einbau des Fremd-Gens in das Plasmid führt zum Verlust der Ampicillinresistenz.

Gibt man die Bakterien auf einen Nährboden mit Tetracyclin ①, so wachsen dort nur Bakterienkolonien mit Plasmid.

Überträgt man das gleiche Koloniemuster mit einem Samtstempel auf einen Nährboden mit Ampicillin ②, so können Bakterien mit zerstörtem Ampicillin-Gen hier nicht wachsen. Aus dem Vergleich der Koloniemuster ③ lassen sich die gesuchten Kolonien mit dem rekombinanten Plasmid identifizieren und anschließend vermehren ④. Da so zahlreiche Kopien eines Fremd-Gens entstehen, spricht man von **Gen-Klonierung**.

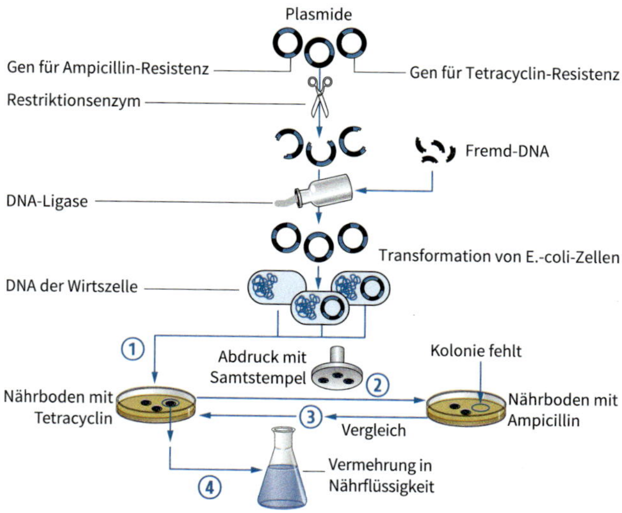

Abb. 4.46: Prinzip der Selektion

CRISPR/Cas-Methode

Mithilfe dieser Methode kann DNA gezielt geschnitten und verändert werden. So lassen sich – im Gegensatz zu früheren Methoden, die zumeist nach dem „Schrotschussprinzip" funktionierten – Gene punktgenau einfügen, entfernen oder auch ausschalten. Selbst einzelne RNA- oder DNA-Nukleotide lassen sich ändern.

CRISPR = **C**lustered **R**egularly **I**nterspaced **S**hort **P**alindromic **R**epeats

Cas = **C**RISPR-**as**sociated

Die Methode basiert auf einem natürlichen Abwehrmechanismus von Bakterien gegen Viren. Bei einer Infektion wird die virale DNA durch bakterielle **Cas**-Proteine enzymatisch zerstört. Kurze Abschnitte der Virus-DNA werden anschließend in das Genom der Bakterien eingebaut. Sie bilden zusammen mit kurzen, sich wiederholende DNA-Sequenzen der Bakterien einen besonderen DNA-Abschnitt, den man **CRISPR** nennt. Wird dieser transkribiert, entsteht eine RNA, die noch weiter modifiziert wird und dann als **single guide RNA** (**sgRNA**) bezeichnet wird. Sie dient bei einer erneuten Infektion als Sonde, die die virale DNA erkennt. Anschließend wird diese durch Cas-Proteine abgebaut.

In der Gentechnik nutzt man die CRISPR/Cas-Methode folgendermaßen: Man wählt eine synthetisch hergestellte sgRNA als Sonde und ein besonderes Cas9-Protein, das auch in eukaryotischen Zellen schneidet. Die Sonde bindet komplementär an die DNA-Sequenz, die verändert werden soll. Anschließend schneidet das Cas9-Protein den DNA-Doppelstrang an der gewünschten Stelle. Wird die geschnittene DNA nicht durch Reparaturenzyme wieder zusammengefügt, so ist das entsprechende Gen damit abgeschaltet. Alternativ kann nach dem Schnitt auch ein neuer DNA-Abschnitt eingefügt werden.

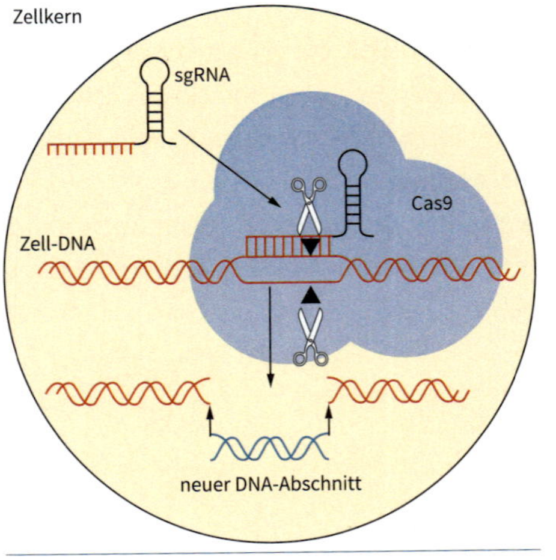

Abb. 4.47: CRISPR/Cas-Methode

PCR = künstliche Vervielfältigung der DNA

Häufig stehen für DNA-Sequenzanalysen nur geringe Mengen genetischen Materials zur Verfügung. Mit der **Polymerasekettenreaktion** (*polymerase chain reaction*, **PCR**) lassen sich auch kleinste DNA-Proben vervielfältigen. Hierzu benötigt man:

- die zu vervielfältigende DNA,
- die vier DNA-Nucleotide,
- zwei Primer mit definierter DNA-Sequenz,
- die *Taq-Polymerase*. Hierbei handelt es sich um eine spezielle DNA-Polymerase, die auch Erhitzung über 95 °C unbeschadet übersteht.

Die PCR-Methode läuft nach dem Prinzip der DNA-Replikation ab. Sie besteht aus Zyklen sich wiederholender Schritte:

① **Denaturierung:** Erwärmung auf 95 °C führt zur Trennung der DNA-Doppelhelix in zwei Einzelstränge.

② **Hybridisierung:** An die beiden Einzelstränge lagern sich bei etwa 60 °C zwei zuvor synthetisierte DNA-Primer an.

③ **Polymerisation:** Beim Temperaturoptimum der Taq-Polymerase (72 °C) erfolgt nun die DNA- Synthese. Dabei wird von den Primern ausgehend jeweils ein neuer Strang in Richtung von 5′ nach 3′ durch die Taq-Polymerase gebildet.

Durch die neuerliche Erwärmung ① wird die Replikation abgebrochen. Die DNA-Stränge liegen wieder als Einzelstränge vor und der Zyklus wiederholt sich. Nach 20 Zyklen erhält man so über eine Million DNA-Kopien.

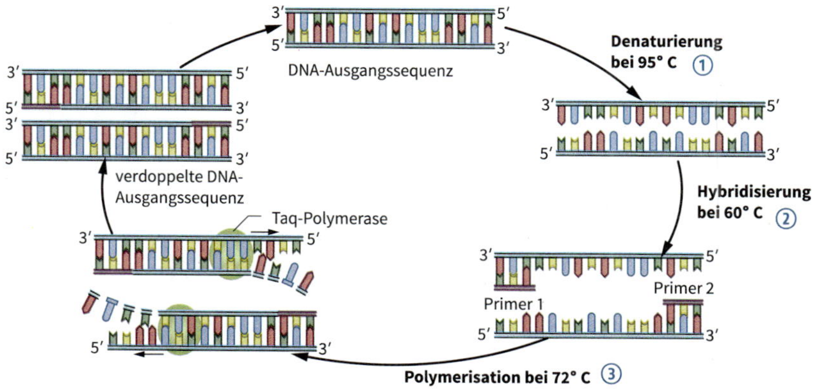

Abb. 4.48: Schema zur PCR-Methode

Genetischer Fingerabdruck

Beim genetischen Fingerabdruck nutzt man die Tatsache, dass sich bestimmte Basensequenzen im nicht codierenden Teil der DNA tandemartig wiederholen: Beispiel: 3′ … AATG AATG AATG AATG AATG AAGT ATTGG …

Derartige Wiederholungseinheiten nennt man **short tandem repeats** (**STR**). Sie besitzen eine hohe Mutationsrate und unterliegen nicht der Selektion. Die Anzahl der Wiederholungen variiert folglich von Individuum zu Individuum. Allerdings ist die Wahrscheinlichkeit hoch, dass zwei Personen zufällig die gleiche Anzahl an Wiederholungen an einem bestimmten STR-Genort haben. Daher kombiniert man mehrere verschiedene STR-Genorte und erhält so ein Muster verschiedener STRs, mit deren Hilfe man eine Person eindeutig identifizieren kann. Dazu wird die DNA isoliert und anschließend mittels PCR vervielfältigt. Hierbei ist es von Vorteil, dass die vor und hinter den STRs liegenden Basensequenzen bei allen Menschen gleich sind. So lassen sich Primer konstruieren, die die STRs genau umfassen. Es folgt die Auftrennung der vervielfältigen STRs durch Gelelektrophorese.

Für **Vaterschaftstests** nutzt man die Tatsache, dass STRs mit ihrer spezifischen Zahl an Wiederholungen vererbt werden. So erhält beispielsweise das Kind von der Mutter ein Chromosom mit sieben Wiederholungen und vom Vater das homologe Chromosom mit neun Wiederholungen. Bei der Gelektrophorese zeigen sich dann beim Kind zwei verschiedene Banden (7/9). Diese lassen sich eindeutig je einem Elternteil zuordnen.

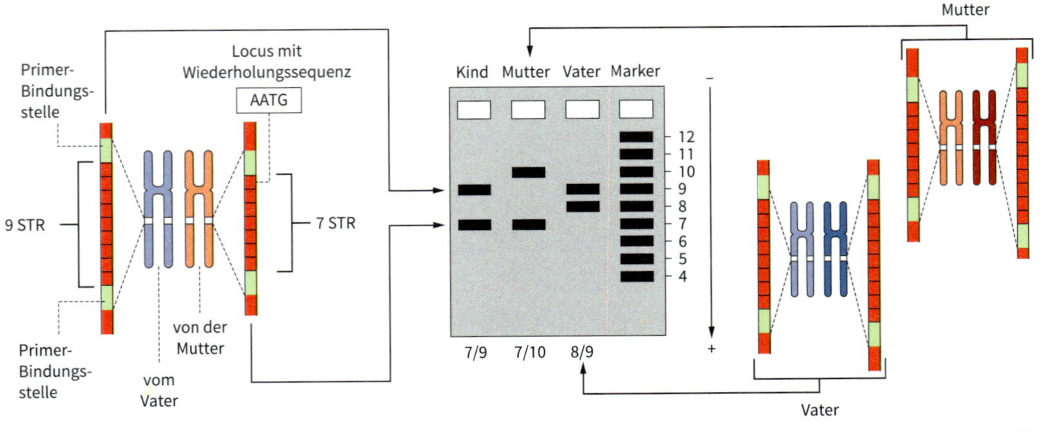

Abb. 4.49: Vaterschaftstest mittels STR-Analyse

DNA-Sequenzierung

Die Basensequenz einer DNA-Probe kann mithilfe der Kettenabbruchmethode nach SANGER ermittelt werden. Hierzu benötigt man:

- die zu bestimmende DNA als Einzelstrang,
- eine DNA-Polymerase,
- radioaktiv markierte Primer,
- die vier Desoxynucleotid-Triphosphate (dATP, dTTP, dGTP, dCTP),
- vier verschiedene **Abbruchnucleotide**. Hierbei handelt es sich um chemisch modifizierte Nucleotide (Didesoxyribonucleotide, kurz dd-Nucleotide), nach deren Einbau keine weiteren Nucleotide mehr binden können.

FREDERICK SANGER (1918), britischer Biochemiker, Nobelpreis für Chemie (1958 und 1980)

Kopien der einzelsträngigen DNA werden zusammen mit den Primern, der Polymerase und den Nucleotiden auf vier Ansätze verteilt. Jeder Ansatz enthält zusätzlich eine Sorte eines Abbruchnucleotides in geringer Konzentration. In nebenstehendem Beispiel enthält der erste Ansatz ddA. Die DNA-Synthese bricht folglich nach jedem Einbau dieses Nucleotids ab.

Auf diese Weise erhält man im ersten Ansatz je nach Zahl und Position der Abbruchnucleotide verschieden lange DNA-Fragmente. Diese werden durch Erhitzen in Einzelstränge zerlegt und dann mittels Gelelektrophorese getrennt. Durch die radioaktiven Primer lassen sich die verschiedenen Fragmente im Autoradiogramm als schwarze Bande identifizieren. Jede Bande im ersten Ansatz entspricht dabei einer Adenin-Position.

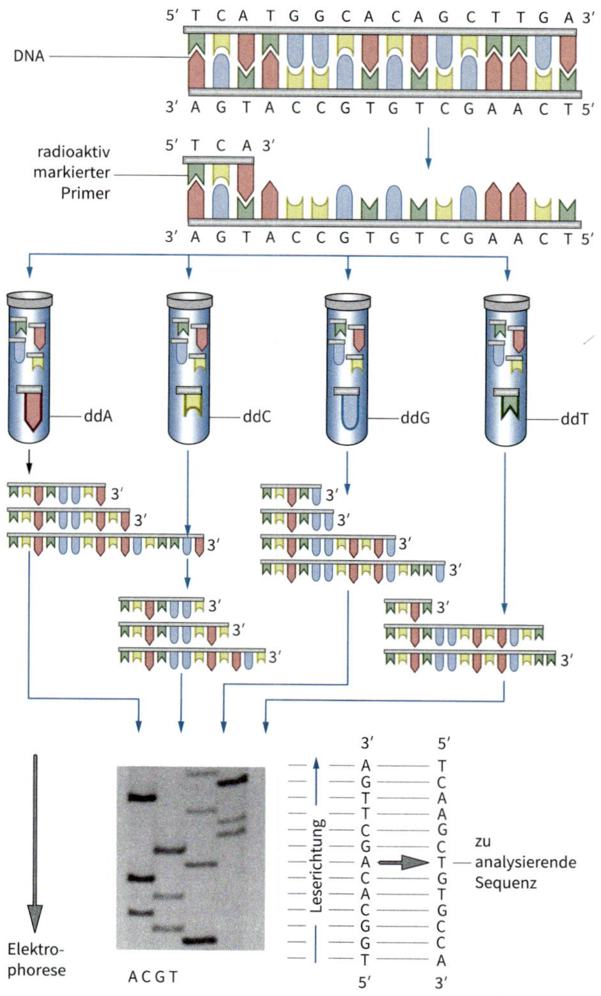

Abb. 4.50: Kettenabbruchmethode nach SANGER

Überblick

Werkzeuge

- Restriktionsenzyme
  - Endonucleasen
  - spezifisch
  - schneiden glatt *(blunt ends)* oder versetzt *(sticky ends)*
- Ligasen verknüpfen *sticky ends*
- Rekombinante Plasmide = Vektoren oder Gentaxis für den Gentransfer
- CRISPR/Cas = Methode zum zielgenauen Einfügen/Entfernen oder Abschalten von Genen

DNA-Vervielfältigung = PCR

- Grundprinzip der DNA-Replikation
- Wiederholung folgender Arbeitsschritte:
  - Denaturierung = Trennung der DNA-Stränge durch Erwärmung
  - Hybridisierung = Anlagerung der Primer
  - Polymerisation = DNA-Synthese mittels TAQ-Polymerase

DNA-Sequenzierung = Abbruchmethode nach Sanger

- vier Ansätze mit Kopien der einzelsträngigen DNA sowie Primer, Polymerase und Nucleotiden
- Zugabe einer Sorte von Abbruchnucleotiden zu jedem Ansatz
- DNA-Synthese führt zu unterschiedlich langen DNA-Fragmenten, je nach Zahl und Lage der Abbruchnucleotide
- Trennung der unterschiedlichen Fragmente und Identifizierung mittels Autoradiografie oder Fluoreszenzfarbstoffen

Genetischer Fingerabdruck

- STR-Methode: Verschiedene Individuen besitzen unterschiedliche Zahl an DNA-Sequenzen, die sich tandemartig wiederholen
- Grundlage der Methode: Sequenzunterschiede in nicht-codierenden DNA-Bereichen

Rote Gentechnik – Grüne Gentechnik

- Ziel: Erzeugung transgener Tiere oder transgener Pflanzen mit höherer Produktivität und/oder verbesserten Eigenschaften
- Beispiele: Schaf Tracy, transgene Lachse, Antimatsch-Tomate

4.6 Humangenetik

Stammbaumanalysen

Ziel einer Stammbaumanalyse ist die Genotypenzuordnung bei gegebenen Phänotypen. Auf der Basis dieser Analyse kann dann beispielsweise im Rahmen der genetischen Beratung eine Risikoabschätzung für das Auftreten einer Krankheit vorgenommen werden. Bei Stammbaumanalysen kommen nur Merkmale in Betracht, die von einem Gen abhängig sind, also monogen vererbt werden.

Allgemeine Vorgehensweise

Stamm-baum-analysen

Bei der Stammbaumanalyse gilt es, folgende Fragen zu beantworten:

① Welche Wirkung zeigt das untersuchte Gen (ist es dominant oder rezessiv?)

② Auf welchem Chromosom liegt das Gen (Autosom oder Gonosom)? Bei gonosomaler Vererbung ist zu bedenken, dass das Y-Chromosom genarm ist und fast alle relevanten Gene auf dem X-Chromosom liegen. Statt von gonosomaler Vererbung spricht man daher besser von X-chromosomaler Vererbung.

Folgende Indizien können die Beantwortung beider Fragen erleichtern:

- **Dominante Erbgänge**: Typisch ist das gehäufte Auftreten des Merkmals zumeist in jeder Generation.
- **Rezessive Erbgänge**: Das Merkmal tritt relativ selten auf. Wird dabei eine Generation übersprungen und das Merkmal erscheint erst wieder in der übernächsten Generation, so ist dies ein eindeutiger Beweis für Rezessivität. Gleiches gilt für den Fall, dass zwei nicht betroffene Personen ein merkmalstragendes Kind haben.
- **Autosomale Erbgänge:** Zwischen dem Auftreten des Merkmals und dem jeweiligen Geschlecht besteht keine Beziehung. Das Merkmal tritt statistisch gesehen also gleich häufig bei Männern und Frauen auf.
- **X-chromosomale Erbgänge**: Das untersuchte Merkmal tritt gehäuft oder ausschließlich im männlichen Geschlecht auf.

Anhand dieser Hinweise kann eine erste Entscheidung getroffen werden. Sie wird überprüft, indem den Phänotypen zunächst die eindeutigen Genotypen zugeordnet werden. Anschließend gibt man die Genotypen an, bei denen mehrere Möglichkeiten bestehen.

Beispiel

Hinweis: Die Personen Nr. 3 und Nr. 6 stammen aus Familien, in denen das untersuchte Merkmal nie zuvor aufgetreten war.

Man erkennt am nebenstehenden Beispiel, dass das Merkmal relativ selten auftritt. Aus der Beziehung zweier nicht betroffener Personen (5 + 6) geht ein Merkmalsträger (9) hervor. Es muss sich folglich um einen rezessiven Erbgang handeln. Das Merkmal tritt bei zwei Männern und einer Frau auf. Ein rezessiv-autosomaler Erbgang wäre denkbar.

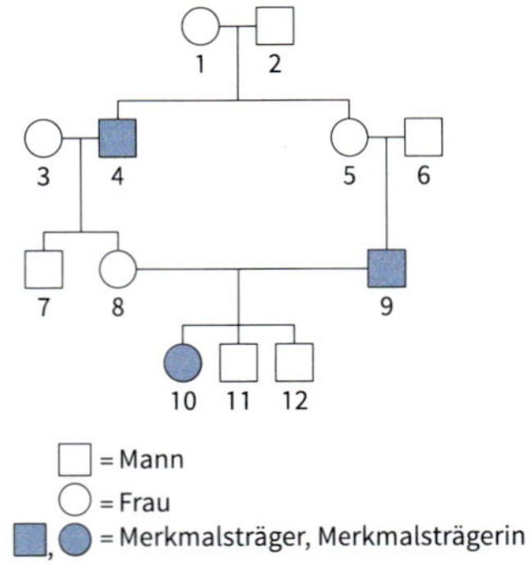

Allerdings ergibt sich bei dieser Annahme ein Widerspruch: Person 5 muss heterozygot, Person 6 homozygot dominant sein (vergleiche Hinweis zu Person 6); dann kann Person 9 nicht Merkmalsträger sein. Die chromosomale Zuordnung ist falsch, es muss also ein X-chromosomaler Erbgang vorliegen.

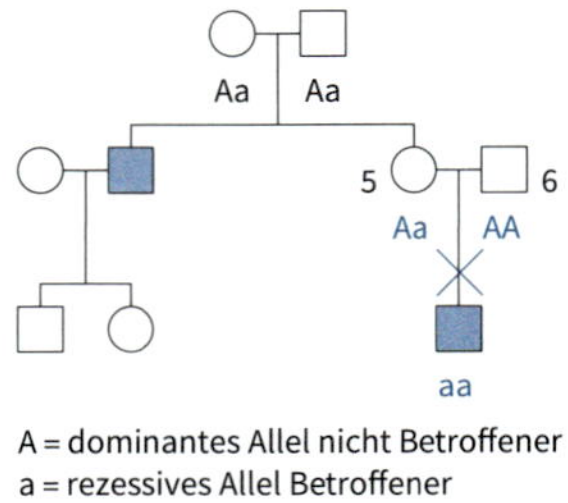

Die nebenstehende Abbildung zeigt die sicheren Genotypen bei rezessiver X-chromosomaler Vererbung.

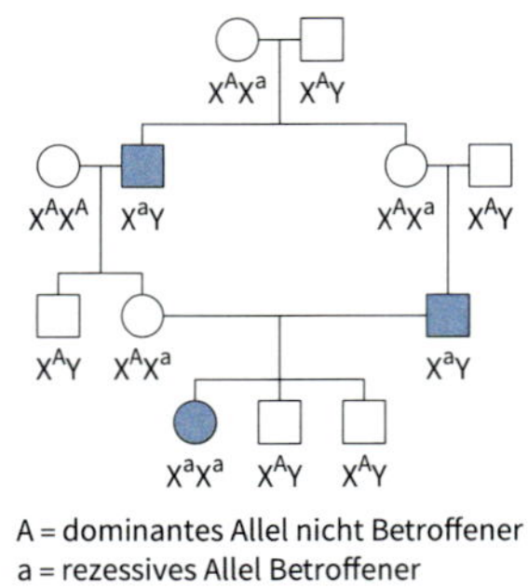

In der praktischen Anwendung zeigen sich jedoch die Grenzen der Stammbaumanalyse:

- Die Aussagen sind nicht immer eindeutig. Im oben aufgeführten Beispiel wäre ohne die genaue Kenntnis des Genotyps von Person 6 auch ein autosomal rezessiver Erbgang möglich.
- Um gesicherte Aussagen zu unbekannten Erbleiden oder Merkmalen zu treffen, benötigt man ausreichend großes und gesichertes Zahlenmaterial.

Erblich bedingte Krankheiten

Autosomal dominante Erbgänge

Für diese Erbgänge sind folgende Merkmale charakteristisch:

- Beide Geschlechter sind gleich häufig erkrankt.
- Die Krankheit tritt gehäuft über mehrere Generationen auf.
- Der Phänotyp heterozygoter Genträger (Aa) entspricht weitgehend dem der homozygoten Genträger (AA).
- Prägt sich ein dominantes Allel bei jedem Träger aus, liegt vollständige **Penetranz** (= Durchschlagskraft) vor. Bleibt ein Genträger merkmalsfrei, zeigt die Krankheit unvollständige Penetranz.
- Meist ist nur ein Elternteil heterozygot für die Krankheit (Aa), der andere ist gesund (aa). Statistisch gesehen ist dann die Hälfte der Kinder erkrankt.

Beispiele

- **Chorea Huntington, „Veitstanz“** (Häufigkeit 1 : 20 000);
  Symptome: Gedächtnisschwund, unkontrollierte Bewegung, Sprachstörung. Diese Symptome treten im Alter von 30 bis 40 Jahren auf. Die Schwere der Krankheit ist von Fall zu Fall verschieden, sie zeigt variable Ausprägung (**Expressivität**). Jeder Genträger erkrankt jedoch mit 100 %iger Sicherheit.
  Die Mutation des Huntington-Gens führt zu einer Vervielfachung eines bestimmten CAG-Tripletts. Bei Gesunden wiederholt sich dieses Triplett 9- bis 35-mal, bei mehr als 37 Wiederholungen kommt es zur Huntington-Krankheit. Die Krankheit ist pränatal diagnostizierbar, aber nicht behandelbar.
- **Marfan-Syndrom** (Häufigkeit 1 : 100 000);
  Symptome: Betroffene sind ungewöhnlich groß, besitzen überlange Gliedmaßen und leiden an Bindegewebsschwäche, die vor allem das Skelett, die Augen sowie das Herz-Kreislaufsystem betrifft. Ein Gendefekt führt hier zu einer Vielzahl von veränderten Merkmalen. Dies bezeichnet man als **Polyphänie**.

Autosomal rezessive Erbgänge

Charakteristische Merkmale sind:

- Beide Geschlechter gleich häufig erkrankt.
- Nur homozygote Genträger (aa) erkranken.
- Aus der Beziehung zweier phänotypisch gesunder Eltern (Aa) gehen zu 25 % erkrankte Personen (aa) hervor. 50 % der Nachkommen sind heterozygot (Aa), 25 % homozygot (AA) und damit gesund.
- häufig Stoffwechselstörungen mit speziellen Enzymdefekten

Beispiele

- **Phenylketonurie,** PKU (Häufigkeit 1 : 10 000);
  Symptom: geistige Behinderung; Ursache: infolge eines Enzymdefekts wird die Aminosäure Phenylalanin nicht in Tyrosin, sondern in Phenylpyruvat umgewandelt.
- **Mucoviszidose** oder **Cystische Fibrose**, (Häufigkeit 1 : 2000);
  Symptome: zähflüssiger Schleim, der die Drüsen in den Atem- und Verdauungswegen verstopft. Ursache: Die Zellmembran der Schleimhautzellen zeigt eine gestörte Chlorid-Ionen-Durchlässigkeit. Der Schleim enthält weniger Salz und kann damit weniger Wasser binden, er wird zähflüssiger.

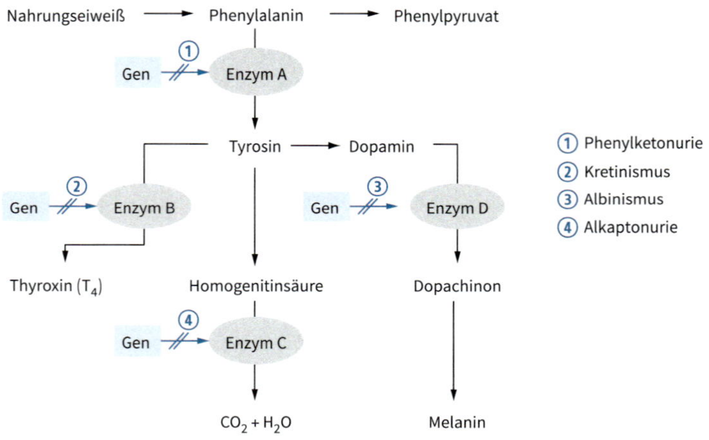

Abb. 4.51: Autosomal-rezessive Gendefekte und ihre Folgen

X-chromosomal rezessive Erbgänge

Charakteristisch ist hierbei:

- Heterozygote Frauen (X^AX^a) sind phänotypisch gesund, da sie neben dem X-Chromosom mit dem mutierten Allel ein weiteres X-Chromosom mit intaktem Allel besitzen. Sie sind jedoch Überträgerinnen (**Konduktorinnen**) des Gendefekts.
- Von der Krankheit betroffen sind fast ausschließlich Männer. Da das entsprechende Allel auf dem X-Chromosom vorhanden ist, auf dem Y-Chromosom dagegen fehlt, ist der Mann erkrankt, wenn das Allel mutiert ist. In seltenen Fällen können auch Töchter erkranken, wenn die Mutter Konduktorin war und der Vater ebenfalls erkrankt war.
- Söhne von Merkmalsträgern können den Gendefekt nicht von ihrem Vater erben.
- Bei Ehen zwischen Verwandten besteht ein hohes Erkrankungsrisiko (Beispiel: Bluterkrankheit in europäischen Königshäusern).

Beispiele

- **Bluterkrankheit**: Hämophilie A (Häufigkeit 1 : 10 000 männliche Lebendgeborene);
  Symptome: eingeschränkte Blutgerinnung, die zu bedrohlichen Blutungen bei Verletzungen führt; Ursache: Gendefekte unterschiedlicher Form, die zu einem Mangel an Gerinnungsfaktor VIII führen.
- **Rot-Grün-Schwäche** (Häufigkeit 8 % aller männlichen Europäer);
  Rot-Grün-Schwäche und Hämophilie A sind eng miteinander gekoppelt.
- **Muskeldystrophie Typ Duchenne** (Häufigkeit 1 : 3000 männliche Lebendgeborene);
  Symptome: Muskelschwäche, die sich mit fortschreitendem Alter verstärkt, sodass die Lebenserwartung meist unter 20 Jahren liegt.
  Molekulare Ursache: Deletion auf dem kurzen Arm des X-Chromosoms; dies führt zu einer fehlender Bildung des Muskelproteins Dystrophin.

X-chromosomal dominante Erbgänge

Hauptkriterien dieser recht seltenen Vererbung sind:

- Männer und Frauen erkranken, wobei Frauen doppelt so häufig betroffen sind.
- Die Übertragung erfolgt von erkrankten Männern auf alle Töchter und von erkrankten hetrozygoten Frauen auf die Hälfte aller Kinder.

Vererbung von Blutgruppen

Blutgruppen stellen sichere Merkmale mit vollständiger Expressivität dar. Es gibt verschiedene Blutgruppensysteme. Das wichtigste ist das **AB0-System**. Hierbei werden vier Blutgruppen (A, B, AB und 0) unterschieden. Ihre Vererbung weist einige Besonderheiten auf:

- Das verantwortliche Gen auf dem Chromosom Nr. 9 besitzt drei verschiedene Allele: A, B und 0. Existieren pro Gen mehr als zwei Allele so spricht man von **multipler Allelie**.
- Die Allele A und B sind jeweils dominant über das Allel 0. Personen mit dem Genotyp A0 oder B0 besitzen folglich die Blutgruppe A bzw. B. Im heterozygoten Zustand kommen beide Allele zum Ausdruck, sie bilden den Phänotyp AB. Die Allele A und B sind zueinander **kodominant**.

Blut verschiedener Blutgruppen lässt sich nur bedingt für Bluttransfusionen verwenden: So befindet sich etwa bei Blutgruppe A das Antigen A auf der Erythrocytenmembran. Im Blut sind Antikörper, die gegen das Antigen der Blutgruppe B gerichtet sind. Vermischt man Blut beider Blutgruppen, so heften sich die Antikörper an die Oberflächenantigene der Erythrocyten, das Blut verklumpt (Agglutination). Blutgruppe 0 hat keine Antigene.

Blutgruppe (Phänotyp)	Genotyp der Körperzelle	Antigen auf den Erythrocyten	Antikörper im Plasma	Genotyp der Geschlechtszellen
A	AA A0	A	Anti-B	A A oder 0
B	BB B0	B	Anti-A	B B oder 0
AB	AB	A und B	nicht vorhanden	A oder B
0	00	keine	Anti-A Anti-B	0

Kombinationsmöglichkeiten:

♀ \ ♂	A	B	0
A	AA	AB	A0
B	AB	BB	B0
0	A0	B0	00

Abb. 4.52: Blutgruppen des AB0-Systems

Chromosomenanomalien

Man unterscheidet zwei Typen von Chromosomenanomalien:
- strukturelle Anomalien = Veränderungen der Chromosomengestalt
- numerische Anomalien = Veränderungen der Chromosomenanzahl

Beide Typen von Chromsomenanomalien gehen häufig mit schweren Krankheitsbildern einher, die im Rahmen der pränatalen Diagnostik erkannt werden können.

Strukturelle Anomalien

Nach der Art der Veränderungen unterscheidet man verschiedene Typen struktureller Anomalien.
- **Deletion:** Verlust eines Chromsomenstückes.
- **Duplikation:** Verdopplung eines Chromosomenabschnittes. Bei dieser Anomalie wird die Genbalance gestört, da sich die Menge des genetischen Materials ändert. In der Meiose können dadurch Keimzellen entstehen, die zu einer partiellen Trisomie führen (→ Seite 94).
- **Inversion:** Drehung eines Chromosomenabschnittes um 180°. Normalerweise zeigt diese Anomalie keine Auswirkung, da sich nur die Reihenfolge, nicht aber die Menge genetischen Materials geändert hat. Es liegt folglich eine balancierte Anomalie vor.
- **Translokation:** Austausch von Chromosomenabschnitten zwischen nicht homologen Chromosomen.

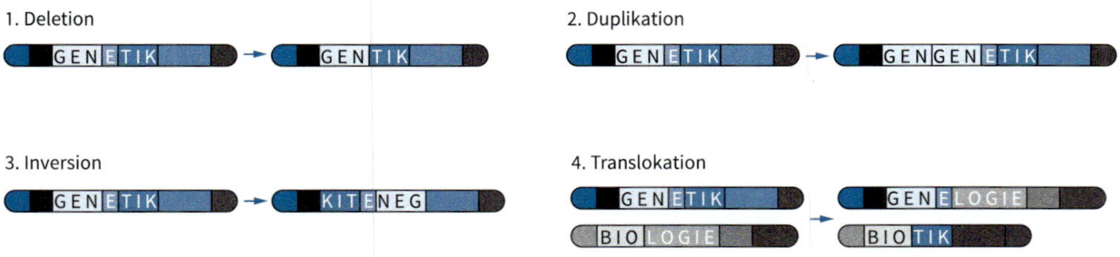

Abb. 4.53: Schematische Darstellung verschiedener struktureller Chromosomenanomalien

Beispiele

- **Katzenschreisyndrom**: Deletion am 5. Chromosom; Symptome: geistige und körperliche Unterentwicklung, katzenähnlicher Schrei des Säuglings
- **Prader-Willi-Syndrom**: Deletion am 15. Chromosom väterlicher Herkunft; Symptome: Muskelschwäche, Minderwuchs und Fettsucht
- **Angelmann-Syndrom**: Deletion wie beim Prader-Willi-Syndrom, jedoch ist hier das Allel mütterlicher Herkunft betroffen; Symptome: schwere geistige Behinderung, Minderwuchs. Die unterschiedliche Ausprägung von Allelen in Abhängigkeit von väterlicher oder mütterlicher Herkunft nennt man **genomic imprinting** (genomische Prägung).
- **Robertson'sche Translokation**: Fusion von Chromosom 21 mit Chromosom Nr. 14 oder Nr. 15 unter Verlust kurzer, nicht bedeutsamer Abschnitte. Symptome: Betroffene sind phänotypisch gesund, da sich die Menge an relevantem genetischem Material nicht geändert hat (balancierte Translokation). Diese Translokation führt bei den Kindern betroffener Eltern zu einer erblichen Form der Trisomie 21, sofern Keimzellen mit transloziertem und normalem Chromosom Nr. 21 gebildet werden und diese zur Befruchtung mit normalen Keimzellen gelangen.

Numerische Chromosomenanomalien

Veränderungen der Chromosomomenzahl sind zumeist Folge von Mutationen. Sie können dann auf zwei Wegen entstehen:

- **Nondisjunction während der 1. Reifeteilung der Meiose:**
  In diesem Fall liegt die fehlende Trennung homologer Chromosomen während der 1. Reifeteilung vor.
- **Nondisjunction während der 2. Reifeteilung der Meiose:**
  Bei dieser Form von Nondisjunction unterbleibt in der 2. Reifeteilung bei einem Chromosom die Trennung der Chromatiden.

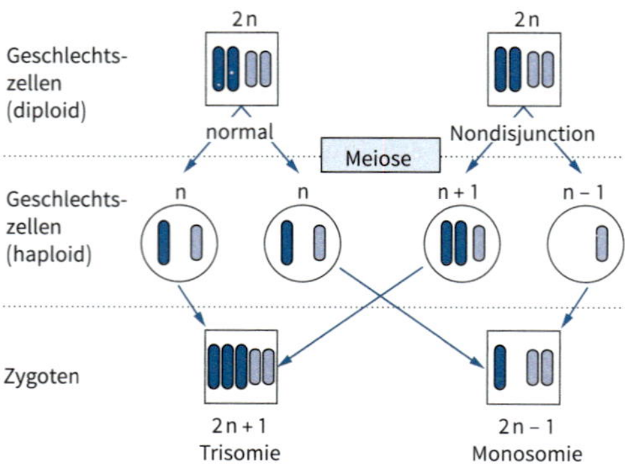

Abb. 4.54: Entstehung von Monosomien und Trisomien

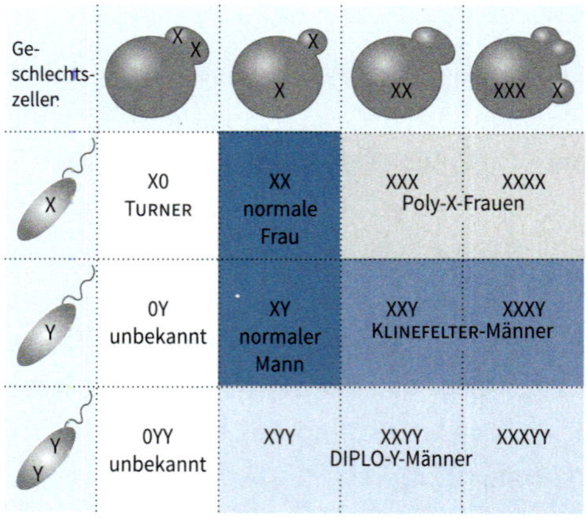

Abb. 4.55: Entstehung gonosomaler Chromosomenanomalien

In beiden Fällen entstehen dadurch Geschlechtszellen mit überzähligen bzw. fehlenden Chromosomen. Nach Verschmelzung mit normalen Geschlechtszellen weist der Chromosomensatz dann ein Chromosom zuviel (**Trisomie**) bzw. zu wenig (**Monosomie**) auf. Dadurch wird die Genbalance gravierend gestört. Fehlgeburten oder schwere Krankheitsbilder sind dann häufig die Folge.
Je nachdem, welches Chromosom von der Fehlverteilung betroffen ist, unterscheidet man autosomale und gonosomale Anomalien:

Autosomale Anomalie	Symptome
PÄTAU-Syndrom (Trisomie 13)	Missbildung von Schädel, Herz und Nieren; mittlere Lebenserwartung 1 Monat
EDWARDS-Syndrom (Trisomie 18)	Missbildung des Schädels, Herzfehler; mittlere Lebenserwartung 2 Monate
DOWN-Syndrom (Trisomie 21)	Minderwuchs, Kopfdeformation, oft Herzfehler; häufigste Trisomie

Gonosomale Anomalie	Symptome
TURNER-Syndrom (45, XO)	Kleinwuchs, Unfruchtbarkeit; phänotypisch weiblich
KLINEFELTER-Syndrom (47, XXY)	überdurchschnittliche Größe, Unfruchtbarkeit; phänotypisch männlich
Poly-X-Syndrom (47, XXX)	meist unauffällig; phänotypisch weiblich
45, Y0	nicht lebensfähig
Diplo-Y-Syndrom (47, XYY)	Hochwuchs, klinisch unauffällig; phänotypisch männlich

Tab. 4.1: Auto- und gonosomale Anomalien

Genetische Beratung

Die Aufgabe einer genetischen Beratungsstelle besteht darin, Personen mit Kinderwunsch über mögliche, genetische Risiken zu informieren. Es gelten folgende Grundsätze:

- Die Beratung einschließlich vorgeburtlicher (pränataler) Diagnostik muss freiwillig sein.
- Vor Anwendung der Diagnostik ist eine Beratung zwingend erforderlich.
- Die Entscheidung über Abbruch oder Fortsetzung einer Schwangerschaft bei krankhaftem Befund treffen allein die Ratsuchenden.

Indikation: Eine Beratung ist angezeigt, wenn

- einer der Ratsuchenden von einer Erbkrankheit betroffen ist,
- in der Familie eines Ratsuchenden ein von einer Erbkrankheit Betroffener vorkommt,
- gesunde Eltern ein betroffenes Kind haben,
- ein erhöhtes Alter der Eltern gegeben ist,
- Verwandtenehen vorliegen,
- schädliche Umwelteinflüsse vor oder während der Schwangerschaft eingetreten sind.

Diagnostik: Neben der Stammbaumanalyse spielt hier die pränatale Diagnostik eine zentrale Rolle. Zunächst wird mit nicht invasiven Methoden (Ultraschall, mütterliche Blutentnahme) begonnen. Im mütterlichen Blut lassen sich Stoffwechselprodukte des Fötus identifizieren, die Rückschlüsse auf krankhafte Veränderung erlauben. Die invasiven Methoden erlauben Aussagen zu Stoffwechsel- oder Chromosomenstörungen des Kindes.

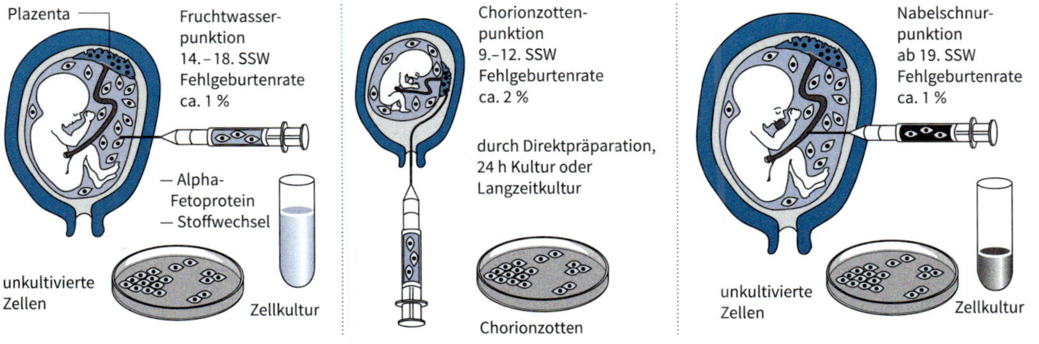

Abb. 4.56: Methoden der pränatalen Diagnostik

Durch den **Heterozygotentest** lassen sich bei einigen rezessiven Erbkrankheiten auf biochemischem Wege die heterozygoten Träger (Aa) direkt identifizieren. Die nachweisbare Menge an Genprodukt (Enzym) ist bei ihnen nur halb so groß wie bei homozygoten Gesunden (AA).
Bei einigen Erbleiden ist eine direkte **Genotypendiagnostik** auch auf molekularer Ebene möglich. Eine letzte Sicherheit vermittelt häufig die pränatale Diagnostik. Diese wird nur dann angewandt, wenn das Fehlgeburtsrisiko infolge des Eingriffs deutlich niedriger ist als das statistisch zu erwartende Erkrankungsrisiko.

Überblick

Stammbaumanalyse
- Autosomal dominante Erbgänge: gehäuftes Auftreten des Merkmals über mehrere Generationen, beide Geschlechter betroffen
- Autosomal rezessive Erbgänge: relativ seltenes Auftreten des Merkmals, beide Geschlechter betroffen
- X-chromosomal dominante Erbgänge: beide Geschlechter betroffenen, Frauen doppelt so häufig wie Männer
- X-chromosomal rezessive Erbgänge: fast nur Männer betroffen

Blutgruppen
- Multiple Allelie: drei Allele eines Gens sind für die Blutgruppen A, B, AB, 0 verantwortlich
- Die Allele A und B sind zueinander kodominant und dominant gegenüber dem Allel 0

Chromosomenanomalien
- Strukturelle Anomalien: Deletion, Duplikation, Inversion und Translokation
- Numerische Anomalien:
  - Ursache: Nondisjunction während der Reifeteilung I und/oder der Reifeteilung II der Meiose
  - Folge: Chromosomensatz mit einem überzähligen Chromosom (Trisomie) oder einem fehlenden Chromosom (Monosomie)

Genetische Beratung
- stets freiwillig, Ratsuchende treffen die Entscheidung
- Methoden: nicht invasiv (Stammbaumanalyse, Ultraschall, Blutentnahme) invasiv (Fruchtwasserpunktion, Chorionzottenpunktion, Nabelschnurpunktion)

Immunbiologie

5

In diesem Kapitel werden zunächst die grundlegenden Elemente der spezifischen Immunabwehr wie Antikörper, B- und T-Lymphocyten besprochen, bevor anschließend der Ablauf der zellulären und der humoralen Immunantwort thematisiert wird. Auch die Themen immunologisches Gedächtnis und AIDS kommen dabei zur Sprache.

5.1 Überblick

Tiere und Menschen werden ständig von krankheitserregenden Viren, Bakterien, Pilzen und sonstigen Fremdsubstanzen bedroht. Im Lauf der Evolution hat sich ein Abwehrsystem entwickelt, um diesen Gefahren zu begegnen. Es besteht aus drei Verteidigungslinien:

① **Unspezifische passive Abwehr:** Haut und Schleimhäute sowie von ihnen gebildete Sekrete wirken als erste allgemeine Barriere. Sie verhindern das Eindringen von Krankheitserregern.

② **Unspezifische aktive Abwehr:** Wurde die erste Verteidigungslinie überwunden, so greift im Körperinneren das nächste Abwehrsystem: **Weiße Blutzellen** (Leukocyten) wirken als Fresszellen, die Krankheitserreger phagocytieren und damit unschädlich machen. Diese Fresszellen unterteilt man nach ihrer Größe in die kleinen Granulocyten und die größeren Makrophagen. Daneben findet man ein nicht zelluläres Abwehrsystem, das **Komplementsystem**. Es besteht aus Bakterien abtötenden Proteinen. Manchmal äußert sich die Aktivität der zweiten Verteidigungslinie auch in einer **Entzündung:** Durch Signalstoffe der gereizten Gewebszellen werden Makrophagen zum Infektionsort angelockt, die die Krankheitserreger phagocytieren und so unschädlich machen. Die beschriebenen Abwehrmechanismen sind allesamt unspezifisch, da sie sich gegen alle körperfremden Stoffe richten.

③ **Spezifische Abwehr:** Diese dritte Verteidigungslinie wird erst im Verlauf des Lebens nach Kontakt mit den Krankheitserregern aufgebaut und dann ständig angepasst. Man spricht daher auch von **erworbener Immunität**. Sie zeichnet sich durch ihre Spezifität gegenüber dem Erreger, ihre Vielfältigkeit sowie durch ihr Gedächtnis aus. Zur spezifischen Immunabwehr gehört die Bildung von Abwehrproteinen, den Antikörpern. Daneben sind bestimmte weiße Blutkörperchen (B- und T-Lymphocyten) sowie verschiedene Hilfszellen an der Abwehr beteiligt.

lat. *immunis* = frei von Krankheit

5.2 Spezifische Immunabwehr

Antigene und Antikörper

Die spezifische Immunabwehr wird von körperfremden Zellen und Strukturen, den **Antigenen**, ausgelöst. Meist wird nur eine kleine Region des Antigens als fremd erkannt. Man bezeichnet diese als **Epitope**. Die Epitope eines Antigens binden nach dem Schlüssel-Schloss-Prinzip an spezifische Proteine, die **Antikörper** (Immunglobuline, IG). Diese werden von Lymphocyten gebildet. Dies sind weiße Blutzellen, die besonders häufig in den Lymphbahnen, den Lymphknoten, der Milz und den Rachenmandeln vorkommen. Antikörper sind überwiegend frei im Blutplasma gelöst oder an die Oberfläche von Lymphocyten gebunden.

Antikörperstruktur

Antikörper bestehen aus vier Proteinketten mit Y-förmiger Gestalt.
Sie besitzen:

- zwei identische, schwere **H-Ketten** *(heavy)*, die über Disulfidbrücken verbunden sind.
- zwei identische, leichte **L-Ketten** *(light)*.
- **variable Abschnitte**, an denen die jeweilige Antigen-Bindung erfolgt,
- **konstante Abschnitte**, die für die sonstige Funktion des Antikörpers wie die Bindung an Zelloberflächen verantwortlich sind.

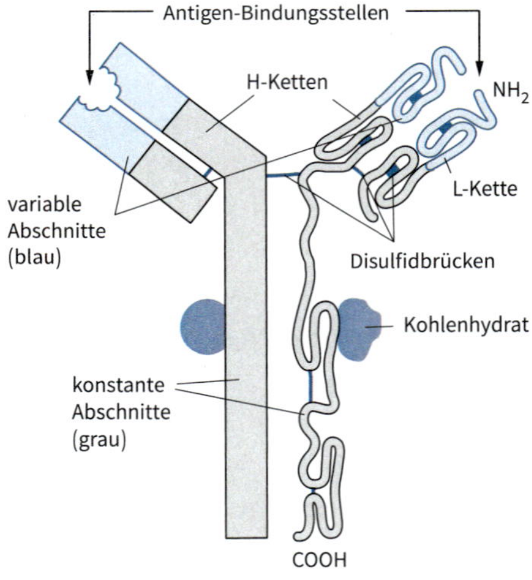

Abb. 5.1: Strukturmerkmale eines Antikörpers

Antigen-Antikörper-Reaktion

Treffen Antigen und spezifischer Antikörper aufeinander, so kommt es zwischen diesen im Bereich des variablen Antikörperabschnittes zur Ausbildung von zwischenmolekularen Bindungen wie beispielsweise Wasserstoffbrückenbindungen. Es entstehen Antigen-Antikörper-Komplexe. Ein Antikörper kann mit seinen beiden Antigenbindungsstellen dabei auch zwei gleichartige Antigene binden. Die so entstehenden, netzartigen Strukturen werden leicht von Fresszellen erkannt, phagocytiert und damit unschädlich gemacht.

Antikörperklassen

Man unterscheidet fünf verschiedene Antikörperklassen mit folgenden Strukturmerkmalen:

- Unterschiede in den konstanten Abschnitten der H-Ketten. Sie bewirken unterschiedliche biologische Funktionen.
- Übereinstimmende variable Regionen und somit gleiche Epitop-Spezifitäten. Dabei ruft jedes Epitop die Bildung aller fünf Antikörperklassen hervor, jedoch in unterschiedlichem Mengenverhältnis.

Antikörperklasse	IgG	IgM (Pentamer)	IgA (Dimer)	IgD	IgE
Funktion	Abwehr bei Sekundärinfektionen	erste Antikörper bei einer Infektion	Abwehr von Viren, Bakterien u.a. in Schleimhäuten	aktiviert B-Lymphocyten	allergische Reaktion, Parasitenabwehr
Gestalt	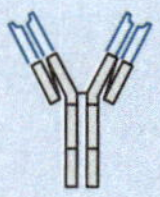	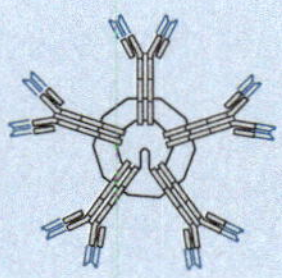		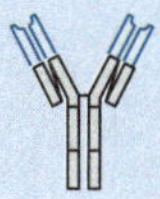	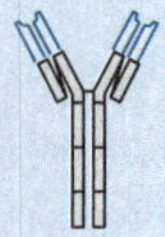

Tab. 5.1: Antikörperklassen

Genetische Grundlage der Antikörpervielfalt

Entsprechend der Vielzahl möglicher Antigene muss es auch eine Vielzahl verschiedener Antikörper geben. Diese Antikörpervielfalt wird durch Neukombination der DNA während der Antikörperbildung erzeugt.

Für die L-Kette eines Antikörpers sind drei verschiedene Genabschnitte verantwortlich:

- V-Abschnitt *(variabel)* mit 200 Exons,
- J-Abschnitt *(joining)* mit 4 Exons,
- C-Abschnitt *(constant)* mit einem Exon.

Je ein V- und ein J-Abschnitt werden bei der Reifung des B-Lymphocyten neu kombiniert, sodass dadurch bereits $4 \cdot 200 = 800$ neue VJ-Kombinationen entstehen können. Die zwischen den Exons liegenden Abschnitte werden beim anschließenden Spleißen entfernt. Die folgende Translation führt dann zur leichten Kette.

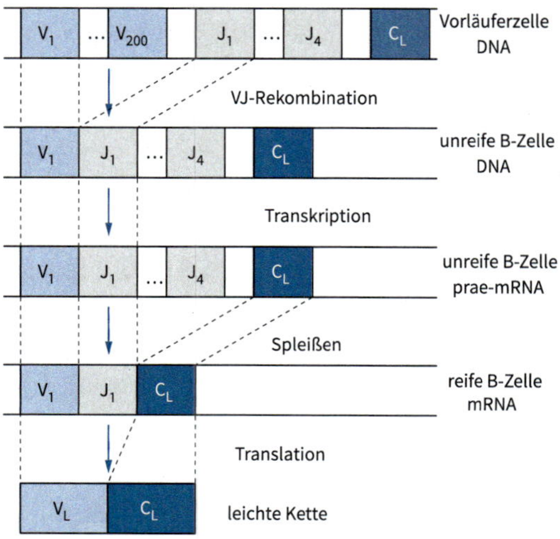

Abb. 5.2: Rekombination bei der Antikörperbildung der L-Kette

Die Bildung der schweren H-Kette erfolgt nach demselben Prinzip. Neben 200 V-Exons und sechs J-Exons finden sich hier 30 D-Exons *(diversity)* sowie konstante C-Exons der fünf Antikörperklassen. Nach der VDJ-Rekombination und anschließender Transkription erfolgt das Spleißen: Dabei wird die jeweilige Antikörperklasse erzeugt, indem das entsprechende C-Exon an die V-, D-, J-Sequenz angefügt wird. Unterschiedliche Antikörperklassen entstehen durch unterschiedliches Spleißen.

Durch die Kombinationsmöglichkeiten der Exons sowie durch die zufällige Kombination von leichten und schweren Ketten ergeben sich nun 36 Millionen Antikörper-Varianten. Ihre Zahl erhöht sich durch Mutationen während der Rekombination der Exons weiter.

Bildung von B- und T-Lymphocyten

Die zweite wesentliche Komponente der spezifischen Immunabwehr stellen besondere weiße Blutzellen, die Lymphocyten, dar. Sie gehen aus undifferenzierten Stammzellen des Knochenmarks hervor und sind zunächst nicht in der Lage, Antigene zu erkennen oder Antikörper zu bilden. Sie werden deshalb als immunologisch inkompetent bezeichnet. Ihre Weiterentwicklung ist an zwei Vorgänge gebunden:

1. Reifung

Erst durch **Reifung** werden aus unspezialisierten Vorläuferzellen immunologisch kompetente Zellen mit spezifischen Antigen-Rezeptoren. Nach dem Ort ihrer Reifung unterscheidet man zwei verschiedene Typen von Lymphocyten:

- **B-Lymphocyten** – Etwa 10 % der Vorläuferzellen entwickeln sich im Knochenmark (engl. ***b**one marrow*) zu B-Lymphocyten. Bei ihnen bestehen die Antigen-Rezeptoren aus Antikörpern, die innerhalb der B-Zellen synthetisiert werden und sich dann auf der Außenseite der Zellmembran befinden. Obwohl jede einzelne B-Zelle identische Antikörper besitzt, ergibt sich durch die Neukombination der DNA bei der Antikörperbildung eine Vielzahl unterschiedlicher B-Zellen.
- **T-Lymphocyten** – Die übrigen Vorläuferzellen reifen im **T**hymus, einem bei Kindern ausgebildeten lymphatischen Organ hinter dem Brustbein. Die Lymphocyten nennt man entsprechend T-Lymphocyten. Bei der Reifung erhalten diese T-Lymphocyten Oberflächenmarker mit antikörperähnlicher Struktur.

2. Aktivierung nach Antigenkontakt

B- und T-Zellen entwickeln sich zunächst nicht weiter. Als ruhende Zellen zirkulieren sie in Blut und Lymphe ständig zwischen Milz, Lymphknoten und Gewebe. Trifft nun eine ruhende B- oder T-Zelle auf das spezifische Antigen, so erfolgt die Aktivierung: Die Zelle beginnt sich vielfach zu teilen und bildet eine Vielzahl genetisch identischer Zellen, einen Klon. Da nur Zellen mit passendem Antigenrezeptor aktiviert wird, spricht man von **klonaler Selektion**.

Aus aktivierten B-Zellen entstehen **Plasmazellen**. Ihre Lebensdauer beträgt nur drei bis fünf Tage. In dieser Zeit produzieren sie jede Sekunde mehrere Tausend spezifische Antikörper. Gleichzeitig bilden sich **B-Gedächtniszellen**.

Bei T-Zellen sind die Rezeptoren im Gegensatz zu den B-Zell-Rezeptoren keine Antikörper, sondern komplexere Proteine. Sie sind aufgrund ihrer Struktur in der Lage, passende Antigene an sich zu binden. Erfolgt der Kontakt zwischen Antigen und T-Zell-Rezeptoren, so beginnen sich verschiedene T-Zellen zu bilden:

- T-Helferzellen senden besondere Botenstoffe, die Cytokine aus. Sie sind für die Aktivierung der Immunantwort unverzichtbar.
- T-Killerzellen bewirken die enzymatische Zerstörung der Zellmembran.
- T-Gedächtniszellen speichern Muster der Antigene und lösen bei einer Zweitinfektion eine schnelle Immunantwort aus.

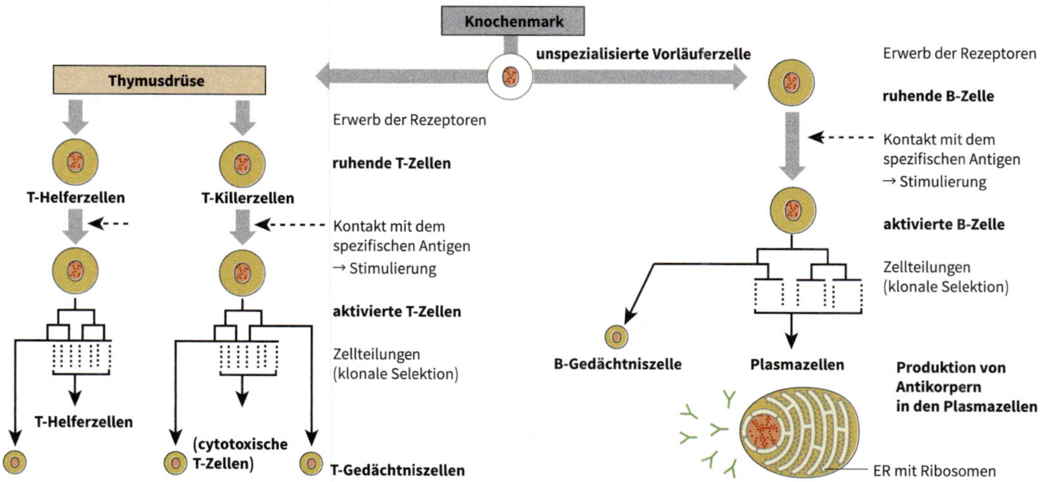

Abb. 5.3: Bildung von B- und T-Lymphocyten

5.3 Die Immunantwort

Das Zusammenwirken verschiedener Zelltypen bei der spezifischen Abwehr von Krankheitserregern bezeichnet man als Immunantwort. Es werden zwei Antworten unterschieden:

lat. *humor* = Flüssigkeit

- **Humorale Immunantwort:** Die humorale Antwort richtet sich gegen Toxine, freie Bakterien und Viren, die in die Körperflüssigkeiten Blut und Lymphe vorgedrungen sind. Die humorale Immunantwort erfolgt über Antiköper produzierende B-Zellen.
- **Zelluläre Immunantwort**: Diese Immunantwort richtet sich nur gegen virusinfizierte Körperzellen, Tumorzellen oder Transplantate, die auf der Membranoberfläche spezifische Marker tragen. Frei im Blut oder der Lymphe vorkommende Antigene werden nicht angegriffen. Die zelluläre Immunantwort erfolgt durch T-Killerzellen (cytotoxische Zellen).

Ablauf der humoralen Immunantwort

Nach dem Kontakt zwischen spezifischem Antikörper und Antigen werden ruhende B-Zellen aktiviert: Sie teilen sich und bilden Plasmazellen, die Antikörper produzieren. Die Antikörper bewirken eine Verklumpung der Antigen tragenden Zellen (**Agglutination**). Die entstehenden Komplexe werden dann von phagocytierenden Zellen beseitigt.

Bei der humoralen Antwort wirken T-Helferzellen unterstützend. Makrophagen zerlegen dazu aufgenommene Antigene und präsentieren Antigenfragmente auf der Zelloberfläche. T-Helferzellen binden an diese Rezeptoren, werden dadurch aktiviert und sondern Cytokine ab. Erst durch diese Proteine erfolgt dann die Aktivierung der B-Zellen.

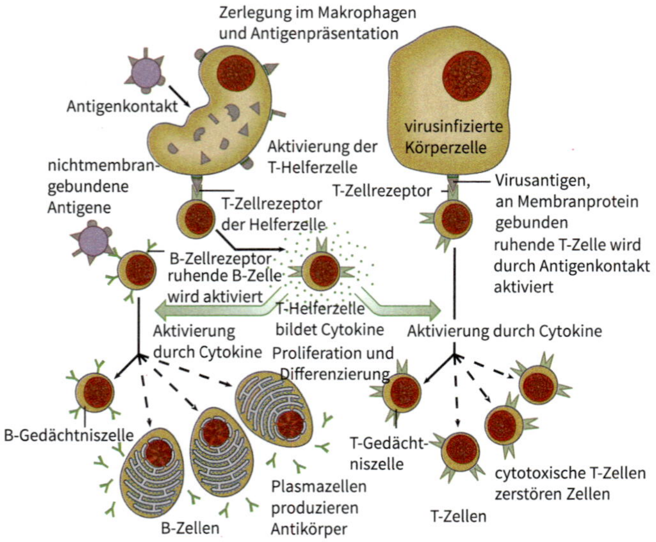

Abb. 5.4: Ablauf der humoralen und der zellulären Immunantwort

Ablauf der zellulären Immunantwort

Virusinfizierte Zellen und Tumorzellen besitzen Oberflächenmarker, an die ruhende T-Zellen spezifisch binden können. Hierdurch erfolgte eine Teilaktivierung dieser Zellen.

Für eine vollständige Aktivierung müssen T-Helferzellen ebenfalls durch Cytokine aktiviert werden. T-Zellen beginnen daraufhin, sich zu teilen. Sie bilden T-Gedächtniszellen, T-Zellen und T-Killerzellen (cytotoxische Zellen), die infizierte Körperzellen oder Tumorzellen angreifen. Dabei geben sie das Protein Perforin ab, das die Zellmembran durchlöchert. Von T-Zellen gebildete Enzyme dringen daraufhin durch die Löcher in die Zelle und verdauen sie von innen.

Das immunologische Gedächtnis

Beim erstmaligen Kontakt mit einem Erreger produzieren B-Lymphocyten hauptsächlich Antikörper der IgM-Klasse. Daneben werden B-Gedächtniszellen gebildet.

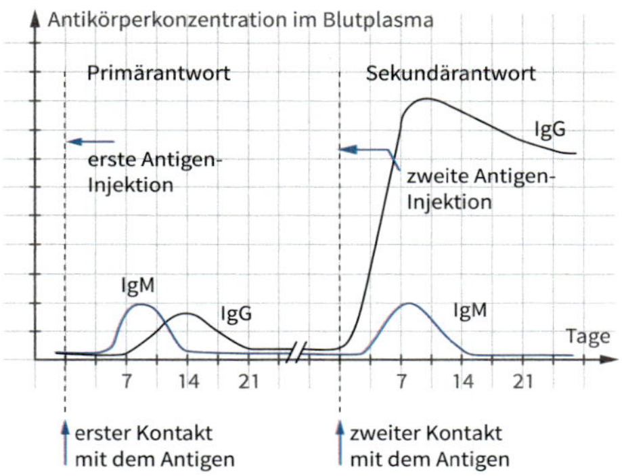

Abb. 5.5: Primär- und Sekundärantwort

Hierbei handelt es sich um langlebige, aber zunächst inaktive B-Lymphocyten. Vergleichbar bilden auch T-Zellen als Teil der Primärantwort T-Gedächtniszellen. Beim späteren Kontakt mit dem gleichen Erreger werden bei der Sekundärantwort von B-Gedächtniszellen vor allem IgG-Antikörper gebildet. Sie zeichnen sich – im Vergleich zu den Antikörpern der Primärantwort – durch eine höhere Affinität gegenüber dem Antigen aus.

Die beim Erstkontakt gebildeten T-Gedächtniszellen der zellulären Immunantwort reagieren beim Zweitkontakt deutlich stärker und schneller. B- und T-Gedächtniszellen bilden damit das immunologische Gedächtnis eines Lebewesens.

Die **aktive Impfung** beruht auf dem Prinzip des immunologischen Gedächtnisses: Der Impfstoff enthält in geringer Menge Antigene, die die Bildung von Antikörpern und B-Gedächtniszellen veranlassen. Bei späterem Kontakt mit dem Erreger können binnen weniger Stunden große Antikörpermengen gebildet werden. Im Gegensatz dazu werden bei der **passiven Immunisierung** direkt Antikörper injiziert. Dies ist stets dann sinnvoll, wenn in einer Notsituation eigene Antikörper fehlen und schnell benötigt werden.

Immunschwächekrankheit AIDS

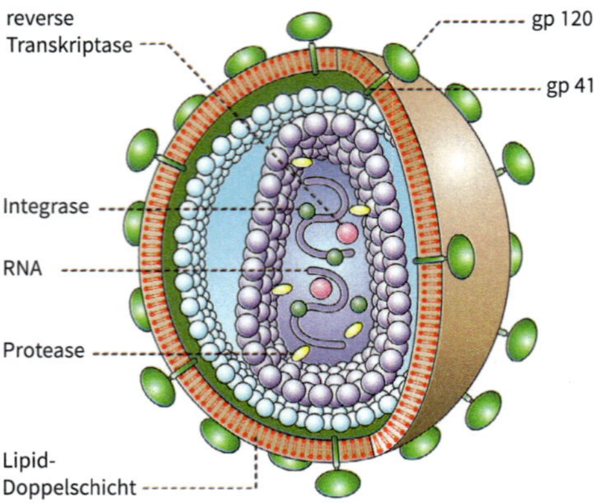

Abb. 5.6: Bau des HI-Virus

Struktur des HI-Virus

Das kugelförmige HI-Virus ist von einer Lipiddoppelschicht umgeben, in die Glycoproteine (GP 41) verankert sind. Auf ihnen sitzen knopfartige Glycoproteine (GP 120). Eine innere Virushülle umschließt das Capsid. Es enthält RNA sowie die Enzyme *Integrase, Protease* und *Reverse Transkriptase*.

Vermehrung des Virus

Die Virusübertragung erfolgt durch Sperma, Vaginalsekret, Blut und Blutprodukte. Im Organismus sind Makrophagen und T-Helferzellen die wesentlichen Zielzellen der Infektion. Sie besitzen als Virusrezeptor das CD4-Protein auf ihrer Oberfläche. Nachdem das Virusprotein GP 120 an den Rezeptor gebunden wurde, verschmelzen Virus- und Zellmembran. RNA und die viralen Enzyme gelangen in die Körperzelle. Mithilfe der *Reverse Transkriptase* wird von der einsträngigen RNA eine doppelsträngige DNA-Kopie erstellt. Das HI-Virus gehört damit zu den **Retroviren**. Das Enzym *Integrase* baut die virale DNA in die menschliche DNA ein. Die Transkription der DNA führt zur viralen RNA. Sie verlässt den Kern und wird in ein zusammenhängendes Vorläuferprotein translatiert. Die Protease schneidet anschließend die einzelnen Virusproteine heraus. Der Zusammenbau von viraler RNA und Virusproteinen führt zu HI-Viren.

AIDS = **A**cquired **I**mmune **D**eficiency **S**yndrome = erworbene Schwächung des Immunsystems

Krankheitsverlauf

Die weitere Entwicklung der AIDS-Erkrankung ist stark davon abhängig, welche Zellen vorwiegend infiziert werden: T-Helferzellen gehen bei der Virenfreisetzung rasch zugrunde. Deren Ausfall verhindert die Aktivierung der B-Zellen und T-Killerzellen. Das Immunsystem wird geschwächt. Es folgen Sekundärinfektionen mit opportunistischen Keimen. Dies sind Erreger, die nur bei defektem Immunsystem auftreten können. Sie führen beispielsweise zu bestimmten Pilzinfekten und besonderen Tumoren wie dem **Kaposi-Sarkom**.

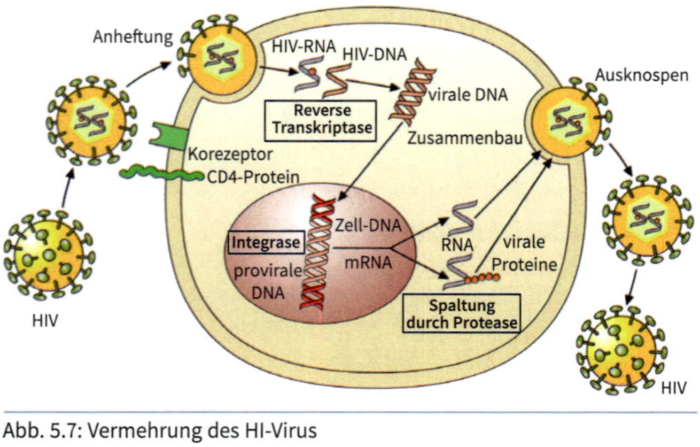

Abb. 5.7: Vermehrung des HI-Virus

Infizierte Makrophagen tragen die Viren häufig lange Zeit in sich. Sie wandern durch den Organismus und verteilen den Erreger erst bei seiner Vermehrung. Da Makrophagen die Blut-Hirn-Schranke durchdringen können, leiden viele Patienten als Folge zerstörter Gehirnzellen unter Nervenerkrankungen. Unbehandelt führen opportunistische Infektionen, neurologische Schädigungen und eine allgemeine Schwächung bei AIDS schließlich zum Tode.

AIDS-Therapie

AIDS wird heute mithilfe der **h**och**a**ktiven **a**nti**r**etroviralen **T**herapie (**HAART**) bekämpft. Dabei kombiniert man mehrere Medikamente, die an verschiedenen Stellen der Virusvermehrung ansetzen. So verhindern beispielsweise chemisch veränderte Nucleotide die Synthese der viralen DNA, indem sie anstelle normaler Nucleotide von der *Reversen Transkriptase* in die DNA eingebaut werden. Andere Medikamente hemmen die *Integrase* oder die *Protease*. Das größte Problem bei der Virusbekämpfung sind die häufigen Mutationen, die bei der Virenreplikation vorkommen. Als Folge bilden sich wieder neue Virusvarianten.

Überblick

Verteidigungslinien

- unspezifisch passiv: Haut, Schleimhäute und deren Sekrete
- unspezifisch aktiv: phagocytierende Leukocyten, Entzündung
- spezifisch: B- und T-Lymphocyten, Antikörper

Antikörper

- jeweils zwei identische H-Ketten und L-Ketten
- variable Abschnitte für die Antigenbindung verantwortlich
- fünf Antikörperklassen mit unterschiedlichen H-Ketten
- Antikörpervielfalt durch Neukombination der DNA

Humorale Immunantwort

- Aktivierung ruhender B-Lymphocyten durch Antigen-Bindung
- Bildung von Plasmazellen, Produktion spezifischer Antikörper
- Agglutination der Antigene, anschließende Phagocytose
- vorwiegend bei Bakterien und Viren

Zelluläre Immunantwort

- Aktivierung ruhender T-Zellen durch Bindung an Marker virusinfizierter Zellen, Tumorzellen oder Transplantate
- Aktivierung der T-Zellen über Cytokine von T-Helferzellen
- Teilung der T-Zelle führt zu T-Killerzellen, T-Gedächtniszellen und T-Unterdrückerzellen

6 Fortpflanzung und Entwicklung

**In diesem Kapitel wird die Fortpflanzung der Lebewesen vorgestellt, zudem die Embryonalentwicklung und deren Steuerung.
Thematisiert werden auch Eingriffe des Menschen in die Fortpflanzung im Rahmen der Reproduktionsmedizin.
Abschließend wird die Rolle der Hormone bei Tier und Pflanze erläutert.**

6.1 Tod und Fortpflanzung

Die Lebensdauer der Lebewesen ist in der Regel begrenzt. Damit ist prinzipiell auch der **Tod** ein Kennzeichen des Lebendigen. Doch gibt es Ausnahmen:

- Einzeller, die sich durch Teilung fortpflanzen, gelten als potentiell unsterblich. Allerdings scheint die Teilungsfähigkeit für zumindest einen Teil des Klons nach einer bestimmten Zahl von Teilungen verloren zu gehen.
- Unter idealen Bedingungen altern *Süßwasserpolypen* nicht. Stammzellen ermöglichen es ihnen, Körperzellen fortlaufend durch neue zu ersetzen.
- Nach Erreichen der sexuellen Reife kann die Qualle *Turritopsis dohrnii* ihre Zellen wieder in das Jugendstadium transformieren – immer wieder.

Diese Organismen sind potenziell unsterblich. Die meisten Vielzeller aber sterben spätestens bei Erreichen ihrer artspezifischen Altersgrenze. Und unsterbliche Organismen können durch Unfälle oder Fressfeinde zu Tode kommen.

Dem Tod steht die **Fähigkeit zur Fortpflanzung**, zur Erzeugung von Nachkommen, als weiteres zentrales Kennzeichen des Lebendigen gegenüber. Fortpflanzung ist in der Regel mit Vermehrung verbunden. Ziel ist der Erhalt und die Vervielfältigung des genetischen Materials eines Individuums durch Weitergabe an die nächste Generation und damit die Sicherung des Überlebens der Art. Für die Fortpflanzung müssen zwei Vorbedingungen erfüllt sein:

- Das Lebewesen muss genetische Substanz besitzen, die sich identisch replizieren kann.
- Es muss zudem über Stoffwechsel und Energiehaushalt verfügen, damit die für die Fortpflanzung benötigten Stoffe bereitgestellt werden können. Unter Umständen, so bei Parasiten oder Viren, kann jedoch auch ganz oder in Teilen auf den Stoffwechsel eines Wirtes zurückgegriffen werden.

Zur Fortpflanzung können zwei Wege beschritten werden: die **geschlechtliche** und die **ungeschlechtliche Fortpflanzung**. Viele Organismen nutzen nur einen dieser Wege, andere wechseln zwischen den beiden Varianten.

6.2 Ungeschlechtliche Fortpflanzung

Die ungeschlechtliche Fortpflanzung (auch: asexuelle oder vegetative Fortpflanzung) kann als „natürliches Klonen“ bezeichnet werden.

- Ziel: Bildung von zwei oder mehr genetisch identischen Zellen bzw. Individuen
- Ausgangszelle: bei Einzellern deren einzige Körperzelle bzw. bei Vielzellern in der Regel spezifische diploide Körperzelle(n)
- Auslöser: Der Ausgangsorganismus erreicht eine bestimmte Größe bzw. ein bestimmtes Alter; oder aber es liegen bestimmte Umweltbedingungen vor (z. B. Veränderung des Nährstoffangebots, eine bestimmte Tageslänge oder Temperatur).
- Ablauf: mitotische Zellteilung (→ Seite 44 f.)
- Ergebnis: in der Regel mehrere Tochterindividuen mit demselben Chromosomenbestand und unter Umständen demselben plasmatischen Erbgut wie das Lebewesen, von dem sie abstammen (daher auch **ungeschlechtliche Vermehrung**)
- Formen sind unter anderem:
  - einfache Zweiteilung (Einzeller)
  - Sprossung (Hefepilze)
  - Knospung (z. B. Algen, Pilze, Hohltiere)
  - Sporenbildung (z. B. Algen, Pilze, Moose)
  - vegetative Fortpflanzung bei Pflanzen
  - Polyembryonie (ein Keim teilt sich in mehrere Teile, aus jedem dieser Teile geht ein Individuum hervor; z. B. mehrere Embryonen in einer Samenanlage bzw. einem Samen bei Samenpflanzen, eineiige Mehrlinge bei Schlupfwespen, Gürteltieren oder Menschen)
- Vorteile: Bei günstigen Umweltbedingungen ist die rasche Erzeugung einer großen Zahl erbgleicher Nachkommen möglich; in der Land- und Forstwirtschaft garantiert die ungeschlechtliche Fortpflanzung Sortenkonstanz.
- Nachteile: Geringe Variabilität der Nachkommen kann bei veränderten Umweltgegebenheiten zu einer raschen, drastischen Dezimierung der Individuenzahl einer Art führen.

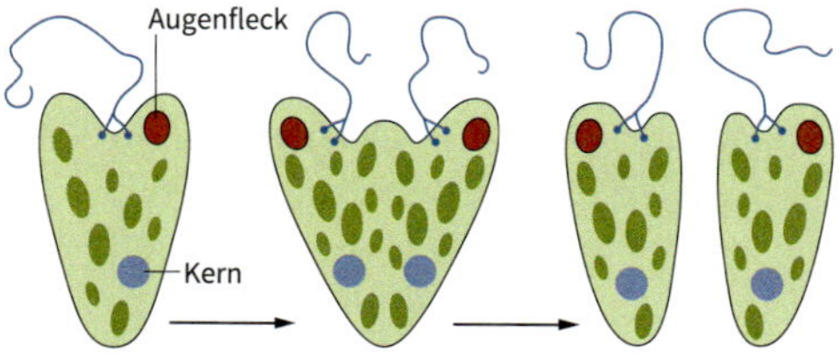

Abb. 6.1: Zweiteilung beim Augentierchen

6.3 Geschlechtliche Fortpflanzung

Bei der geschlechtlichen Fortpflanzung verschmelzen zwei haploide Keimzellen zu einer diploiden Zygote. Die geschlechtliche (sexuelle) Fortpflanzung beinhaltet die Abschnitte Keimzellenbildung, gegebenenfalls Begattung (Paarung), Besamung, Befruchtung, Keimesentwicklung, Geschlechtsbestimmung des neuen Individuums, Jugendentwicklung und die Keimzellenbildung durch das neue Individuum.

Keimzellen (Gameten) sind haploide Zellen, die speziell für die geschlechtliche Fortpflanzung gebildet werden. Ihre Bildung erfolgt zumeist in speziellen Organen, den Keimdrüsen. Jede sich geschlechtlich fortpflanzende Art bildet zwei Typen von Keimzellen. Diese unterscheiden sich stets physiologisch, allerdings nicht immer anatomisch. Es gibt drei Systeme:

- **Isogamie** bei Grünalgen und Pilzen. Beide Keimzelltypen sind gleich groß und beweglich. Bezeichnung: +Gameten/– Gameten
- **Anisogamie** bei Grünalgen. Beide Keimzelltypen sind beweglich, von gleicher Gestalt aber unterschiedlicher Größe. Bezeichnung: Mikrogameten/Makrogameten
- **Oogamie** bei mehrzelligen Tieren und höheren Pflanzen. Die weibliche Keimzelle (Eizelle) ist groß, plasmareich und unbeweglich. Die männliche Keimzelle (Spermium) ist klein, plasmaarm und in der Regel beweglich.

Die **Eizellen** vieler Tierarten enthalten Dotter, der unter anderem aus Fett, Eiweiß und Kohlenhydraten besteht. Er bildet die Ernährungsgrundlage für den Embryo. Man unterscheidet (→ Abb. 6.8 auf Seite 114):

- **isolecithale Eier** (Eizellen mit wenig und gleichmäßig verteiltem Dotter)
- **telolecithale Eier** (Eizellen, die mäßig bis sehr dotterreich sind und deren Dotter an einem Pol der Eizelle konzentriert ist)
- **centrolecithale Eier** (Eizellen mit Konzentration des Dotters im Inneren)

Die **Spermien** haben eine artspezifische Form und Größe. Meist bestehen sie aus ovalem Kopf (enthält den Kern), Hals, Mittelstück (enthält Mitochondrien) und einem langen, beweglichen Schwanz. An der Kopfspitze befindet sich das Akrosom, das Enzyme enthält. Diese ermöglichen es dem Spermium, die Schutzhüllen der Eizelle zu durchdringen.

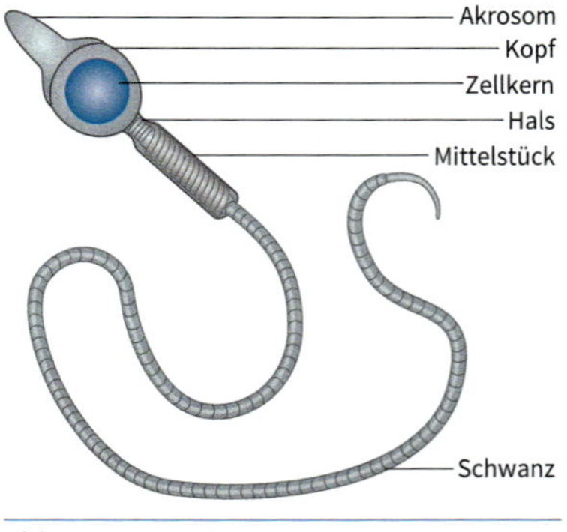

Abb. 6.2: Spermium

Keimzellenbildung

Bei fast allen vielzelligen Tieren inklusive des Menschen entstehen die Keimzellen aus einer spezifischen diploiden Zelle, die sich bereits ab der ersten Teilung der Zygote oder aber kurz danach separat von den regulären Körperzellen zu den sogenannten Urkeimzellen entwickelt (Keimbahnhypothese).

Die Entwicklung der Urkeimzellen lässt sich bei Wirbeltieren in drei Phasen unterteilen.

- **Vermehrungsphase:** Nach mitotischen Teilungen wandern die Urkeimzellen in die **Gonaden**. Ursprünglich sind die Gonaden noch geschlechtsneutral, ebenso die Urkeimzellen. Bei weiblichen Tieren entwickelt sich die Gonade zum Eierstock und aus den Urkeimzellen werden Oogonien (Ureizellen). Beim männlichen Tier wird die Gonade zum Hoden und die Urkeimzellen werden zu Spermatogonien (Ursamenzellen). Oogonien wie Spermatogonien durchlaufen weitere Mitosen, deren Ergebnis die noch immer diploiden Oocyten bzw. Spermatocyten 1. Ordnung sind. Sie führen keine weiteren Mitosen durch.

Gonaden: Keimdrüsen; Organe, in denen die Keimzellen gebildet werden.

- **Wachstumsphase:** Die Oocyten wachsen; es kommt zur Einlagerung von Dotter und zu komplexen Differenzierungsprozessen. Spermatocyten wachsen nur wenig; die Dottereinlagerung fehlt.
- **Reifungsphase:** Aus der Oocyte gehen im Zuge der Meiose eine große haploide Eizelle und drei absterbende Polkörperchen hervor. Aus der Spermatocyte entstehen vier haploide Spermatiden, die in einem komplizierten Differenzierungsprozess zu Spermien heranreifen.

Die Eizellenbildung erfolgt in den **Eierstöcken** (weibliche Keimdrüsen), die Spermienentwicklung in den **Hoden** (männliche Keimdrüsen). Zwitter besitzen weibliche und männliche Keimdrüsen.

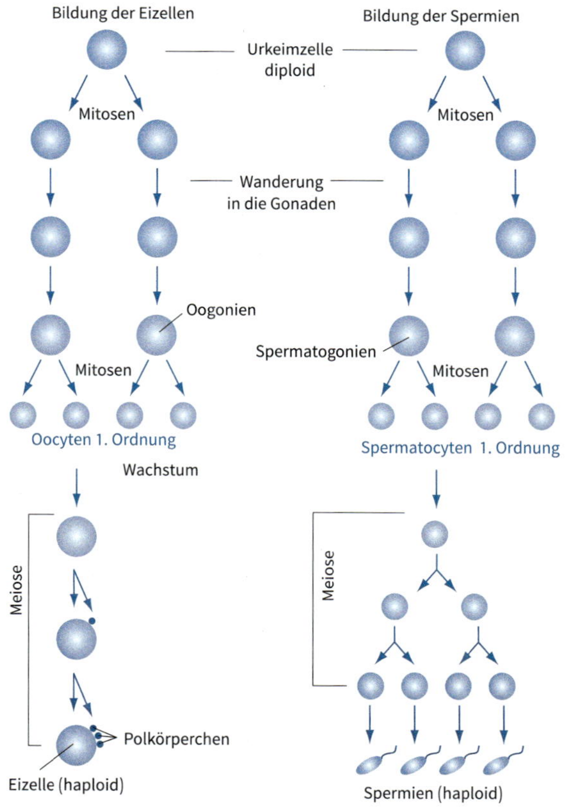

Abb. 6.3: Keimzellenbildung bei Wirbeltieren

Begattung, Besamung, Befruchtung

Unter **Begattung** (Kopulation) versteht man die körperliche Vereinigung zweier Geschlechtspartner mit Übertragung von Spermien in das Innere des weiblichen Partners. In der Regel erfolgt die Begattung mithilfe spezieller, artspezifischer Begattungsorgane. Bei Zwittern kann die Spermienübertragung auch im wechselseitigen Austausch erfolgen.

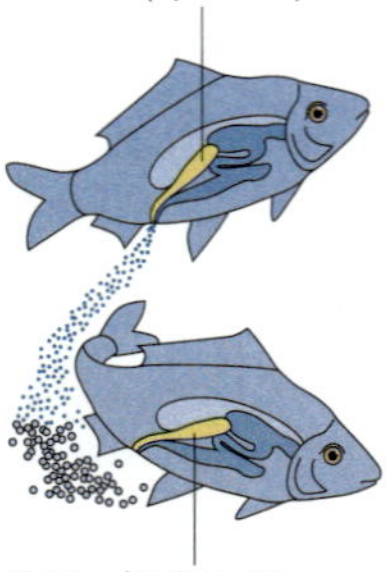

Abb. 6.4: Äußere Besamung bei Fischen

Besamung meint den Eintritt des Spermiums in die Eizelle. Bei im Wasser lebenden Tieren (z. B. Muscheln, viele Fische, Amphibien) geben die Sexualpartner bei der Paarung Spermien und Eizellen ins Wasser ab. Diese gelangen dann im Wasser zueinander. Die Besamung erfolgt also außerhalb des weiblichen Körpers (äußere Besamung). Bei der inneren Besamung bleiben die Eizellen im weiblichen Tier und werden dort besamt. Der Besamung geht hier eine Begattung voraus (z. B. Säuger, Insekten). Vorteile der inneren Besamung sind:

- Ei- und Samenzellen treffen sich mit höherer Wahrscheinlichkeit als bei äußerer Besamung. Dies reduziert die benötigte Keimzellenmenge.
- Die Synchronisation der Geschlechtspartner hinsichtlich der Bereitstellung reifer Keimzellen muss nicht exakt erfolgen. Samenzellen überleben im weiblichen Organismus einige Tage. Sie können ein erst später reifendes Ei auch dann besamen, wenn der männliche Partner gar nicht mehr anwesend ist.
- Es entfällt das Wasser als Transportmedium für Ei- und Samenzelle. Damit wurde die dauerhafte Besiedlung des Landes durch Tiere möglich.

Auf die Besamung folgt in der Regel die **Befruchtung**, das heißt, die Verschmelzung der haploiden Kerne von Ei- und Samenzelle zum diploiden Kern der Zygote.

Geschlechtliche Fortpflanzung bei Pflanzen

Pflanzen haben keine Keimbahn. Bei Samenpflanzen entstehen die Eizellen in den Samenanlagen. Männliche Keimzellen, die reifen Pollenkörner, entwickeln sich in den Pollensäcken der Staubbeutel. Sie bestehen aus zwei bis drei haploiden Zellen, von denen ein bis zwei als eigentliche Keimzellen dienen. Bei Bedecktsamern (z. B. Blütenpflanzen) bezeichnet man die Übertragung des Pollens auf die Narbe, bei Nacktsamern (z. B. Nadelhölzer) die Übertragung direkt auf die Samenanlage als **Bestäubung**. Bei der **Fremdbestäubung** kann die Pollenübertragung durch Wasser, Wind oder Tiere (z. B. Bienen) erfolgen. Bei Bedecktsamern entwickelt sich nach der Bestäubung aus jedem Pollenkorn ein Pollenschlauch, der das Narben- und Griffelgewebe bis zur Samenanlage durchdringt. Im Pollenschlauch wandern die beiden haploiden Spermakerne des Pollenkorns zur Samenanlage. Einer der beiden Kerne verschmilzt mit der Eizelle zur Zygote, der zweite mit dem diploiden sekundären Embryosackkern zum triploiden Endospermkern (doppelte Befruchtung). Aus Endospermkern und Plasma des Embryosacks entwickelt sich das Endosperm, das Nährgewebe für den Embryo. Bei Nacktsamern liegt einfache Befruchtung vor.

Selbstbestäubung: Bestäubung innerhalb einer zwittrigen Blüte.
Fremdbestäubung: Übertragung von Pollen eines Pflanzenindividuums auf die Narbe der Blüte eines anderen.

Vorteile der geschlechtlichen Fortpflanzung

- Inter- und intrachromosomale Rekombination (→ Seite 47 f.) in der Meiose sowie Kombination des Erbgutes der Sexualpartner bei der Befruchtung führen zu einer Neuzusammenstellung des Erbgutes. Die hieraus resultierende große geno- wie phänotypische Vielfalt führt zu evolutionären Vorteilen.
- Die mit der sexuellen Fortpflanzung einhergehende Diploidie bietet zudem die Chance, dass nachteilige Mutationen durch intakte Allele auf dem jeweils zweiten Chromosom ausgeglichen werden.

Nachteile der geschlechtlichen Fortpflanzung

- Es müssen sich (außer bei einigen Zwittern) zwei Individuen unterschiedlichen Geschlechts treffen, was in der Regel erst ab einer bestimmten Populationsdichte gewährleistet ist (→ Gefahr des Aussterbens einer Art).
- Der Energieaufwand für die Gametenproduktion, die Partnersuche und Paarung ist hoch. Zudem müssen spezielle Reproduktionsorgane gebildet werden.
- Weibliche Partner tragen meist eine größere Last (aufwendige Eiproduktion, Brutpflege usw.).

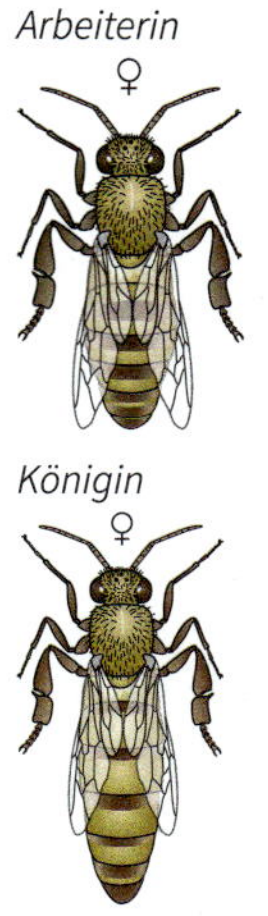

Abb. 6.5: **Geschlechtliche Fortpflanzung** – Aus befruchteten Eiern entstehen bei Bienen je nach Fütterung der Larven diploide *Arbeiterinnen* oder *Königinnen*.

Parthenogenese (Jungfernzeugung)

Parthenogenese ist Fortpflanzung, bei der aus unbefruchteten Eizellen, also ohne genetischen Beitrag eines zweiten Partners, Nachkommen entstehen. Voraussetzungen sind:

- Das Entwicklungsprogramm der Eizelle kann auch ohne Befruchtung starten.
- Unbefruchtete Eizelle entwickelt sich zum lebensfähigen Individuum.

Hat die Eizelle die Meiose bereits gänzlich durchlaufen, so ist das parthenogenetisch entstehende Lebewesen oft haploid und männlich (**haploide Parthenogenese**; z. B. bei Bienen, Ameisen). Beginnen hingegen Oocyten vor dem Start der Meiose sich zu teilen oder vereinigen sich Eizelle und Polkörperchen nach der ersten Reifeteilung der Meiose und teilen sich danach mitotisch, so entstehen diploide Klone des mütterlichen Organismus (**diploide Parthenogenese**; z. B. bei Blattläusen). Bei vielen Tierarten tritt Parthenogenese regelmäßig auf (z. B. Wasserflöhe, Blattläuse, Bienen), bei anderen ist sie eine seltene Ausnahme bzw. fehlt eventuell ganz (Säuger). Auch bei Pflanzen findet man sie (z. B. Löwenzahn). Ihr Vorteil: Bei günstigen Umweltbedingungen ist ohne aufwendige Partnersuche und Paarung die rasche Erzeugung einer großen Nachkommenzahl möglich. Ihr Nachteil: Die geno- wie phänotypische Vielfalt ist eingeschränkt.

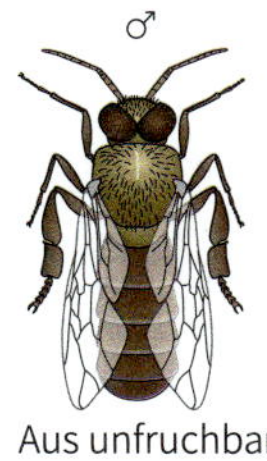

Aus unfruchbaren Eiern entstehen bei Bienen haploide Männchen, die *Drohnen*.

Abb. 6.6: **Parthenogenese**

6.4 Embryogenese

Von der Befruchtung zur Adultform

Die **Embryogenese** (Embryonalentwicklung) ist das auf die Befruchtung folgende erste Stadium der Individualentwicklung eines Lebewesens. Sie umfasst die Entwicklung von der Zygote bis zum Verlassen der Eihülle bzw. bis zur Geburt. Innerhalb der schützenden Eihülle(n), bei lebendgebärenden Tieren zudem innerhalb des Körpers der Mutter, entsteht in wenigen Tagen, Wochen oder Monaten das neue Individuum.

Bei der Mehrzahl der Tiere führt die Embryogenese zu einem ersten selbstständigen Phänotyp, der **Larve**. Die weitere Entwicklung der Larve (**Larvalentwicklung**) führt dann zur **Metamorphose**, der teilweise sehr auffälligen Umwandlung in einen gänzlich anderen Phänotyp, die **Adultform**, welche man bei Wirbellosen (also z. B. Insekten) auch als **Imago** bezeichnet. Larve und Adultform besetzen häufig gänzlich andere ökologische Nischen.

lat. *adultus* = erwachsen

Für Säuger wird die Embryogenese unterteilt: Die Embryonalentwicklung im engeren Sinne umfasst hier die Entwicklung von der befruchteten Eizelle bis zur Ausbildung der Organanlagen. Die anschließende Entwicklung der Organanlagen bis zur Geburt wird als **Fetalentwicklung** bezeichnet.

Fetus (Fötus): von lat. *fetus* = Kind, Leibesfrucht; Bezeichnung für den Embryo im zweiten Teil der Schwangerschaft nach Ausbildung der inneren Organe

Gliederung

Trotz zum Teil erheblicher arttypischer Unterschiede weist die Embryogenese aller Tiere in ihrem Ablauf prinzipielle Ähnlichkeiten auf. Diese betreffen die Gliederung und die grundlegenden Abläufe der Embryogenese. So lässt sich diese in drei große Abschnitte untergliedern:

Abschnitt	zentrale Vorgänge	wichtige Stadien
Furchung	– rasche Mitosen	z. T. Morula; Blastula
Gastrulation	– Zellbewegungen ins Innere des Embryos – Trennung der Keimblätter (Ekto-, Meso- und Entoderm); Embryo wird mehrschichtig – Urdarmbildung	Gastrula
Organogenese	– bei Wirbeltieren: erste Phase Neurulation – Bildung der Organanlagen und schließlich der Organe	bei Chordatieren: Neurula; z. T. Larve

Tab. 6.1: Gliederung der Embryogenese

Grundlegende Vorgänge

Die Embryogenese beginnt nach der Befruchtung der Eizelle mit der Aktivierung des Entwicklungsprogramms der Zygote. Aus einer undifferenzierten Zelle entwickelt sich eine Vielzahl differenzierter Zellen, Gewebe und Organe.

Fünf Vorgänge kennzeichnen die Embryogenese:

① **Mitotische Zellteilungen:** Sie sorgen für eine rasche Vergrößerung der Zellzahl.

② **Zelldifferenzierung:** Die Zygote ist zunächst undifferenziert. Sie besitzt die Möglichkeit, alle ihrer genetischen Potenz entsprechenden Eigenschaften und Kennzeichen auszubilden (Totipotenz). Nach und nach verlieren die aus den mitotischen Teilungen hervorgehenden Zellen diese Möglichkeit. Jede Zelle schlägt einen bestimmten, individuellen Entwicklungsweg ein. Je weiter sie diesen gegangen ist, desto mehr wird sie in ihren Eigenschaften festgelegt. Diese Festlegung beruht auf einer **differenziellen Genexpression**. Schließlich ist bei den meisten Zellen der größte Teil des genetischen Programms blockiert. Nur wenige Gene bleiben für die weitere Lebensdauer der Zellen aktiv bzw. aktivierbar. Die schrittweise Festschreibung des Genrepertoires einer Zelle im Laufe der Embryogenese bezeichnet man als **Determination** (→ Seite 118). Sie führt zur Differenzierung der Zellen. Zelldifferenzierung meint damit zum einen das Verschiedenwerden der Zellen des Embryos im Vergleich zueinander, zum anderen aber auch die individuelle Entwicklung einer Zelle im Verlauf der Embryogenese.

③ **Musterbildung:** Die Determination der Zellen geht mit einer Musterbildung einher. Die sich zunehmend voneinander unterscheidenden Zellen liegen im Embryo nicht als ungeordnetes Zellmosaik vor. Sie bilden vielmehr ein klares Muster aus Zellgruppen mit gleichem Determinations- bzw. Differenzierungsstand, also ein Muster aus Geweben bzw. Organen.

④ **Zellbewegung:** Zelldifferenzierung und Musterbildung sind bei Tieren oft mit Zellbewegungen verbunden, die zu einer Veränderung der Position bestimmter Zellgruppen innerhalb des Embryos führen.
Man unterscheidet unter anderem
- Einstülpung einer Zellschicht in das Innere des Embryos (Invagination)
- Umwachsen: eine äußere Zellschicht umwächst eine innere Zellmasse (Epibolie)
- Einwanderung: Zellen wandern (meist einzeln) ins Innere des Keimes (Immigration)

⑤ **Apoptose** (genetisch programmierter Zelltod): Sie hat in der Embryogenese wahrscheinlich aller vielzelligen Tiere eine wichtige Funktion. Beim Menschen ist sie z. B. für die Auftrennung der paddelförmigen Handanlage in getrennte Finger verantwortlich. Die Apoptose („Zellselbstmord“) wird – ausgelöst durch zellinterne Vorgänge oder Anregung von außen – von der Zelle selber in kontrollierter Form durchgeführt. Umliegende Gewebe werden nicht geschädigt. Auch im ausgewachsenen Organismus spielen Apoptosen eine wichtige Rolle (z. B. beim Abbau nicht mehr benötigter oder entarteter Zellen).

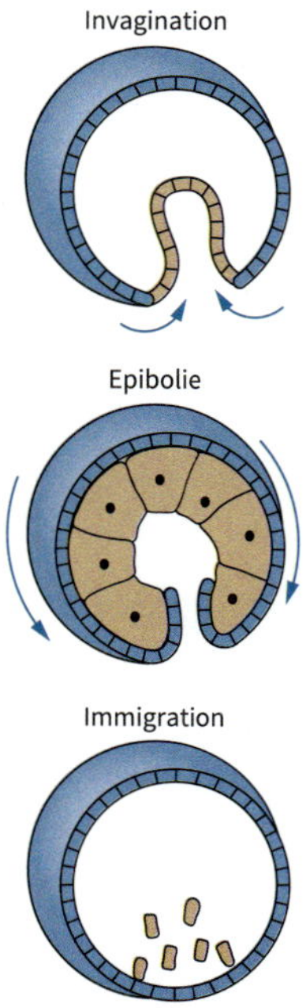

Abb. 6.7: Zellbewegungen während der Gastrulation

Grundlegende Unterschiede in der Steuerung

Je nach Art der Steuerung der embryonalen Differenzierungsprozesse werden zwei grundlegende Entwicklungstypen (→ Seite 118 f.) unterschieden:

- **Mosaikentwicklung** (autonome Entwicklung). Hier sind es vor allem bereits im Ei gespeicherte cytoplasmatische Determinanten, welche die Embryonalentwicklung steuern.
- **Regulationsentwicklung** (abhängige Entwicklung). Hier werden die verschiedenen Entwicklungswege insbesondere durch Interaktionen zwischen benachbarten Zellen gesteuert.

Am Anfang steht die Eizelle

Eizellen enthalten unter anderem als wichtige Bestandteile:

- genetisches Material (einen haploiden Kern)
- Dotter (Energie und Baustoffe für das Wachstum des Embryos)
- cytoplasmatische Determinanten, insbesondere mRNA; diese sind an der Determination der durch Mitosen entstehenden Zellen beteiligt.

Diese drei Bestandteile liegen nicht gleichmäßig in der Eizelle verteilt. Vielmehr sind Eizellen polar (asymmetrisch) gebaut. So liegt der Kern meist nicht mittig in der Zelle, sondern randlich, nahe der Eioberfläche. Man bezeichnet die kernnahe Region der Eizelle als animalen Pol, den gegenüberliegenden Pol als vegetativen Pol. Bei telolecithalen Eiern ist der Dotter am vegetativen Pol konzentriert. Neben der Lage von Eikern und Dotter kann auch die Verteilung cytoplasmatischer Determinanten die Polarität der Eizelle bestimmen.

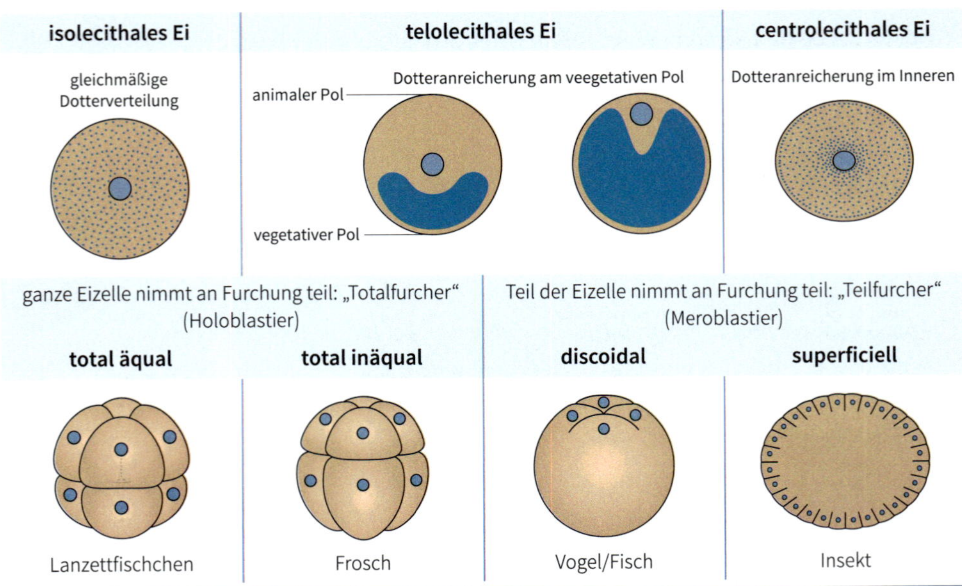

Abb. 6.8: Eizellzypen und Furchungstypen bei verschiedenen Tiergruppen

Furchung

Bereits während der Eireifung wurden in der Eizelle Vorräte an mRNA, Ribosomen, Membranbausteinen usw. angelegt. Nach der Befruchtung kann daher in sehr rascher Folge eine Serie mitotischer Zellteilungen ablaufen. Diese bestehen (in der Regel bis kurz vor Beginn der Gastrulation) nur aus S-Phase und anschließender Mitose. Eine Transkription genetischer Information findet nicht statt. Da keinerlei Volumen- oder Massenzunahme erfolgt, wird der Keim durch diese Teilungen in immer kleinere Zellen, die Blastomeren, zerteilt. Diese ersten Teilungen nennt man Furchung. Bei dotterarmen Eiern erfolgt die Furchung total (holoblastisch). Das Ei wird vollständig in Zellen zerlegt. Sehr dotterreiche Eizellen furchen dagegen partiell (meroblastisch). Hier wird das Ei nur unvollständig in Zellen zerlegt. Dabei beschränken sich bei der discoidalen Furchung die Zellteilungen auf die Keimscheibe; bei der superficiellen Furchung ordnen sich die Blastomeren auf der Oberfläche des Eidotters an. Holoblastiern weisen als Zwischenstadium die **Morula**, einen dichten Haufen kleiner Zellen, auf. Am Ende der Furchung erreichen die Keime der meisten Tierarten das Stadium der **Blastula** (Blasenkeim). Die Art der Furchung bestimmt den Blastula-Typ:

lat. *morum* = Maulbeere

- **Coeloblastula:** Bei vielen Holoblastiern (z. B. Lanzettfischchen, Seeigel). Blastula mit zentralem, flüssigkeitsgefülltem Hohlraum (Blastocoel), der von einer zellulären Wand (Blastoderm) umgeben ist.
- **Discoblastula:** Bei Tieren mit discoidaler Furchung (z. B. Fische, Vögel). Blastomeren bilden einen scheibenartigen, dem Dotter aufliegenden Zellkomplex, der weiterhin als Keimscheibe bezeichnet wird. Die durch Verflüssigung von Teilen des Dotters entstandene Furchungshöhle liegt zwischen Keimscheibe und Restdotter.
- **Periblastula:** Bei Tieren mit superficieller Furchung (z. B. Insekten). Die Blastomeren bedecken als dünne Außenhaut (Blastoderm) den im Inneren der Blastula liegenden Dotter.

Mit Erreichen der Blastula ist die Furchung beendet.

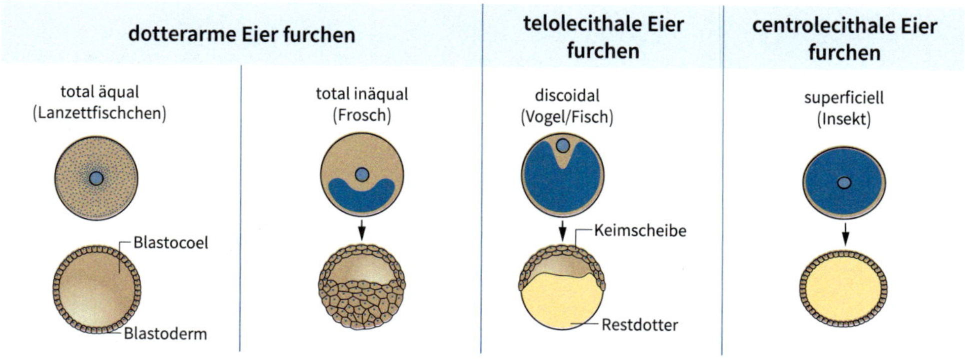

Abb. 6.9: Ergebnisse der Furchungsteilungen bei verschiedenen Tiergruppen

Gastrulation

griech. *gaster* = Magen, Bauch

Jedes Tier benötigt innere Gewebe und Organe, zumindest einen Hohlraum, in dem die Nahrung enzymatisch zerlegt werden kann. Der erste Schritt zur Bildung innerer Organe ist die Gastrulation, die Herstellung des Urdarmes durch eine Verlagerung von Zellen in das Innere der Keimblase. Der Ablauf der Zellverlagerung kann je nach Tierart sehr unterschiedlich sein. Es lassen sich jedoch vier Verlagerungstypen unterscheiden: Einstülpung (Invagination), Umwachsung (Epibolie), Einwanderung (Immigration, → Abb. 6.7 auf Seite 113) sowie polare Proliferation (nach innen gerichtete Zellteilungen im Bereich eines der Pole des Keims). Bei den meisten Keimen erfolgt die Gastrulation als Kombination dieser Grundtypen.

griech. *derma* = Haut

Bei allen Tieren oberhalb der Entwicklungsstufe der Hohltiere steht am Ende der Gastrulation die Gastrula (Becherkeim), die aus drei noch wenig differenzierten Zellschichten, den drei Keimblättern Ekto-, Ento- und Mesoderm besteht.

- **Ektoderm:** Es liegt außen. Aus ihm entstehen die Oberhaut mit ihren Drüsen und Anhängen (z. B. Schuppen, Federn, Haare), Epithelien (zelluläre Auskleidung) des Vorder- und Enddarms, Nebennierenmark usw. Aus einem speziellen Abschnitt, dem Neuroektoderm, gliedern sich Zellen ab, die sich zu Nervengewebe und Sinneszellen entwickeln.
- **Entoderm:** Inneres Keimblatt. Es bildet das Epithel von Magen, Mitteldarm, Bauchspeicheldrüse, Leber, Harnblase und Lunge.
- **Mesoderm:** Es liegt zwischen Ekto- und Entoderm und entwickelt sich zu Binde- und Stützgewebe, Muskulatur, Chorda, Knochen und Knorpel, Blut und Blutgefäßsystem, Keimdrüsen, Ei- und Samenleiter, Nebennierenrinde sowie Nieren und ihren Ableitungen.

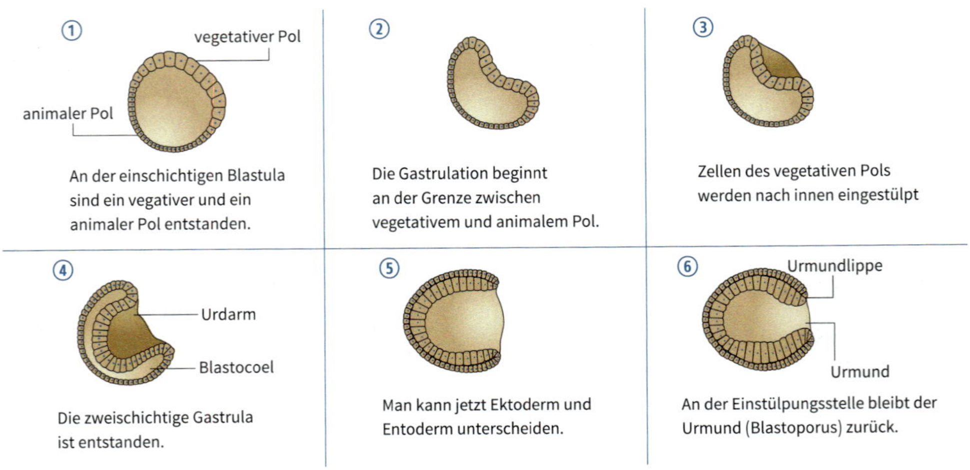

Abb. 6.10: Gastrulation beim Lanzettfischchen – ein einfaches Beispiel

Neurulation

Auf die Gastrulation folgt bei den Chordatieren die Neurulation, an deren Ende die Neurula steht. Die wichtigsten hier ablaufenden Entwicklungen sind:

- Aus dem Neuroektoderm entwickelt sich die Neuralrinne, die sich zum Neuralrohr schließt. Durch weitere Differenzierung geht hieraus das Zentralnervensystem hervor.
- Der über dem Urdarm liegende Mesodermabschnitt entwickelt sich zur Chorda dorsalis. Während diese bei den niederen Chordatieren lebenslang als Stützorgan erhalten bleibt, wird sie bei den Wirbeltieren im Entwicklungsverlauf mehr und mehr durch die Wirbelsäule ersetzt.
- Das übrige Mesoderm differenziert sich bei den Wirbeltieren weiter. Es entstehen:
  - Somiten (entwickeln sich später zur Wirbelsäule, zur Skelettmuskulatur und zur Unterhaut)
  - Somitenstiel (späteres Urogenitalsystem = Geschlechtsorgane und Harnorgane)
  - Seitenplatten mit dem Coelom als innenliegendem Hohlraum (sekundäre Leibeshöhle; in ihr liegen später Herz, Eingeweide usw.)

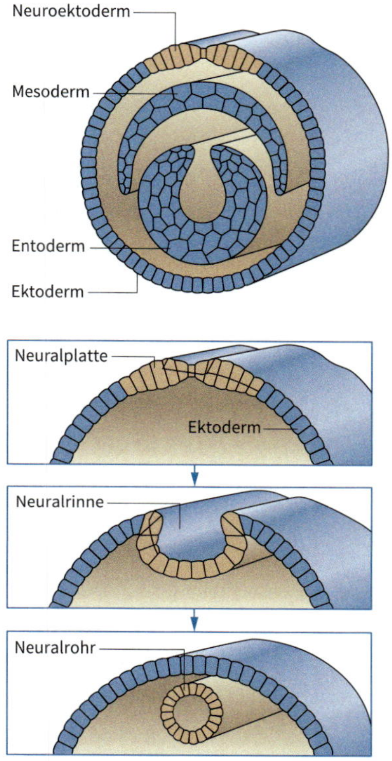

Abb. 6.11: Bildung des Neuralrohres bei Amphibien

Ist das Mesoderm soweit differenziert, ist die Neurulation abgeschlossen. Es hat sich aus der kugeligen Gastrula die längliche **Neurula** entwickelt, bei der Kopf-, Rumpf- und Schwanzabschnitt unterscheidbar sind. Am Vorderende ist der Urmund angelegt. Aus ihm wird bei Wirbeltieren der After; sie bilden einen neuen Mund aus (Neumünder). Bei den meisten Wirbellosen wird der Urmund zum Mund (Urmünder). Bei ihnen entsteht der After neu.
Die weitere Gewebedifferenzierung und Organbildung verläuft nun je nach Tierart unterschiedlich, da das Entwicklungsziel artspezifisch ist.

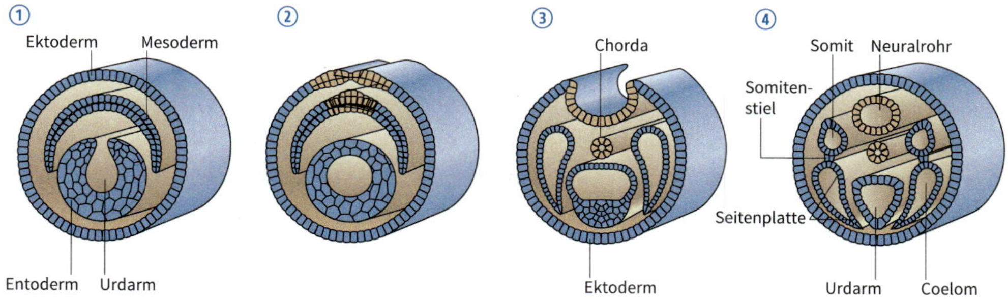

Abb. 6.12: Von der Gastrula (①) zur Neurula (④) – die Neurulation bei Amphibien

6.5 Steuerung der Entwicklung

Determination und Differenzierung

Alle Körperzellen eines Individuums sind durch mitotische Zellteilungen entstanden. Sie besitzen daher alle dasselbe, vollständige Genom, die gleiche genetische Potenz. Allerdings wird ihre zunächst vorhandene Totipotenz im Zuge der Embryogenese mehr und mehr eingeschränkt. Ihre Determination (Festlegung) erfolgt in Form mehrerer hintereinandergeschalteter Programmierungsschritte, an denen Gene, aber auch Cytoplasmakomponenten (cytoplasmatische Determinanten) beteiligt sind. Eine determinierte Zelle vermag nur noch einen deutlich eingeschränkten Teil ihres Genbestandes abzurufen. In der Folge prägt sie lediglich ganz bestimmte Merkmale und Eigenschaften aus (→ „Zelldifferenzierung“ auf Seite 113). Sie kann sich aber noch vielfach teilen, bevor ihr genetisches Programm phänotypisch umgesetzt wird. Alle Tochterzellen übernehmen dabei das determinierte genetische Programm der Mutterzelle (Zellheredität).

lat. *determinare* = eingrenzen, bestimmen, festlegen

lat. *hereditas* = Erbe

Ausgangspunkt für die Determination

Eizellen sind polar gebaut, die durch Befruchtung entstehende Zygote ist es auch (→ Seite 114). Neben Dotter, Proteinen und Zellorganellen sind vor allem auch cytoplasmatische Determinanten ungleich in der Zelle verteilt. Bei ihnen handelt es sich überwiegend um mRNA, die für Transkriptionsfaktoren codiert, für Proteine also, die die Transkription der Gene steuern. Mithilfe solcher mRNA kann die Ablesung bestimmter Gene oder Gengruppen kontrolliert werden.

Die Verteilung der Determinanten kann durch mütterliche Gene, aber auch durch äußere Einflüsse gesteuert sein. So ist z. B. der Eintrittsort des Spermiums in die Eizelle von Bedeutung. Von ihm ausgehend werden cytoplasmatische Umwälzungen in Gang gesetzt, die zu einer Mehrpoligkeit der Zelle führen. Weitere die Polarität beeinflussende externe Faktoren sind z. B. die Schwerkraft oder die Lage des Zellabschnitts zu Nähr- und Follikelzellen. Ausgehend von der polaren Zygote kann Determination durch zwei Mechanismen erfolgen: asymmetrische Zellteilung und/oder Zellinteraktion.

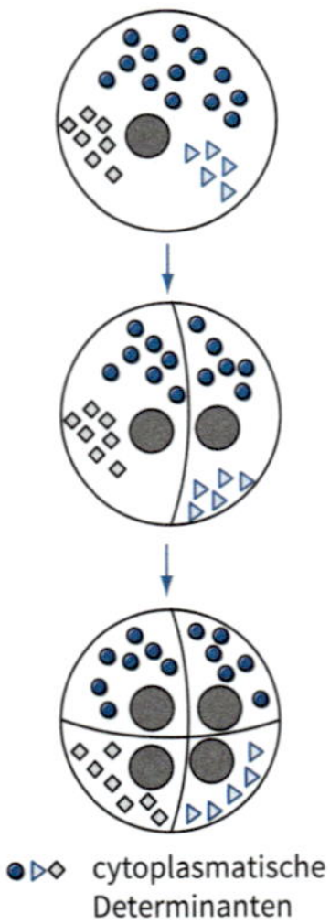

Abb. 6.13: Verteilung cytoplasmatischer Determinanten und Zellteilungen (schematisch)

Asymmetrische Zellteilung

Bestimmte cytoplasmatische Determinanten liegen in bestimmten Regionen der Zygote konzentriert. Teilt sich die Zygote, so sind die entstehenden Zellen in ihrer Ausstattung mit cytoplasmatischen Determinanten unterschiedlich (→ Abb. 6.13). Aus den Zellteilungen geht eine Vielzahl unterschiedlich determinierter Zellen hervor. Ihr jeweiliger Entwicklungsweg ist autonom. Das heißt: Versetzt man eine solche Zelle in eine andere

Umgebung, führt sie ihr genetisches Programm entsprechend den in ihrem Plasma enthaltenen Determinanten aus. Die jeweilige Umgebung ist ohne Einfluss auf ihre Differenzierung. Bei Weichtieren, Ringelwürmern und Manteltieren (z. B. Seescheiden) besitzt die Eizelle bereits eine ungleiche Verteilung solcher Determinanten (Mosaikei). Der aus ihr hervorgehende Keim stellt damit ein Mosaik determinierter Zellen dar (**Mosaikkeim**). Entnimmt man ihm eine Zelle/Zellgruppe, so wird das normalerweise von dieser Zelle/Zellgruppe gebildete Gewebe nicht ausgebildet (→ Abb. 6.14, E). Cytoplasmatische Determinanten müssen nicht unbedingt mütterlichen Ursprungs sein. Im Verlauf der Embryogenese werden auch von den durch Teilung entstandenen Zellen Determinanten produziert, die bei den nachfolgenden Teilungen asymmetrisch verteilt werden.

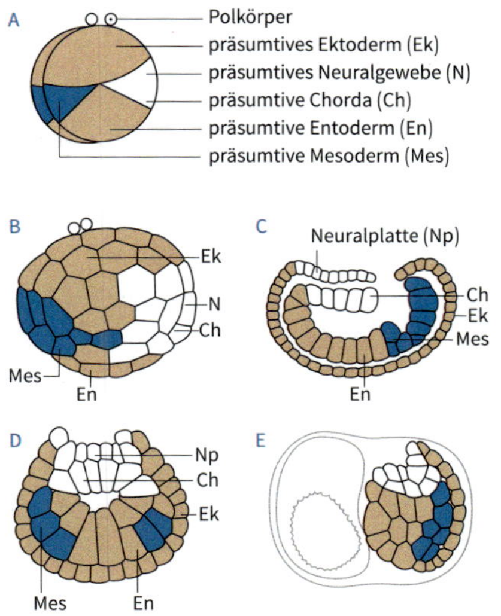

Abb. 6.14: Determination der Entwicklung bei Seescheiden A Zwei-Zell-Stadium; B Morula; C Gastrula (längs); D Gastrula (quer); E Gastrula nach Zerstörung einer Blastomere des Zwei-Zell-Stadiums

Zellinteraktion

Bei Seeigel- und Wirbeltierkeimen sind die durch Teilung entstehenden Zellen zunächst nicht nur genetisch, sondern auch bezüglich der cytoplasmatischen Determinanten (mehr oder weniger) gleich, da diese gleichmäßig in den Zellen verteilt sind. Ihre Determination wird im Zuge der Zellvermehrung schrittweise vollzogen und beruht insbesondere auf einer wechselseitigen Beeinflussung der Zellen untereinander. Damit ist die Entwicklung einer Zelle vor allem von ihrer jeweiligen zellulären Nachbarschaft abhängig. Bei Schädigung einzelner Zellen/Zellgruppen kann der Verlust durch Neu- bzw. Umdetermination von Zellen aufgefangen werden, sodass sich trotzdem ein vollständiger Organismus entwickelt. Keime mit dieser Eigenschaft nennt man **Regulationskeime**. Ihre Fähigkeit zur Regulation zeigt sich z. B. in Schnürungsversuchen: Schnürt man einen Amphibienkeim im frühen Gastrulastadium mit einer feinen Haarschlinge so durch, dass die beiden abgeschnürten Teile jeweils die Hälfte des Keimes einschließlich der Hälfte der Urmundlippe erhalten, so entstehen zwei vollständige Lebewesen (eineiige Zwillinge).

Mosaikkeim – Regulationskeim

Neuere Untersuchungen zeigen: Auch bei Mosaikkeimen finden in einem sehr frühen Stadium in größerem Umfang Zellinteraktionen statt. Bei Regulationskeimen werden zudem immer mehr cytoplasmatische Determinanten entdeckt. Unterschiede zwischen Mosaik- und Regulationskeim erscheinen damit heute eher graduell.

6.6 Experimente zur Ermittlung des Determinationszustandes

Experimentelle Ansätze zur Ermittlung des Determinationszustandes embryonaler Zellen sind:

Kerntransplantationsexperimente
Meist geht mit der Determination einer Zelle eine Einschränkung ihrer Entwicklungspotenz einher. Ob diese unumkehrbar ist, kann durch Kerntransplantationsexperimente überprüft werden (→ Abb. 6.15).

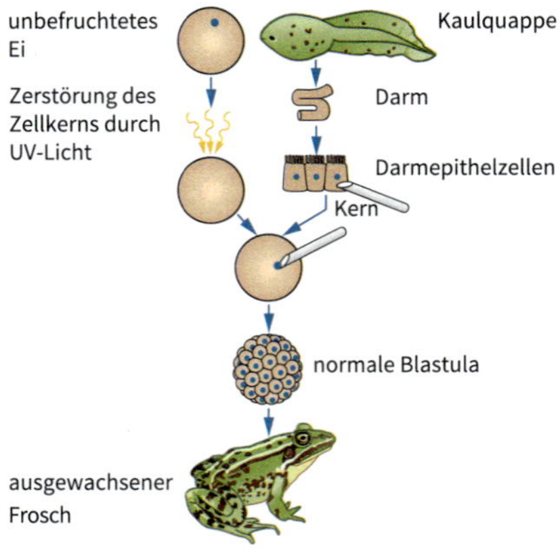

Abb. 6.15: Kerntransplantationsexperiment beim Frosch

Isolationsexperiment
Embryonale Zellen oder Zellverbände werden in Kulturmedien übertragen. Entwickeln sie sich ohne Beeinflussung durch entsprechende Nachbarzellen zu den Zellen, zu denen sie sich auch im Embryo entwickelt hätten, so gelten sie als determiniert.

Transplantationsexperimente
Embryonale Zellen oder größere Stücke eines Embryos werden an einen anderen Ort innerhalb eines Embryos verpflanzt. Die Verpflanzung kann zwischen Keimen der gleichen Tierart (autologe Transplantation; → Abb. 6.16 und Abb. 6.17) oder zwischen Keimen verschiedener Tierarten vorgenommen werden (heterologe Transplantation).

Ortsgemäße Entwicklung: Zellen, deren genetisches Programm vor der Transplantation noch nicht endgültig festgeschrieben wurde, entwickeln sich ortsgemäß, das heißt sie entwickeln sich so wie die Zellen ihrer neuen Umgebung, sofern determinierende Signale der neuen Nachbarzellen auf sie einwirken.
Beispiel: Zwischen zwei frühen Molchgastrulae wird eine wechselseitige Transplantation von Haut- und Neuroektoderm vorgenommen. Die implantierten Stücke passen sich in ihrer Entwicklung der neuen Umgebung an (→ Abb. 6.16).

Herkunftsgemäße Entwicklung: Sind die transplantierten Zellen bereits irreversibel unumkehrbar determiniert, so entwickeln sie sich auch am neuen Lageort so, wie sie es an ihrem Herkunftsort getan hätten, also herkunftsgemäß.

Beispiel: Beim Molch wird im Stadium der frühen Neurula Gewebe aus der Zwischenhirnregion, das die Augenanlage enthält, in den Bereich präsumtiven Hautgewebes transplantiert. Dort entwickelt es sich herkunftsgemäß, nämlich zu einem isolierten Auge (→ Abb. 6.17).

präsumtiv = voraussichtlich, wahrscheinlich

Umstimmung von Zellen: Transplantationsexperimente und parallel durchgeführte Isolationsexperimente erbringen teilweise unterschiedliche Befunde: Zellen, die sich im Isolationsexperiment herkunftsgemäß entwickeln, zeigen im Transplantationsexperiment eine ortsgemäße Entwicklung. Dies belegt, dass bei vielen Zellen der endgültigen Determination ein Zustand vorläufiger, instabiler Determination vorausgeht. In dieser Phase ist durch Determinationssignale der Nachbarzellen eine Umstimmung (Transdetermination) möglich. Fehlen solche Signale (etwa im Isolationsexperiment), so verfestigt sich die instabile zur stabilen, irreversiblen Determination. Doch auch eine stabil erscheinende Determination kann wieder verloren gehen.
Beispiel: Krebszellen. Bei ihnen handelt es sich teilweise um bereits fest determinierte Zellen, die in den Zustand embryonaler Multipotenz zurückgefallen sind.

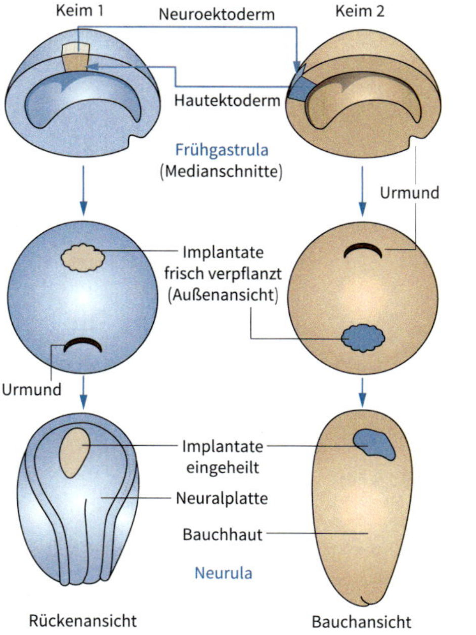

Abb. 6.16: Transplantationsexperiment von SPEMANN mit Molchkeimen *vor* Abschluss der Gastrulation

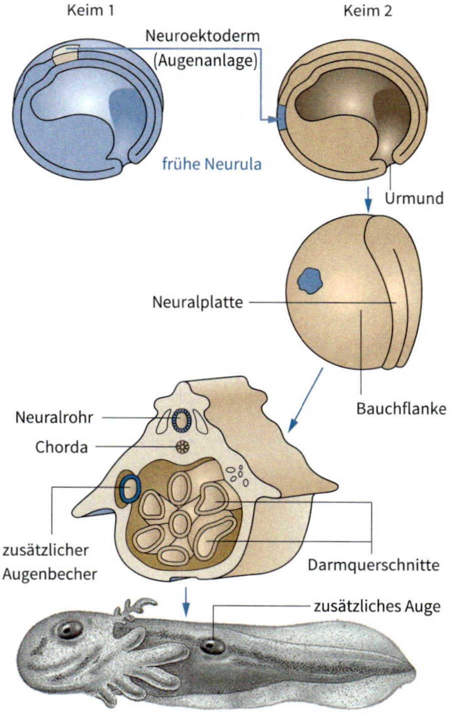

Abb. 6.17: Transplantationsexperiment von SPEMANN mit Molchkeimen *nach* Abschluss der Gastrulation

Artgemäße Entwicklung: Heterologe Transplantationen (→ Seite 120) zeigen, dass sich implantierte Gewebe nur entsprechend dem genetischen Programm der Ursprungsart des Gewebes entwickeln können.
Beispiel: Präsumtive Bauchhaut eines *Frosch*embryos wird vor Abschluss der Gastrulation in die präsumtive Mundregion eines *Molch*embryos verpflanzt. Dort entwickeln sich die Zellen ortsgemäß zu Zähnen, jedoch zu Hornzähnen, wie sie *Frosch*kaulquappen tragen.

Embryonale Induktion:
Bestimmte Gewebe eines Embryos haben eine determinierende Wirkung auf andere Gewebe. Man bezeichnet ein solches Gewebe als **Organisator**, die von ihm ausgehende Wirkung als **Induktion**.
Beispiel: Die obere Urmundlippe einer Molchblastula entwickelt sich regulär zu Chordagewebe. Ein Stück der oberen Urmundlippe transplantiert man in den Bereich der präsumtiven Bauchhaut einer zweiten Molchblastula. Ergebnis: Das transplantierte Stück Urmundlippe verlagert sich in das Innere des Embryos. Es entwickelt sich zur Chorda, also herkunftsgemäß. Allerdings induziert (veranlasst, „löste aus") das Implantat außerdem die Bildung eines fast vollständigen zweiten Embryos (sekundärer Embryo)! Der sekundäre Embryo entsteht zum größten Teil aus Zellen der „Wirtsblastula", die durch die induktive Wirkung der transplantierten Organisatorzellen neu determiniert worden sind.

HANS SPEMANN (1869 – 1941): deutscher Zoologe; 1935 Nobelpreis für die gemeinsam mit HILDE MANGOLD (1898 – 1924) durchgeführten Arbeiten zum „Organisator-Effekt bei der Embryonalentwicklung".

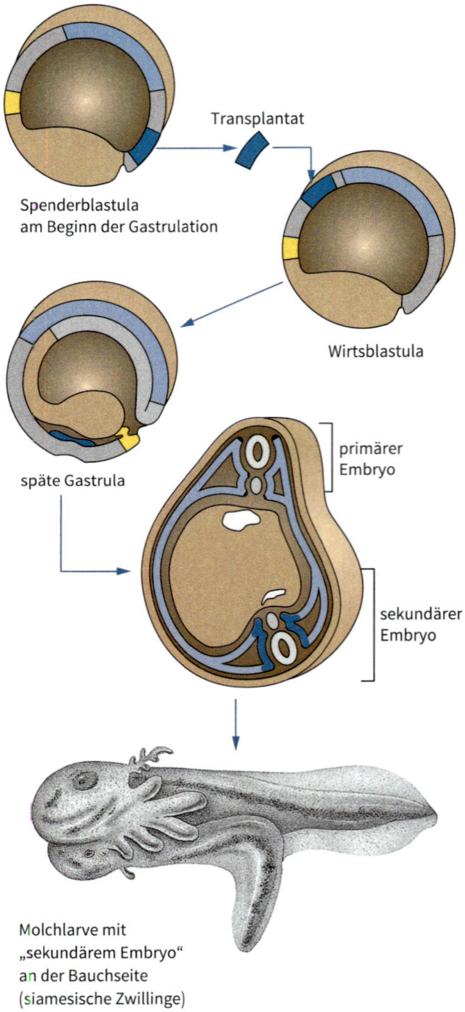

Abb. 6.18: Organisatorexperiment von SPEMANN und MANGOLD mit Molchkeimen – ein Beleg für die Bedeutung der oberen Urmundlippe als Organisationszentrum für die Ausbildung der Körperachse („SPEMANN-Organisator")

6.7 Prinzipien der Induktion und Determination auf molekularer Ebene

Die Entwicklung komplexer Organismen erfordert eine definierte Abfolge aufeinander abgestimmter Induktionsschritte, mit denen nach und nach die endgültige Bestimmung der einzelnen Zellen festgelegt wird (Induktionskette). Am Anfang steht eine **Ei-interne Musterbildung**. Eine erste Festlegung der späteren Bestimmung einzelner Zellgruppen geschieht bereits auf Ei-Ebene: Durch innerzelluläre Transportprozesse werden die cytoplasmatischen Determinanten innerhalb des Eies in einem gewissen Muster angeordnet (→ Abb. 6.13 auf Seite 118). Die Musterbildung wird teilweise erst durch das Eindringen des Spermiums ausgelöst. Die verschiedenen Blastomeren erhalten so bereits von Beginn an eine ganz bestimmte Ausstattung an Determinanten, die eine Aktivierung bzw. Blockierung bestimmter Gengruppen bedingt und damit die grobe Entwicklungsrichtung der Blastomere festlegt. Im weiteren Verlauf der Embryogenese muss nun gesteuert werden,

- wie viele Teilungen eine Zelle durchlaufen soll,
- wo und wann Zellen sich zu welchem Zelltyp differenzieren sollen,
- wann und wohin Zellen sich innerhalb des Embryos verlagern sollen (Zellwanderungen),
- wann und welche Zellen gezielt sterben sollen (Apoptose).

Gesteuert wird dies vor allem durch Wechselwirkungen zwischen den verschiedenen Zellgruppen. Dieses lässt sich am Beispiel des zuvor beschriebenen Organisators „obere Urmundlippe“ verdeutlichen. Die obere Urmundlippe ist nämlich keineswegs eine feste Zellgruppe, sondern vielmehr eine bestimmte Region des Embryos. Diese Region wird im Zuge der Zellverlagerungen bei der Gastrulation von vielen Zellen durchquert, die durch den Bereich der oberen Urmundlippe geschoben werden und direkt danach ins Innere des Embryos abkippen.

oberen Urmundlippe beim Amphibienembryo = Organisationszentrum für Entwicklung der Körper-Achsen und Induktion des Nervensystems („Spemann-Organisator“); bei Reptilien, Vögeln und Säugern wird die entsprechende Region als Hensen'scher Knoten bezeichnet

Beim Durchqueren des Organisatorbereiches erhalten die Zellen von bestimmten Senderzellen determinierende Signale, die ihre weitere Entwicklung festlegen. Damit dieses System der Induktion erfolgreich arbeiten kann, müssen drei Voraussetzungen gegeben sein:

- Die Senderzelle muss induktive Signale produzieren und aussenden.
- Die Empfängerzelle muss diese aufnehmen und in ein intrazelluläres Signal transduzieren (umwandeln) können; man sagt auch: Sie muss kompetent sein.
- Die Empfängerzelle muss die aufgenommen Induktionssignale umsetzen können.

Die **Produktion induktiver Stoffe in der Senderzelle** wird vor allem über die Aktivität entsprechender Gene gesteuert. Diese Gene können durch bestimmte cytoplasmatische Determinanten (→ z. B. mRNA, die für Transkriptionsfaktoren codiert) aktiviert werden. Es handelt sich bei den induktiven Signalstoffen also vielfach um Proteine bzw. um Stoffe, die von Enzym-Proteinen hergestellt werden (z. B. *second messenger* wie cAMP oder IP_3).

Die **Signalübertragung** kann auf unterschiedliche Weise erfolgen:

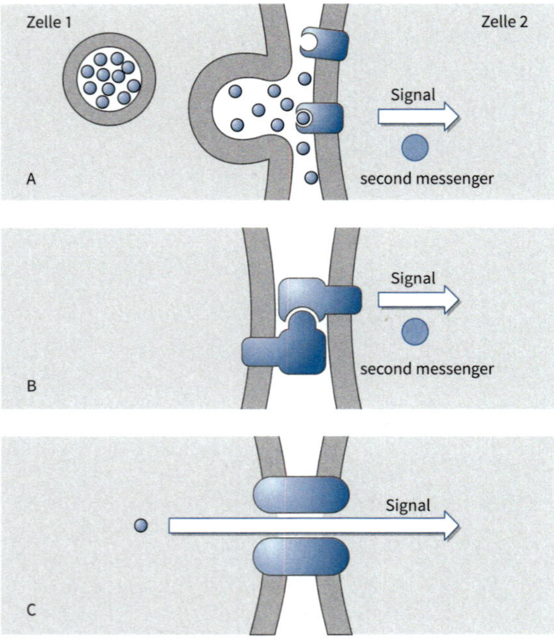

Abb. 6.19: Drei Formen des induktiven Signals

- Vom Sender abgegebene induktive Substanzen werden von Rezeptoren in der Membran der Empfängerzelle aufgenommen und in ein intrazelluläres Signal umgesetzt (→ Abb. 6.19, A). Es gibt eine Vielzahl verschiedener **induktiver Substanzen**. Sie werden je nach Funktion unterschiedlich bezeichnet (Morphogene, Induktoren, Wachstumsfaktoren, Gewebshormone usw).
- In der Membran der Senderzelle verankerte Glykoproteine treten in direkten Kontakt mit entsprechenden Rezeptoren des Empfängers und lösen dadurch in der Empfängerzelle ein intrazelluläres Signal aus (→ Abb. 6.19, B).
- Über **gap junctions** (→ Seite 153) können kleinere Moleküle wie IP_3, cAMP oder Ca^{2+} direkt in die Empfängerzelle diffundieren (→ Abb. 6.19, C).
- Schließlich können auch lipophile Signalträger (z. B. Steroidhormone) direkt in die Empfängerzelle eindringen (→ Seite 130).

Die **Kompetenz** (Signalaufnahmefähigkeit) der Empfängerzelle für das induktive Signal hängt vom Vorhandensein entsprechender Rezeptoren ab. Dies setzt voraus, dass z. B. in einem vorhergehenden Induktionsschritt das Gen für die Bildung dieser Rezeptoren in der Empfängerzelle eingeschaltet wurde. Die Kompetenz einer Zelle für ein bestimmtes Signal ist damit häufig das Ergebnis eines vorherigen Induktionsschrittes. Sie währt oft nur wenige Stunden, ja Minuten. Erreicht den Empfänger in diesem engen Zeitfenster kein entsprechendes induktives Signal, so unterbleibt die Auslösung der entsprechenden Differenzierungsschritte. Diese können oftmals nie mehr nachgeholt werden.

Das **Ergebnis der Signaltransduktion** (Signalumwandlung) ist in vielen Fällen ein Strom von *second-messenger*-Molekülen in der Empfängerzelle (IP_3, cAMP, Ca^{2+}). Diese können direkt über *gap junctions* in die Empfängerzelle einstömen, oder aber von zellinternen Enzymen gebildet werden, die durch die Aufnahme des induktiven Signals aktiviert wurden. Auch die Bildung von Hormon-Rezeptor-Komplexen kann ein Ergebnis der Signaltransduktion sein (→ Seite 130).

Durch die Induktion sollen Zellen determiniert, also in ihrer weiteren Entwicklung festgelegt werden. Die Determinaton führt schließlich zur Differenzierung der Zellen. Diese werden zu Hautzellen, Nervenzellen usw. und bleiben dies dann ihr Leben lang. Ausdifferenzierte Zellen unterscheiden sich vor allem auch in ihrer Proteinausstattung. Diese wiederum ist das Ergebnis eines bestimmten Gen-Aktivitätsmusters. In jeder ausdifferenzierten Zelle sind nur noch ganz bestimmte Gene aktiv. Die große Masse des Genbestandes ist hingegen blockiert. Damit muss also im Zuge der Determination ein ganz bestimmtes Gen-Aktivitätsmuster in der Zelle ausgeprägt werden. Die bei der Induktion gebildeten *second messenger* bzw. Hormon-Rezeptor-Komplexe müssen also letztendlich die Aktivierung oder Blockierung bestimmter Gene bewirken. Dies ist die eigentliche Umsetzung des empfangenen Induktionssignals.

Die Aktivierung oder Blockierung von Genen im Zuge der Determination embryonaler Zellen erfolgt häufig nicht auf der Ebene der Einzelgene. Vielmehr steuern oftmals bestimmte Steuergene (Meistergene, Selektorgene) ganze Genkomplexe. Diese Steuergene codieren Proteine, die genregulatorische

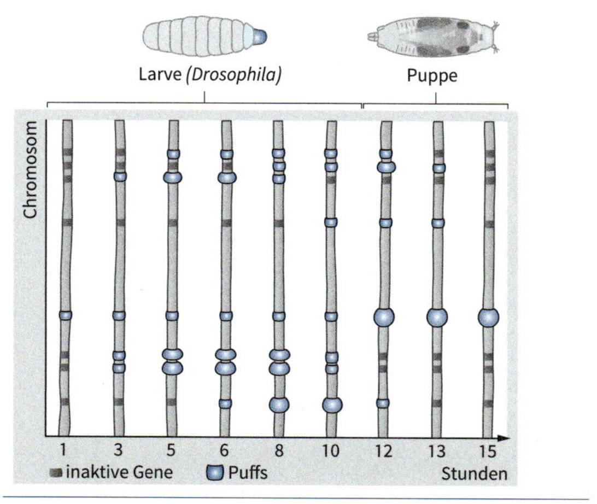

Abb. 6.20: Modellhafte Darstellung der unterschiedlichen Genaktivität bei Drosophila (Puffs = aktive Gene, also Chromosomenabschnitte, deren DNA gerade transkribiert wird)

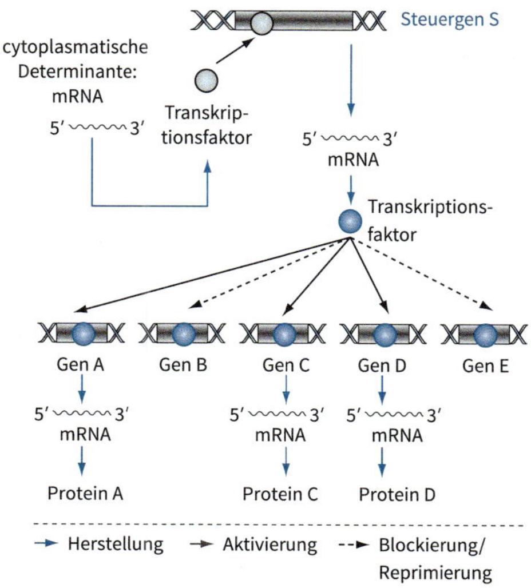

Abb. 6.21: Die Funktion von Steuergenen

Funktion haben (häufig Transkriptionsfaktoren). Über diese Proteine werden dann größere Gruppen nachgeordneter Gene ein- oder ausgeschaltet.

Steuergene regulieren die Zelldetermination auf sehr unterschiedlichen Stufen der Embryonalentwicklung. Möglicherweise steuern dabei „Supermeistergene“ die Aktivierung von Steuergenen, welche ihrerseits wiederum die Aktivierung nachgeschalteter Gene steuern (**hierarchische Kaskade der Genaktivierung**).

griech. *homoios* = gleichartig, ähnlich, gleich

Ein Beispiel solcher Steuergene sind **homöotische Gene**, die in der Entwicklung des Grundbauplans wahrscheinlich aller vielzelligen Lebewesen eine zentrale Rolle spielen. Sie legen die besonderen Eigenheiten einer Körperregion als Ganzes fest. Mutationen homöotischer Gene führen daher stets zu gravierenden Veränderungen. Bei *Drosophila* entwickelt sich beispielsweise bei Trägern einer bestimmten Mutation des *Antennapedia*-Gens (*Antp*-Gen) in einem Kopf-Segment anstelle der normalen Antennen ein Paar Beine. Regelt ein homöotisches Gen Determinationsprozesse auf einem sehr frühen Stadium der Embryonalentwicklung, sind die Folgen einer Mutation noch drastischer. Sie führen dann meist zum Tod des Embryos.

Homöbox-Gene werden bei Gliedertieren (z.B. Insekten) als *Hom*-Gene und bei Wirbeltieren als *Hox*-Gene bezeichnet

Homöotische Gene codieren also Gen-Regulatorproteine. Diese Proteine, so unterschiedlich sie auch sonst aufgebaut sind, weisen alle einen gemeinsamen, fast identischen Abschnitt von 60 Aminosäuren auf. Dieser wird als **Homöodomäne**, der sie codierende DNA-Abschnitt als **Homöobox** bezeichnet. Die Homöodomäne ist der Abschnitt des Regulatorproteins, der für die Bindung des Proteins an bestimmte Steuersequenzen der DNA verantwortlich ist. Durch seine Anlagerung werden bestimmte Strukturgene aktiviert oder inaktiviert. Homöotische Gene sind auf den Chromosomen in Gruppen zusammengefasst. Soweit bisher bekannt, ist die Reihenfolge der Gene auf dem Chromosom identisch mit der Abfolge der durch diese bestimmten Körperpartien.

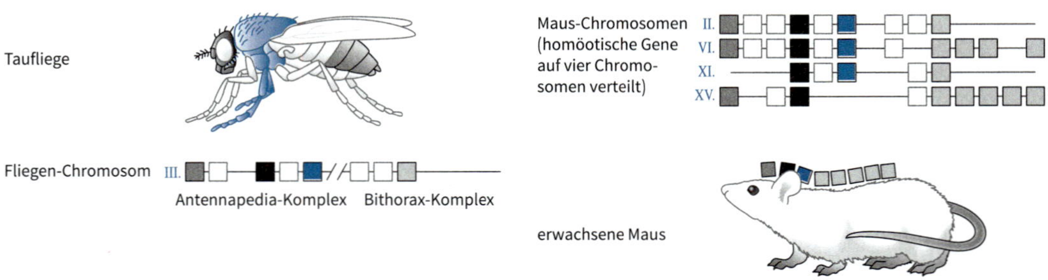

Abb. 6.22: Homöotische Gene und die durch sie in ihrer Entwicklung gesteuerten Körperabschnitte bei Drosophila und Maus (blau = Antp-Gen bei Drosophila, bzw. das homologe HOX-6-Gen bei der Maus)

6.8 Stammzellen

Stammzellen kommen in Embryonen und ausgewachsenen Organismen vor.

- Sie sind noch nicht vollständig determiniert und ausdifferenziert.
- Sie können sich noch unbegrenzt teilen.
- Sie können sich zu bestimmten Zelltypen entwickeln (differenzieren).

Embryonale Stammzellen

- Sie werden meist Embryonen entnommen, die bei einer IVF entstanden sind, aber nicht in die Mutter übertragen wurden. Die Entnahme erfolgt im Blastula-Stadium. Die Embryonen sterben dabei. Weitere Möglichkeiten zur Gewinnung: abgetriebene Föten, therapeutisches Klonen (→ Abb. 6.24)
- In Deutschland ist die Gewinnung embryonaler Stammzellen aus Embryonen oder per therapeutischem Klonen durch das **Embryonenschutzgesetz** (1991) verboten; die Einfuhr und Nutzung so gewonnener Stammzellen zu Forschungszwecken ist aber nach dem **Stammzellgesetz** (2002) unter strikten Vorgaben erlaubt.
- Embryonale Stammzellen sind **pluripotent** (können sich zu Zellen aller drei Keimblätter differenzieren), aber nicht mehr totipotent (eine embryonale Stammzelle kann sich nicht mehr zum vollständigen Embryo entwickeln).
- Bis zum Acht-Zell-Stadium eines Embryos gilt dagegen jede Einzelzelle wegen ihrer Totipotenz als Embryo.

Adulte Stammzellen

- Sie kommen in vielen Gewebetypen erwachsener, adulter Organismen vor (beim Menschen in 20 Organen so z. B. in Nabelschnurblut, Knochenmark, Gehirn, Bauchspeicheldrüse) und sind organspezifisch.
- Ihr Entwicklungspotenzial ist verglichen mit dem embryonaler Stammzellen eingeschränkt, sie sind schon (teilweise) determiniert und damit eingeschränkt pluripotent oder unipotent (wenn nur noch ein Differenzierungsweg beschritten werden kann).
- Sie dienen im Körper ausgewachsener Individuen dem Ersatz „verbrauchter Zellen“ (z. B. roter Blutkörperchen), der Gewebegeneration und -reparatur.
- Sie teilen sich nur bei Bedarf bzw. auf ein Signal hin.

Medizinischer Einsatz adulter Stammzellen (Stammzelltherapie)

- Heute bereits Einsatz adulter Stammzellen bei Blutkrebs, zur Hautregeneration bei schweren Verbrennungen und zum Aufbau neuer Knochenmasse; derzeit erforscht: Nutzung u. a. bei Diabetes, Parkinson, Herzerkrankungen.
- Ablauf der Therapie: Entnahme aus dem Patienten → Kultivierung/Differenzierung der Zellen → Wiedereinsetzen in den Patienten (→ Abb. 6.24)
- Vorteil: Die Gefahr der Abstoßung des Transplantates ist (sehr) gering.

6.9 Reproduktionsmedizin

Seit langem schon greift der Mensch in die Fortpflanzung der Tiere wie auch in die seiner eigenen Art ein. Dabei dienen in der Regel die in der Tierzucht angewandten Techniken als Ausgangspunkt für analoge Eingriffe beim Menschen. Bei der Anwendung am Menschen ergeben sich aber neben technischen auch viele **ethische und rechtliche Probleme**.

In vielen Staaten gibt es Samenbanken, die tiefgefrorenes Sperma bereithalten. Um den perfekten Samenspender zu finden, nutzen Interessentinnen Spenderkataloge oder entsprechende Apps.

Künstliche Besamung: Bleibt der Kinderwunsch eines Paares unerfüllt, obgleich die Frau nicht steril ist, oder möchte die Frau keinen Geschlechtsverkehr (z. B. lesbische Frauen), kann eine künstliche Besamung durchgeführt werden. Der Frau werden dabei auf instrumentellem Weg Spermien übertragen. Bei der **homologen Insemination** stammen diese vom Ehemann, bei der **heterologen Insemination** von einem (meist anonymen) Fremdspender. **Problematik:** Bei anonymen Spendern ist die Vaterschaftsfrage für Mutter und Kind offen.

Analog zur künstlichen Besamung gibt es auch eine homologe und heterologe IVF. **Problematik:** Der Einsatz anonymer Ei- und Samenspenden ist denkbar. Das Kind kennt damit weder seine genetische Mutter noch seinen genetischen Vater.

In-vitro-Fertilisation (IVF): Bei diesem Verfahren werden einer Frau Eizellen entnommen und in einer Nährlösung mit Spermien vermischt. Es kommt zur „Befruchtung im Reagenzglas" (IVF). Die erzeugten Embryonen können direkt in die Gebärmutter eingebracht werden (Embryotransfer) oder tiefgefroren lange Zeit gelagert werden. Nur in rund 30 % aller Fälle kommt es beim Embryotransfer zur Einnistung des Keimes, weshalb bei der IVF in der Regel mehrere Embryonen erzeugt werden. **Problematik:** Was geschieht mit den nicht eingesetzten Embryonen? Diese könnten zur Gewinnung embryonaler Stammzellen genutzt werden (→ Abb. 6.24).
Die Ei-Entnahme erfolgt nach einer Hormonbehandlung, die in den Eierstöcken der Frau viele Follikel gleichzeitig heranreifen lässt (Superovulation). Der Arzt entnimmt diese dann im Zuge eines operativen Eingriffes. **Problematik:** Diese Behandlung ist für die Frau sehr belastend.
Seit 2005 gibt es die **In-vitro-Maturation (IVM)**, bei der einer Frau noch unreife Eizellen entnommen werden, die dann nach Hormongabe in der Petrischale ausreifen. **Problematik:** IVM erleichtert die in vielen Staaten verbotene Eizellen-Spende. Zudem: Nach geltendem Gesetz ist Mutter, wer das Kind geboren hat – seit IVF/IVM muss man aber zwischen genetischer Mutter (Spenderin der Eizelle), physiologischer Mutter (trägt das Kind aus; evtl. Leihmutter) und sozialer Mutter (zieht das Kind groß) unterscheiden.
Bei der seit 1993 möglichen **intracytoplasmatischen Spermieninjektion (ICSI)** wird mithilfe eines Mikromanipulators ein einzelnes Spermium direkt in eine Eizelle injiziert. Dieses Verfahren macht auch Männer zu Vätern, die nur wenige bzw. unreife oder unbewegliche Spermien produzieren. **Problematik:** Weitergabe genetisch bedingter Spermienmängel.

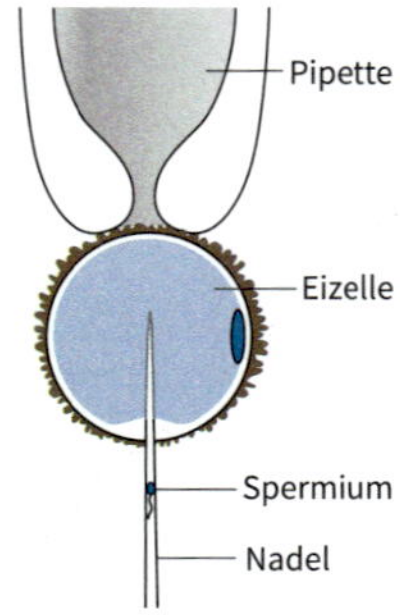

Abb. 6.23: ICSI

Präimplantationsdiagnostik (PID): Einem per IVF erzeugten Embryo kann z. B. im Vier-/Acht-Zell-Stadium ohne Schädigung eine seiner Zellen entnommen werden. Deren Erbgut wird dann untersucht. Es können so das Geschlecht des Embryos sowie Anlagen für eine Reihe von Erbkrankheiten identifiziert werden. Damit besteht die Möglichkeit, nur gesunde bzw. den Wünschen der Eltern entsprechende Embryonen zum Embryotransfer zu verwenden. **Problematik:** Die Embryoselektion (Auswahl der Embryonen) wirft Fragen auf, wie: Wer bestimmt, welcher Embryo ein Lebensrecht hat? Nach welchen Kriterien wird dies entschieden? Wann beginnt menschliches Leben?

Die PID ist nur noch in wenigen europäischen Ländern gesetzlich verboten (Litauen, Italien), in den meisten anderen Ländern per Gesetz erlaubt bzw. geregelt (Stand 2018).
In Deutschland ist die PID seit 2011 für bestimmte schwere Erbkrankheiten und Chromosomenanomalien erlaubt.

Klonen: Klone sind genetisch identische Zellen bzw. Lebewesen. Mehrere Wege zum Klon sind denkbar.

- **Embryo-Splitting:** Auftrennung eines IVF-Embryos z. B. im Vier-Zell-Stadium in die noch totipotenten Einzelzellen; so entstehen eineiige Mehrlinge.
- **Reproduktives Klonen:** Heute bereits bei Tieren erfolgreich durchgeführt (→ Kerntransplantationsexperiment beim Frosch auf Seite 120); einer entkernten Eizelle wird in der Petrischale der Kern einer diploiden Körperzelle eingesetzt (somatische Kerntransplantation). Der Embryo wird dann einer Frau eingepflanzt. **Problematik u. a.:** Im Tierexperiment viele Missbildungen und Totgeburten.
- **Therapeutisches Klonen:** Verfahren ähnlich wie beim reproduktiven Klonen; es werden aber nur die embryonalen Stammzellen des erzeugten Embryos zur Produktion von z. B. Ersatzorganen für den Kern-Spender genutzt (→ Abb. 6.24). **Problematik:** Der Embryo stirbt dabei.

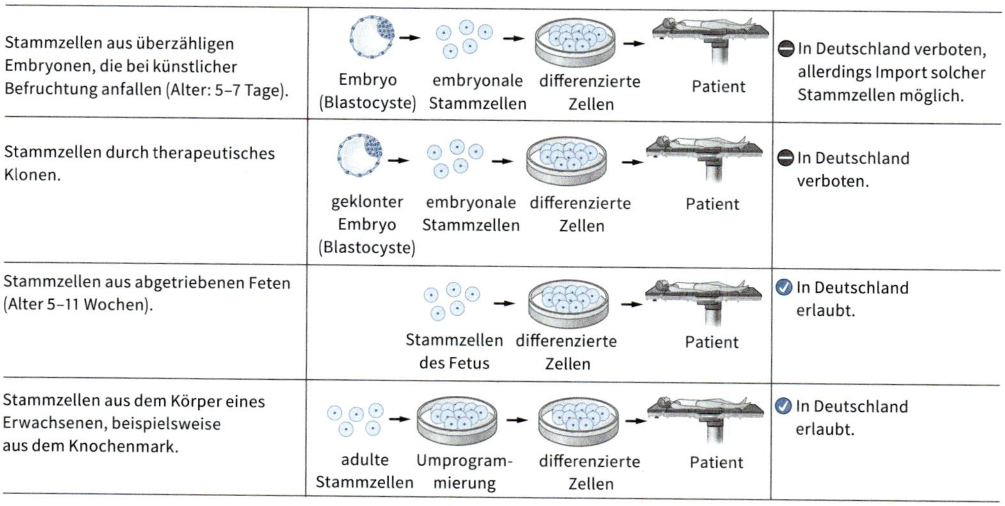

Abb. 6.24: Möglichkeiten der Gewinnung und des medizinischen Einsatzes menschlicher Stammzellen

6.10 Hormone

Kennzeichen von Hormonen

- Hormone sind körpereigene Signalstoffe, die in der Regel von besonderen Drüsen produziert und freigesetzt werden (**Drüsenhormone**). Ausnahmen: **Gewebshormone**, wie die Histamine, und **Neurohormone**, die von Nervenzellen im ZNS produziert werden.
- Sie gelangen in der Regel über die Körperflüssigkeiten zu ihren Zielzellen.
- Hormone sind extrazelluläre Signalstoffe, die eine intrazelluläre Antwort auslösen.
- Die Zielzellen sind mit spezifischen Hormonrezeptoren ausgestattet. Sie (und nur sie) sprechen daher auf das Hormonsignal an.
- Wie die Wirkung in der Zielzelle konkret aussieht, hängt von deren vorhergehender Programmierung im Zuge der Zellentwicklung ab. Dasselbe Hormon kann so bei verschiedenen Zelltypen unterschiedliche Wirkungen auslösen.
- Hormone werden vom Körper rasch abgebaut.
- Sie wirken in sehr kleinen Mengen.
- Ihre Ausschüttung wird nach dem Prinzip der negativen Rückkopplung geregelt: So hemmt z. B. eine bestimmte Konzentration eines Hormons im Blut dessen weitere Ausschüttung.

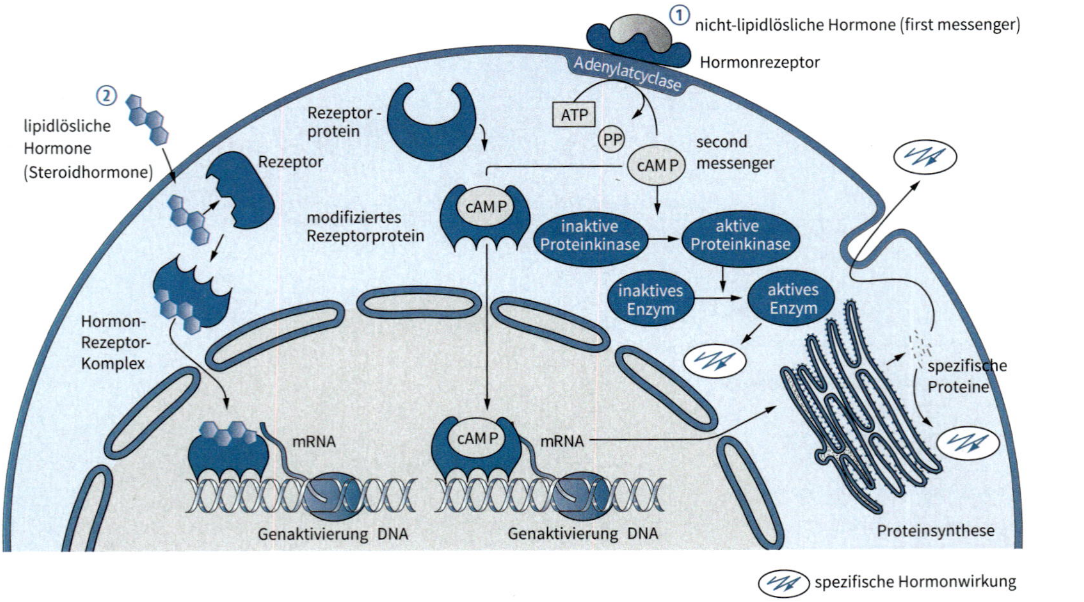

Abb. 6.25: Die Hormonwirkung auf zellulärer Ebene

Wirkungsweise von Hormonen

Es lassen sich zwei Typen unterscheiden:

① Nicht-lipidlösliche Hormone (Peptidhormone, Adrenalin, Noradrenalin u. a.) können die Zellmembran nicht passieren.

- Sie koppeln nach dem Schlüssel-Schloss-Prinzip an membrangebundene Hormonrezeptoren in der Außenmembran der Zielzelle an.
- Die Rezeptoren fungieren als Antennen eines Signaltransduktionssystems. Durch die Hormonankopplung aktiviert, bewirkt dieses System in der Zelle die enzymatische Bildung eines *second messengers* (z. B. cAMP). Dieser löst dann in der Zelle die eigentliche Wirkung aus. Je nach Zielzelle ist dies:
  - die Aktivierung von Enzymen,
  - die Öffnung von Ionenkanälen,
  - nach Bindung an einen weiteren Rezeptor die Aktivierung von Genen.

② Lipidlösliche Hormone (Steroidhormone)

- Sie dringen in die Zellmembran ein und können bereits hier Enzyme oder Ionenkanäle aktivieren.
- Im Zellinneren werden sie dann an spezifische Hormonrezeptoren gebunden.
- Als Hormon-Rezeptor-Komplex bewirken sie im Zellkern die Aktivierung oder Blockierung bestimmter Gene und lösen so die Zellantwort aus.

Das Hormonsystem eines Tieres ist hierarchisch gegliedert. Ein Beispiel sind die Wirbeltiere.

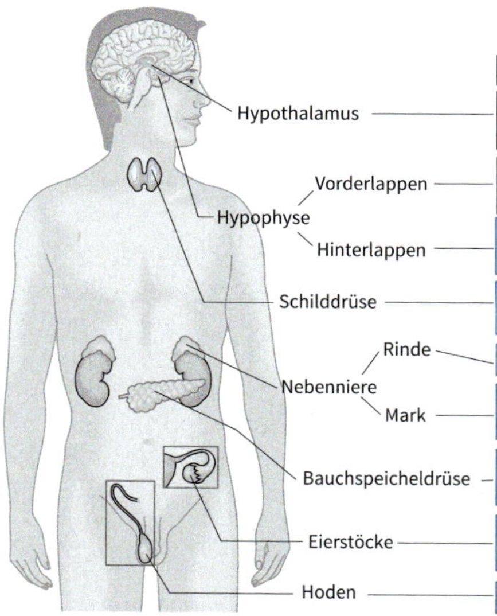

Hormone	Wirkung
Releasinghormone Inhibitinghormone	fördernder bzw. hemmender Einfluss auf den Hypophysenvorderlappen
Somatotropin Steuerungshormone	Körperwachstum, Proteinsynthese Einfluss auf andere Hormondrüsen
Oxytocin* Vasopressin*	Auslösen der Wehen, fördert soziale Bindungen Regelung des Wasserhaushalts
T_4 T_3	Steigerung des Grundumsatzes, Wachstum
Cortisol	Ab- und Umbau von Proteinen zu Glucose
Adrenalin Noradrenalin	Glykogenabbau, Steigerung des Blutzuckerspiegels
Insulin Glucagon	Senkung des Blutzuckerspiegels, Glykogenbildung Steigerung des Blutzuckerspiegels, Glykogenabbau
Östrogene Progesteron	Ausbildung der Geschlechtsorgane, Zyklusregelung, Erhaltung der Schwangerschaft
Testosteron	Ausbildung der Geschlechtsorgane, Muskelzunahme

Abb. 6.26: Hormonsystem und Hormone des Menschen (*Anmerkung: Produktion des Hormons im Hypothalamus, Speicherung und z. T. Modifizierung in der Hypophyse)

Hypothalamus: Abschnitt des Zwischenhirns unterhalb (= *hypo*) des Thalamus; Steuerzentrale für vegetatives Nervensystem; über seine hormonproduzierenden Nervenzellen wichtiges Bindeglied zwischen Gehirn und Hormonsystem.

Hierachie der Hormondrüsen bei Wirbeltieren

Oberste Steuerinstanz ist das Gehirn. Der Hypothalamus produziert Neurohormone (→ Abb. 6.26). Über das Blut gelangen diese in den Hypophysenvorderlappen. Hier wirken sie fördernd oder hemmend auf die Freisetzung der Hypophysenhormone ein. Vom Hypothalamus werden sechs freisetzungsfördernde und drei freisetzungshemmende Neurohormone produziert, die die Ausschüttung der Hypophysenhormone steuern.

Die Hypophyse schüttet ihrerseits zwei Gruppen von Hormonen aus:

- Hormone der ersten Gruppe (z. B. Somatotropin) wirken direkt auf Zielzellen des Körpers ein.
- Hormone der zweiten Gruppe wirken auf nachgeschaltete Hormondrüsen ein (z. B. Schilddrüse, Keimdrüsen). Diese setzen dann Hormone frei, die in bestimmten Zielzellen zu einer spezifischen Antwort führen.

Phytohormone („Pflanzenhormone")

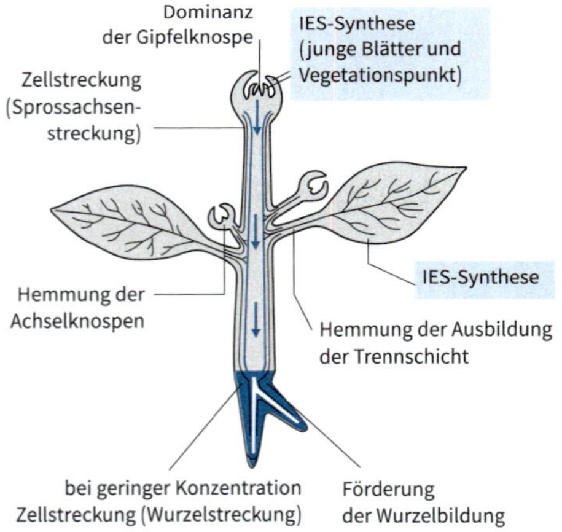

Abb. 6.27: Syntheseorte und Wirkung der Indol-3-Essigsäure (IES)

- Dies sind körpereigene Signalstoffe der Pflanzen mit hormonartiger Wirkung.
- Sie binden an spezifische Rezeptoren.
- Sie lösen in kleinsten Mengen Reaktionen aus.
- Zu ihnen zählen u. a. die Auxine, Cytokinine, Gibberelline, Abscisinsäure und Ethylen.
- Sie regulieren Stoffwechsel und Wachstum bestimmter pflanzlicher Gewebe/Organe.
- Phytohormone fördern, hemmen oder lösen aus – und zwar Zellwachstum, Zellteilung, Samenkeimung, Blatt- und Fruchtfall, Knospenaustrieb und Wurzelneubildung.
- Ihre Ausbreitung im pflanzlichen Gewebe erfolgt von Zelle zu Zelle (z. B. Auxin), über die Leitbündel (z. B. Cytokinine) oder bei Gasen wie Ethylen auch über die Interzellularen.

Besonderheiten der Phytohormone gegenüber tierischen („echten") Hormonen:

- Phytohormone sind oftmals Stoffwechselendprodukte, die auch in anderen Organismen vorkommen.
- Bildungs- und Wirkungsort sind nicht immer klar getrennt.
- Die Wirkung eines Phytohormons ist oftmals nicht allein von seiner Konzentration, sondern vom Mengenverhältnis verschiedener Phytohormone im Zielgewebe oder sogar vom Zusammenspiel mit externen Faktoren (Licht, Temperatur usw.) abhängig.
- Ein bestimmtes Phytohormon wird meist in mehreren Organen gebildet und wirkt auch auf mehrere verschiedene Organe.

Überblick

Fortpflanzung

- Ungeschlechtlich: Durch Zweiteilung, Knospung usw. entstehen genetisch identische Zellen/Individuen (Klone). Vorteil: Rasche Erzeugung vieler Nachkommen. Nachteil: Deren geringe Variabilität.
- Geschlechtlich: Vereinigung zweier haploider Keimzellen zur diploiden Zygote; durch mitotische Teilungen entsteht aus Zygote das Individuum. Vorteil: Große geno-/phänotypische Vielfalt der Nachkommen. Nachteile: Zwei Partner notwendig; hoher Energieaufwand z. B. für Paarung

Embryogenese

- Gliederung in drei Abschnitte: Furchung, Gastrulation, Organogenese
- Vorgänge: Mitotische Zellteilungen, Zelldetermination (Festlegung) und Zelldifferenzierung, Musterbildung, Zellbewegungen, Apoptose
- Determination der Zellen über Aktivierung/Blockade bestimmter Gene
- Steuerung der Determination über unterschiedliche Ausstattung der Zellen mit Dotter, Proteinen und cytoplasmatischen Determinanten (z. B. mRNA für Transkriptionsfaktoren) sowie über Interaktionen mit Nachbarzellen (z. B. durch Austausch induktiver Signale).

Stammzellen

- Noch nicht vollständig determinierte Zellen nennt man Stammzellen.
- Embryonale Stammzellen: Einem Embryo entnommen; pluripotent.
- Adulte Stammzellen: Einem ausgewachsenen Organismus entnommen; eingeschränkt pluripotent oder unipotent.
- Stammzelltherapie: Einsatz von Stammzellen in der Medizin (z. B. bei Blutkrebs, Verbrennungen).

Reproduktionsmedizin

- IVF (In-vitro-Fertilisation) verhilft kinderlosen Paaren zu Nachwuchs.
- Dabei Untersuchung des Embryos mithilfe der PID (Präimplantationsdiagnostik) auf z. B. Geschlecht oder Erbkrankheiten möglich.
- IVF und PID bergen ethische und rechtliche Probleme in sich.

Hormone

- Hormone sind Botenstoffe, wirken in kleinen Mengen, werden in der Regel von besonderen Drüsen produziert und über Körperflüssigkeiten transportiert. Sie lösen in bestimmten Zielzellen eine Wirkung aus.
- Nicht-lipidlösliche Hormone: Können Zellmembran nicht passieren; lösen Bildung eines *second messengers* wie z. B. cAMP aus.
- Lipidlösliche Hormone: Können Zellmembran passieren; wirken in Verbindung mit zellinternen Rezeptoren regulatorisch auf Genaktivität.
- Das Hormonsystem der Tiere ist hierarchisch gegliedert.

7 Neurobiologie

Die Nervenzelle, ihr Aufbau und ihre Funktionsweise stehen im ersten Abschnitt dieses Kapitels im Mittelpunkt. Dabei wird ausführlich auf die Informationsübertragung an Synapsen und deren Störung durch Gifte eingegangen. Im Anschluss werden Reizaufnahme und Reizverarbeitung durch Sinneszellen behandelt. Ein Schwerpunkt sind hier die Lichtsinnesorgane. Sodann werden Nervensysteme thematisiert. Dabei wird auch auf die Speicherung von Gedächtnisinhalten und auf die Alzheimer-Demenz eingegangen. Im Schlussabschnitt steht dann die Arbeitsweise der Muskeln im Mittelpunkt.

7.1 Reiz und Reaktion

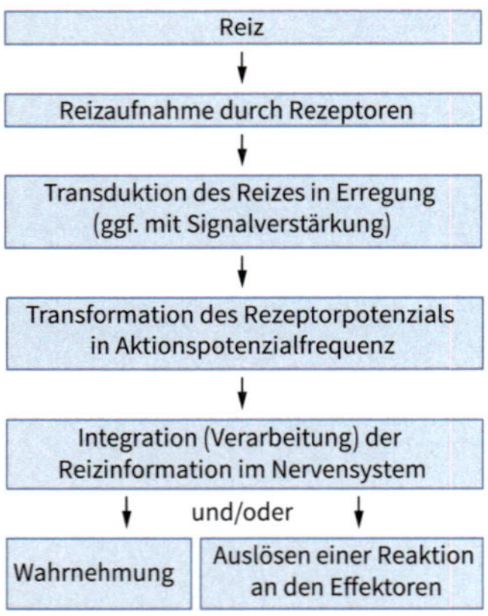

Abb. 7.1: Allgemeines Reiz-Reaktion-Schema bei Tieren

Eines der fundamentalen Kennzeichen alles Lebendigen ist das Phänomen der **Reizbarkeit**. Lebewesen haben die Fähigkeit, Reize aus ihrer Umwelt aufzunehmen und auf diese zu reagieren. Dabei laufen solche Reizreaktionen bei tierischen Lebewesen nach folgendem Grundschema ab:

Ein **Reiz,** wie z. B. Licht, Temperatur, Druck oder ein chemischer Stoff (beispielweise ein Duft- oder Geschmacksstoff), wirkt auf das Lebewesen ein. Dieser kann von außen, aus der Umwelt des Lebewesens einwirken (Außen-Reiz), er kann aber auch durch eine Zustandsänderung im Inneren des Organismus entstehen (Innen-Reiz). Der Reiz wird nun von speziellen **sensorischen Rezeptoren** aufgenommen. Hierbei handelt es sich im einfachsten Fall um spezifische Moleküle oder Zellorganelle. Bei Mehrzellern sind es in der Regel spezialisierte Sinneszellen, die einzeln vorliegen oder zu komplexen Sinnesorganen zusammengefasst sein können.

lat. *trans* = über
lat. *ducere* = führen
Transduktion = Überführung

In den Rezeptoren bewirkt der Reiz, häufig über ein komplexes Mittlersystem, eine Veränderung der Membranpermeabilität und damit des Membranpotenzials. Diese Potenzialänderung bezeichnet man allgemein als **Erregung**, spezieller als **Rezeptorpotenzial** (→ Seite 156 ff.). Die verschiedenen Arten von Reizenergie werden dabei alle in dieselbe Form elektrochemischer Energie übersetzt und so für die Weiterleitung und Weiterverarbeitung innerhalb des Organismus „kompatibel“ gemacht. Diesen Vorgang nennt man **(sensorische) Transduktion**.

Oftmals ist die Reizenergie zu gering, um direkt eine Erregung zu bewirken, die im Nervensystem auch weitergeleitet werden kann. Daher kommt es in den Rezeptoren häufig zu einer **Signalverstärkung**. Diese kann bereits durch den reizleitenden Apparat eines Sinnesorganes erfolgen (z. B. im Ohr) oder auch erst während des Transduktionsprozesses (z. B. im Auge; → Seite 163).

Auf die Transduktion folgt die **Transformation**: Das Rezeptorpotenzial wird in eine Abfolge von Aktionspotenzialen umgewandelt (→ Seite 141). Dabei ist die Frequenz der Aktionspotenziale von der Höhe des Rezeptorpotenzials abhängig. Ein hohes Rezeptorpotenzial erzeugt in der Regel auch eine hohe Aktionspotenzialfrequenz. Die Transformation geschieht bei **primären Sinneszellen** direkt in der Rezeptorzelle, bei **sekundären Sinneszellen** erst in einer nachgeschalteten Nervenzelle (→ Seite 158 f.). Die nächsten Schritte sind die Weiterleitung der Erregung (**Transmission**) und ihre Verarbeitung (**Integration**) innerhalb des Nervensystems.

lat. *transformare* = umwandeln, umformen

lat. *transmittere* = hinüberschicken, übertragen

Bei höheren Tieren kann es im Zuge der Verarbeitung sensorischer Erregung im Gehirn zur **Wahrnehmung** kommen. Dabei wird die objektive Reizinformation mit subjektiven Erfahrungen, Persönlichkeitsmerkmalen usw. verknüpft und vor diesem Hintergrund interpretiert und bewertet.
Schließlich kann aus der Verarbeitung der Erregung ein neuronaler Befehl resultieren, der in Form einer Aktionspotenzialfrequenz über ableitende (efferente) Nervenbahnen zu Effektoren (Muskeln, Drüsen usw.) geleitet wird. Hier erfolgt die Umwandlung der Erregung in eine bestimmte **Reaktion** (Bewegung, Ausschüttung von Drüsensekreten o. ä.; → Seite 173), die sich dem Beobachter als spezifische Antwort des Organismus auf den Reiz darstellt.

Auch **Pflanzen** weisen Reiz-Reaktionen auf. Deren Merkmale sind:

- Aufgenommene Reize: z. B. Licht, Temperatur, Berührung, Schwerkraft.
- Reizaufnahme durch spezielle Rezeptoren (z. B. lichtsensible Pigmente).
- Signalweiterleitung erfolgt, da Pflanzen keine Nervenzellen haben, in der Regel relativ langsam auf chemischem Wege (→ Phytohormone, Seite 132). Ausnahmen: z. B. die über Aktionspotenziale gesteuerte Blattbewegung bei Mimosen (→ Abb. 7.2).
- Reaktion der Pflanze auf Reize zeigt sich z. B. in Form von Bewegung (Wachstums-, Turgorbewegung usw.). Man unterscheidet: Tropismen (Bewegungsrichtung abhängig von Reizrichtung), Nastien (Bewegungsrichtung durch Pflanzenbau vorgegeben, damit unabhängig von Reizrichtung), Taxien (von Reizrichtung abhängige Ortsveränderung frei beweglicher Pflanzen).

Abb. 7.2: Mimose, oben vor, unten nach Berührung

7.2 Die Nervenzelle

Bau einer Nervenzelle

Nervenzellen (Neurone) sind die informationsübertragenden und informationsverarbeitenden Elemente des Nervensystems bei Tier und Mensch. Ihre Gestalt ist sehr unterschiedlich, doch weisen sie alle einen ähnlichen Grundbauplan auf. Sie besitzen vier Abschnitte:

Soma: Eigentlicher Zellkörper. Beinhaltet Plasma, Zellkern, Mitochondrien und ein dicht mit Ribosomen besetztes raues Endoplasmatisches Reticulum (NISSL-Schollen).

Dendriten: Meist reich verzweigte Ausläufer des Somas. Funktion: Informationen von anderen Nervenzellen aufnehmen, unter Umständen vorverarbeiten und an das Soma weiterleiten. Durch die Dendriten wird die rezeptive (die Erregung aufnehmende) Oberfläche des Somas erheblich vergrößert.

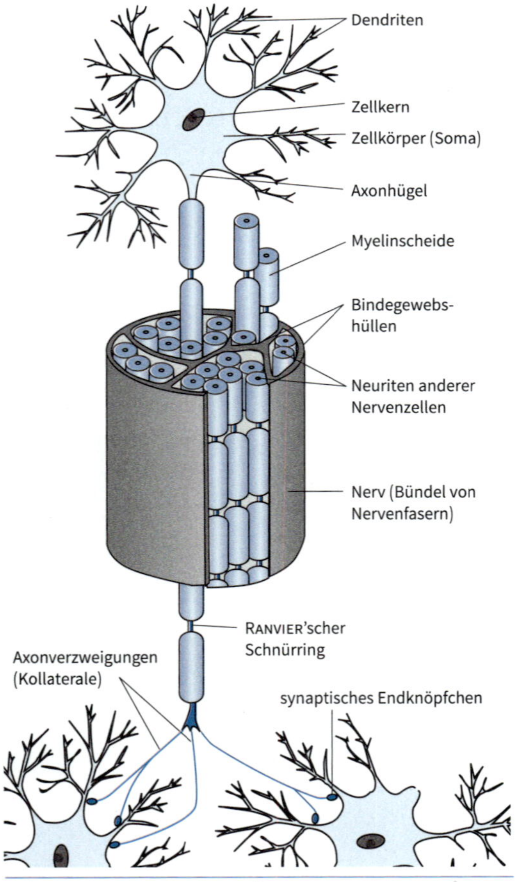

Abb. 7.3: Bau einer Nervenzelle

Axon (Neurit): Langer Fortsatz des Somas. Hauptfunktion: Informationsleitung vom Soma bis zum synaptischen Endknöpfchen. Vom Axon können Verzweigungen (**Kollaterale**) abgehen, die sich wiederum stark verästeln können. Der kegelförmige Ursprung des Axons am Soma wird als **Axonhügel** bezeichnet. Er ist die Bildungsstelle der Aktionspotenziale. Nervenzellen sind von **Gliazellen** umgeben. Diese erfüllen Schutz-, Stütz- und Ernährungsfunktion und haben auch eine wichtige Bedeutung bei der Entwicklung des Nervensystems und bei der Abspeicherung von Informationen. Sie sind für die Bildung der **Myelinscheide (Markscheide)** verantwortlich. Myelin, das zu 80 % aus Lipiden und zu 20 % aus Proteinen besteht, wird von speziellen Gliazellen in mehreren Schichten um das Axon gewickelt. Bei den peripheren Nervenzellen mancher Krebse sowie der Wirbeltiere übernehmen als **SCHWANN'sche Zellen** bezeichnete Gliazellen die Myelinisierung.

Sie wickeln sich sogar als Ganzes mehrere Male eng um das Axon. Myelinisierte Axone werden als **markhaltige Nervenfasern** bezeichnet. Die Myelinscheide ist in regelmäßigen Abständen unterbrochen. Diese Unterbrechungen, kleine, nicht mit Myelin umhüllte Abschnitte, heißen **RANVIER'sche Schnürringe**.

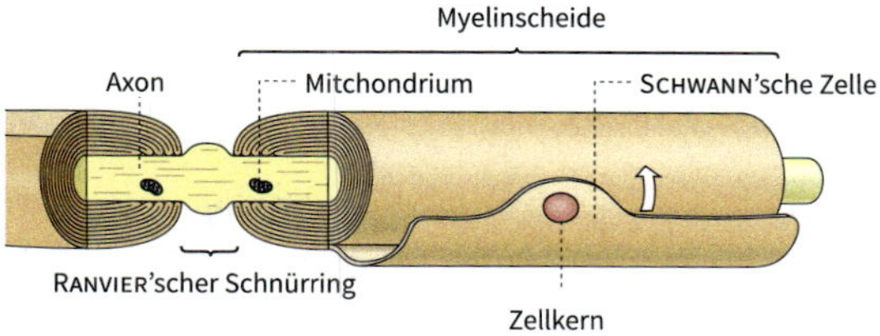

Abb. 7.4: Bau einer markhaltigen Nervenfaser

Das Myelin schützt das Axon vor mechanischer Belastung. Zudem führt das System von Myelin umhüllten und Myelin freien Abschnitten zu einer erheblichen Beschleunigung der Informationsweiterleitung entlang des Axons (→ Seite 147 f.). Nervenfasern ohne Myelinscheide nennt man **marklose Nervenfasern.** Sie sind lediglich in einfacher Wicklung von Hüllzellen mit nur geringer Isolationswirkung umgeben.

Synaptisches Endknöpfchen: An der Spitze jeder Axonverästelung befindet sich eine bläschenförmige Verdickung, das synaptische Endknöpfchen. Jedes Endknöpfchen bildet mit einer nachgeschalteten Nerven-, Muskel-, Sinnes- oder Drüsenzelle eine Kontaktstelle aus, die man als **Synapse** bezeichnet (→ Seite 147). An den Synapsen werden Informationen von einer Nervenzelle auf eine nachgeschaltete Zelle übertragen. Eine Synapse zwischen Neuron und Skelettmuskelzelle heißt **neuromotorische Synapse** oder **motorische Endplatte.**

Ruhepotenzial

Nervenzellen codieren ihre Information für die Weiterleitung über längere Strecken in Form eines Binärcodes. Die Null dieses Codes wird als **Ruhepotenzial** und die Eins als **Aktionspotenzial** bezeichnet. Als erstes soll das **Ruhepotenzial** näher betrachtet werden. Folgende zelluläre Rahmenbedingungen sind hier von Bedeutung:

Auch Computer arbeiten mit dem sogenannten Binärcode. Ein solcher Code verwendet nur zwei verschiedene Zeichen (also z. B. 1 und 0 oder *an* und *aus*).

Ionen: Ionen sind elektrisch geladene Teilchen. Ionen mit positiver Ladung werden als Kationen, Ionen mit negativer Ladung als Anionen bezeichnet. Typische Kationen sind Kalium-Ionen (K^+), Natrium-Ionen (Na^+) und Calcium-Ionen (Ca^{2+}). Typische Anionen sind Chlorid-Ionen (Cl^-) und Protein-Anionen (A^-).

Spannung/Potenzial: Elektrische Spannung entsteht dadurch, dass man unterschiedliche elektrische Ladungen unter Einsatz von Arbeit (Energie) trennt. Die solchermaßen getrennten Ladungen haben jedoch das Bestreben, sich auszugleichen. Dieses Bestreben – vergleichbar mit dem Bestreben einer gespannten Bogensehne, zurückzuschnellen – wird als **elektrische Spannung** bezeichnet. **Elektrisches Potenzial** ist ein anderer Begriff für ein solches Ladungsgefälle, eine solche elektrische Spannung. Der Begriff „Potenzial" verdeutlicht, dass ein solches Ladungsgefälle die Potenz in sich trägt, die für seine Herstellung aufgewandte Arbeit (Energie) bei seinem Abbau wieder freizusetzen. Die Einheit der elektrischen Spannung wie auch des elektrischen Potenzials ist *Volt*.

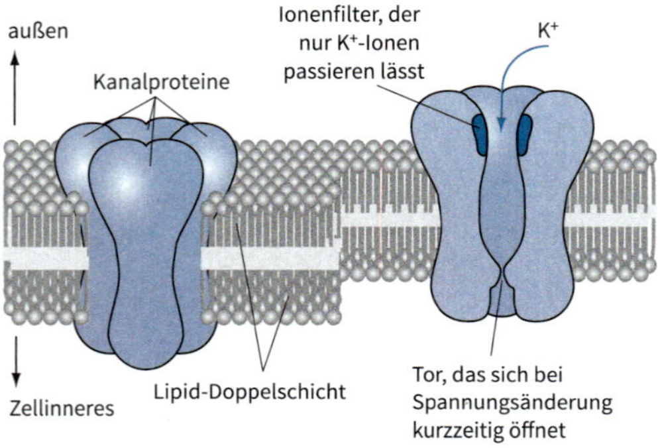

Abb. 7.5: Spannungsgesteuerter K^+-Kanal

Bau der Nervenzellmembran: Die Lipiddoppelschicht der Nervenzellmembran (→ Seite 22) ist für geladene Teilchen undurchlässig. Ionen können die Membran also nur mithilfe spezieller **Ionenkanäle** passieren. Bei diesen handelt es sich um Membranproteine, die durch die gesamte Membran reichen. Sie sind ringförmig angeordnet. In der Mitte dieses Ringes aus Kanalproteinen befindet sich eine Pore, durch die Ionen die Membran durchqueren können.

Die einzelnen Abschnitte der Nervenzelle weisen eine unterschiedliche Dichte und ein unterschiedliches Verteilungsmuster der Ionenkanäle auf. Diese werden dabei nach vier Kriterien klassifiziert:

Klassifizierungskriterium	Beispiele
Art der durchgeschleusten Ionen	- Natriumkanal (→ Na^+) - Kaliumkanal (→ K^+) - Calciumkanal (→ Ca^{2+}) - Chloridkanal (→ Cl^-)
Öffnungsdauer	- unbegrenzt - zeitlich begrenzt (z. B. < 1 ms)
Öffnungsprozedere	- immer offen - Öffnung spannungsgesteuert (potenzialgesteuert) - Öffnung chemisch gesteuert - Öffnung mechanisch gesteuert - Öffnung indirekt gesteuert (z. B. über *second messenger*)
Reaktionszeit auf Öffnungsimpuls	- direkte Öffnung nach Impuls (schneller Kanal) - verzögerte Öffnung nach Impuls (langsamer Kanal)

Tab. 7.1: Klassifizierung von Ionenkanälen

Neben den verschiedenen Ionenkanälen stellt die große Zahl an **Natrium-Kalium-Pumpen** (→ Seite 140) ein markantes Merkmal der Nervenzellmembran dar.

Ionenverteilung an einer ruhenden Nervenzelle: An der Membran einer unerregten Nervenzelle sind die Ionen ungleich verteilt. Innerhalb der Nervenzelle (intrazellulär) befinden sich überwiegend Kalium-Ionen (K^+) sowie Protein-Anionen (A^-). Außerhalb der Nervenzelle (extrazellulär) dominieren Natrium- (Na^+) und Chlorid-Ionen (Cl^-). Damit ähnelt die extrazelluläre Flüssigkeit in ihrer Zusammensetzung dem Meerwasser. Evolutionsbiologisch ist dies erklärbar: Die ersten Zellen entwickelten sich im Meer. Ihre „extrazelluläre Flüssigkeit" war das Meerwasser, was sich bis heute in der extrazellulären Flüssigkeit widerspiegelt.

Ion	intrazellulär	extrazellulär
Na^+	50	440
K^+	400	20
Cl^-	108	560
A^-	460	0

Tab. 7.2: Ionenkonzentration am unerregten Riesenaxon eines Tintenfisches in Millimol/Liter (mmol/l)

Potenzial an einer ruhenden Nervenzelle: Führt man eine Elektrode in die extrazelluläre Flüssigkeit und eine Elektrode in das Innere einer unerregten Nervenzelle ein, so kann man die aus der ungleichen Ladungsverteilung resultierende Spannung messen. Der gemessene Wert liegt bei ca. −70 mV (Millivolt). Man bezeichnet ihn als **Ruhepotenzial** der Nervenzelle. Da der Messwert der außen liegenden Bezugselektrode als null festgelegt ist, zeigt das negative Vorzeichen des Ruhepotenzials an, dass das Innere der Nervenzelle negativ geladen ist.

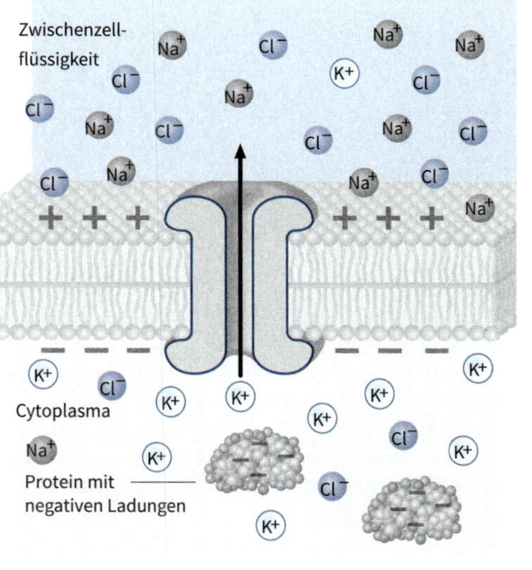

Abb. 7.6: Ionenverteilung und Potenzial an der Membran einer ruhenden Nervenzelle

Ruhende, unerregte Nervenzellen sind gekennzeichnet durch:

① Deutliche **chemische Gradienten** und das Bestreben, die Verteilungsunterschiede der Ionen per Diffusion auszugleichen. So resultiert aus dem Konzentrationsgefälle für Kalium ein nach außen gerichteter Diffusionsdruck für Kalium. Bei Natrium und Chlorid ist es genau umgekehrt.

② Einen **elektrischen Gradienten** und das Bestreben zu dessen Ausgleich.

③ Erhebliche **Unterschiede in der Durchlässigkeit (Permeabilität)** der Membran **für die einzelnen Ionen**. So ist die Membran dank vieler beständig geöffneter K^+-Kanäle für K^+ sehr gut durchlässig. Die Zahl der offenen Na^+-Kanäle und damit auch die Permeabilität der Membran für Na^+ ist dagegen sehr gering. Die Permeabilität für Cl^- ist mäßig. Für Protein-Anionen ist die Membran undurchlässig.

④ Beständige Tätigkeit der **Natrium-Kalium-Pumpe.**

Entsprechend dem enormen Kalium-Konzentrationsgefälle strömt fortlaufend Kalium durch die ständig geöffneten K^+-Kanäle von innen nach außen. Jedes Kalium-Ion entfernt dabei eine positive Ladung aus der Zelle. Die relativ großen, negativ geladenen Protein-Anionen können aufgrund fehlender Permeabilität der Membran nicht folgen. Das Zellinnere wird damit negativ aufgeladen, die Membranaußenseite hingegen positiv. Zwischen den beiden Seiten der Membran ist auf diese Weise ein elektrisches Feld entstanden.

Die zunehmend negative Aufladung der Innenseite der Membran behindert nun den Ausstrom weiterer Kalium-Ionen. Bei einem bestimmten Potenzial, eben dem **Ruhepotenzial,** ist der aus dem Konzentrationsgradienten resultierende nach außen gerichtet Diffusionsdruck für Kalium genauso groß wie der gegenläufige, aus dem elektrischen Gradienten resultierende „Gegensog", der das positiv geladene Kalium wieder in das negativ geladene Innere der Nervenzelle zieht. Ein- und Ausstrom von Kalium halten sich damit die Waage. Das Ruhepotenzial pendelt sich daher genau bei diesem Wert ein. Er beträgt für menschliche Neurone ca. –70 mV, für Muskelzellen ca. –80 bis –90 mV. Insgesamt schwankt er je nach Zelltyp zwischen –50 und –100 mV.

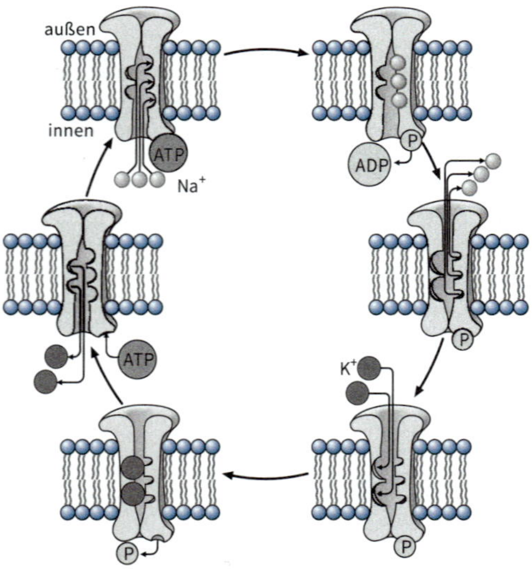

Abb. 7.7: Arbeitszyklus einer Natrium-Kalium-Pumpe

Die Zellmembran ist in geringem Umfang auch für Natrium-Ionen durchlässig. Demzufolge diffundiert beständig Na^+ dem Konzentrationsgefälle folgend in die Nervenzelle („Natrium-Leckstrom"). Das müsste zu einer stetigen Verkleinerung bzw. schließlich zum Ausgleich des Ruhepotenzials führen. Tatsächlich lässt sich genau dieses beobachten, wenn man den Nervenzellen Cyanid zugibt, das die Atmungskette und damit die ATP-Produktion blockiert. Daraus kann man folgern, dass zur Aufrechterhaltung des Ruhepotenzials aktive Transportvorgänge an der Zellmembran beitragen (→ Seite 24). Diese werden von **Natrium-Kalium-Pumpen** durchgeführt, die bei jedem Transportvorgang unter Verbrauch eines Moleküls ATP drei Natrium-Ionen aus der Zelle heraus und zwei Kalium-Ionen in sie hineinschleusen. Damit tragen sie nicht nur zur Aufrechterhaltung, sondern aufgrund des Transportverhältnisses von 3:2 auch direkt zum Aufbau des Ruhepotenzials bei.

In geringem Maße sind auch Cl^-- und Ca^{2+}-Ionen am Ruhepotenzial beteiligt. Sie können hier aber vereinfachungshalber unberücksichtigt bleiben.

Aktionspotenzial

Für die Weiterleitung über längere Strecken codieren Nervenzellen die Information in Form eines Binärcodes. Entspricht das Ruhepotenzial der „Null“ eines solchen Codes, so stellt das Aktionspotenzial die „Eins“ dar. Aktionspotenziale werden nur in bestimmten Abschnitten erregbarer Zellen gebildet. Bei markhaltigen Nervenzellen sind dies: der Axonhügel (hier speziell die sogenannte Impuls-Entstehungs-Region), die RANVIER'schen Schnürringe und der axonnahe Teil der synaptischen Endknöpfchen. Bei marklosen Nervenzellen ist es hingegen das gesamte Axon. Kennzeichen all dieser Abschnitte sind:

- Sie weisen **keine** aus mehreren Lagen bestehende, **stark isolierende Myelinscheide** auf (→ Abb. 7.3 auf Seite 136 und Abb. 7.4 auf Seite 137).
- In diesen Membranabschnitten liegen **schnelle spannungsgesteuerte Na^+-Kanäle** in großer Zahl und Dichte vor. Bei Überschreiten eines ganz bestimmten Potenzialwertes (Schwellenpotenzial, Erregungsschwelle) öffnet sich ein solcher Na^+-Kanal in Bruchteilen einer Millisekunde. ② Er lässt nun Natrium-Ionen in Richtung des Konzentrationsgefälles von außen nach innen passieren. Nach einer Öffnungszeit von nur etwa 1 bis 2 ms verschließt aber ein kugelförmiger Anhang des Kanalproteins die Pore und stoppt den Natriumfluss. ③ Jetzt befindet sich der Kanal in einem inaktivierten, blockierten Zustand. Seine erneute Öffnung ist erst möglich, wenn das Membranpotenzial wieder für einige Zeit zum Ruhepotenzialwert zurückgekehrt ist oder aber kurzzeitig Werte deutlich unterhalb des Ruhepotenzials erreicht hat (Hyperpolarisation) ①.

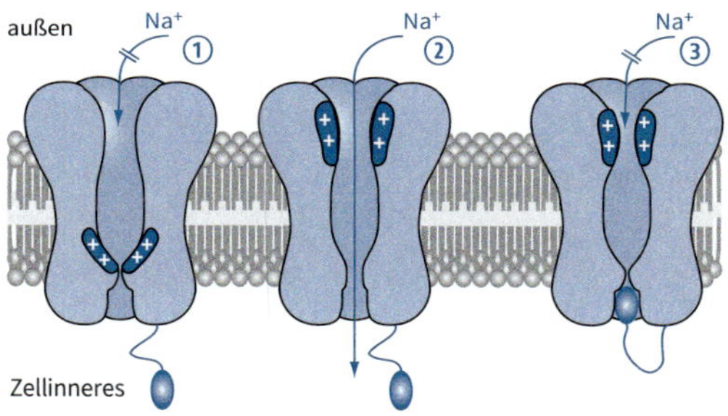

Abb. 7.8: Spannungsgesteuerter Na^+-Kanal (schematisch)
① Ruhepotenzial: Kanal geschlossen, aber aktivierbar
② Depolarisation über Schwellenwert: im Kanalprotein Verschiebung positiver Ladungen nach außen; Kanal offen; Natriumeinstrom
③ Länger andauernde Depolarisation über Schwellenwert: Kanal geschlossen und blockiert

- Neben den spannungsgesteuerten Na^+-Kanälen findet man in erregbaren Membranabschnitten auch eine große Zahl **verzögerter spannungsgesteuerter K^+-Kanäle**. Diese sind träger als die zuvor beschriebenen Na^+-Kanäle. Zwar werden sie bei einem überschwelligen Impuls ebenso aktiviert wie die Na^+-Kanäle, doch bleibt ihre Pore zunächst geschlossen. Erst mit Verzögerung öffnet sie sich schließlich und Kalium-Ionen können den Kanal passieren. Die Öffnungszeit eines verzögerten K^+-Kanals ist länger als die eines Na^+-Kanals. Er schließt sich erst wieder, wenn die Membran über die Erregungsschwelle hinaus repolarisiert ist. Anders als der Na^+-Kanal wird er aber nicht blockiert.

Ablauf eines Aktionspotenzials: Das Aktionspotenzial einer Nervenzelle hat stets in etwa die gleiche Form und den gleichen Ablauf. Dieser lässt sich in sieben Abschnitte gliedern.

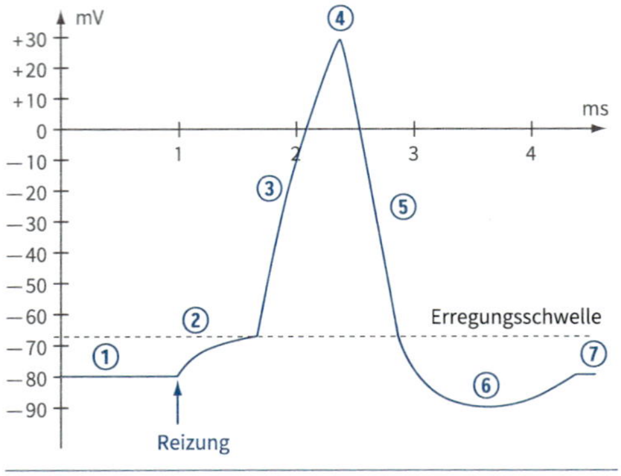

Abb. 7.9: Ein Aktionspotenzial

① **Ruhepotenzial**: An der Membran des Axons herrscht zunächst ein Ruhepotenzial. Sie ist damit in einem erregbaren Zustand.

② **Depolarisation – Initialphase**: Nun kommt es zu einer Depolarisation der Membran bis zur Erregungsschwelle, also zu einer Änderung der Spannung in den weniger negativen Bereich. Bewirkt wird diese Depolarisation in der Regel durch einen Stromfluss, der von benachbarten Membranabschnitten ausgeht. Es kann sich bei solchen „Kriechströmen" um ein EPSP (→ Seite 152) oder ein Rezeptorpotenzial (→ Seite 156) handeln, das unter Abschwächung elektrotonisch an der Membran weitergeleitet wird. Aber auch im Zuge der Weiterleitung von Aktionspotenzialen treten solche passiven Ströme auf (s. u.). In einigen Zellen kommt es sogar spontan und rhythmisch zur Depolarisation (z. B. im Sinusknoten des Herzens).

③ **Depolarisation – Aufstrich:** Ist die Depolarisation groß genug, das heißt erreicht sie die Erregungsschwelle, so öffnen sich spannungsgesteuerte Na^+-Kanäle.

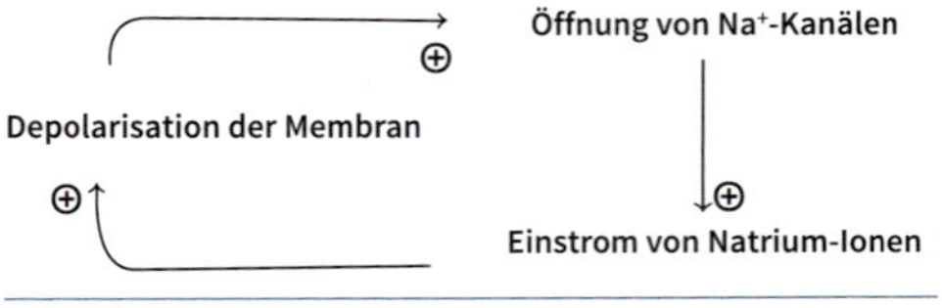

Abb. 7.10: Selbstverstärkende Kettenreaktion beim Natriumeinstrom in die Nervenzelle (⊕ = verstärkt)

Dem Diffusionsdruck und dem elektrischen Gradienten folgend strömt Natrium in die Zelle ein. Dieser Na^+-Einstrom vergrößert die Depolarisation der Membran – eine sich selbst verstärkende Kettenreaktion beginnt. Schlagartig öffnen sich dadurch auf engstem Raum sehr viele spannungsgesteuerte Na^+-Kanäle. Der Na^+-Einstrom in die Zelle erhöht sich lawinenartig. Das zuvor negative Membranpotenzial wird umgekehrt und erreicht positive Werte. Im letzten Abschnitt des Aufstrichs öffnen sich nun auch die ersten verzögerten spannungsgesteuerten K^+-Kanäle. Da das Innere der Zelle jetzt positiv und das Äußere negativ geladen ist, strömt Kalium dem Diffusionsdruck und dem elektrischen Gradienten folgend aus der Zelle heraus.

④ **Spitze (Peak):** Hier ist eine Mischung gegenläufiger Entwicklungen für das „Kippen“ des Potenzials verantwortlich. So nimmt der Na^+-Einstrom in die Zelle ab. Dies hat zwei Ursachen: Zum einen beträgt die maximale Öffnungszeit der Na^+-Kanäle nur 1 bis 2 Millisekunden. Bei positivem Membranpotenzial wird sie noch kürzer. Es schließen sich daher immer mehr Na^+-Kanäle. Nach dem Schließen sind sie refraktär („unerregbar“; blockiert → Abb. 7.8). Ihre erneute Öffnung ist erst nach Wiedererreichen des Ruhepotenzials möglich. Zum anderen stoppt die Umkehr der Ladungszustände den Na^+-Einstrom. Jetzt, da das Zellinnere positiv ist, muss sich Na^+ beim Einstrom in die Zelle entgegen dem elektrischen Gradienten bewegen. Auf der Spitze des Aktionspotenzials sind der nach innen gerichtete Diffusionsdruck für Na^+ und der diesem entgegenwirkende elektrische Gradient gleich groß. Der Abnahme des Na^+-Einstroms steht eine Zunahme des K^+-Ausstroms gegenüber, da sich immer mehr verzögerte K^+-Kanäle öffnen (→ Abb. 7.11).

lat. *refractarius* = widerspenstig, halsstarrig, nicht beeinflussbar

⑤ **Repolarisation:** Mehr und mehr Na^+-Kanäle sind geschlossen, der Na^+-Einstrom versiegt. Immer mehr K^+-Kanäle öffnen sich hingegen, der K^+-Ausstrom schwillt an. Infolge des K^+-Ausstroms nähert sich das Membranpotenzial wieder dem Ruhepotenzialwert (Repolarisation). Nun beginnen sich auch die K^+-Kanäle zu schließen (→ Abb. 7.11).

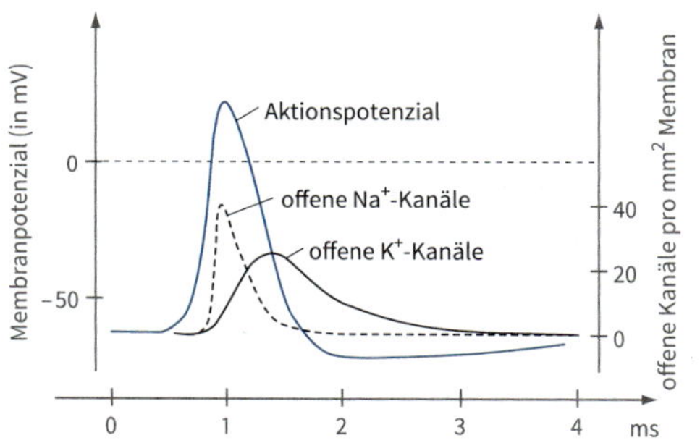

Abb. 7.11: Leitfähigkeitsänderung der Membran für Natrium und Kalium während des Aktionspotenzials (Beispiel: Tintenfisch-Riesenaxon)

⑥ **Hyperpolarisation:** Die relativ lange Öffnungszeit der K^+-Kanäle bedingt, dass mehr Kalium-Ionen ausströmen, als zur Wiederherstellung des Ruhepotenzials notwendig sind. Die Potenzialwerte werden also kurzzeitig negativer als der Ruhepotenzialwert (Hyperpolarisation).

⑦ **Ruhepotenzial:** Schließlich sind auch alle K^+-Kanäle geschlossen. Das überschüssige Kalium außerhalb der Zelle diffundiert weg und das Membranpotenzial steigt wieder auf den Ruhepotenzialwert an. Natrium-Kalium-Pumpen sind hier nur von geringer Bedeutung. Dies liegt daran, dass die Zahl der bei einem Aktionspotenzial fließenden Ionen relativ gering ist. Pro μm^2 Membranfläche sind es etwa 6000 Na^+ – bei rund 6 000 000 $Na^+/\mu m^2$ in der membrannahen intrazellulären Flüssigkeit.

Refraktärzeit: Einmal geöffnete Na^+-Kanäle sind nach dem Schließen blockiert (→ Abb. 7.8). Erst durch Erreichen des Ruhepotenzialwertes werden sie wieder in einen aktivierbaren Zustand versetzt, sodass eine weitere Depolarisation sie erneut öffnen kann. Dies bedingt, dass die Membran während eines „laufenden" Aktionspotenzials kein zweites neues Aktionspotenzial zu bilden vermag, also refraktär („unerregbar") ist. Man nennt diesen Zeitabschnitt daher **Refraktärzeit**. Diese lässt sich in eine absolute Refraktärphase, in welcher in keinem Fall ein weiteres Aktionspotenzial ausgelöst werden kann, und eine relative Refraktärphase untergliedern. In der relativen Refraktärphase befinden sich bereits wieder einige Na^+-Kanäle im aktivierbaren Zustand. Hier ist bei starker Reizung die Bildung schwächerer Aktionspotenziale möglich. Die Refraktärzeit begrenzt die maximale Zahl von Aktionspotenzialen pro Sekunde auf etwa 500.

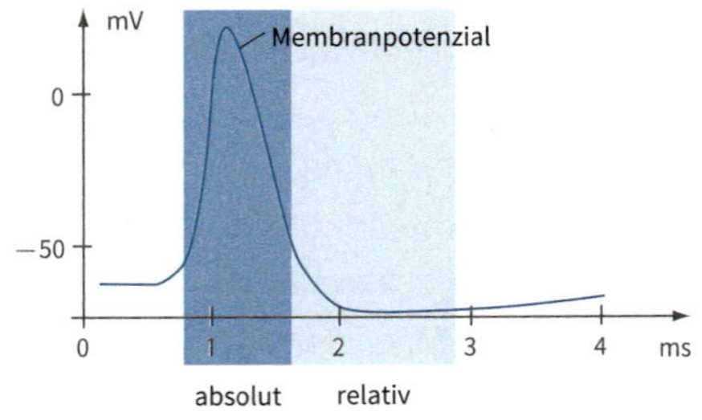

Abb. 7.12: Refraktärzeit mit absoluter und relativer Refraktärphase

Erreicht am Ende der Refraktärzeit der anliegende Strom noch immer oder schon wieder den Schwellenwert, so führt dies zur Auslösung eines weiteren Aktionspotenzials. Nicht die Höhe des anliegenden Stromes entscheidet also über die Zahl der gebildeten Aktionspotenziale, sondern die Länge des Zeitraumes, während dessen der Strom überschwellig ist.
Insgesamt läuft das „Programm des Aktionspotenzials" autonom ab, ohne dass es weiterer Eingriffe von außen bedarf. Das Erreichen der Erregungsschwelle führt also immer zu einem voll ausgebildeten Aktionspotenzial. Wird die Schwelle nicht erreicht, bleibt das Aktionspotenzial aus. Man bezeichnet dieses Phänomen als **„Alles-oder-Nichts-Gesetz der Erregung"**.

Weiterleitung an marklosen Nervenfasern: Marklose Nervenfasern besitzen keine ausgeprägte isolierende Myelinscheide (→ Seite 136). Zudem sind bei ihnen spannungsgesteuerte Kanäle relativ gleichmäßig über die Membran verteilt. Entsteht am Beginn des Axons einer solchen Nervenfaser ein Aktionspotenzial, so hat dieses Auswirkungen auf benachbarte Membranabschnitte: Zwischen dem im Zuge des Aktionspotenzials auf Werte über +20 mV depolarisierten Bereich und den unerregten Nachbarbezirken mit Ruhepotenzialwerten von ca. −70 mV besteht eine Spannungsdifferenz. Diese führt dazu, dass die Nachbarbezirke ebenfalls depolarisiert werden. Es handelt sich hier um eine **elektrotonische Ausbreitung** der Potenzialänderung (einen „Kriechstrom"). Sie erfolgt passiv, ohne Beteiligung spannungsgesteuerter Ionenkanäle. Von Nachteil ist aber, dass ihr depolarisierender Effekt mit zunehmender Entfernung

vom Ausgangspunkt immer geringer, die Amplitude des Potenzials also immer kleiner wird.
In Membranabschnitten nahe dem Aktionspotenzial ist die depolarisierende Wirkung dieses Kriechstroms aber noch relativ stark. Sie reicht aus, um die Membran über die Erregungsschwelle hinaus zu depolarisieren und somit wieder ein Aktionspotenzial auszulösen. Auf diese Weise pflanzt sich das Aktionspotenzial entlang des Axons fort. Diese **kontinuierliche Erregungsleitung** erfolgt aber relativ langsam. Da die Reichweite eines Kriechstroms stark vom Innenwiderstand des Axons abhängt, wird die Leitungsgeschwindigkeit vor allem durch den Axondurchmesser und die Temperatur bestimmt. Dicke, wohltemperierte Axone leiten am schnellsten; sie benötigen aber viel Baumaterial und viel Platz im Organismus.

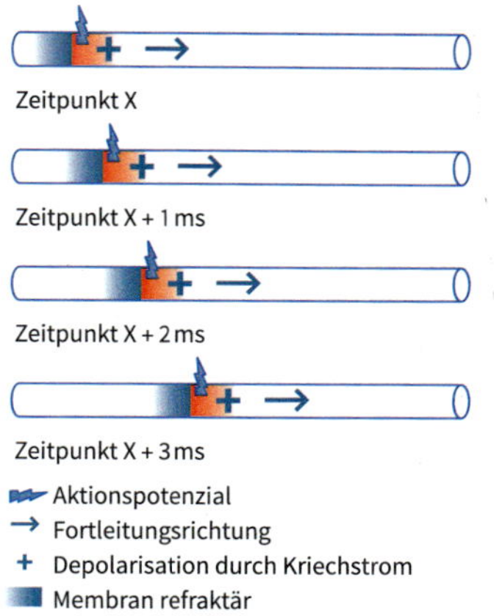

Abb. 7.13: Erregungsweiterleitung an marklosen Nervenfasern (schematisch)

Weiterleitung an markhaltigen Nervenfasern: An markhaltigen Nervenfasern schirmt die Myelinscheide die Axonmembran in den Abschnitten zwischen den RANVIER'schen Schnürringen nahezu vollständig gegen die extrazelluläre Flüssigkeit ab. Hier, wie auch im Bereich des Somas, ist zudem die Dichte spannungsgesteuerter Ionenkanäle gering. Weder im Bereich des Somas, noch in den myelinisierten Axonabschnitten kann so ein Aktionspotenzial entstehen. Eine Potenzialweiterleitung ist nur elektrotonisch, als Kriechstrom möglich.
Anders ist die Situation im Bereich des Axonhügels, der RANVIER'schen Schnürringe und der Endknöpfchen. Hier hat die Membran Kontakt mit der Extrazellularflüssigkeit. Zudem enthält sie spannungsgesteuerte Ionenkanäle in ausreichender Dichte. Hier können Aktionspotenziale entstehen.
Erreicht ein überschwelliges Potenzial die Impuls-Entstehungs-Region des Axonhügels, so wird hier ein Aktionspotenzial gebildet. Dies führt zu einer Potenzialdifferenz zwischen Axonhügel und erstem Schnürring. Diese Potenzialdifferenz bewirkt, dass im Inneren des Axons ein Kriechstrom fließt (→ Abb. 7.14, ①). Am ersten Schnürring ruft dieser Stromfluss eine Depolarisation hervor, die den Schwellenwert überschreitet. Hier entsteht ein Aktionspotenzial.
Dieses Aktionspotenzial depolarisiert die Membran des zweiten Schnürringes. Die Depolarisation überschreitet die Erregungsschwelle und löst so ein Aktionspotenzial aus. Der gleichzeitig vom ersten Schnürring zum Axonhügel zurückfließende Strom bleibt ohne Wirkung, da sich der Axonhügel

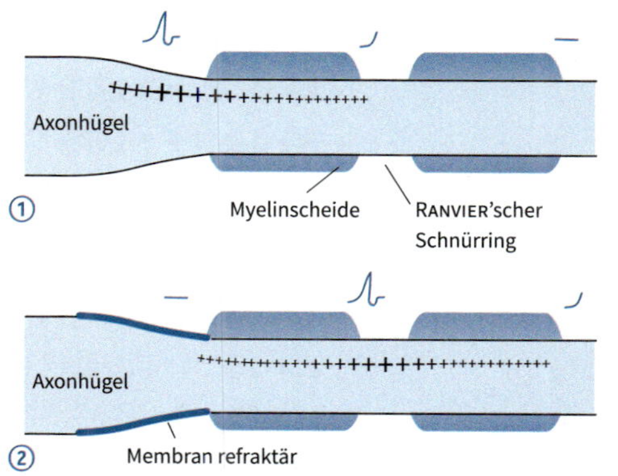

Abb. 7.14: Elektrotonische Ausbreitung eines Stroms im Axon einer markhaltigen Nervenfaser

in der Refraktärphase befindet und somit unerregbar ist (→ Abb. 7.14, ②). Die Erregung springt also von Schnürring zu Schnürring. Diese Form der Erregungsleitung nennt man **saltatorische Erregungsleitung**. Sie benötigt wenig Energie, da die zur Aufrechterhaltung des Ruhepotenzials notwendigen energiezehrenden Ionenpumpen nur im Bereich der Schnürringe arbeiten müssen. Zudem ist die Leitungsgeschwindigkeit hoch (max. 120 m/s), da die elektrotonische Leitung im Bereich der Markscheide sehr schnell erfolgt und Aktionspotenziale nur an den Schnürringen ausgelöst werden.

lat. *saltare* = springen

Eine Demyelinisierung von Nervenzellen hat gravierende Auswirkungen. Sie tritt z. B. bei der Autoimmunerkrankung **MS (Multiple Sklerose)** auf. Hier zerstören Fresszellen myelinbildende Zellen im ZNS. Die Folge: eine fortschreitende Beeinträchtigung der Leitungsfunktion in verschiedenen ZNS-Bereichen und damit teils erhebliche Empfindungs-, Bewegungs- und Sprechstörungen.

ZNS = Zentralnervensystem

Wirkung von Giften: Tetrodotoxin (TTX), ein z. B. bei Kugel- und Igelfisch vorkommendes positiv geladenes Giftmolekül, blockiert den Eingang spannungsgesteuerter Na^+-Kanäle längerfristig von der Membranaußenseite her. Die Folge: Die Bildung von Aktionspotenzialen wird, je nach zugesetzter Giftmenge, erschwert oder ganz verhindert. **Lokalanästhetika** (Lidocain, Novocain) binden für Millisekundenbruchteile an Strukturen im Inneren offener Na^+-Kanäle. Dadurch wird der Kanaleingang kurzzeitig verschlossen. Es kommt zu einem verminderten, „stotternden" Na^+-Einstrom. Bei ausreichender Substanzmenge wird so die Bildung von Aktionspotenzialen verhindert.

Anästhetikum = schmerzstillendes bzw. schmerzausschaltendes Mittel

Informationscodierung: Aktionspotenziale sind der Transportcode der Nervenzellen. Dabei unterscheiden sich die Aktionspotenziale verschiedener Nervenzellen eines Lebewesens aber kaum voneinander. Sie sind in Form und Amplitude gleich. Wie ist nun in ihnen Information codiert?

Die Information über die Stärke des Ausgangsreizes steckt in der Frequenz der Aktionspotenziale, also der Zahl der Aktionspotenziale pro Sekunde. Es gilt: Je stärker ein Signal, desto schneller folgen die Aktionspotenziale aufeinander, desto größer ist damit die Impulsfrequenz. Man bezeichnet dieses Prinzip der Informationsverschlüsselung als **Frequenzcodierung**.

lat. *frequentia* = Häufigkeit

Die Information über die Dauer des Ausgangsreizes steckt in der Länge des Impulsbildungszeitraumes, das heißt, Aktionspotenziale werden generiert, solange ein Reiz andauert.

Schließlich zeigt der Leitungsweg, über den eine Information z. B. das Gehirn erreicht, an, von welcher Stelle des Körpers diese ursprünglich stammt. Spezielle Augennerven, Hörnerven, Geruchsnerven und viele andere spezifische Leitungsbahnen ermöglichen eine genaue Identifizierung des Informationsursprungs. Man bezeichnet dieses Prinzip als **Kanalspezifität**.

Informationsübertragung an Synapsen

Synapsen sind Kontaktstellen zwischen einer Nervenzelle und einer nachfolgenden Zelle. An ihnen findet die Übertragung von Erregung von einer Zelle auf eine zweite statt. Die Vielzahl der verschiedenen Synapsen wird untergliedert

griech. *syn* = zusammen
griech. *haptein* = ergreifen, fassen

- nach der Art des Zellkontaktes; so unterscheidet man Synapsen zwischen zwei Nervenzellen (interneuronale Synapsen) von solchen zwischen einer Nervenzelle und einem Muskel (neuromuskuläre Synapsen; motorische Endplatten) bzw. zwischen einer Nervenzelle und einer Drüse (neuroglanduläre Synapse); zudem gibt es noch Synapsen zwischen Sinneszellen und nachgeschalteten Nervenzellen (Rezeptorsynapsen).
- nach Art der Erregungsübertragung; so gibt es chemische Synapsen und elektrische Synapsen.
- nach ihrer Funktion; hier unterscheidet man erregende und hemmende Synapsen.

Chemische Synapsen sind der am häufigsten vorkommende Synapsentyp. Sie sind stets ähnlich aufgebaut: Eine Axonverzweigung mündet in ein synaptisches Endknöpfchen. Hier endet bei chemischen Synapsen die direkte Weiterleitung des Aktionspotenzials. Ursache dafür ist der etwa 20 bis 40 nm breite synaptische Spalt, der zwischen der Membran des Endknöpfchens (präsynaptische Membran) und der Membran der nachgeschalteten Empfängerzelle (postsynaptische Membran) liegt. Ein Aktionspotenzial kann diese Lücke nicht überspringen. Soll dennoch Information von einer Nervenzelle zu einer nachgeschalteten Zelle weitergeleitet werden, muss ein Übertragungssystem genutzt werden, das in der Lage ist, den synaptischen Spalt zu überwinden.

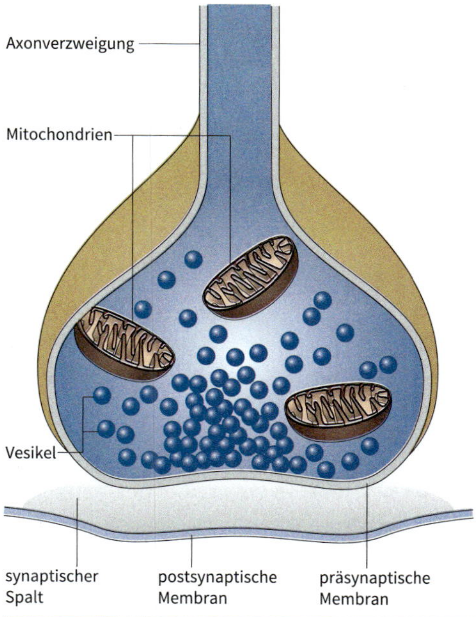

Abb. 7.15: Bau einer Synapse (Schema)

Dieses System besteht in einer **doppelten Umschaltung:** Die im Endknöpfchen als elektrisches Signal (Aktionspotenzial) ankommende Information wird hier in ein chemisches Signal umgewandelt, das dann in der Lage ist, den synaptischen Spalt zu überwinden. Erreicht es die Membran der Empfängerzelle, so wird es dort in ein elektrisches Signal zurückverwandelt, das an der Membran der Empfängerzelle weitergeleitet werden kann.

lat. *transmittere* = hinüberschicken, überqueren

Träger des chemischen Signals sind sogenannte **Neurotransmitter** (Überträgerstoffe).

Kennzeichen der Neurotransmitter sind:

- Sie werden in der Nervenzelle synthetisiert und in speziellen membranumhüllten Bläschen, den Vesikeln, im Endknöpfchen gespeichert.
- Sie werden von der Nervenzelle in den synaptischen Spalt freigesetzt.
- Nach ihrer Freisetzung lagern sie sich an **Rezeptoren** in der postsynaptischen Membran an und lösen dadurch im postsynaptischen Neuron/Effektororgan eine Wirkung aus. Je nach Neurotransmitter und nach Rezeptortyp kann dies eine Erregung oder eine Hemmung sein. So wirkt Acetylcholin an Muskeln stets erregend, im ZNS hingegen je nach Rezeptortyp in der postsynaptischen Zelle erregend oder hemmend.
- Ihre Wirkung kann durch Antagonisten (Gegenspieler) blockiert werden.
- Sie werden durch spezielle Mechanismen aus dem synaptischen Spalt entfernt (Diffusion, enzymatischer Abbau, Wiederaufnahme → Seite 150 f.).

lat. *recipere* = aufnehmen

Wichtige Neurotransmitter und ihre Wirkung (eingeteilt nach Stoffklassen)

Biogene Amine	Aminosäuren	Neuropeptide
Dopamin	Asparaginsäure	Substanz P
Acetylcholin	Glutaminsäure	Neuropeptid Y
Adrenalin	GABA (Gamma-Aminobuttersäure)	Endorphine
Noradrenalin		Somatostatin
Serotonin	Glycin	

Tab. 7.3: Wirkung in der postsynaptischen Zelle:

erregend bzw. meist erregend

hemmend bzw. meist hemmend

je nach postsynaptischer Zelle erregend oder hemmend

Eine besondere Form von Transmitter sind lösliche Gase wie Stickoxid (NO) (→ Seite 172).

Die große Zahl an Mitochondrien im Endknöpfchen weist auf den hohen Energieverbrauch erregungsübertragender Prozesse hin.

Die in die postsynaptische Membran eingebetteten **Rezeptoren** bieten Neurotransmittern an bestimmten Stellen, dem Bindungsort, die Möglichkeit anzudocken. Klassische Rezeptoren sind mit einem chemisch gesteuerten Ionenkanal gekoppelt bzw. sind selber ein Ionenkanal, der durch das Andocken der Neurotransmitter geöffnet wird. Neurotransmitter können aber auch mit G-Protein-gekoppelten Rezeptoren interagieren und über einen *second messenger* Ionenkanäle öffnen oder andere intrazelluläre Prozesse auslösen (→ Seite 152 f.).

Tafelbild: Signalübertragung an der chem. Synapse

Die **Funktionsweise einer chemische Synapse** soll am Beispiel einer cholinergen Synapse, also einer erregenden Synapse, die Acetylcholin als Transmitter nutzt, näher vorgestellt werden (→ Abb. 7.16):

cholinerg = auf Acetylcholin reagierend

① Ein Aktionspotenzial erreicht das synaptische Endknöpfchen.

② In der Aktiven Zone, also dem Abschnitt der präsynaptischen Membran, an dem Neurotransmitter freigesetzt werden, haben transmittergefüllte Vesikel an der Membran festgemacht. Dies wird durch das Andocken bestimmter Vesikelproteine an Proteinmoleküle der Zellmembran ermöglicht.

③ Die Aktive Zone der präsynaptischen Membran enthält spannungsgesteuerte Ca^{2+}-Kanäle. Das Aktionspotenzial führt zu einer Öffnung dieser Kanäle. Calcium-Ionen (Ca^{2+}), die sich in hoher Konzentration in der extrazellulären Flüssigkeit befinden, strömen in das Endknöpfchen.

④ Die einströmenden Calcium-Ionen binden an bestimmte Proteine der Vesikelmembran. Dies bewirkt eine Fusion der Vesikel mit der präsynaptischen Membran. Eine Fusionspore entsteht. Durch sie gelangen Neurotransmittermoleküle in den synapstischen Spalt (Exocytose). Die Menge der ausgeschütteten Transmittermoleküle wie auch der Rhythmus der Ausschüttung wird durch die Frequenz der Aktionspotenziale bestimmt. Pro Aktionspotenzial wird eine bestimmte Menge an Transmittern freigesetzt. Diese Menge ergibt sich aus dem Zusammenspiel des Ca^{2+}-Einstroms und damit

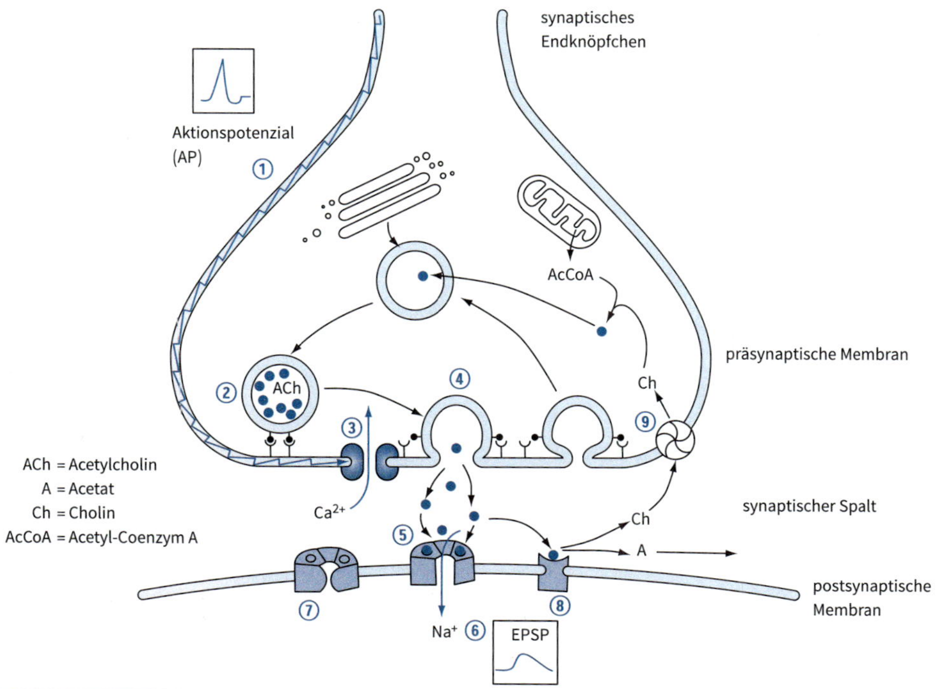

Abb. 7.16: Abläufe an einer chemischen Synapse

der Fusion von Vesikeln mit der präsynaptischen Membran und der direkt danach anlaufenden Entfernung von Calcium aus dem Endknöpfchen durch Calcium-Pumpen. Diese sitzen in der Membran und transportieren Calcium unter ATP-Verbrauch aus dem Endknöpfchen heraus.

⑤ Neurotransmitter diffundieren durch den synaptischen Spalt. Nach etwa 0,1 Millisekunden erreichen sie die in der postsynapstischen Membran befindlichen chemisch gesteuerten Na^+-Kanäle. Diese sind gleichzeitig Ionenkanäle und Rezeptoren. Sie müssten daher vollständig als „Acetylcholin-Rezeptor-Kanäle" bezeichnet werden. Sie bestehen aus fünf Untereinheiten, von denen zwei Bindungsstellen für Acetylcholin besitzen. Ohne Bindung von Transmittern liegen die Proteinmoleküle des Ionenkanals eng beieinander (⑦). Der Kanal ist geschlossen. Bindet nun an beide Bindungsstellen nach dem Schlüssel-Schloss-Prinzip je ein Acetylcholinmolekül, so bewirkt dies ein Auseinanderweichen der Kanalproteine. Der Ionenkanal öffnet sich. Natrium strömt in die postsynaptische Zelle.

Amplitude = größter Auschlag einer Welle, größte Schwingungsweite

⑥ Der Na^+-Einstrom bewirkt eine Depolarisation der postsynaptischen Membran. Es entsteht ein **erregendes postsynaptisches Potenzial (EPSP)**. Dieses ist in seiner Amplitude und Dauer der ausgeschütteten Transmittermenge proportional. Das EPSP wird elektrotonisch unter Abschwächung an der postsynaptischen Membran weitergeleitet. Ist es am Axonhügel überschwellig, so löst es dort die Bildung eines Aktionspotenzials aus. Der Synapsentyp, an dessen postsynaptischer Membran ein EPSP erzeugt wird, heißt **erregende Synapse**.

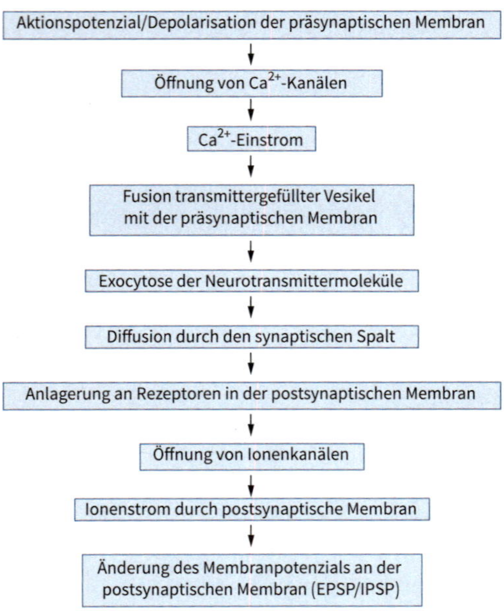

Abb. 7.17: Schema der Erregungsweiterleitung an chemischen Synapsen

⑦ Der Ionenkanal schließt sich nach kurzer Zeit wieder, auch wenn weiterhin Transmitter am Rezeptor angelagert sind. Erst nach einer „Erholungsphase" kann der Kanal durch Anlagerung von Transmittermolekülen erneut geöffnet werden.

⑧ In der Regel löst sich aber Acetylcholin nach etwa einer Millisekunde durch BROWN'sche Molekularbewegung wieder vom Rezeptor. Im synaptischen Spalt, zum größten Teil an die postsynaptische Membran gebunden, befindet sich in hoher Konzentration das Enzym *Acetylcholinesterase*. Trifft Acetylcholin auf ein solches Enzymmolekül, so wird es in Cholin und Acetat zerlegt. Beide Spaltprodukte sind nicht mehr in der Lage, die Öffnung der Ionenkanäle zu bewirken. Man bezeichnet diesen Vorgang als **enzymatische Deaktivierung**.

⑨ Cholin wird durch eine spezielle Cholinpumpe wieder in das Endknöpfchen zurücktransportiert *(reuptake)*, Acetat diffundiert aus dem synaptischen Spalt. Aus Cholin und Acetyl-CoenzymA (dies entstammt dem mitochondrialen Stoffwechsel) wird mithilfe des Enzyms *Cholinacetyltransferase* im Cytoplasma des Endknöpfchens neues Acetylcholin hergestellt. Dieses wird anschließend in leere Vesikel aufgenommen, die durch Recycling der in den Aktiven Zonen fusionierten Vesikel oder per Neubildung durch den Golgi-Apparat entstehen.

Beim Menschen verwenden rund zehn Prozent aller Synapsen des **ZNS** als Transmitter Acetylcholin. Zudem ist Acetylcholin bei Wirbeltieren Überträgerstoff an allen neuromuskulären Synapsen. Acetylcholin ist damit einer der wichtigsten Neurotransmitter der Wirbeltiere.

ZNS = Zentralnervensystem, bei Wirbeltieren Gehirn und Rückenmark

Neuromuskuläre Synapsen bei Wirbeltieren (motorische Endplatten) ähneln in Aufbau wie Funktionsweise der zuvor beschriebenen Synapse zwischen zwei Nervenzellen (→ Seite 174 f.). Doch müssen bei ihnen bezüglich der Erregungsweiterleitung drei Besonderheiten angemerkt werden:

- Das durch Öffnung von Na^+-Kanälen an der Muskelfasermembran ausgelöste EPSP wird als **Endplattenpotenzial** bezeichnet.
- Das Endplattenpotenzial bewirkt die Bildung eines Muskel-Aktionspotenzials, das über spezielle Strukturen (T-Tubuli) tief in die Muskelfaser geleitet wird.
- Hier führt das Aktionspotenzial dazu, dass aus einem speziellen intrazellulären Calcium-Speicher, dem sarkoplasmatischen Reticulum, Calcium-Ionen freigesetzt werden. Diese setzen die Muskelkontraktion in Gang (→ Seite 173ff.).

Unterschiede zwischen verschiedenen Synapsentypen: Cholinerge Synapsen können in vielerlei Hinsicht als typische chemische Synapsen gelten. Neben ihnen gibt es aber eine Reihe weiterer Synapsentypen, die sich von den cholinergen Synapsen insbesondere in vier Punkten unterscheiden:

- In der **Art des verwendeten Transmitters**. So gelangen in anderen Synapsen Aminosäuren (z. B. Glutamat, Glycin), Monoamine (z. B. Adrenalin, Dopamin), Peptide (z. B. Endorphine, Substanz P) oder Gase (z. B. Stickstoffmonoxid) als Transmitter zum Einsatz (→ Seite 148).
- In der **Art der durch den Transmitter bewirkten Öffnung von Ionenkanälen**. Zum einen gibt es die für Acetylcholin beschriebene Form der **direkten Öffnung** von Ionenkanälen in der postsynaptischen Membran (Anlagerung der Transmitter an Rezeptoren → Öffnung Ionenkanal).

Glutamat = das Anion der Glutaminsäure; in der Biologie werden beide Bezeichnungen synonym verwendet

Eine zweite Variante ist die **indirekte Öffnung** der Ionenkanäle. Hierbei setzt der Neurotransmitter eine Kette biochemischer Prozesse in Gang, an deren Ende das Öffnen von Ionenkanälen, aber auch ein ganz anderer Effekt stehen kann. Als ein typisches Beispiel sei hier die Aktivierung G-Protein-gekoppelter Glutamat-Rezeptoren vorgestellt (→ Abb. 7.18):

- Glutamat bindet an einen spezifischen, durch die gesamte postsynaptische Membran reichenden Glutamat-Rezeptor.
- Dadurch wird an der Innenseite der postsynaptischen Membran ein G-Protein aktiviert, welches seinerseits wiederum das in räumlicher Verzahnung mit ihm an der Membraninnenseite lokalisierte Enzym Phospholipase C (PLC) aktiviert.
- PLC spaltet das in der Membran liegende PI (Phosphatidylinosindiphosphat; PIP_2) in die Substanzen DAG und IP_3.
- IP_3 diffundiert nun ins Cytoplasma und bewirkt dort durch Anlagerung an IP_3-gesteuerte Calciumkanäle die Freisetzung von Calcium aus dem Endoplasmatischen Reticulum.
- Dieses Calcium kann dann verschiedene Effekte im Zellinneren auslösen, so u. a. die Öffnung von Na^+-Kanälen in der postsynaptischen Membran, wodurch es dann, mit merklicher zeitlicher Verzögerung, zur Bildung eines EPSP kommt.

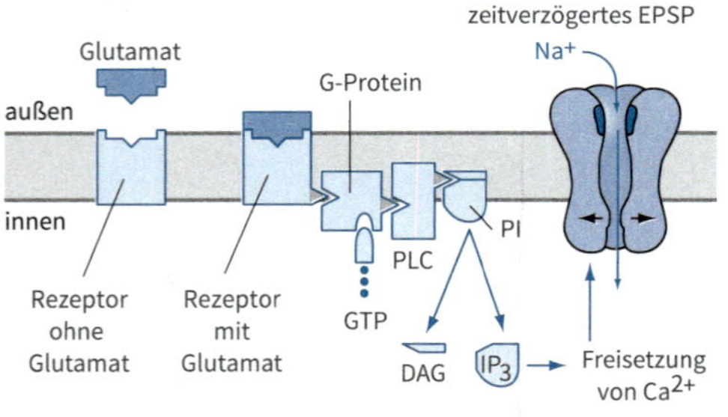

Abb. 7.18: Das indirekte Auslösen eines EPSP an der postsynaptischen Membran über einen G-Protein-gekoppelten Glutamat-Rezeptor

Der Neurotransmitter (hier Glutamat) wird dabei als ***first messenger*** (primärer Botenstoff), die im Zellinneren produzierte, den eigentlichen Effekt auslösende Substanz (hier IP_3) dagegen als ***second messenger*** (sekundärer Botenstoff) bezeichnet. Neben IP_3 und DAG werden u. a. cAMP, Stickstoffmonoxid (→ Seite 171) und Arachidonsäure als synaptische *second messenger* genutzt.

⊙ Je nach Synapsentyp können auch die Art des geöffneten Ionenkanals und der dadurch hervorgerufene Effekt unterschiedlich sein:

- Bestimmte Transmitter bewirken die Öffnung von Na^+-Kanälen oder von unspezifischen Kationenkanälen. In diesem Fall kommt es zu einem Na^+- bzw. generell einem Kationen-Einstrom in die postsynaptische Zelle. Es entsteht ein **erregendes postsynaptisches Potenzial (EPSP)**. Ist dieses am Axonhügel überschwellig, so löst es hier ein Aktionspotenzial aus.
- Andere Transmitter bewirken die Öffnung von K^+- oder von Cl^--Kanälen. Hier kommt es zu einem K^+-Ausstrom aus der bzw. zu einem Cl^--Einstrom in die postsynaptische Zelle. Die Folge ist eine Veränderung des Membranpotenzials in den negativen Bereich, eine Hyperpolarisation.

Man bezeichnet das so entstehende Potenzial als **inhibitorisches postsynaptisches Potenzial (IPSP)**. Ein IPSP löst zwar am Axonhügel kein Aktionspotenzial aus, hat aber eine wichtige Funktion im Rahmen der Informationsverarbeitung (→ Seite 155).

- Eine dritte Gruppe von Transmittern führt die Öffnung von Ca^{2+}-Kanälen herbei. Der dadurch bewirkte Ca^{2+}-Einstrom löst neben dem EPSP häufig noch weitere Effekte aus (z. B. die Aktivierung von Enzymen oder Genen). Auf diese Weise können deutliche Strukturveränderungen an der Postsynapse hervorgerufen werden, wie man sie z. B. bei Lernprozessen beobachten kann.

Postsynaptische Potenziale bilden in ihrer Amplitude die Stärke und Dauer des Ausgangsreizes ab. Man bezeichnet sie daher als **amplitudenmoduliert**. Dabei ist aber nicht bei jedem Transmitter festgelegt, welchen Kanaltyp er öffnet. So gibt es Transmitter, die je nach Empfängerzelle die Öffnung unterschiedlicher Ionenkanäle bewirken können (→ Seite 148).

- Die Inaktivierung des Transmitters erfolgt je nach Synapsentyp unterschiedlich. Meist kommt es nicht zu einer enzymatischen Spaltung der Neurotransmitter im synaptischen Spalt. Der Normalfall ist vielmehr die rasche Wiederaufnahme des intakten Neurotransmitters in das Endknöpfchen durch ATP verbrauchende Transmitterpumpen *(reuptake)*. Auf diese Weise spart sich die Nervenzelle den oftmals gegenüber dem *reuptake* energiezehrenderen Neuaufbau der Transmittermoleküle.

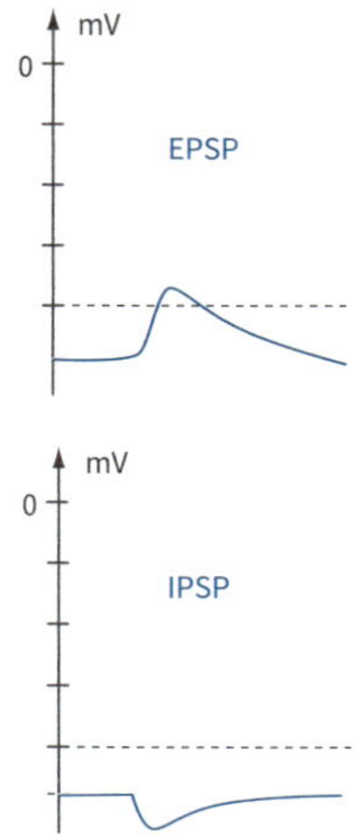

Abb. 7.19: EPSP (oben) und IPSP (unten)

Die Funktionsweise einer elektrischen Synapse

Neben chemischen Synapsen gibt es auch **elektrische Synapsen**. Bei elektrischen Synapsen liegen die Membranen der prä- und der postsynaptischen Zelle sehr eng beieinander.

Porenbildende Proteinkomplexe ***(gap junctions)*** verbinden das Plasma beider Zellen miteinander. So ist ein direkter Stromfluss (Ionenfluss), aber auch ein Austausch kleinerer Moleküle zwischen beiden Zellen möglich. Elektrische Synapsen kommen daher ohne Neurotransmitter aus. Ihre weiteren Kennzeichen sind:

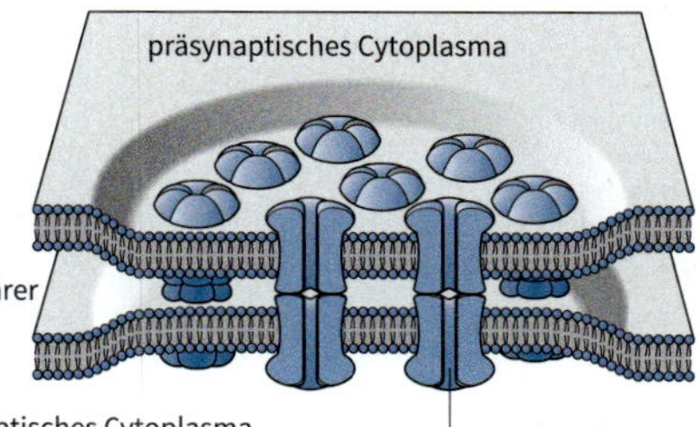

Abb. 7.20: Elektrische Synapse

engl. *gap* = Lücke, Spalt
engl. *junction* = Verbindung

- Sie arbeiten verzögerungsfrei und damit schneller als chemische Synapsen.
- Elektrische Synapsen kommen deshalb überall dort vor, wo schnelle Reizleitung notwendig ist (z. B. beim Lidschlussreflex) oder die Aktivitäten ganzer Zellgruppen synchronisiert werden sollen.
- Die Erregungsübertragung kann hier prinzipiell in beide Richtungen erfolgen.
- Ein Nachteil elektrischer Synapsen ist aber die fehlende Möglichkeit der Feinregulation.

	chemische Synapse	elektrische Synapse
Membranabstand	20 bis 40 nm	2 bis 4 nm
Übertragungsmodus	Neurotransmitter	Ionenfluss
Übertragungsverzögerung	ca. 1 bis 5 ms	keine
Signalübertragung	in eine Richtung	in zwei Richtungen (bidirektional)

Tab. 7.4: Vergleich chemischer und elektrischer Synapsen

Synapsengifte

Die synaptische Übertragung kann durch verschiedene chemische Substanzen gestört oder unterbunden werden. Man bezeichnet diese als Synapsengifte. Sie sind in der Regel synapsenspezifisch, das heißt, sie beeinflussen nur einen ganz bestimmten Synapsentyp. Zudem finden Synapsengifte – entsprechend dosiert – Anwendung in der Medizin (Schmerzmittel, Anti-Krampf-Mittel usw.).

Beispielhaft seien im Folgenden Substanzen vorgestellt, die an cholinergen Synapsen/motorischen Endplatten wirken:

Wirkungsort	Gift	Herkunft des Giftes	Wirkung des Giftes	Auswirkungen im Organismus
präsynaptische Membran	ω-Conotoxin	Kegelschnecken (Conus-Schnecken)	Blockade der Ca^{2+}-Kanäle → verringerter Ca^{2+}-Einstrom → Verhinderung der Transmitterausschüttung	Lähmung der Muskulatur; Unterbrechung der Schmerzleitung
	Botulinumtoxin (Botox®)	*Clostridium botulinum* (Bakterium in verdorbener Nahrung)	Spaltung von Fusionsproteinen der Vesikel → Verhinderung der Vesikelöffnung → keine Exocytose des Neurotransmitters	Lähmung der Muskulatur; Tod
postsynaptische Membran	Nicotin	Tabakpflanze *(Nicotiana tabacum)*	Nicotin imitiert Acetylcholin → dockt an einem bestimmten Typ von Acetylcholin-Rezeptoren an (nicotinischer Rezeptor), aktiviert diesen und bewirkt so die Öffnung von Na^{+}-Kanälen → kein Abbau durch Acetylcholinesterase	vielfältiges Vergiftungsbild; in hohen Dosen schwere Atemstörungen und Kreislaufkollaps
	d-Tubocurarin (Curare)	Rinde der tropischen Liane *Chondrodendron tomentosum*	kompetitiver Hemmstoff nicotinischer Rezeptoren → besetzt reversibel Bindungsstellen der Rezeptoren, ohne den assoziierten Na^{+}-Kanal zu öffnen	Muskellähmung; Tod durch Atemstillstand
	Muscarin	in Spuren im Fliegenpilz (*Amanita muscaria*; namengebend) und in anderen giftigen Pilzen	Muscarin hat Bauähnlichkeiten mit Acetylcholin, doch ist der Abbau durch Acetylcholinesterase nicht möglich → lagert sich an bestimmtem Typ von Acetylcholin-Rezeptoren an (muscarinischer Rezeptor) und aktiviert diesen fortdauernd	Wahrnehmungsstörungen; Muskellähmung; bei großen Giftmengen Tod u. a. durch Atemlähmung
Acetylcholinesterase	Fasciculin	Grüne Mamba (Giftschlange)	allosterische Hemmung der Acetylcholinesterase → Verlängerung der Transmitterwirkung	Muskelübererregung; Tod durch Atemlähmung

Tab. 7.5: Die Wirkung ausgewählter Synapsengifte an cholinergen Synapsen/motorischen Endplatten

Informationsverarbeitung in Neuronen

Eine Nervenzelle ist die kleinste Verarbeitungseinheit des Nervensystems. Bei der Informationsverarbeitung sind hier vier Aspekte von Bedeutung:

- Voraussetzung für die Verarbeitung von Informationen ist die **Vernetzung der Nervenzellen**. Dabei kann z. B. ein Neuron im Gehirn des Menschen bis zu 10 000 Synapsen mit anderen Nervenzellen ausbilden.
- Es gibt zwei Synapsentypen: **erregende Synapsen**, deren postsynaptisches Potenzial ein EPSP ist, und **hemmende Synapsen**, an deren postsynaptischer Membran ein IPSP entsteht (→ Seite 153).
- An Neuronen gibt es **Summationseffekte**: Wird durch rasch aufeinanderfolgende präsynaptische Aktionspotenziale an der postsynaptischen Membran bereits dann erneut ein EPSP ausgelöst, wenn das vorherige noch nicht abgeklungen ist, so startet das zweite EPSP vom noch anliegenden Depolarisationsniveau des ersten aus. Es erreicht so eine höhere Amplitude als ein Einzel-EPSP. Man bezeichnet dies als **zeitliche Summation**. Werden an mehreren Stellen durch verschiedene Synapsen gleichzeitig postsynaptische Potenziale ausgelöst, so kommt es schon auf dem Weg zum Axonhügel bzw. am Axonhügel zu ihrer Summation. Hierbei „addieren" sich die Einzel-EPSP zu einem Gesamt-EPSP mit höherer Amplitude. Treffen EPSP und IPSP zusammen, so erfolgt eine „Subtraktion" des IPSP vom EPSP. Man nennt diese Effekte **räumliche Summation**.
- Die eigentliche **Verrechnungsstelle** ist der **Axonhügel**. Hier werden alle ankommenden Potenziale miteinander verrechnet: Zeitgleich ankommende, einzeln unterschwellige EPSP können zu einem überschwelligen Potenzial aufsummiert werden und ein Aktionspotenzial auslösen (→ Abb. 7.22 a + b). Auch kurz nacheinander ankommende EPSP werden aufsummiert. Die Depolarisation am Axonhügel bleibt so längere Zeit überschwellig und löst die Bildung mehrerer Aktionspotenziale aus. Erreichen ein überschwelliges EPSP und ein IPSP zeitgleich den Axonhügel, so kann dies dazu führen, dass die Depolarisation unterschwellig wird. Ein Aktionspotenzial entsteht in diesem Fall nicht (→ Abb. 7.22 a + c). Bei Tausenden von Synapsen pro Neuron kann nun die Verrechnung am Axonhügel sehr komplex sein. Es entsteht ein spezifisches Potenzial-Muster, das, codiert in einer bestimmten Aktionspotenzialfrequenz, über das Axon weitergeleitet wird.

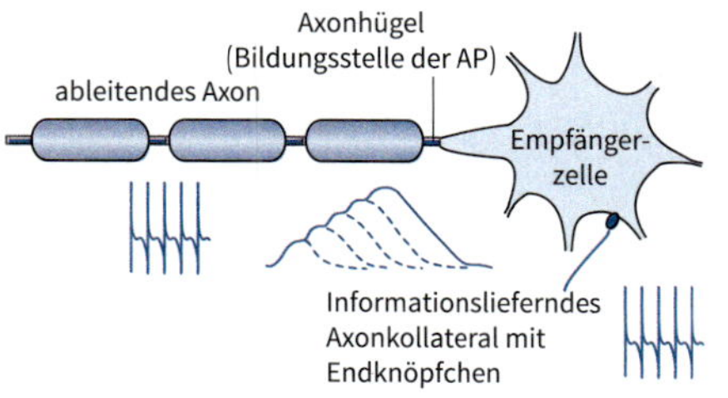

Abb. 7.21: Zeitliche Summation

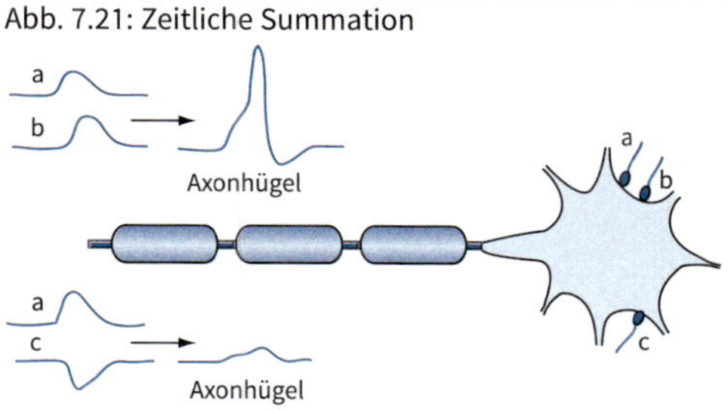

Abb. 7.22: Räumliche Summation und Hemmung

7.3 Sinnesphysiologie

Vom Reiz zur Erregung

Lebewesen sind einer Vielfalt von **Reizen** ausgesetzt. Um Reize aufnehmen und auf sie situationsgerecht reagieren zu können, benötigt ein Lebewesen Sinnesfühler. Diese werden **Rezeptoren** oder **Sensoren** genannt.

lat. *sentire* = fühlen
lat. *recipere* = aufnehmen

Bei Tieren kann ein solcher Rezeptor aus einem bestimmten Zellorganell oder Zellteil bestehen. Oftmals stellt jedoch eine ganze Zelle den Rezeptor dar. Diese wird dann Rezeptor- oder Sinneszelle genannt. Sinneszellen sind spezialisierte, zur Reizaufnahme befähigte Zellen. Sie können einzeln vorkommen oder in komplexen **Sinnesorganen** zusammengefasst sein.

lat. *adaequare* = angleichen, passend (machen)

Jeder Rezeptortyp spricht auf bestimmte **adäquate Reize** optimal an. Andere für ihn inadäquate Reize kann er nicht oder nur bei hoher Reizstärke aufnehmen. Nach ihrem adäquaten Reiz unterscheidet man:

- Fotorezeptoren (reagieren auf Licht; *Beispiel:* Stäbchen der Retina)
- Mechanorezeptoren (reagieren auf mechanische Reize; *Beispiele:* Druckrezeptoren in der Haut, Sinneshaare im Ohr)
- Thermorezeptoren (reagieren auf Temperaturänderungen)
- Chemorezeptoren (reagieren auf chemische Substanzen; *Beispiele:* Geschmacks- und Geruchsrezeptoren)
- Schmerz- oder Nozizeptoren (reagieren auf unterschiedliche Reize, aber erst ab einer bestimmten Reizstärke)

lat. *transducere* = hinüberführen

Rezeptoren nehmen Reize mithilfe spezieller Strukturen auf und „übersetzen" sie in die „Sprache der Nervenzellen", also in ein neurales Signal, ein **Rezeptorpotenzial**. Die Umwandlung der Reizinformation in eine für das Nervensystem „verständliche" neurale Informationsform bezeichnet man als **Transduktion**. Ihr konkreter Ablauf sieht je nach Rezeptor sehr unterschiedlich aus. Die Transduktionsprozesse weisen aber auch Gemeinsamkeiten auf:

- Der Reiz löst am Rezeptor eine Veränderung des Ruhepotenzials aus. Meist ist dies eine Depolarisation, seltener eine Hyperpolarisation. Diese Potenzialänderung wird **Rezeptorpotenzial** genannt.
- Beim Rezeptorpotenzial handelt es sich um ein amplitudenmoduliertes Potenzial, das heißt, es bildet in seiner Amplitude die Intensität des einwirkenden Reizes ab. Der Zusammenhang zwischen Reizstärke und Rezeptorpotenzial lässt sich in der Regel durch die Formel beschreiben: „Je stärker der Reiz, desto größer das Rezeptorpotenzial." Allerdings muss diese Abhängigkeit nicht linear sein. Das Rezeptorpotenzial kann bei steigender Reizstärke auch logarithmisch oder exponentiell zunehmen.

- Das Rezeptorpotenzial entsteht dadurch, dass bestimmte Ionenkanäle in der Rezeptormembran geöffnet oder geschlossen werden.
- Dies wird für jeden Rezeptortyp auf spezifische Weise bewirkt, generell kann man aber drei Grundvarianten unterscheiden:
  Variante 1 – Der Reiz wirkt mechanisch auf Kanalmoleküle ein; so bewirkt eine Bewegung von Sinneshaaren oder das Eindrücken der Zellmembran mechanisch das Öffnen oder Schließen von Ionenkanälen (→ Abb. 7.23).
  Variante 2 – Bestimmte Ionenkanäle sind mit Rezeptoren assoziiert oder ihre Kanalmoleküle sind selbst Rezeptoren. Sie können durch direktes Einwirken chemischer Substanzen geöffnet oder geschlossen werden.
  Variante 3 – Eine Reihe von Ionenkanälen wird vom Reiz nur indirekt über ein zwischengeschaltetes ***second-messenger-System*** beeinflusst. Dabei bewirkt der Reiz zunächst die Veränderung eines Rezeptormoleküls. Diese Veränderung führt im Inneren der Zelle zur Aktivierung bestimmter Stoffe (G-Proteine und/oder Enzyme) und dadurch zur Bildung, Freisetzung oder zum Abbau eines *second messenger*s (z. B. cAMP, cGMP). Dies bewirkt das Öffnen oder Schließen der Ionenkanäle (→ Abb. 7.24).
- Teilweise kommt es im Rahmen der Transduktion zu einer Verstärkung des Reizsignals. Häufig wird diese durch **intrazelluläre Reizverstärkung** über den *second messenger* erzielt (die Aktivierung eines Rezeptormoleküls kann dabei zur Bildung, Freisetzung oder zum Abbau Hunderter von *second-messenger*-Molekülen führen).
- Rezeptoren reagieren erst dann mit der Bildung eines Rezeptorpotenzials, wenn die Reizstärke einen gewissen Schwellenwert überschreitet.
- Ab einer bestimmten Reizstärke erhöht sich das Rezeptorpotenzial nicht mehr.

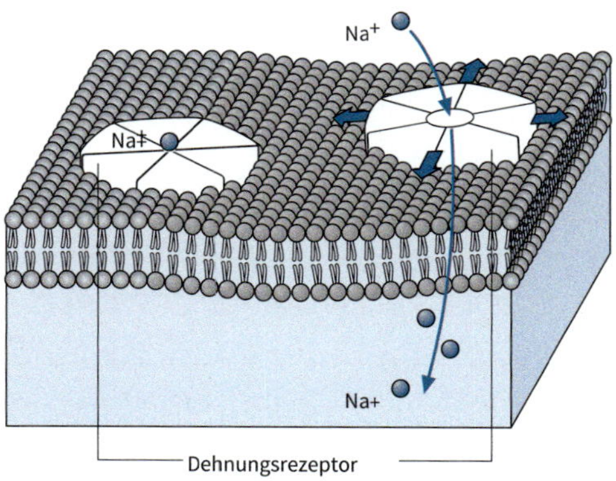

Abb. 7.23: Die mechanische Öffnung eines Ionenkanals

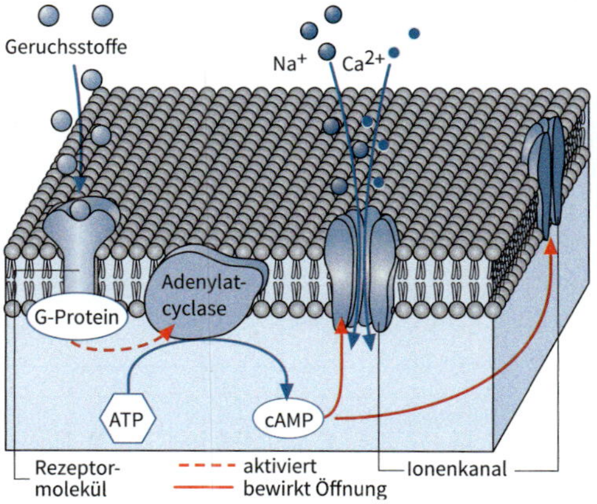

Abb. 7.24: Öffnung von Ionenkanälen per *second messenger*

Wirkt über einen längeren Zeitraum ein gleichstarker Reiz ein, so zeigen Rezeptoren je nach Rezeptortyp ein unterschiedliches Verhalten: Bei einigen Rezeptoren sinkt das Rezeptorpotenzial nach kurzer Zeit wieder auf den Ruhepotenzialwert. Der Rezeptor **adaptiert** an den Reiz („passt sich an"). Solche Rezeptoren reagieren sensibel auf Reizänderungen. Man nennt sie **phasische Rezeptoren**. Bei einem zweiten Typ, dem **tonischen Rezeptor**, bleibt hingegen das Rezeptorpotenzial während der gesamten Reizdauer erhalten. Es gibt auch Mischformen (**phasisch-tonische Rezeptoren**). Rezeptoren dieses Typs adaptieren sehr langsam an den Reiz (→ Abb. 7.25). Sie codieren damit sowohl Reizänderungen wie auch die Reizstärke.

lat. *adaptare* = anpassen

Auf die Transduktion folgt die **Transformation**: Das Rezeptorpotenzial wird in eine Abfolge von Aktionspotenzialen umgewandelt. Dabei ist die Frequenz der Aktionspotenziale von der Höhe und Dauer des Rezeptorpotenzials abhängig. In der Regel gilt: „Je höher das Rezeptorpotenzial, desto höher die Aktionspotenzialfrequenz." Nur überschwellige Rezeptorpotenziale werden transformiert, wobei aber mehrere unterschwellige Potenziale zu einem überschwelligen aufsummiert werden können (→ Abb. 7.26).

lat. *transformare* = umformen, umwandeln

Bezüglich ihrer Transformationseigenschaften unterscheidet man:

- **Primäre Sinneszelle:** Sie besitzt ein Axon und kann Aktionspotenziale ausbilden. Ein Rezeptorpotenzial breitet sich elektrotonisch bis zum Axonhügel aus. Bei Überschreiten der Erregungsschwelle entstehen hier Aktionspotenziale, die weitergeleitet werden. Primäre Sinneszellen stellen die ursprüngliche Form der Sinneszelle dar. Sie sind Standard bei Wirbellosen; bei Wirbeltieren findet man sie z. B. in der Riechschleimhaut.

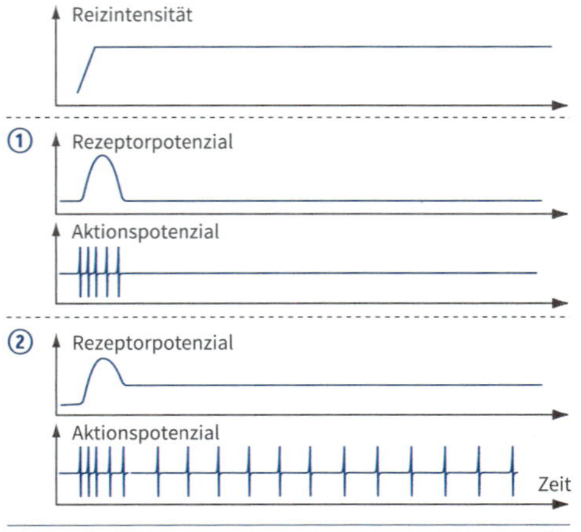

Abb. 7.25: Die Ergebnisse der Reiztransduktion bei ① phasischen und ② phasisch-tonischen Rezeptoren

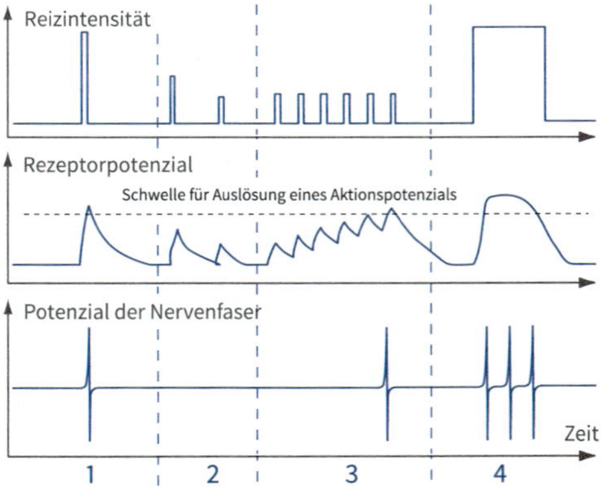

Abb. 7.26: Vom Reiz zum Aktionspotenzial: ① kurzer überschwelliger Reiz, ② unterschwellige Reize, ③ zeitliche Summation und ④ länger überschwelliger Reiz

- **Sekundäre Sinneszelle:** Sie kann Reize in Erregung transduzieren, vermag aber selber kein Aktionspotenzial zu erzeugen. Ihr fehlt das Axon. Sie bildet jedoch mit einer nachgeschalteten Nervenzelle eine Synapse aus.
  Das Rezeptorpotenzial wird hier in eine Transmitterausschüttung übersetzt. An der nachgeschalteten Nervenzelle wird so eine Potenzialänderung bewirkt, die – sofern überschwellig – in der Nervenzelle die Bildung von Aktionspotenzialen auslöst. Bei den Sekundären Sinneszellen findet man zwei Typen:
  Beim weitaus häufigsten **Typ I** führt das Einwirken eines Reizes zu einer Depolarisation. Dieses Rezeptorpotenzial bewirkt an der Synapse die *Ausschüttung eines Neurotransmitters*. In der nachgeschalteten Nervenzelle entsteht ein EPSP, das an deren Axonhügel die Bildung von Aktionspotenzialen auslöst. Sinneszellen dieses Typs sind bei Wirbeltieren weit verbreitet (z. B. Geschmackssinneszellen oder die Haarzellen im Innenohr). Im Gegensatz dazu reagiert eine Sekundäre Sinneszelle des **Typs II** auf das Einwirken eines Reizes mit einer Hyperpolarisation. An der Synapse führt dies zum Stopp der ansonsten *kontinuierlich erfolgenden Transmitterausschüttung*. Die Fotorezeptoren der Wirbeltiere sind sekundäre Sinneszellen des Typs II (→ Seite 163 f.).

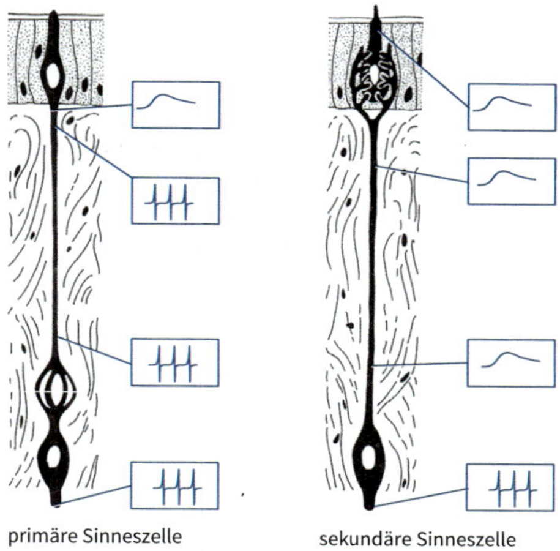

Abb. 7.27: Primäre und sekundäre Sinneszelle

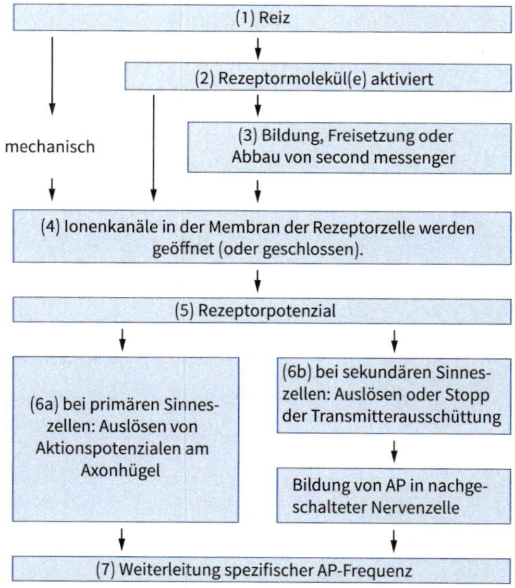

Abb. 7.28: Der Weg vom Reiz zur Erregung in der Übersicht (AP = Aktionspotenzial)

Die **Codierung der Reizinformation** erfolgt durch zwei Komponenten: Die Reizqualität (also Schall, Licht usw.) wird für das ZNS dadurch klar identifizierbar, dass bestimmte Reizinformationen stets nur über bestimmte Nerven zum ZNS geleitet werden (also z. B. Reiz „Licht" – Informationsleitung über Sehnerv; Reiz „Schall" – Informationsleitung über Hörnerv). Man bezeichnet dies als **Kanalspezifität**. Reizstärke und -dauer sind hingegen im Muster der Aktionspotenziale, in der Aktionspotenzialfrequenz, codiert (**Frequenzcodierung**). Erst diese Kombination von Kanalspezifität und Frequenzcodierung stellt sicher, dass alle Kennzeichen eines Reizes für das ZNS identifizierbar sind.

Sinnesorgane sind zur Reizaufnahme befähigte Strukturen eines vielzelligen Organismus. Im einfachsten Fall besteht ein Sinnesorgan nur aus einer Sinneszelle oder aus mehreren Einzelsinneszellen, die diffus über die Körperoberfläche verstreut sind. In der Regel sind in einem Sinnesorgan aber viele Sinneszellen und teilweise komplexe Hilfsstrukturen räumlich eng verbunden.

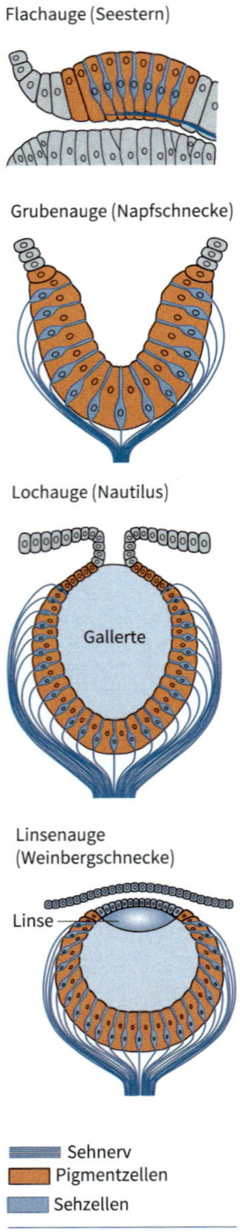

Abb. 7.29: Verschiedene Augentypen

Lichtsinnesorgane im Überblick

Bei vielen Einzellern und Bakterien besitzen das Plasma oder einzelne Zellorganelle Lichtempfindlichkeit. Bei Vielzellern haben sich spezielle Lichtsinneszellen entwickelt. Liegen diese in Gruppen zusammen, so bezeichnet man sie als **Lichtsinnesorgan** oder **Auge**. Bei den Augen lässt sich eine Entwicklungsreihe skizzieren, bei der zum einen die Komplexität des Aufbaus, zum anderen parallel auch die Qualität der Sehleistung zunimmt.

Flachauge: Es besteht aus nebeneinander in der Haut liegenden Sehzellen und ermöglicht Hell-Dunkel-Sehen. Sind Sehzellen einseitig durch eine Zellschicht abgeschirmt, ist vages Richtungssehen möglich. Vorkommen z. B. bei Quallen.

Pigmentbecherauge: Die Sehzellen liegen vom Licht abgewandt (inverse Lage). Sie sind einseitig durch Pigmentzellen abgeschirmt. Dieser Augentyp befähigt zum Hell-Dunkel-Sehen und zur Identifizierung der Lichteinfallsrichtung (grobes Richtungssehen). Vorkommen z. B. bei Strudelwürmern.

Grubenauge (Napfauge): Dem Licht zugewandte Sehzellen (everse Lage) bilden in einer Hauteinsenkung eine geschlossene Zellschicht. Diese Grube ist mit Sekret gefüllt (Lichtbrechung) und nach unten durch Pigmente abgeschirmt. Grubenaugen ermöglichen Hell-Dunkel-Sehen und ein gutes Richtungssehen. Vorkommen z. B. bei Schnecken.

Lochauge: Ein stärker eingesenktes Grubenauge. Die Zahl der Sehzellen ist erhöht. Die lichtdurchlässige Öffnung ist nur noch lochförmig. Das Innere ist sekretgefüllt. Lochaugen ermöglichen Hell-Dunkel-, Richtungs- und Bildsehen. Das nach dem Lochkameraprinzip erzeugte Bild ist bei großer Sehöffnung lichtstärker, aber unscharf, bei kleiner Öffnung scharf, aber sehr lichtschwach. Vorkommen z. B. bei *Nautilus* (→ Abb. 7.29). Bei einigen Schnecken hat sich der Hohlraum zur Blase geschlossen (**Blasenauge**), bei anderen das Sekret in der Blase zum Teil zu einer Linse verfestigt (**einfaches Linsenauge**). Dies verbessert die Bildqualität jedoch nur geringfügig.

Linsenauge: Einen Leistungssprung stellt das Linsenauge der Höheren Schnecken und Kopffüßer (z. B. Kraken) mit everser Netzhaut (→ Abb. 7.29) sowie das Linsenauge der Wirbeltiere mit inverser Netzhaut dar (→ Abb. 7.30).

Komplexauge (Facettenauge): Das Komplexauge der Gliederfüßer (z. B. Spinnen, Insekten) passt nicht in die skizzierte Augenentwicklungsreihe. Es ist aus vielen Einzelaugen (**Ommatidien**) zusammengesetzt. Ein Ommatidium besteht aus einem lichtsammelnden Apparat (Linse und Kristallkegel), mehreren Sehzellen (Retinulazellen) und abschirmenden Pigmentzellen. Jedes Ommatidium registriert nur die Lichtverhältnisse in einem winzigen Teil des Gesamtbildes. Das aus den Informationen der Einzelaugen zusammengesetzte Mosaik aus Bildpunkten wird durch neuronale Verschaltung zum Gesamtbild zusammengefügt. Komplexaugen ermöglichen unter anderem Richtungs-, Bild- und Farbsehen sowie eine hohe zeitliche Bildauflösung.

Auge des Menschen – Beispiel für ein Linsenauge der Wirbeltiere

Im menschlichen Auge passiert das Licht eine Reihe von Strukturen, bevor es in der Retina (Netzhaut) auf die Lichtsinneszellen trifft. All diese Strukturen haben spezielle Funktionen. In ihrer Gesamtheit ermöglichen sie es, ein scharfes, verkleinertes, seitenverkehrtes und kopfstehendes Bild exakt auf die Netzhaut zu fokussieren. Man bezeichnet sie daher auch als „Hilfsapparat für die Lichtrezeption“.

Der Weg des Lichtes im Auge führt nun über die folgenden sechs Stationen:

① Die vorgewölbte, durchsichtige **Hornhaut**, die als Sammellinse wirkt.

② Die mit **Kammerwasser** gefüllte **vordere Augenkammer**.

③ Die **Pupille**. Sie wird durch die farbige **Iris** gebildet, einer gewölbten Scheibe aus glatten Muskelfasern, die in der Mitte ein Loch, eben die Pupille, aufweist. Sie wirkt wie eine Kamerablende. Bei zunehmender Helligkeit ziehen

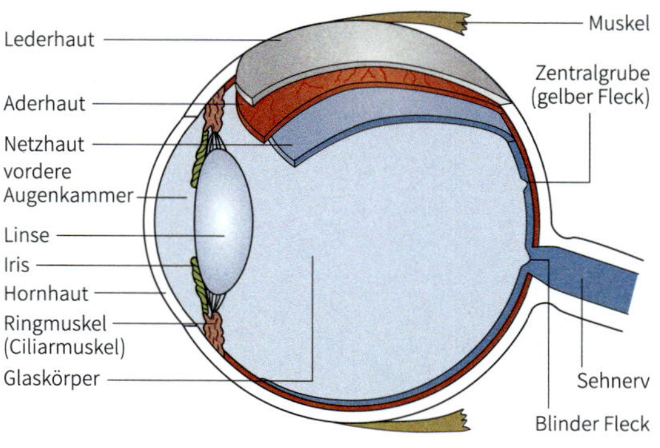

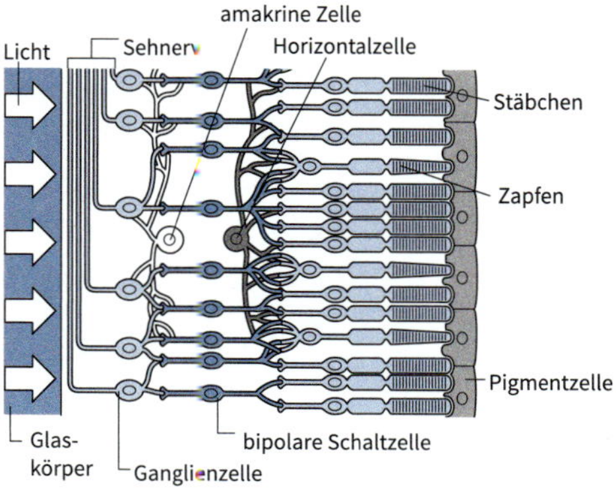

Abb. 7.30: Bau des menschlichen Auges: Übersicht (links), Netzhaut (rechts)

sich ringförmige Irismuskeln zusammen. Die Pupille wird verkleinert. Bei zunehmender Dunkelheit kontrahieren dagegen strahlenförmige Irismuskeln. Die Pupille erweitert sich. Man bezeichnet diese Anpassung des Auges an unterschiedliche Lichtverhältnisse als **Adaptation**.

lat. *adaptare* = anpassen

④ Die **Linse**. Sie besteht aus Proteinfasern, ist transparent und konvex gewölbt. Die Linse wird durch Aufhängefasern in ihrer Position gehalten. Diese Fasern sind mit dem vorderen Teil der Aderhaut verbunden, in den der ringförmige Ciliarmuskel (Ringmuskel) eingelagert ist. Dieser spielt beim Scharfstellen des Bildes auf der Netzhaut, der **Akkomodation**, eine wichtige Rolle. Bei entspanntem Ringmuskel sind die Aufhängefasern der Linse gestrafft. Die Linse wird in die Länge gezogen und dadurch flacher. Ihre Brechkraft nimmt ab. Sie ist auf Fernsicht eingestellt. Kontrahiert sich der Ringmuskel, so entspannen sich die Aufhängefasern. Infolge ihrer Eigenelastizität nimmt die Linse eine stärker kugelige Form an. Ihre Brechkraft nimmt zu. Nahe Gegenstände werden scharf abgebildet. Angeborene Kurz- oder Weitsichtigkeit sind Folgen einer Augapfelfehlbildung. Altersweitsichtigkeit hingegen ist durch den im Alter zunehmenden Verlust der Eigenelastizität der Linse bedingt.

konvex = nach außen gewölbt

lat. *accomodare* = angleichen

⑤ Der durchsichtige, gallertige **Glaskörper**. Er bildet zusammen mit Hornhaut, Kammerwasser und Linse den lichtbrechenden Apparat des Auges.

⑥ Die **Retina** (Netzhaut). Sie ist der lichtempfindliche Teil des Auges. In der Retina liegen die Sehzellen, etwa 6 Mio. farbempfindliche Zapfen und rund 120 Mio. hell-dunkel-empfindliche Stäbchen in inverser (lichtabgewandter) Lage. Stäbchen sind etwa 10 000-mal lichtempfindlicher als Zapfen. Im Randbereich der Netzhaut überwiegen die Stäbchen, im Zentrum die Zapfen. Am dichtesten liegen die Zapfen im gelben Fleck. Diese Region ist die Stelle mit dem besten Auflösungsvermögen, der größten Sehschärfe und der höchsten Farbempfindlichkeit. Die Sehzellen der Netzhaut sind an ihren Spitzen von Pigmentzellen umgeben. An die Sehzellen schließen sich nach innen mehrere Schichten von Neuronen an, welche die Informationen der Sehzellen vorverarbeiten, bevor diese zum Gehirn geleitet werden. Die Axone der letzten aus ca. 1 Mio. Ganglienzellen bestehenden Neuronenschicht vereinigen sich zum Sehnerv, der im blinden Fleck aus dem Auge austritt. Im Bereich des blinden Flecks befinden sich keine Sehzellen. Die dadurch entstehende Bildlücke wird vom Gehirn ergänzt.

lat. *rete* = Netz

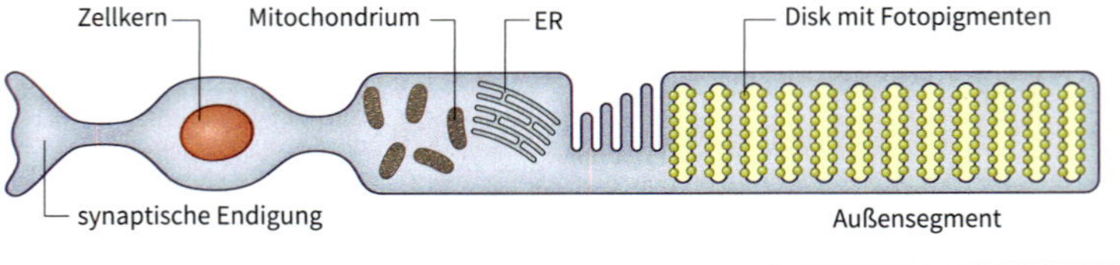

Abb. 7.31: Bau eines Stäbchens

Phototransduktion

Rhodopsin: Das Außensegment eines Stäbchens enthält im Cytoplasma etwa 1000 flache Membranscheibchen, die *Disks*. In der Membran der *Disks* liegen die Moleküle des Sehfarbstoffes, des Rhodopsins. Alle bekannten Sehfarbstoffe bestehen aus einem Proteinanteil (dem Opsin) und einer Farbstoffkomponente. Beim Rhodopsin ist die Farbstoffkomponente das Retinal, ein abgewandeltes Vitamin A1-Molekül. Retinal kommt in zwei Formen vor, der 11-cis- und der All-trans-Form.

Phototransduktion

Für ein Stäbchen **im Dunkeln** gilt:

- Das Retinal liegt in der 11-cis-Form vor und ist fest an das Opsin gebunden. Dieser Komplex ist der Sehfarbstoff, das Rhodopsin (Rh).
- In der Außenmembran werden Na^+-Ca^{2+}-Kanäle durch jeweils vier bis fünf kooperativ an den Ionenkanal gebundene cGMP-Moleküle offen gehalten; durch die offenen Kanäle strömen Na^+ und Ca^{2+} ins Stäbchen.
- Dadurch liegt ein Ruhepotenzial von ca. – 30 mV an.
- An der synaptischen Endigung (Endköpfchen) wird fortlaufend Transmitter (Glutamat) ausgeschüttet.
- An der nachfolgenden bipolaren Schaltzelle (→ Abb. 7.30) bewirkt Glutamat eine Hyperpolarisation (Hemmung). Folge: keine Erregungsweiterleitung.

cGMP = cyclisches Guanosinmonophosphat

Bei Belichtung geschieht nun Folgendes:

- Durch Absorption eines Lichtquants geht das Retinal in die All-trans-Form über.
- Dies führt am Opsin zu einer Formveränderung. Rhodopsin ist damit zum enzymatisch aktiven Metarhodopsin II geworden.
- Metarhodopsin II reagiert mit einem anderen Membranprotein, dem Transducin (T), und überführt dieses G-Protein von einer inaktiven in eine aktive Form. Dabei werden von jedem Metarhodopsin-II-Molekül bis zu 500 Transducin-Moleküle aktiviert.
- Jedes Transducinmolekül aktiviert seinerseits ein *Phosphodiesterase*-Molekül (PDE), das ebenfalls in der *Disk*-Membran liegt.
- Die aktivierte *Phosphodiesterase* katalysiert die Umwandlung von cGMP zu GMP. Dabei werden von einem *Phosphodiesterase*-Molekül 1000 bis 2000 cGMP-Moleküle umgebaut.

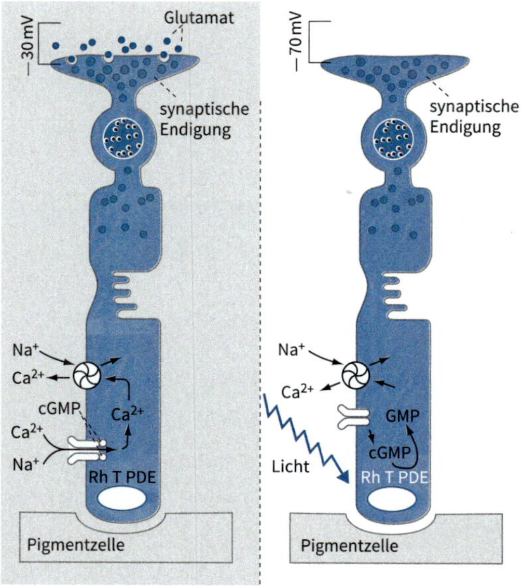

Abb. 7.32: Stäbchen unbelichtet – Stäbchen belichtet

- Damit sinkt der cGMP-Spiegel im Stäbchen. Es ist nicht mehr genug cGMP vorhanden, um die Kationenkanäle offenzuhalten. Diese schließen sich. Der Na^+- und Ca^{2+}-Einstrom wird geringer.
- Folge: Die Zellmembran wird *hyperpolarisiert*. Ein **Rezeptorpotenzial** ist entstanden.
- Das Rezeptorpotenzial breitet sich elektrotonisch aus und führt an der synaptischen Endigung des Stäbchens zu einer *Verminderung bzw. zum Stopp der Transmitterausschüttung.*
- Die Hemmung der bipolaren Schaltzelle ist damit aufgehoben. Sie schüttet Neurotransmitter aus. Die nachfolgende Ganglienzelle (→ Abb. 7.30) wird dadurch depolarisiert. An ihrem Axonhügel entstehen Aktionspotenziale.

Wiederherstellen des Ruhepotenzials: Eine Natrium-Calcium-Pumpe befördert ständig Ca^{2+} aus dem Stäbchen. Nach dem Schließen der Na^+-Ca^{2+}-Kanäle sinkt daher im Stäbchen der Calcium-Spiegel. Der **niedrige Calcium-Spiegel** hat nun zwei Effekte: Zum einen hemmt er das Enzym *Phosphodiesterase*. Der Abbau von cGMP wird gestoppt. Zum anderen aktiviert er das zuvor durch Ca^{2+} gehemmte Enzym *Guanylatcyclase*. Bei niedrigem Ca^{2+}-Spiegel katalysiert es die Bildung von cGMP aus GTP. Damit steigt der cGMP-Spiegel im Stäbchen wieder. Die Na^+-Ca^{2+}-Kanäle öffnen sich. Na^+ und Ca^{2+} strömen in das Stäbchen. Es kommt zur Depolarisation, zur Rückkehr zum Ruhepotenzial.

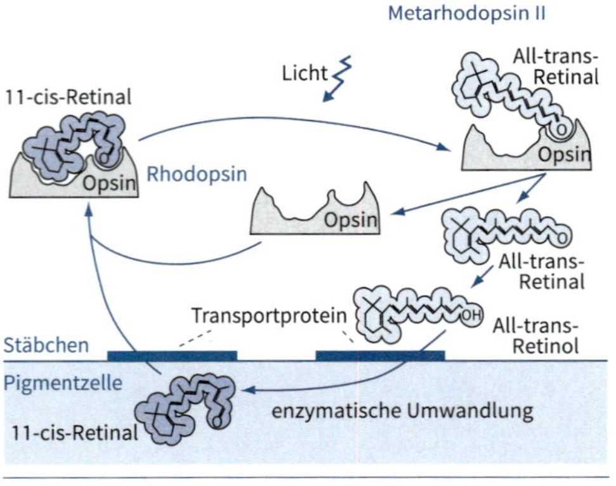

Abb. 7.33: Zerfall und Regeneration von Rhodopsin

Regeneration des Fotopigments: All-trans-Retinal wird vom Opsin abgespalten und in All-trans-Retinol umgewandelt. Transportproteine bringen dieses in die Pigmentzellen. Dort wird es enzymatisch in 11-cis-Retinal überführt. Nach dem Rücktransport in die Stäbchen bindet das 11-cis-Retinal erneut an Opsin.

Zapfen: Ihr Aufbau ähnelt dem der Stäbchen, nur sind die Membrantaschen zum Extrazellularraum hin geöffnet. Ihr Sehpigment weist eine geringfügig andere Struktur, jedoch einen analogen Wirkungsmechanismus wie das Rhodopsin auf. Licht bewirkt auch hier eine Hyperpolarisation der Zellmembran.

Es werden drei Zapfentypen mit leicht differierenden Sehpigmenten unterschieden. Die Absorptionsmaxima der drei Photopigmente liegen in jeweils anderen Bereichen des sichtbaren Spektrums (blau/grün/rot). Erst im Gehirn wird aus der Verrechnung der Informationen aller drei Zapfentypen der Farbeindruck ermittelt (additive Farbmischung).

7.4 Nervensysteme

Nervenzellen ermöglichen eine schnelle und effiziente Informationsverarbeitung (→ Seite 155). Ihre potenziellen Fähigkeiten auszuschöpfen ist jedoch nur möglich, wenn sie untereinander verknüpft und zu größeren Funktionseinheiten verbunden sind. Die Gesamtheit der miteinander verknüpften Nervenzellen bezeichnet man als **Nervensystem**.

Hohltiere (z. B. Polypen, Quallen) weisen die einfachste Form eines Nervensystems auf. Ihre gleichartigen, über den ganzen Körper verteilten Nervenzellen stehen miteinander in Kontakt und bilden ein **Nervennetz**. Nervenzentren fehlen. Nervennetze ermöglichen nur einfache Koordinationsleistungen.

In der evolutionären Entwicklung der Tiere waren bezüglich der Organisation des Nervensystems drei deutliche Trends zu beobachten:

- Eine zunehmende **Konzentration der Nervenzellen** in bestimmten Körperabschnitten. Es entwickelten sich **Ganglien** (Nervenknoten), in denen die Zellkörper vieler Neurone konzentriert sind. Sie sind Zentren nervöser Kontrolle und Informationsverarbeitung.
- Bei Tieren mit definiertem Kopf kommt es zur **Ausbildung eines Gehirns** als übergeordnetem Koordinations- und Verarbeitungszentrum.
- Die Entwicklung von Ganglien und Gehirn sind Zeichen einer zunehmenden **Tendenz zur zentralen Kontrolle**. Einzelne Körperteile verlieren damit in weiten Teilen die Fähigkeit zur eigenständigen Entscheidung im Bereich nervöser Prozesse.

Ganglion (Einz.), Ganglien (Plu.) von griech. *ganglion* = Knoten, Schwellung

Alle drei Entwicklungen vergrößern die Fähigkeit der Lebewesen zur differenzierten Verarbeitung von Sinnesinformationen, zu komplexem Lernen und damit auch zur Entwicklung eines vielschichtigen und vielfältigen Verhaltensrepertoires.

Im Ergebnis hat die Evolution des Nervensystems zur räumlichen und funktionalen Untergliederung in ein zentrales und ein peripheres Nervensystem geführt.

Liegen mehrere miteinander verbundene Ganglien vor, so bezeichnet man dieses zusammenhängende System als **Zentralnervensystem (ZNS)**. Alle Zellen des ZNS bilden eine funktionale Einheit, arbeiten also bei übergeordneten neuralen Verarbeitungs- und Entscheidungsprozessen eng zusammen. Nervenzellen, die völlig innerhalb des ZNS verlaufen, werden dabei **Interneurone** genannt.

lat. *affere* = hintragen, hinbringen
lat. *effere* = hinaustragen, herausbringen

Zum **peripheren Nervensystem** zählen alle Nervenzellen außerhalb der zentralen Nervenknoten, also Nervenzellen, die Erregung von den Rezeptoren zum ZNS leiten (**afferente Neurone**, sensorische Neurone), wie auch solche, die Erregung vom ZNS zu den Effektoren leiten (**efferente Neurone**). Die zu Muskeln führenden efferenten Nervenzellen werden auch **Motoneurone** (motorische Neurone) genannt.

Strickleiternervensystem: Ringelwürmer und Gliederfüßer (z. B. Insekten) besitzen ein ZNS, das auf der Bauchseite konzentriert ist (Bauchmark). Es besteht in jedem Körperabschnitt (Segment) aus jeweils zwei Ganglien (Bauchganglien). Im Kopf sind die Ganglien zu größeren Neuronenverbänden verschmolzen (z. B. Ober- und Unterschlundganglion bei Insekten). Die paarigen Bauchganglien sind durch Nervenbrücken längs und quer miteinander verbunden. Es entsteht dadurch der Eindruck einer Strickleiter, weshalb diese Form des ZNS als **Strickleiternervensystem** bezeichnet wird.
Bei den Insekten verarbeitet das Oberschlundganglion („Gehirn") vor allem Informationen, die von den Sinnesorganen im Kopfbereich stammen. Das Unterschlundganglion ist für Geschmacks- und Tastsinn und die Steuerung der Mundwerkzeuge zuständig. Das Strickleiternervensystem ermöglicht den Insekten komplexe Verhaltensweisen, differenzierte Lernvorgänge und ausgeprägte Formen sozialer Kommunikation (z. B. bei Staaten bildenden Insekten).

ZNS der Wirbeltiere: Bei den Wirbeltieren befindet sich die Hauptganglienkette auf der Körperrückseite. Sie wird daher **Rückenmark** genannt. Die Ganglien im Kopfbereich bilden ein komplexes **Gehirn**. Es besteht bei allen Wirbeltieren aus Vorderhirn, Zwischenhirn, Mittelhirn, Kleinhirn und Nachhirn. Rückenmark und Gehirn bilden zusammen das ZNS.

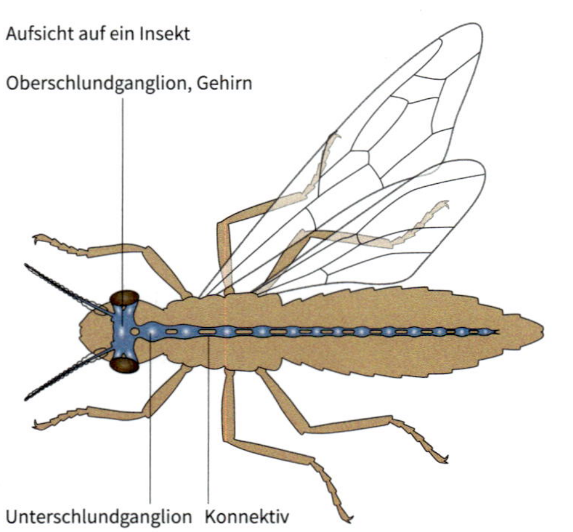

Abb. 7.34: Das Strickleiternervensystem der Insekten

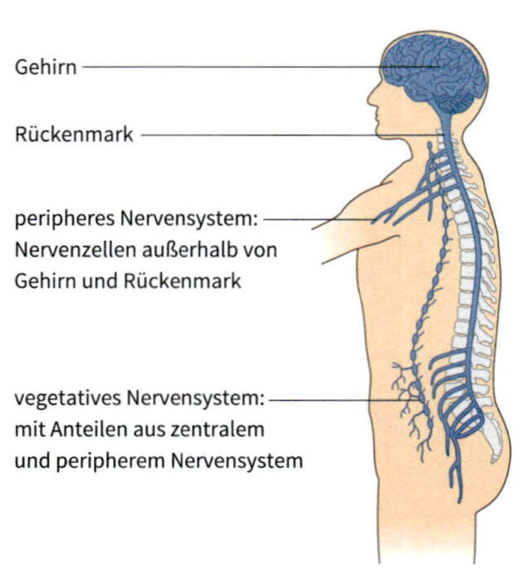

Abb. 7.35: Das Nervensystem des Menschen

Rückenmark des Menschen: Das Rückenmark bildet bei allen Wirbeltieren die zentrale Verbindung zwischen Gehirn und peripherem Nervensystem. Es weist folgende Kennzeichen auf.

- Es liegt im **Wirbelkanal**, der durch Öffnungen in den Wirbeln gebildet wird.
- Von ihm gehen die zum peripheren Nervensystem zählenden Spinalnerven ab; sie treten seitlich zwischen den Wirbeln aus.
- Über **aufsteigende Nervenbahnen** leitet es Nervenimpulse aus der Peripherie zum Gehirn. Über **absteigende Nervenbahnen** leitet es Impulse vom Gehirn zu den einzelnen Körperteilen.
- Die myelinisierten Axone der auf- und absteigenden Bahnen befinden sich in der außen liegenden **weißen Substanz** des Rückenmarks.
- Die Zellkörper der Rückenmarksneurone liegen schmetterlingsförmig um den Zentralkanal. Sie bilden die **graue Substanz** des Rückenmarks.
- Zusätzlich zur Leitungsfunktion hat das Rückenmark auch eine **Verschaltungsfunktion**: In der grauen Substanz werden verschiedene Neurone teilweise über Interneurone miteinander verschaltet (→ Seite 183).

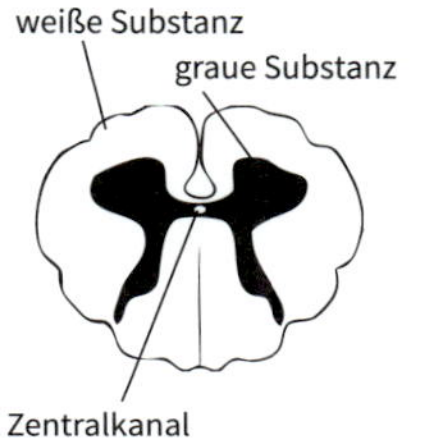

Abb. 7.36: Schnitt durch das Rückenmark

Das Gehirn des Menschen gliedert sich in fünf Abschnitte:

① Das **Großhirn** (= Endhirn) steuert Prozesse wie bewusstes Denken und Sich-Erinnern. Hier werden die von den Sinnesorganen einlaufenden Informationen ausgewertet und Befehle an die Muskeln codiert. Es ist in zwei **Hälften (Hemisphären)** unterteilt. Diese steuern jeweils die gegenüberliegende Körperseite: Die rechte Hemisphäre ist für die linke Körperhälfte zuständig und umgekehrt. Zudem werden den Hemisphären unterschiedliche Funktionsschwerpunkte zugeschrieben (z. B. rechte Gehirnhälfte: räumliche Wahrnehmung, Kreativität, künstlerischer Bereich; linke Gehirnhälfte: mathematisch-logisches Denken). Beide Hemisphären sind durch den **Balken** verbunden, der aus etwa 200 Millionen Neuronen besteht, und über den die beiden Hälften miteinander kommunizieren. Die äußere, etwa 2 bis 5 mm dicke Schicht des Großhirns wird als **Großhirnrinde (Cortex)** bezeichnet. Sie enthält Soma und Dendriten von etwa 19 bis 23 Milliarden Neuronen und stellt damit die **graue Substanz** des Großhirns dar. Durch Auffaltung und Furchung weist die Großhirnrinde eine sehr große Oberfläche auf. Jede der beiden Hälften des

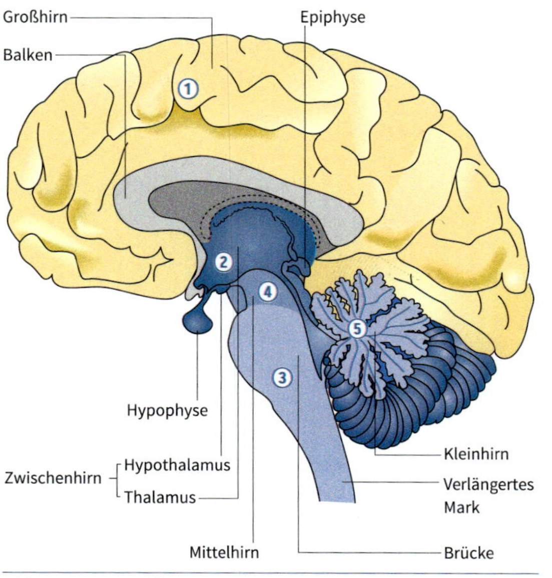

Abb. 7.37: Der Aufbau des menschlichen Gehirns

Großhirns ist durch markante Furchen in vier Bereiche **(Lappen)** unterteilt: den Frontallappen (Stirnlappen), Scheitellappen, Schläfenlappen und den Hinterhauptlappen. Den Lappen lassen sich unterschiedliche Aufgabenschwerpunkte zuordnen (z. B. Frontallappen: Bewegung, Denken, Sprache; Scheitellappen: Geschmack, Tasten; Schläfenlappen: Gehör, Geruch, Sprache; Hinterhauptslappen: Sehen). So weist die Großhirnrinde ein „Patchwork-Muster" unterschiedlicher Funktionsareale auf. Allerdings sind diese Areale weniger statisch als ursprünglich geglaubt. Bei Verletzungen z. B. können Nachbarareale bis zu einem gewissen Grad Funktionen ausgefallener Hirnabschnitte übernehmen. Zudem arbeiten meist Neuronen aus verschiedenen Arealen des Großhirns zusammen.

② Das **Zwischenhirn** besteht aus Thalamus und Hypothalamus. Der Thalamus ist Schaltstation zwischen aufsteigenden Rückenmarksbahnen und Großhirn sowie erstes, unbewusstes Verarbeitungszentrum (Filter) für Sinnesinformationen. Der Hypothalamus ist die wichtigste Steuerzentrale für das vegetative Nervensystem und das Hormonsystem (→ Seite 130 ff.).

③ **Nachhirn (verlängertes Mark und Brücke)** und ④ **Mittelhirn** zeigen einen dem Rückenmark vergleichbaren Aufbau. Sie steuern viele ursprüngliche Körperfunktionen, z. B. Reflexe (Schlucken, Husten, Erbrechen, Niesen) und vegetative Körperfunktionen (Atmung, Herzschlag, Kreislauf usw.).

⑤ Das **Kleinhirn** verarbeitet Informationen über die Körperlage im Raum und koordiniert die Körperbewegungen. Es arbeitet eng mit den motorischen Zentren des Großhirns zusammen.

Das **limbische System** (untere Abschnitte des Großhirns und Teile des Zwischenhirns) fügt den zum Großhirn fließenden Informationen emotionale Bewertungskomponenten hinzu und ist von großer Bedeutung für die Speicherung und Abrufung von Gedächtnisinhalten. Beim Menschen leistet es einen wichtigen Beitrag zu Bewusstsein, Motivation und Assoziationen. Hier haben Emotionen wie Angst, Wut oder Euphorie ihren Ursprung. Zentrale Strukturen des limbischen Systems sind u. a. der Hippocampus und die Amygdala.

Bei höheren Lebewesen unterscheidet man das **willkürliche Nervensystem** (steuert die willentlich kontrollierbaren Vorgänge) und das **vegetative Nervensystem**. Letzteres ist durch den Willen nur wenig beeinflussbar und steuert die inneren Aktivitäten unseres Körpers. Es besteht aus Sympathicus, Parasympathicus und Darmnervensystem. Sympathicus und Parasympathicus wirken als Gegenspieler. Der **Sympathicus** sorgt für eine Beschleunigung von Herzschlag/Atmung, damit für eine Steigerung von Aktionsbereitschaft und Leistung. Neurotransmitter: Adrenalin, Noradrenalin. Die Aktivität des **Parasympathicus** dämpft Herzschlag/Atmung, fördert die Verdauung, sorgt für Ruhe und Regeneration des Körpers. Neurotransmitter: Acetylcholin.

7.5 Gedächtnis

Definition: Unter Gedächtnis versteht man die Fähigkeit, individuell aufgenommene Informationen abrufbar zu speichern. Die Speicherung erfolgt vor allem im Großhirn. Am Speichervorgang beteiligte Prozesse sind:

- Informationsaufnahme mittels Sinnesorganen
- Informationsauswahl (Trennung von einzuspeichernder und von zu verwerfender Information)
- Informationseinspeicherung (Encodierung) und -verfestigung
- dauerhafte Abspeicherung der Information im Langzeitgedächtnis (Engrammierung)

Auch die Verknüpfung der neu abgespeicherten Informationen mit alten Speicherinhalten und der Informationsabruf, also die Reaktivierung der gespeicherten Information (Sich-Erinnern), sind fundamentale Gedächtnisprozesse.

Organisation:

① **Ultrakurzzeitgedächtnis (Sensorisches Gedächtnis):** Alle über die Sinnesorgane aufgenommenen Informationen werden für maximal zwei Sekunden festgehalten. Der größte Teil dieser Informationen wir dann aber nicht wahrgenommen und geht verloren.

② **Kurzzeitgedächtnis:** Das aktive Bewusstsein übernimmt aus dem sensorischen Gedächtnis nur wenige Informationen. Kapazität und Speicherdauer sind eng begrenzt (7 ± 2 Informationseinheiten; 10 bis 45 Sekunden).

③ **Arbeitsgedächtnis:** Hier werden Informationen aus dem Kurzzeitgedächtnis für eine gewisse Zeit erhalten und/oder bearbeitet. Sollen Informationen länger *erhalten* bleiben, müssen sie nach einiger Zeit (ca. 10 Sekunden) aufgefrischt (wiederholt) oder auf andere Weise stabilisiert werden (z. B. durch Anreicherung mit Emotionen). Die *Verarbeitung* von Informationen im Arbeitsgedächtnis kann z. B. durch deren Strukturierung oder das Einflechten von Assoziationen geschehen. Dabei können auch Inhalte aus dem Langzeitgedächtnis abgerufen und genutzt werden. Das Arbeitsgedächtnis ist in Untersysteme gegliedert. So gibt es einen Zwischenspeicher für verbale und einen für visuelle und räumliche Informationen. Wichtigstes Untersystem ist die zentrale *Exekutive*. Sie filtert eingehende Informationen nach ihrer Bedeutung, löscht sie oder leitet sie an den zuständigen Zwischenspeicher weiter, verknüpft sie mit Informationen aus dem Langzeitgedächtnis, verarbeitet sie und bereitet ihre Übertragung in das Langzeitgedächtnis vor.

Die Menge der gleichzeitig im Arbeitsgedächtnis zu haltenden Informationen ist relativ klein, die Speicherdauer kurz.

④ **Langzeitgedächtnis:** Speicher für Informationen aus dem Arbeitsgedächtnis, die durch häufiges Üben oder besondere Betonung (z. B. Kopplung an intensive Gefühle) hervorgehoben wurden. Speicherdauer: Jahre, eventuell lebenslang. Speicherkapazität: sehr groß. Doch ist Vergessen möglich.

Das **Langzeitgedächtnis** kann entsprechend der abgespeicherten Inhalte sowie des Speichermodus in zwei Systeme untergliedert werden:

lat. *declarare* = kundtun

Deklaratives oder **explizites Gedächtnis**

- enthält persönliche Erinnerungen und generalisiertes Wissen (persönliche Erlebnisse, Fakten, Regeln usw.)
- Abspeicherung erfolgt über den **Hippocampus**; er speichert eingehende Informationen rasch und übermittelt sie wiederholt (vor allem im Schlaf) an die Großhirnrinde, wo die endgültige Speicherung erfolgt.
- Gedächtnisinhalte können sprachlich mitgeteilt werden.
- Wiedergabe der Inhalte erfolgt bewusst

Prozedurales oder **implizites Gedächtnis**

- enthält motorische Fertigkeiten und erlernte Verhaltensweisen
- Speicherung in Großhirnrinde erfolgt ohne Beteiligung des Hippocampus über vielfache Wiederholung durch den Lernenden selbst (Üben)
- Wiedergabe: unbewusst und nicht verbal
- Das prozedurale Gedächtnis garantiert den fehlerfreien Ablauf auch komplexer automatisierter Fertigkeiten (z. B. Klavierspielen, Autofahren).

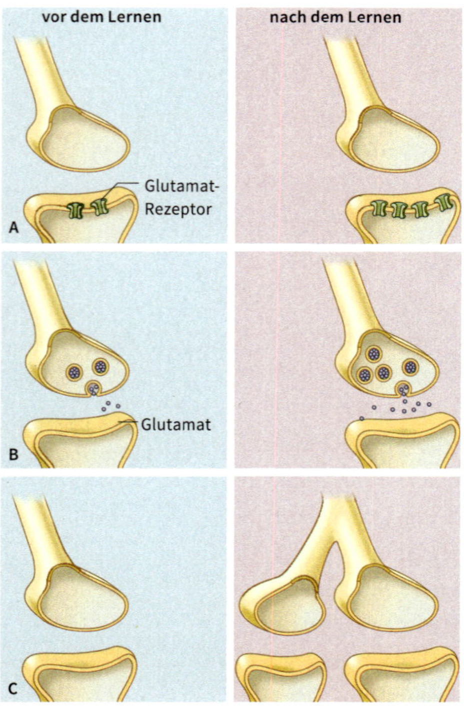

Abb. 7.38: Synaptische Veränderungen durch Lernprozesse

Engramm-Bildung (Engrammierung): Die Informationsspeicherung im Langzeitgedächtnis ist mit **Veränderungen der Synapsen** verbunden. Man bezeichnet diese als Engramme (Gedächtnisspuren). Engramme werden an einzelnen Nervenzellen gebildet. Die Abspeicherung von Informationen erfolgt aber auf der Ebene von **Nervenzellnetzwerken** (neuronale Netze). Dabei können Neurone aus verschiedensten Arealen des Gehirns an der Bildung eines solchen Netzwerkes und damit an der Abspeicherung einer Information beteiligt sein.

Entscheidend bei der Engrammierung ist die synaptische Verbindung zwischen den Neuronen. Diese kann im Zuge der Abspeicherung von Gedächtnisinhalten gestärkt oder geschwächt werden. Alle bisher erfassten synaptischen Lernprozesse beinhalten dabei Veränderungen in der Genexpression. Engrammierung erfolgt also unter Beteiligung der Proteinbiosynthese und führt zu physischen Veränderungen an den Synapsen, wie z. B. der

- Änderung der Zahl der Ionenkanäle an der Postsynapse (→ Abb. 7.38 A)
- Änderung der pro Aktionspotenzial freigesetzten Transmittermenge (→ Abb. 7.38 B)

- Erhöhung oder Minderung der Transmitterbereitstellung im Endknöpfchen
- Bildung neuer oder Abbau bestehender Synapsen (→ Abb. 7.38 C)

Generell gilt: Engramme sorgen dafür, dass Nervenzellen eines bestimmten Neuronennetzwerkes rasch und synchron zusammenarbeiten. Häufig benutzte Übertragungswege werden durch Engramme effizienter und schneller (Bahnung), wenig benutzte werden schwächer und langsamer. Die zellulären Vorgänge bei der Speicherung von Gedächtnisinhalten sind heute nur teilweise bekannt. Zu den gut erforschten zellulären Mechanismen zählen dabei:

- **Langzeitpotenzierung:** Eine lang andauernde Verstärkung der synaptischen Übertragung als Reaktion auf eine intensive oder vielfache Erregung der Präsynapse; dabei zeigen zum Teil auch Neuronen, die mit dem stimulieren Neuron in einem neuralen Netz zusammenarbeiten, selber aber nicht erregt wurden, eine signifikante Verstärkung der Transmitterausschüttung.
- **Langzeitdepression:** Eine lang andauernde Schwächung der synaptischen Übertragung als Reaktion auf eine über einen längeren Zeitraum andauernde nur geringe oder fehlende Erregung der Präsynapse.

Langzeitpotenzierung und -depression findet man an Synapsen, die Glutaminsäure (Glutamat) als Transmitter nutzen.

Das nachfolgende **Modell der Langzeitpotenzierung** zeigt, wie komplex die Vorgänge der Engrammierung in der Realität sein dürften:

- Starke, länger andauernde Erregung einer Synapse führt zur Transmitterausschüttung und in der Folge zum EPSP an der Postsynapse.
- Dadurch öffnen sich sonst durch Mg^{2+} blockierte Ca^{2+}-Kanäle in der postsynapstischen Membran, Ca^{2+} strömt in die Postsynapse ein.
- Dort aktiviert Ca^{2+} drei verschiedene Enzyme:
  ① *NO-Synthase* – sie katalysiert die Bildung von Stickoxid (NO), das zurück in die Präsynapse strömt und hier als rückwärts wirkender (retrograder) Botenstoff zu einer Erhöhung der pro Aktionspotenzial ausgeschütteten Transmittermenge führt.
  ② *Calcium-Calmodulin-Kinase II* – dieses Enzym veranlasst die Einlagerung neuer Na^{+}-Kanäle in die postsynapstische Membran.
  ③ *Adenylatcyclase* – sie katalysiert die Umsetzung von ATP zu cAMP. cAMP löst die Aktivierung von Genen aus, was zur Synthese von Proteinen und letztlich zur Mobilisierung ruhender oder Bildung neuer Synapsen führt.

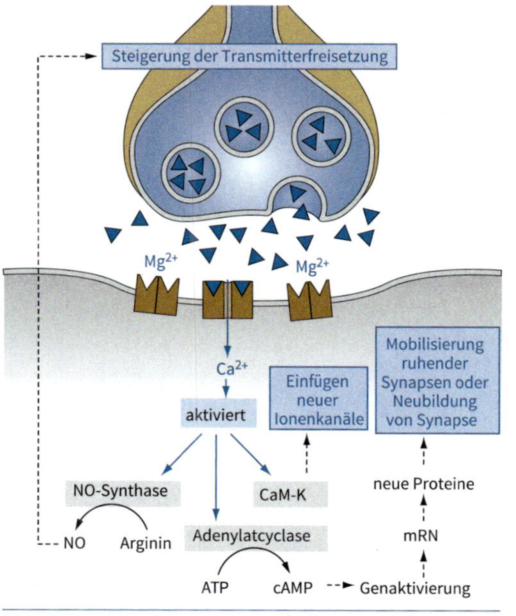

Abb. 7.39: Langzeitpotenzierung (schematisiert)

Der Speicherung von Gedächtnisinhalten steht das **Vergessen** gegenüber. Vergessen bedeutet den Verlust von Gedächtnisinhalten. Über die hierzu führenden Vorgänge ist nur wenig bekannt. Diskutiert werden u.a. zwei Vergessens-Theorien: ① Engramme „verblassen" mit der Zeit. Lernbedingte Veränderungen an den Synapsen werden rückgängig gemacht und verschwinden. (Spurenverfallstheorie). ② Neue Engramme überlagern alte Gedächtnisspuren und stören/verwehren so den Zugriff auf alte Erinnerungen (Interferenztheorie).

griech. *a* = ohne
griech. *mnesis* = Erinnerung, Gedächtnis
lat. *de* = weg, abnehmend
lat. *mens* = Verstand

Neben dem „normalen" Vergessen gibt es auch krankhafte Varianten:

- **Amnesie** – vollständiger oder teilweiser Verlust des Gedächtnisses, oftmals als Folge einer Erkrankung, eines Unfalls oder einer Vergiftung.
- **Demenz** – eine sich im Verlauf des Lebens entwickelnde, meist mit dem Verlust von Gedächtnis, Orientierung und Persönlichkeitsmerkmalen einhergehende allgemeine Beeinträchtigung höherer Hirnfunktionen.

ALOIS ALZHEIMER (1864 – 1915): deutscher Psychiater und Neuropathologe; beschrieb als erster jene Erkrankung, die heute ALZHEIMER-Demenz genannt wird.

Eine spezielle Form der Demenz ist die **ALZHEIMER-Krankheit (ALZHEIMER-Demenz).** Ihre Kennzeichen sind:

- in westlichen Staaten die häufigste Demenzform bei den über 60-Jährigen
- typische Merkmale: zunehmende Vergesslichkeit (zunächst vor allem für neue, später auch für alte Lerninhalte); Störung der räumlichen Orientierung; Verlust der Fähigkeit, selbst vertraute Personen zu erkennen
- zu beobachtende Veränderungen im Gehirn: ① Anhäufung verklumpter Protein-Fragmente zwischen den Neuronen im Cortex des Großhirns; diese bestehen vor allem aus Amyloid und werden so **Amyloid-Plaques** genannt; bei Gesunden wird Amyloid enzymatisch abgebaut; im Gehirn Erkrankter führen die Amyloid-Plaques an der Neuronenoberfläche zum Absterben der Nervenzellen. ② Verstopfung von Axonen durch aus Tau-Proteinen bestehenden **Neurofibrillen-Bündeln**; dadurch wird der Stofftransport in den Neuronen beeinträchtigt; die Folge: eine verminderte Ausschüttung von Neurotransmittern an den Synapsen im Großhirn (betrifft vor allem Synapsen mit dem Neurotransmitter Acetylcholin).
- Ursache: weitgehend unbekannt; für die Amyloid-Plaques wird eine genetische Ursache diskutiert
- Therapie (Stand 2018): Heilung nicht möglich; Verlangsamung des Verlaufs u. a. durch Acetylcholinesterase-Hemmer

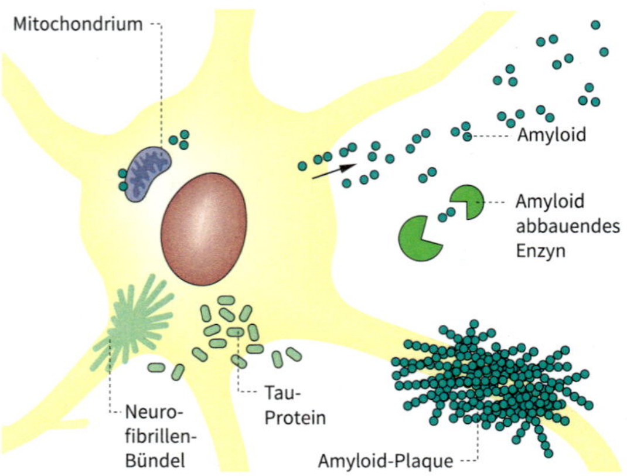

Abb. 7.40: Befunde bei Alzheimer-Demenz

7.6 Muskelkontraktion

Bau des Muskels

Alle Tiere, außer Einzeller und Hohltiere, besitzen Muskeln. Meist sind sie die Effektoren bei Reizreaktionen. Man unterscheidet:

Glatte Muskeln – Die Muskeln der inneren Organe und Gefäße (mit Ausnahme des Herzens) enthalten längliche, spindelförmige Zellen mit jeweils einem Zellkern. Sie arbeiten langsam, können sich aber stark zusammenziehen und diese Verkürzung (Kontraktion) oftmals lange ohne großen Energieverbrauch aufrechterhalten. Sie werden unwillkürlich bewegt. Glatte Muskeln weisen im Gegensatz zu quergestreiften Muskeln keine deutliche Bänderung auf. Ihre Kontraktion erfolgt mithilfe unregelmäßig angeordneter Myofibrillen (s. u.). Die Muskelzellen sind durch ***gap junctions*** (→ Seite 153) untereinander verbunden.

Quergestreifte Muskeln (Skelettmuskulatur) – Die willkürlich zu bewegende Skelettmuskulatur der Wirbeltiere (= Muskeln, die an Skelettteilen ansetzen) besteht aus vielkernigen Muskelzellen (Fasern) und weist ein deutliches Querstreifenmuster auf (s. u.). Sie arbeitet sehr rasch, ist äußerst leistungsfähig, hat aber einen hohen Energieverbrauch.

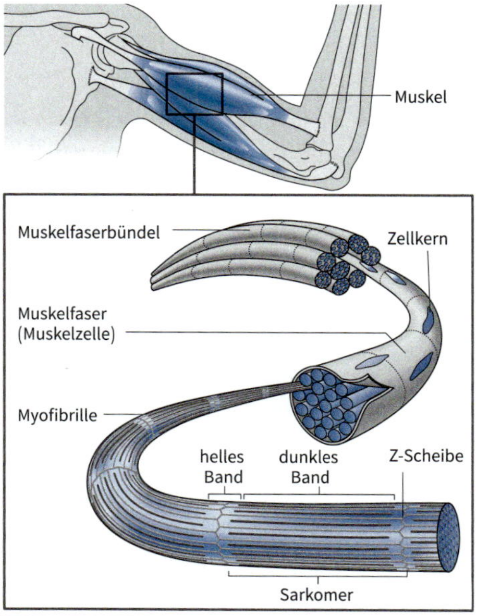

Abb. 7.41: Bau eines Skelettmuskels

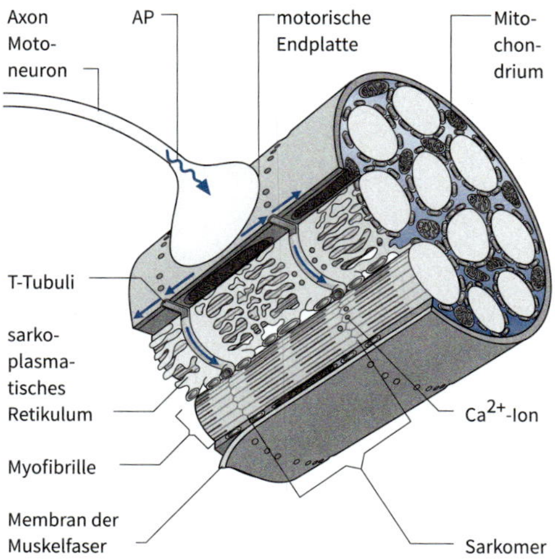

Abb. 7.42: Feinbau einer Muskelfaser (Muskelzelle)

Herzmuskel – Er arbeitet ständig, hat ein eigenes Erregungssystem und besteht aus in der Regel einkernigen Herzmuskelzellen. Diese weisen wie die Skelettmuskeln eine Querstreifung auf, werden allerdings unwillkürlich gesteuert und sind über *gap junctions* untereinander verbunden.

Die **quergestreifte Skelettmuskulatur** der Wirbeltiere soll nun näher vorgestellt werden. Sie ist aus **Muskelfaserbündeln** zusammengesetzt, die unter dem Mikroskop eine Untergliederung in helle und dunkle Querstreifen erkennen lassen.

Die Faserbündel setzen sich aus vielen **Muskelfasern** zusammen, die den jeweiligen Muskel der Länge nach durchziehen und an den Enden in die Sehnen übergehen. Jede Muskelfaser ist eine einzige große Zelle, die neben einer Vielzahl von Mitochondrien auch mehrere Zellkerne besitzt. Entstanden ist eine Muskelfaser durch Verschmelzung embryonaler Vorläuferzellen oder durch mehrfache Mitose ohne Cytoplasmateilung.

Die Membran dieser Muskelzelle ist nach innen hin eingestülpt. In regelmäßigen Abständen ziehen diese Einstülpungen als feine Röhren (Tubuli) in das Innere der Muskelzelle. Man bezeichnet sie als Transversal- oder T-Tubuli. Die T-Tubuli stehen in engem Kontakt mit einem Geflecht aus säckchenartigen Hohlräumen, dem **Sarkoplasmatischen Reticulum**, das als intrazellulärer Calcium-Speicher dient. Es umgibt die **Myofibrillen** wie ein Netzstrumpf das Bein. Jede Muskelfaser (Muskelzelle) setzt sich nämlich aus zahlreichen, parallel angeordneten Untereinheiten, den Myofibrillen, zusammen. Sie hat damit das Aussehen eines vieladrigen Elektrokabels. Eine Myofibrille besteht aus vielen hintereinandergeschalteten Funktionseinheiten, den **Sarkomeren**. Die Sarkomere werden von den dunklen Z-Scheiben begrenzt. Jedes Sarkomer setzt sich aus zwei fädigen Komponenten zusammen: den dünnen Actin-Filamenten und den dickeren Myosin-Filamenten.

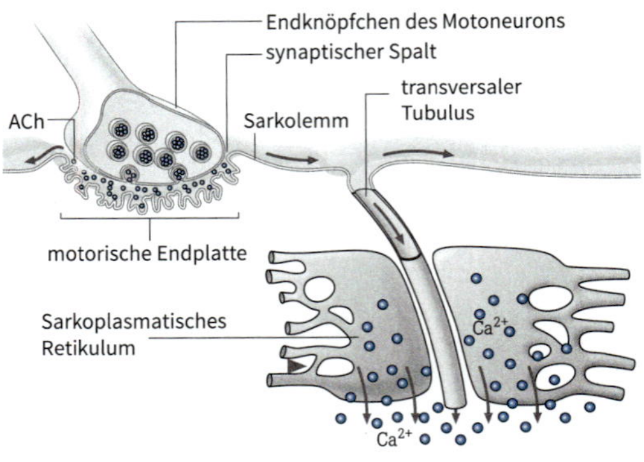

Abb. 7.43: Aufbauelemente einer Muskelzelle

griech. *mys*, Gen. *myos* = Muskel; lat. *fibra* = Faser (fibrilla ist die Verniedlichungsform)

lat. *filamentum* = Faden, Faser

Die **Actin-Filamente** sind an den Z-Scheiben fest verankert. Aufgebaut sind sie aus G-Actin, einem kugelförmigen Protein. 200 solcher G-Actin-Moleküle sind zu einer Kette polymerisiert, dem F-Actin (F = Faden).

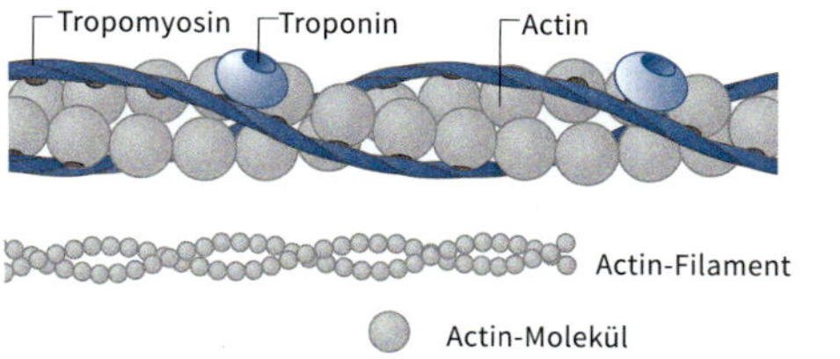

Abb. 7.44: Actin-Filament

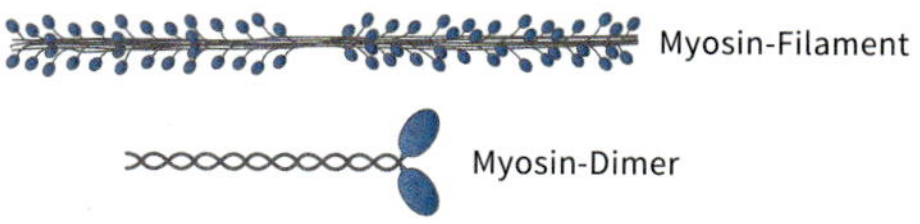

Abb. 7.45: Myosin-Filament

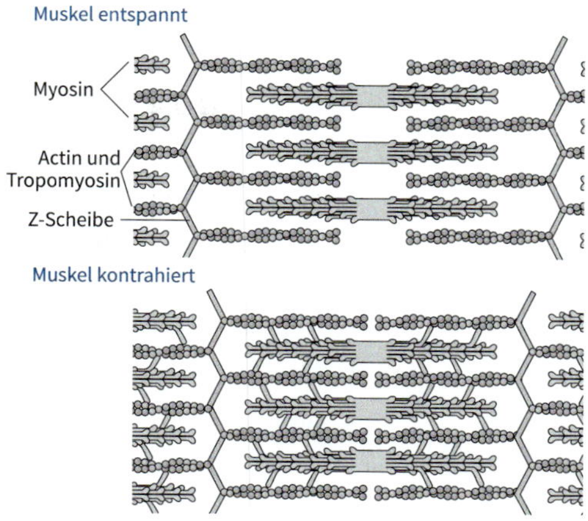

Abb. 7.46: Muskel entspannt und kontrahiert

Zwei dieser perlenkettenartigen F-Actin-Moleküle wiederum sind umeinander gewunden und bilden eine Doppelhelix. Diese Doppelhelix stellt das Actin-Filament dar. Es besitzt eine Vielzahl von Bindungsstellen für Myosin. Im ruhenden, entspannten Muskel sind diese Bindungsstellen aber durch Blockadeproteine (Tropomyosin in Kombination mit Troponin) blockiert.

Die dickeren **Myosin-Filamente** sind aus dem Protein Myosin aufgebaut. Ein Myosin-Molekül erinnert in seiner Raumstruktur an einen Golfschläger: Es weist einen fädigen Schwanz- und einen verdickten Kopfteil auf. Beide sind über einen beweglichen Halsteil miteinander verbunden. Jeweils zwei Myosin-Moleküle lagern sich zu einer Einheit, einem *Myosin-Dimer*, zusammen. Etwa 100 dieser *Dimer* bilden ein Myosin-Filament. Dabei stellen die Schwanzteile das Rückgrat des Filaments dar, die Köpfchen ragen seitlich aus dem Filament heraus. Ein bestimmter Abschnitt jedes Kopfteiles ist in der Lage, ATP zu spalten. Er wirkt damit als ATPase. Die Myosin-Filamente liegen nun zwischen den Actin-Filamenten.

griech. *dis (di)* = zweimal
griech. *meros* = Teil

Kontraktion des Muskels

Jede Muskelfaser (Muskelzelle) wird von einem eigenen Nervenausläufer innerviert. Dieser bildet mit der Muskelzelle eine auffällige Synapse aus, die motorische Endplatte (→ Abb. 7.43). Eine Erregungsweiterleitung von Muskel zu Muskel gibt es nicht. Damit kann jede Muskelzelle vom Nervensystem gezielt und separat angesteuert und zur Kontraktion gebracht werden. Dies geschieht nach dem **Gleitfilament-Modell** folgendermaßen (→ Abb. 7.47):

Ausgangszustand ①

- Das Sarkoplasmatische Reticulum nimmt aktiv Ca^{2+} auf. Der Ca^{2+}-Spiegel in der Muskelfaser ist folglich gering.
- Die Myosinköpfchen haben keinen Kontakt zum Actin-Filament, da die potenziellen Anheftungsstellen am Actin-Filament blockiert sind.
- An den Myosinköpfchen sind ADP und Phosphat gebunden. Der Muskel ist entspannt.

Erregung und Kontraktion

- Ein Aktionspotenzial erreicht die motorische Endplatte. An der Muskelmembran entsteht ein Endplattenpotenzial, das die Bildung eines Muskel-Aktionspotenzials auslöst.
- Dieses wird über T-Tubuli bis zum Sarkoplasmatischen Reticulum (SR) geleitet und bewirkt dort die Öffnung von Ca^{2+}-Kanälen. Ca^{2+} wird aus dem SR freigesetzt. In der Muskelfaser steigt so der Ca^{2+}-Spiegel an.
- Ca^{2+} bindet an das Troponin, wodurch sich dessen Raumstruktur ändert. Ergebnis: Die Blockade der Myosinbindungsstellen am Actin-Filament wird aufgehoben (②).
- Myosinköpfchen können sich jetzt an das Actin-Filament anheften (②).
- ADP und Phosphat lösen sich von den Köpfchen. Durch die Bindung an das Actin-Filament kommt es im Myosin-Molekül zu innermolekularen Veränderungen, die zum „Umklappen“ des Myosinköpfchens führen (③).

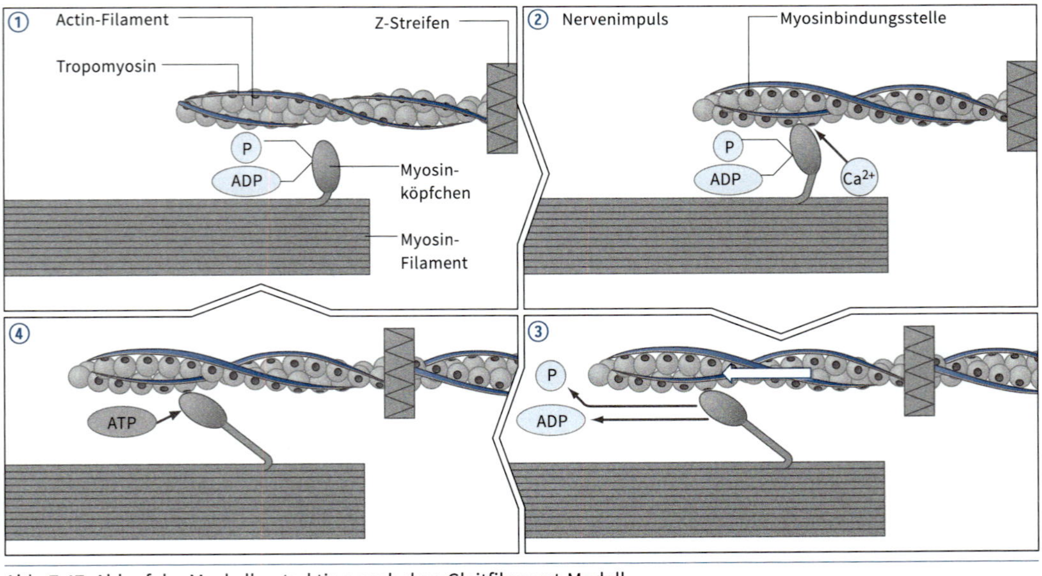

Abb. 7.47: Ablauf der Muskelkontraktion nach dem Gleitfilament-Modell

- Die Folge: Das am Köpfchen haftende Actin-Filament wird zur Sarkomermitte hin verschoben. Das Sarkomer verkürzt sich. Geschieht dies auf ein Aktionspotenzial hin gleichzeitig an vielen Sarkomeren, kommt es zum Zusammenziehen des gesamten Muskels, zur Muskelkontraktion.
- Nun bindet sich ein Molekül ATP an das Myosinköpfchen (④). Dadurch kommt es zur Ablösung des Myosinköpfchens vom Actin und zum „Zurückklappen" in die Ausgangsstellung ①.
- ATP wird durch ATPase-Wirkung des Myosins in ADP und Phosphat gespalten.
- Ist der Ca^{2+}-Spiegel in der Muskelfaser weiterhin hoch, bleiben die Myosinbindungsstellen am Actin unblockiert.
- Das Myosinköpfchen lagert sich in diesem Fall an die nächste Anheftungsstelle des Actin-Filaments an. Der Zyklus beginnt erneut. So zieht sich ein Myosin-Filament immer tiefer zwischen zwei Actin-Filamente.
- Jedes neu an der Muskelmembran entstehende Aktionspotenzial führt zur Ausschüttung von Ca^{2+} aus dem Sarkoplasmatischen Reticulum. Solange der Muskel also erregt wird, geht die Kontraktion weiter bzw. sie bleibt in ihrer Maximalstellung erhalten.

lat. *contrahere* = zusammenziehen, verkleinern

Entspannung

- Erreicht jedoch kein weiteres Aktionspotenzial den Muskel, so pumpen Ca^{2+}-Pumpen Ca^{2+} zurück in das Sarkoplasmatischen Reticulum.
- Ca^{2+} löst sich vom Troponin. Die Myosinbindungsstellen des Actin werden wieder blockiert. Nach und nach lösen sich so alle Myosinköpfchen vom Actin-Filament.
- Wird der Muskel z. B. von seinem **Gegenspielermuskel (Antagonisten)** gedehnt, gleiten die solchermaßen „kontaktlosen" Actin-Filamente passiv auseinander. Das Sarkomer verbreitert sich wieder. Der Muskel entspannt, erschlafft.

Bau und Funktionsweise von Nervenzellen

Überblick

- Nervenzellen bestehen aus dem Soma mit Dendriten, dem Axon und den Axonkollateralen mit synaptischen Endknöpfchen.
- Bedingt durch die ungleiche Verteilung von Ionen liegt an der Nervenzellmembran in Ruhe eine Spannung von rund – 70 mV an (Ruhepotenzial).
- Eine überschwellige Depolarisation führt am Beginn des Axons (Axonhügel) zum lawinenartigen Einstrom von Natrium. Die Folge: Das Membranpotenzial wird kurzzeitig positiv, ein Aktionspotenzial entsteht.
- Bei marklosen Nervenfasern pflanzt sich dieses fortlaufend aber langsam fort. Bei markhaltigen Nervenfasern erfolgt die Weiterleitung saltatorisch (von Schnürring zu Schnürring springend) und damit rasch.

>>

>> Überblick

- An der Kontaktstelle zwischen Neuron und nachfolgender Zelle (Synapse) endet i. d. Regel die elektrische Weiterleitung der Aktionspotenziale.
- In chemischen Synapsen wird an der Präsynapse das Aktionspotenzial in ein chemisches Signal umgewandelt. Es besteht aus in den synaptischen Spalt abgegebenen Neurotransmittern. An der Postsynapse lösen diese die Bildung eines elektrischen Signales aus, das je nach Neurotransmitter und Synapsentyp erregend (EPSP) oder hemmend (IPSP) ist.
- Am Axon löst ein überschwelliges EPSP wieder ein Aktionspotenzial aus.

Informationscodierung und -verarbeitung an Nervenzellen

- Aktionspotenziale sind der Transportcode neuronaler Information.
- Am Axonhügel werden ankommende Potenziale verrechnet. Es kann zu zeitlicher und räumlicher Summation von EPSP und IPSP kommen.
- Die Neurale Information ist in der Aktionspotenzialfrequenz und im benutzten Leitungsweg codiert (Frequenzcodierung und Kanalspezifität).

Sinnesphysiologie

- Reize werden von Rezeptoren aufgenommen, wobei diese jeweils nur auf bestimmte für sie adäquate Reize optimal ansprechen.
- Nach Aufnahme des Reizes übersetzen Rezeptoren ihn in ein neurales Signal, das Rezeptorpotenzial (Transduktion).
- Das Rezeptorpotenzial löst am Axon primärer Sinneszellen Aktionspotenziale aus. Bei sekundären Sinneszellen erfolgt die Bildung von Aktionspotenzialen erst in der nachgeschalteten Nervenzelle.

Nervensysteme

- Bei den meisten Tieren sind Nervenzellen zum Nervensystem verknüpft.
- Man unterscheidet peripheres Nervensystem und Zentralnervensystem.
- Das ZNS der Wirbeltiere besteht aus Rückenmark und Gehirn.
- Wichtige Funktionen des Gehirns: Informationsverarbeitung, Verhaltenssteuerung und abrufbares Abspeichern von Informationen (Gedächtnis).

Muskeln

- Die Skelettmuskulatur der Wirbeltiere besteht aus Muskelfaserbündeln.
- Jede Muskelfaser setzt sich aus parallel angeordneten Myofibrillen zusammen, die wiederum aus Actin- und Myosin-Filamenten bestehen.
- Unter Beteiligung des Botenstoffes Calcium und Verbrauch von ATP vermögen Myofibrillen durch Interaktion zwischen den Myosin- und Actin-Filamenten zu kontrahieren (sich zusammenzuziehen).
- Die Dehnung von Skelettmuskeln erfolgt durch Kontraktion des jeweiligen Gegenspielermuskels (Antagonisten).

8 Verhaltensbiologie

Nach der Vorstellung verschiedener Blickwinkel, unter denen tierisches und menschliches Verhalten untersucht werden kann, werden angeborene und erlernte Verhaltensweisen näher betrachtet. Beim vorwiegend angeborenen Verhalten stehen Reflexe und Instinktverhalten, beim Lernverhalten die Klassische und die Operante Konditionierung sowie höhere Lernformen im Fokus. Der letzte Teil des Kapitels stellt die Sicht der Verhaltensökologie und der Soziobiologie auf das Verhalten von Tier und Mensch dar.

8.1 Untersuchung von Verhalten

Definition: Verhalten beinhaltet alle von Tier und Mensch gezeigten Aktionen und Reaktionen, die durch Prozesse innerhalb des Lebewesens und/oder durch interne Reizverarbeitung bewirkt werden. Hierzu zählen

- alle beobachtbaren Bewegungen, Körperstellungen und Ruhezustände (z. B. Laufen, Gesichtsmimik, Schlafstellungen);
- alle kurzfristigen, reversiblen Form- und Farbveränderungen (z. B. Gefiedersträuben, Erröten);
- alle Lautäußerungen, Drüsenabsonderungen, Ausscheidungen und sonstigen ausgesandten Signale (z. B. Gesang, Pheromone, Urinieren, Eiablage, elektrische Signale);
- die inneren Ursachen der zu beobachtenden Aktionen und Reaktionen (z. B. Motivation).

Untersuchungsebenen: Die Verhaltensbiologie untersucht tierisches und menschliches Verhalten aus biologischer Sicht und mit biologischen Methoden. Diese Untersuchung kann unter verschiedenen Fragestellungen erfolgen:

1. Wie verhält sich ein Tier bzw. Mensch?

Die Beantwortung dieser Frage erfordert objektives Beobachten und Beschreiben des jeweiligen Verhaltens. Hierbei werden alle Verhaltensweisen, ihre Häufigkeit und der zeitliche Verlauf ihres Auftretens protokolliert. Dieses Protokoll kann das gesamte Verhaltensinventar eines Tieres (**Ethogramm**) oder nur einzelne Funktionskreise des Verhaltens wie z. B. das Paarungsverhalten erfassen (Teilethogramm). Die Verhaltensbeschreibung muss objektiv sein, ohne Wertung, Interpretation und ungewollte „Vermenschlichungen“ (Anthropomorphismen wie z. B. listige Schlange, kühner Adler). Für die Erstellung des Ethogramms einer Tierart ist die vergleichende Beobachtung verschiedener

griech. *ethos* = Gewohnheit
griech. *gramma* = Inschrift, Geschriebenes

Individuen derselben Art notwendig. Bei der nachfolgenden Analyse des Verhaltens muss berücksichtigt werden, unter welchen Rahmenbedingungen die Beobachtung stattgefunden hat, ob es sich also z. B. um eine Freilandbeobachtung oder um die Beobachtung von Tieren im Labor handelt.

2. Warum zeigt ein Tier bzw. Mensch ein beobachtetes Verhalten?

Die Frage nach den Verhaltensursachen wird aus drei verschiedenen Blickwinkeln untersucht (→ Beispiel auf Seite 181):

- **Steuerung des Verhaltens**
  Bearbeitete Fragestellungen: Welche Mechanismen führen zu einem bestimmten Verhalten und steuern es? Wie wirken innere und äußere Faktoren bei der Steuerung zusammen?
  Zugeordnete Forschungsdisziplin ist die Verhaltensphysiologie, die das Verhalten des Gesamtorganismus untersucht. Basiswissen hierzu liefern Neuro-, Sinnes- und Hormonphysiologie, die verhaltensrelevante Vorgänge auf Ebene der Moleküle, Zellen und Organe untersuchen.
- **Entwicklung des Verhaltens**
  Bearbeitete Fragestellungen: Wie hat sich ein bestimmtes Verhalten entwickelt? Welche Ursachenmechanismen liegen seiner Entwicklung zugrunde?
  Zugeordnete Forschungsdisziplinen sind Verhaltensontogenie (ein Teilbereich der Entwicklungsbiologie), Verhaltensgenetik und Lernforschung.

  Ontogenese = Individualentwicklung
- **Nutzen des Verhaltens**
  Bearbeitete Fragestellungen: Wozu zeigt ein Lebewesen ein bestimmtes Verhalten? Welche biologische Funktion hat das gezeigte Verhalten? Auf welche Weise trägt es zur reproduktiven Fitness des Lebewesens bei? Erhöht es dessen evolutionären Erfolg?
  Zugeordnete Forschungsdisziplinen sind Verhaltensökologie und Soziobiologie, in die Erkenntnisse aus Ökologie, Populationsgenetik und Evolutionsbiologie einfließen.

Verhaltensphysiologie und Verhaltensontogenie analysieren die konkreten Wirkursachen, also unmittelbare Gründe des Verhaltens (**proximate Ursachen**). Verhaltensökologie und Soziobiologie untersuchen hingegen die Auswirkungen des Verhaltens auf den Fortpflanzungserfolg eines Individuums. Sie erforschen den Selektionsvorteil, der mit einem bestimmten Verhalten verbunden ist, also die Zweckursachen des Verhaltens (**ultimate Ursachen**).

lat. *proximus* = der nächste, sehr nahe (liegend)
lat. *ultimus* = der entfernteste, entlegenste

Am Beispiel des Vogelgesangs lassen sich die verschiedenen Blickwinkel, unter denen tierisches Verhalten untersucht werden kann, aufzeigen:

Der Vogelgesang

Beispiel

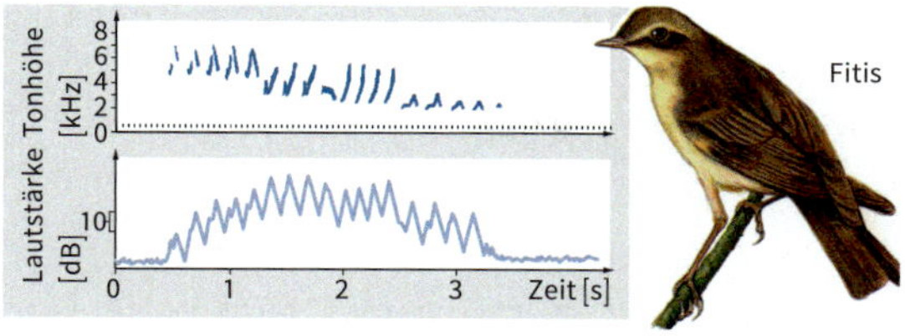

Abb. 8.1: Charakteristika des Vogelgesangs (Beispiel: Fitis)

Verhaltensbeobachtung: Im Frühling singen die Männchen vieler Singvogelarten zu bestimmten Tageszeiten und an bestimmten Plätzen einen für ihre Art spezifischen Gesang (→ Abb. 8.1).

Erklärung aus Sicht der Verhaltensphysiologie: Ausgelöst durch Veränderungen der Tageslänge und der Temperatur kommt es im Frühjahr zu einem Konzentrationsanstieg bestimmter Hormone im Blut männlicher Singvögel. Diese versetzen die Vögel in eine Singbereitschaft. Bei einem bestimmten Helligkeitsgrad (Weckhelligkeit) beginnen die Vögel ihren Morgengesang. Die „Weckhelligkeit" ist artspezifisch (→ Abb. 8.2).

Während des Tages können bestimmte Hormonwerte im Blut und die Wahrnehmung singender Artgenossen den Vogelgesang auslösen.

Erklärung aus Sicht der Verhaltensontogenie: Vögel singen nur dann, wenn die Reifung der für den Gesang zuständigen Gehirnzentren ohne Störung verlaufen ist. Vielen Gesangsstrukturen liegen genetische Dispositionen zugrunde. Diese bestimmen meist jedoch nur die Grobform der Tonfolgen und Rhythmen des arteigenen Gesangs. Die Feinheiten werden in der Regel gelernt, meist vom Vater oder von Artgenossen, mit denen das Individuum in den ersten Monaten seines Lebens Kontakt hatte. Die Ausprägung des Gesanges ist also ein Ergebnis von genetischen Vorgaben und Umwelteinflüssen.

Erklärung aus Sicht der Soziobiologie: Der Vogelgesang dient einem bestimmten Zweck: Er zeigt männlichen Rivalen an, dass ein Revier besetzt ist und sie sich von diesem Revier fernhalten sollen. Fortpflanzungsbereiten Weibchen signalisiert der Gesang die Bereitschaft des Männchens zur Paarung und zugleich seinen guten körperlichen Zustand. Auf diese Art kann ein Vogelmännchen seinen Fortpflanzungserfolg erhöhen. Zugleich lockt das Singen aber Feinde an, kostet Zeit und Energie. Doch überwiegt die durch den Gesang bewirkte Steigerung des Fortpflanzungserfolges die Nachteile. Die Kosten-Nutzen-Bilanz ist positiv.

4:10 Rotkehlchen
4:15 Amsel
4:20 Zaunkönig
4:40 Kohlmeise
4:50 Zilpzalp
5:00 Buchfink
5:20 Haussperling

Abb. 8.2: Vogeluhr für den 1. Mai – Beginn des Morgengesangs verschiedener Vogelarten (Sonnenaufgang 5:30 Uhr)

8.2 Verhaltensphysiologie

Unbedingte Reflexe

Kennzeichen: Bei einem Reflex handelt es sich um eine durch bestimmte Außenreize hervorgerufene Reaktion. Diese läuft nach einem festen, angeborenen Bewegungsmuster ab. Sie ist artspezifisch. Reizstärke und -dauer bestimmen weitgehend Auslösung und Dauer der Reaktion (direkter Reiz-Reaktions-Zusammenhang).

Vorkommen: Reflexe kommen bei allen Organismen mit Nervensystemen vor. Bei niederen Tieren (Hohltiere, Würmer) regeln allein sie die Lebensäußerungen.

Bedeutung: Die Bedeutung von Reflexen besteht im

- Sicherstellen elementarer, komplexer Bewegungsvorgänge, die von Anfang an korrekt ablaufen müssen (z. B. Klammerreflex bei Primatenbabys);
- Sicherstellen einer korrekten Körperhaltung während der Fortbewegung;
- Sicherstellen einer korrekten Körperhaltung während der Fortbewegung, des Stehens und Sitzens (z. B. Labyrinthreflexe: ausgelöst durch das Gleichgewichtsorgan; umgesetzt von Rumpf-, Extremitäten- und Augenmuskulatur; ermöglichen stetes Ausbalancieren der Augen-, Kopf- und Körperstellung);
- Schutz des Körpers (Schutzreflexe, z. B. Niesreflex, Lidschlussreflex).

griech. *monos* = allein, einzeln
griech. *poly* = viele

Ablauf: Neuroanatomisch sind Reflexe an bestimmte vorgegebene Nervenbahnen gebunden. Bei **monosynaptischen Reflexen** besteht der sogenannte Reflexbogen aus zwei Nervenzellen, die über eine einzige Synapse verschaltet sind, sowie aus Rezeptor und Effektor (Muskel). Bei **polysynaptischen Reflexen** ist mindestens ein zusätzliches Schaltneuron (Interneuron) am Reflexbogen beteiligt.

Formen: Man unterscheidet **Eigenreflexe** und **Fremdreflexe**.

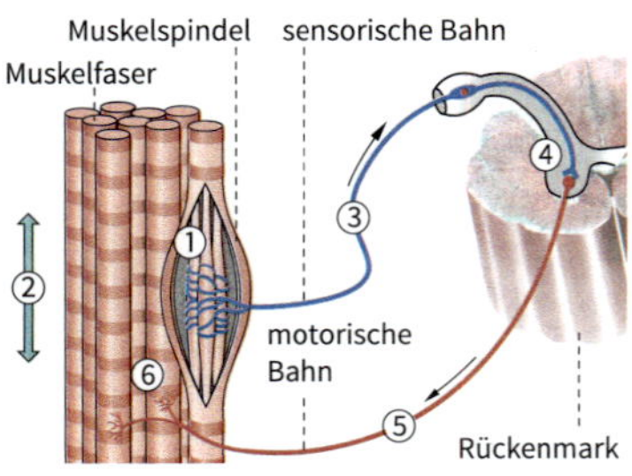

Abb. 8.3: Regelkreis eines Eigenreflexes

Kennzeichen von Eigenreflexen bei Wirbeltieren

- Reiz aufnehmende Struktur (Rezeptor, z.B. Muskelspindel ①) und Reiz beantwortende Struktur (Effektor, z.B. Muskelfasern ⑥) liegen im gleichen Organ (z.B. Streckermuskel im Oberschenkel; → Abb. 8.3)
- Reflexbogen meist monosynaptisch, selten polysynaptisch
- Schaltung über das Rückenmark
- Ablauf unwillkürlich
- kaum ermüdbar

- sehr kurze, weitgehend konstante Latenzzeit von ca. 20 bis 30 ms
- geringe zeitliche und räumliche Summation
- Funktion: Sie dienen meist zur Unterstützung der aufrechten Körperhaltung und helfen, willentliche Körperbewegungen auszubalancieren.
- Beispiele: Patellarsehnenreflex (→ Beispiel), Bizepssehnenreflex

Latenzzeit = Zeit zwischen Reizeinwirkung und Reaktion

Beispiel

Beispiel eines monosynaptischen Eigenreflexes ist der **Patellarsehnenreflex.**
Dieser läuft wie folgt ab: Fuß bleibt beim Gehen an einem Widerstand hängen → Quadrizeps-Muskel im Oberschenkel wird ruckartig gedehnt → im Innern des Muskels liegende Muskelspindel (Rezeptor) wird erregt → Erregung gelangt über sensorische (afferente) Nervenbahn zum Rückenmark → an Synapse Erregungsübertragung auf motorische (efferente) Nervenbahn → Erregung erreicht wieder Quadrizeps (Effektor) und bewirkt dessen Kontraktion → Unterschenkel schnellt vor. Im Normalfall wird so bei einem Stolpern der drohende Fall abgewendet.

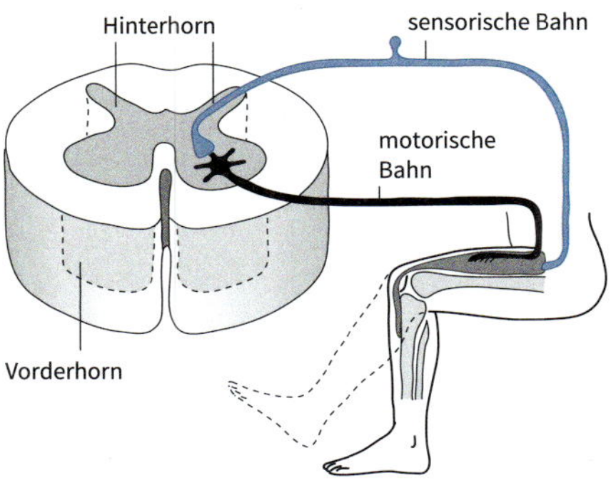

Abb. 8.4: Der Patellarsehnenreflex als Beispiel für einen monosynaptischen Eigenreflex

Kennzeichen von Fremdreflexen bei Wirbeltieren

- Reiz aufnehmende Struktur (Rezeptor, z. B. Schmerzrezeptoren in der Haut der Fußsohle) und Reiz beantwortende Struktur (Effektor, z. B. Muskeln im Oberschenkel) liegen in verschiedenen Organen (→ Abb. 8.5)
- Reflexbogen polysynaptisch
- Schaltung über Reflexzentren im Rückenmark (z. B. Rückziehreflex der Extremitäten, → Abb. 8.5) oder in rückenmarksnahen Teilen des Gehirns (z. B. Saug-, Schluck-, Nies-, Hust- und Lidschlussreflex über das Nachhirn)
- Ablauf in der Regel unwillkürlich, jedoch in vielen Fällen auch willentlich beeinflussbar
- relativ lange Latenzzeit von ca. 60 bis 200 ms, die mit zunehmender Reizintensität kürzer wird
- reizspezifische Ermüdung (Habituation) feststellbar; diese resultiert daraus, dass in den Endknöpfchen des/r sensorischen Neurons/e keine

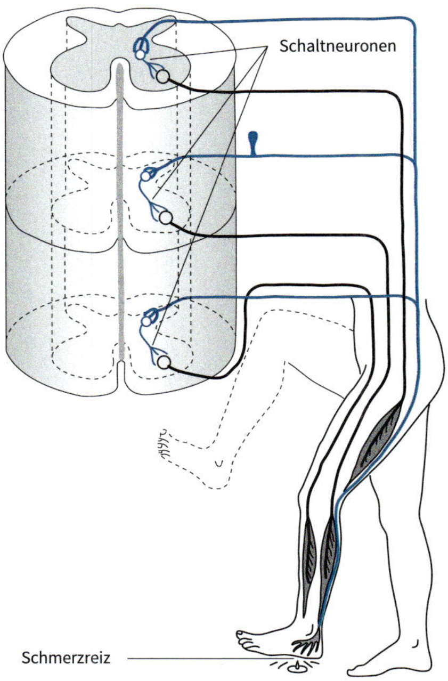

Abb. 8.5: Der Extremitäten-Rückziehreflex als Beispiel eines polysynaptischen Fremdreflexes

neurotransmittergefüllten Vesikel mehr zur Verfügung stehen; nach einer Ruhephase, bei Reizung benachbarter Stellen oder Änderung der Reizqualität (z. B. Druck- statt Wärmereiz) tritt die Reaktion wieder in alter Stärke auf (Dishabituation)

- deutliche zeitliche und räumliche Summation
- Überdauern feststellbar (bei starken Reizen dauert die Reaktion auch nach dem Ende der Reizeinwirkung fort)
- Funktion: Schutz des Körpers vor Schädigung (Schutzreflexe, z. B. Lidschlussreflex, Pupillenreflex oder Würgreflex); Sicherstellen des von Geburt an fehlerfreien Ablaufs grundlegender komplexer Bewegungen (z. B. Reflexe zur Ernährungssicherung wie der Schluckreflex oder der Saugreflex bei Neugeborenen); Ausbalancieren der Körperstellung (z. B. Labyrinthreflexe)

Komplexe Reiz-Reaktionen

Instinktverhalten: Tiere wie Menschen zeigen eine Reihe von Verhaltensweisen, die folgende Kennzeichen besitzen:

- Sie sind überwiegend durch angeborene Komponenten bestimmt und werden ohne Übungsphase schon beim ersten Mal perfekt ausgeführt.
- Sie beinhalten deutlich komplexere Verhaltensabläufe als die Reflexe.
- Sie weisen eine spezifische, stets gleiche Abfolge bestimmter Verhaltenselemente auf.
- Für ihre Auslösung, ihren Ablauf und ihre Intensität sind äußere Reize **und** innere Bedingungen eines Tieres von Bedeutung.
- Es gibt Zeiten, in denen sie gar nicht auftreten und Zeiten mit einer deutlich höheren Auftrittswahrscheinlichkeit. Das heißt, dass diese Verhaltensweisen nur bei einer gegebenen **Handlungsbereitschaft** auftreten.
- Sie sind artspezifisch.
- Sie beinhalten neben angeborenen auch erlernte Elemente. Beide sind in der Regel eng miteinander verzahnt. Deshalb sind diese Verhaltensweisen deutlich variabler als Reflexe.

In der klassischen Ethologie bezeichnet man solche Verhaltensweisen als **Instinkthandlungen**, ein Begriff, der heute nur noch mit Vorbehalt benutzt wird. Der Grund dafür ist, dass sich eine Reihe von Annahmen der klassischen Ethologie zum Instinktverhalten als zu starr oder als falsch erwiesen haben. Das gilt insbesondere auch für die zur Erklärung dieses Verhaltens entwickelten Instinktmodelle. Diese falschen Annahmen sind aber eng mit dem „Instinkt"-Begriff verbunden, weshalb man ihn heute oftmals vermeidet. Trotzdem gibt es das ehemals als „Instinkthandlungen" beschriebene Verhalten bei Tier und Mensch. Nur erklärt die moderne Verhaltensphysiologie dieses heute teilweise anders als die klassische Ethologie es tat.

Tipp

Instinktverhalten in Klausuraufgaben

In Klausuraufgaben wird Instinktverhalten aus drei Blickwinkeln betrachtet:

- Klassisch – Verhaltensweisen müssen mithilfe des Fachvokabulars der klassischen Ethologie beschrieben und erläutert werden.
- Kritsch – es müssen Widersprüche zwischen den Vorstellungen der klassische Ethologie und der modernen Verhaltensphysiologie erläutert werden; auch gilt es, Modellvorstellungen kritisch zu hinterfragen.
- Alternativ – Instinktverhalten muss auf der Basis neuer Erkenntnisse der Neuroethologie (Verbindung von Neurobiologie und Ethologie) oder der Soziobiologie analysiert werden.

Die folgenden Abschnitte liefern für alle drei Aufgabenrichtungen Basisinformationen. Der Beispielorganismus ist dabei die **Erdkröte** *(Bufo bufo)*, eines der „Haustiere der Neuroethologen".

Das Beutefangverhalten der Erdkröte aus Sicht der klassischen Ethologie

Beim Beutefangverhalten der Erdkröte handelt es sich um eine Instinkthandlung. Sie wird klassischerweise in drei Phasen unterteilt: ① Appetenzverhalten, ② Taxis, ③ Erbkoordination.

Phase ① – Appetenzverhalten

Eine Erdkröte erwacht mit Beginn der Dämmerung in ihrem Versteck. Ihr Magen ist leer. Der Nährstoffgehalt in ihrem Blut ist gering. Sie ist „hungrig". All diese Faktoren bedingen eine hohe **spezifische Handlungsbereitschaft (Motivation)** für den Beutefang.

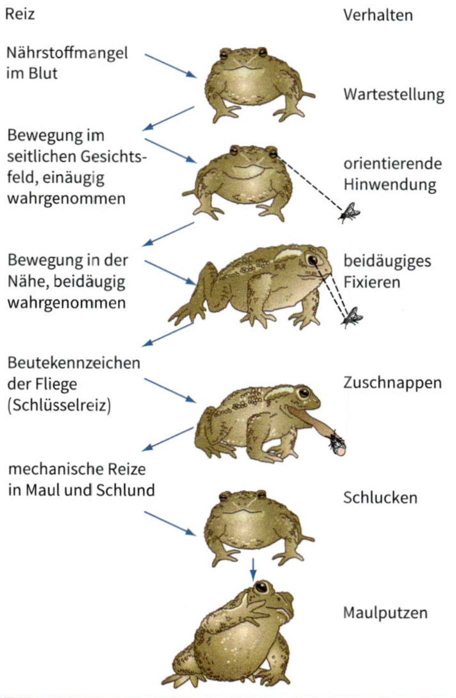

Abb. 8.6: Das Beutefangverhalten der Erdkröte

Die Erdkröte verlässt ihr Versteck, durchstreift ihr Jagdrevier und verharrt an einer Stelle in Warteposition. Dies ist das (ungerichtete) **Appetenzverhalten**. Es kann als „Suchverhalten" interpretiert werden. Appetenzverhalten tritt ohne Vorliegen auslösender Reize auf. Es ist unspezifisch und sehr variabel. Sein Ablauf wird durch Außenreize und Erfahrungen des Lebewesens beeinflusst.

Phase ② – Taxis
Eine Fliege krabbelt seitlich in das Blickfeld der Erdkröte. Diese wendet sich der Fliege zu und fixiert sie mit beiden Augen. Befindet sich die Fliege in größerer Entfernung, bewegt sich die Kröte vor dem Fixieren der Fliege noch auf diese zu. Die orientierende Hinwendung wie auch das eventuell folgende „Anschleichen" bezeichnet man als **Taxis** (Orientierungsbewegung, gerichtetes Appetenzverhalten). Die Taxis ist variabel und wird von Außenreizen, den **richtenden Reizen**, gesteuert (in diesem Fall von Reizen, die die Fliege bietet).
Phase ③ – Erbkoordination
Die Fliege liefert der Erdkröte Informationen, an denen sie diese als Beute erkennt (Größe, Form, Geruch, Bewegung). Man nennt die Gesamtheit dieser Informationen **Schlüsselreiz**, jede Einzelinformation **Schlüsselreizkomponente**. Der Schlüsselreiz bzw. einige seiner Komponenten lösen über einen **angeborenen auslösenden Mechanismus (AAM)** die Beutefanghandlung aus. Die klebrige Zunge der Kröte schnellt vor, erfasst die Beute und zieht sie ins Maul. Diese komplexe Handlung wird als **Erbkoordination (instinktive Endhandlung)** bezeichnet. Sie ist in ihrem Ablauf weitgehend starr, immer gleich, doch können Intensität und Geschwindigkeit variieren.

Beim Beutefangverhalten der Erdkröte sind Taxis und Erbkoordination zeitlich voneinander zu trennen. Bei anderen Instinkthandlungen laufen beide jedoch zeitgleich ab. Sie sind miteinander verzahnt (**simultan verschränkt**). Ausgelöst wird die Erbkoordination durch den **AAM**. Hierbei handelt es sich um eine neuronale Funktionseinheit im Gehirn, die in der Regel aus mehreren Nervenzellgruppen in verschiedenen Gehirnbereichen besteht. Sie verarbeitet Informationen über alle aufgenommenen Außenreize und über die Intensität der spezifischen Handlungsbereitschaft für die jeweilige Endhandlung. Der AAM besteht aus einem **neuronalen Filter (Selektor)** und einer **Verrechnungseinheit**. Der neuronale Filter identifiziert aus der Fülle der von den Rezeptoren eingehenden Informationen die Schlüsselreizkomponenten. Diese können sich in ihrer Wirkung summieren. Die Verrechnungseinheit überprüft, ob der Gesamtschlüsselreiz eine vorgegebene Reizschwelle überschreitet. Sie verrechnet zudem dessen Qualität mit der Intensität der Handlungsbereitschaft. Bei Überschreiten eines Schwellenwertes werden spezifische Erregungsimpulse an motorische Zentren des Gehirns und von dort an die Effektoren weitergeleitet. Das genetisch vorgegebene Programm der Erbkoordination läuft ab. Intensität und Geschwindigkeit hängen dabei von der Qualität des Schlüsselreizes **und** von der Stärke der spezifischen Handlungsbereitschaft ab (**Prinzip der**

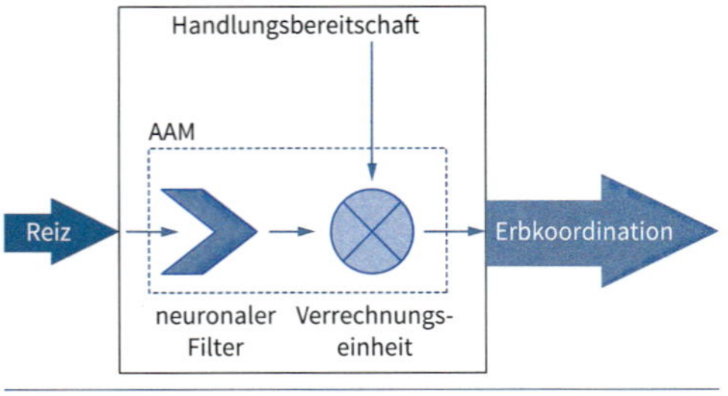

Abb. 8.7: Funktionsschaltbild einer Instinkthandlung

doppelten Quantifizierung). Das Ausführen der Endhandlung bewirkt eine Verringerung der Handlungsbereitschaft. Nun schluckt die Kröte das Beutetier. Der Magen ist jetzt gefüllt. Die Verdauung der Beute führt zur Erhöhung des Nährstoffgehaltes im Blut. Beides zusammen bedingt eine weitere Abnahme der Handlungsbereitschaft für Beutefang.

Kritische Anmerkungen zu den Instinktmodellen

Verschiedene Ethologen haben versucht, die komplexen Abläufe beim Instinktverhalten in einem Modell zu veranschaulichen. Das wohl bekannteste ist das **psychohydraulische Instinktmodell** von KONRAD LORENZ.

KONRAD LORENZ (1903 – 1989): österreichischer Zoologe; Hauptvertreter der klassischen Ethologie

Ein Modell ist nicht mit dem Original identisch, wohl aber aufgrund gewisser Ähnlichkeiten mit dem Original für die Beantwortung bestimmter Fragestellungen zum Original geeignet. Modelle reduzieren komplizierte reale Abläufe, Strukturen und Zusammenhänge auf wenige zentrale Aspekte.

- **Vorteil einer solchen Reduktion:** Wenige Aspekte sind leichter vorstellbar und überschaubarer als die komplexe Gesamtheit des tatsächlichen Geschehens. Mithilfe des Modells lässt sich auch Abstraktes anschaulich darstellen. In der Fülle der Einzeldetails liefert es einen roten Faden, mit dessen Hilfe man dem Geschehen folgen kann.
- **Nachteil einer solchen Reduktion:** Jedes Modell stellt Sachverhalte aus der subjektiven Sicht des Modellerstellers dar. Er bestimmt, was aus dem komplexen Geschehen für die Darstellung ausgewählt und was weggelassen wird. Nur für einzelne, realitätsnah dargestellte Aspekte kann ein Modell bedingt als Abbild der Wirklichkeit gelten.

Instinktmodelle sind **Funktions- und Anschauungsmodelle**. Aber: Über die während einer Instinkthandlung im Gehirn ablaufenden Vorgänge und die an ihnen beteiligten Strukturen sind erst wenige Details bekannt. Damit beruhen Instinktmodelle in zentralen Punkten auf hypothetischen oder durch indirekte Schlussfolgerung ermittelten Annahmen. Solche Modelle sind besonders kritisch zu hinterfragen. Für die LORENZ'schen Instinktmodelle heißt das:

- Sie stellen kein Abbild konkreter Gehirnstrukturen oder zentralnervöser Abläufe dar. Im Gehirn gibt es keine mechanisch strukturierten Instinktzentren.
- Ihr zentraler Aspekt, die Darstellung der aktionsspezifischen Energie als Flüssigkeit, die einen Hohlraum füllt, entspricht nicht den Befunden. Bisher wurden keine spontan aktiven Nervenzellen im Gehirn entdeckt, die „Motivationszentren" aufladen.

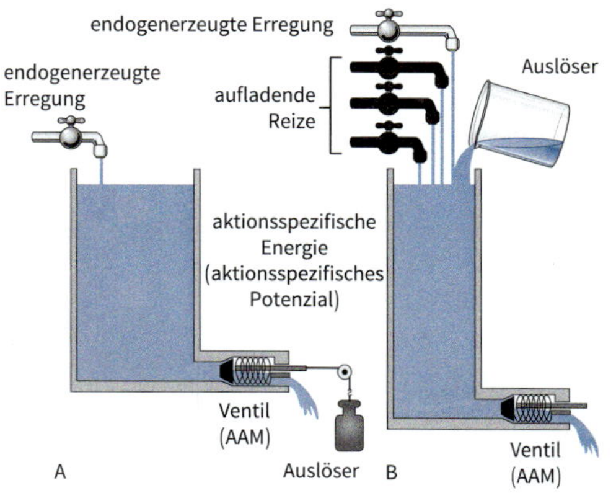

Abb. 8.8: (A) Erstes und (B) zweites psychohydraulisches Instinktmodell nach KONRAD LORENZ

- Beim Instinktverhalten „Flucht“ z. B. nimmt die Handlungsbereitschaft durch Ausführung der Erbkoordination *nicht* ab.
- Bei Nichtauslösen der Erbkoordination müsste nach dem Modell zunehmender „Triebdruck“ entstehen, der schließlich so groß ist, dass die Erbkoordination ohne Schlüsselreiz abläuft (Leerlaufhandlung). Dies konnte experimentell aber in vielen Fällen *nicht* nachgewiesen werden.
- Oft führen Lernvorgänge zur Veränderung angeborener Komponenten. Im Modell bleibt dies unberücksichtigt. Insbesondere die starre Mechanik des AAM entspricht *nicht* den Befunden.

Damit besitzen die LORENZ'schen Instinktmodelle nur sehr begrenzte Aussagekraft. Auch andere in der Biologie verwendete Modelle weisen entsprechende Schwächen auf.

Kritische Anmerkungen zum Begriff „Handlungsbereitschaft“

Handlungsbereitschaft (Motivation) ist nicht als „steigender Pegel aktionsspezifischer Energie“ zu beschreiben, wie es LORENZ tat. Neurophysiologische Untersuchungen haben gezeigt, dass ein Speichern solcher Energie nicht möglich ist. Auch bestimmen viele verschiedene Faktoren die Handlungsbereitschaft:

- Grundbedingungen des Lebewesens (z. B. Geschlecht, Alter)
- endogene Faktoren (z. B. Blutzuckergehalt, Hormone im Blut)
- exogene Faktoren (z. B. Tageszeit, Tageslänge, Außentemperatur)
- vorherige Handlungen (Tauben haben z. B. nur nach der Balz eine Motivation zum Brüten)
- Lernerfahrungen, Gedächtnisinhalte

Zwar konnten Verhaltensphysiologen Gehirnabschnitte identifizieren, die die Handlungsbereitschaft für bestimmte Verhaltensweisen steuern. Von besonderer Bedeutung ist hier der Hypothalamus, der bei Säugern unter anderem Steuerzentren für Hunger, Sättigungsgefühl und Durst beinhaltet. Jedoch ist Handlungsbereitschaft nicht direkt messbar. Sie wird lediglich aus Intensität, Häufigkeit und Dauer der Erbkoordination erschlossen.

Die Annahme, dass die Ausführung einer Erbkoordination die Handlungsbereitschaft senkt, hat sich nicht in allen Experimenten bestätigt. So bleibt z. B. bei Flucht die Handlungsbereitschaft auch nach vielmaliger Ausführung der Erbkoordination gleich hoch.

Kritische Anmerkungen zu den Begriffen „Schlüsselreiz“ und „AAM“

Attrappe = ein künstliches Objekt, das nur bestimmte Kennzeichen des Originals beinhaltet (z. B. Form oder Farbe)

Der Begriff *Schlüsselreiz* legt nahe, diesen Reiz als Schlüssel anzusehen, der das Schloss AAM öffnet. Versuche mit Schlüsselreiz-**Attrappen** schienen die Vorstellung eines solchen Schlüssel-Schloss-Mechanismus zu bestätigen (z. B. TINBERGENS Attrappenversuche zur Pickreaktion von Silbermöwenküken).

Heute weiß man, dass diese Vorstellung zu starr und zu einfach ist, denn

- ein Reiz wird im Kontext der Gesamtsituation bewertet, kann also mal zur Auslösung einer Endhandlung führen, mal aber auch nicht.
- ein Reiz steht in Wechselwirkung zu anderen Reizen; er kann in seiner auslösenden Wirkung durch diese gehemmt oder gefördert werden.
- ein Reiz kann seine Wirkung im Verlauf des Lebens eines Tieres ändern.

Das Beutefangverhalten der Erdkröte liefert hierfür markante Beispiele: Zunächst bieten z.B. Libelle, Raubfliege und Hummel der Kröte den Schlüsselreiz für die Erbkoordination Beutefang (①–③). Infolge des Hummelstichs (③b) hat sich dann aber eine **bedingte Hemmung** ausgebildet. Der vorherige Schlüsselreiz „Hummel" löst jetzt nicht mehr die Erbkoordination Beutefang aus (④). Gleiches gilt für die ähnlich aussehende Raubfliege (⑤), die gar nicht stechen kann (**Mimikry** → Seite 253). Die anders aussehende Libelle liefert dagegen noch immer den Schlüsselreiz für den Beutefang (⑥).

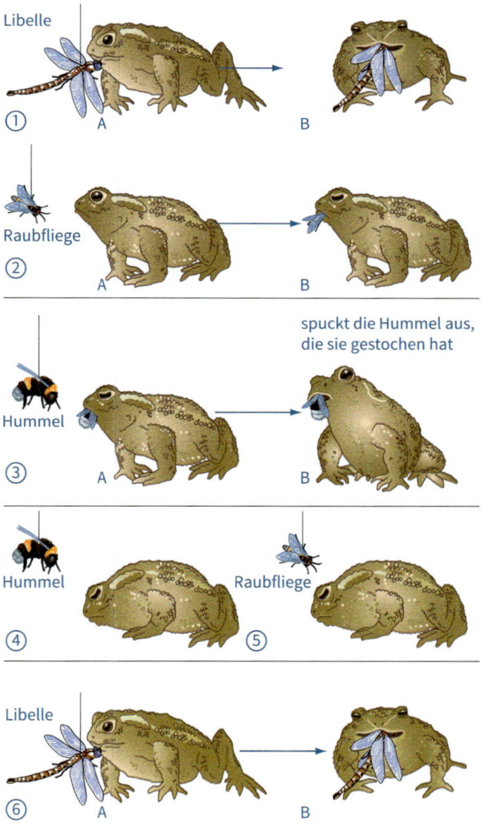

Abb. 8.9: Lernen beim Beutefang der Erdkröte

Interpretiert wird dies als lernbedingte Änderung des AAM. Im Selektorbereich werden Lerninhalte gespeichert, die zur Veränderung der Erkennungsvorgaben für einzelne Schlüsselreizkomponenten führen. Der so veränderte AAM wird als **EAAM (durch Erfahrung modifizierter AAM)** bezeichnet. EAAM kommen bei fast allen Tieren vor.

Durch Lernen können auch völlig neue Schlüsselreiz-Erbkoordinations-Kombinationen entstehen: So locken Unterwasserexplosionen Silbermöwen an, die die Erfahrung gemacht haben, dass nach einer Explosion tote oder betäubte Fische auf dem Wasser schwimmen. Lernen am Erfolg hat hier zur Ausbildung einer neuen neuronalen Schaltung, eines **EAM (erlernter Auslösemechanismus)**, geführt. Bei Misserfolgen kann es entsprechend zu Abschwächung oder Verlust der Schlüsselreizwirkung kommen (Habituation).

Beutefangverhalten der Erdkröte im Lichte neuer Forschungsergebnisse

Jörg-Peter Ewert untersuchte das Beutefangverhalten der Erdkröte mit den Methoden der Neuroethologie. Er kombinierte Attrappenversuche und Messung der Aktivitäten von Neuronengruppen. Bei Attrappenversuchen stellte er fest, dass die Kröte bevorzugt auf ein längliches Objekt, das sich in Längsrichtung in

Jörg-Peter-Ewert (geb. 1938) deutscher Neurophysiologe

ihr Blickfeld bewegt („Wurm“), mit Hinwendung, Fixieren und Zuschnappen reagiert. Im Gehirn der Kröte müssen also in Sicht kommende Objekte klassifiziert werden, das heißt, die Eigenschaften dieser Objekte werden mit abgespeicherten Informationen über die „Idealbeute“ verglichen. Bei einem gewissen Grad von Deckungsgleichheit gehen Befehle an Motoneuronengruppen, die dann die weitere Bewegungsabfolge initiieren. Das visuelle System der Kröte besteht aus den Augen sowie zwei Gehirnabschnitten: dem *Thalamus-Prätectum* im Zwischenhirn mit TH3-Neuronen und dem *Tectum opticum* im Mittelhirn mit T5.1- und T5.2-Neuronen. *Prätectum* und *Tectum* stehen mit der Retina sowie untereinander und mit anderen Bereichen des Gehirns in Verbindung.

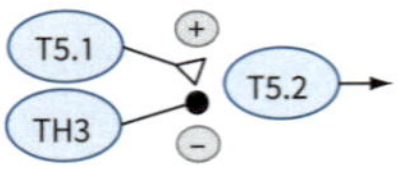

Die Ergebnisse von EWERT zeigen:

- Von der Retina aufgenommene Informationen über Größe, Form und Bewegung eines Objektes gelangen (zeitgleich) zu TH3- und T5.1-Neuronen.
- Diese verarbeiten die Information unterschiedlich: T5.1 reagieren bei beuteähnlichen Objekten mit hoher Aktionspotenzialfrequenz, TH3 bei beuteunähnlichen.
- Beide laufen auf T5.2-Neurone, TH3 mit hemmender, T5.1 mit erregender Synapse.
- T5.2-Neurone sind das Verrechnungsglied: Ist das Objekt beuteähnlich, erhalten sie von T5.1-Neuronen starke Erregung übertragen, die von TH3-Neuronen kaum gedämpft wird.
- Ergebnis: T5.2-Neurone leiten Erregung an motorische Zentren in Nachhirn und Rückenmark. Diese lösen über efferente Neurone Muskelkontraktionen aus, die zu Taxis und Beutefang führen.

Tatsächlich sind die Zusammenhänge noch komplizierter. Das Beispiel zeigt aber, dass neuronale Strukturen identifizierbar sind, die Filter- und Verrechnungsfunktionen ähnlich dem AAM ausüben. Deutlich wird allerdings: Es ist kein einfacher Schlüssel-Schloss-Mechanismus, der den Beutefang auslöst.

Attrappe (Form, Größe und Bewegung in das Gesichtsfeld der Kröte)	Reaktion der Kröte			
	Hinwenden zur Attrappe und Zuschnappen	TH3-Neuronen	T5.1-Neuronen	T5.2-Neuronen
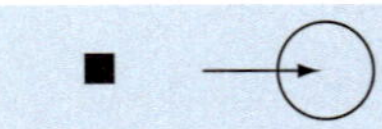	manchmal (8/min.)			
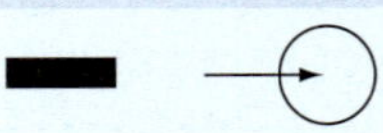	sehr häufig (31/min.)			
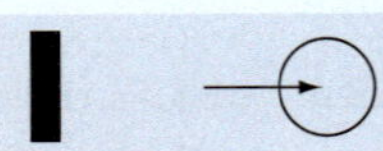	sehr selten (1/min.)	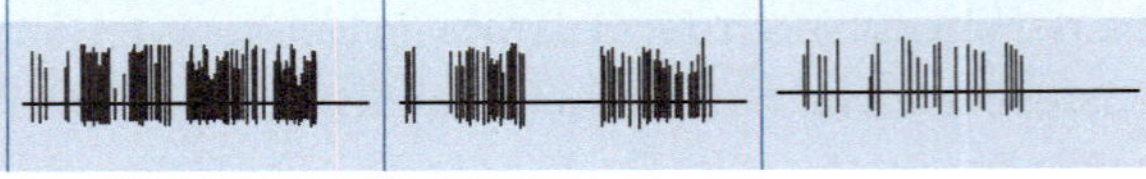		

Abb. 8.10: Ergebnisse der neuroethologischen Untersuchungen von EWERT

8.3 Verhaltensontogenie

Angeboren oder erlernt?

Eine individuelle Verhaltensweise kann auf zwei Arten entstanden sein:
- Sie ist genetisch bestimmt, also angeboren.
- Sie wird durch Erfahrung erworben, ist also umweltbedingt.

Tatsächlich handelt es sich bei beiden Varianten um Extremfälle, die selten vorkommen. Die meisten Verhaltensweisen eines Lebewesens enthalten angeborene und erworbene Komponenten, die so eng miteinander verflochten sind, dass ihre Unterscheidung kaum möglich ist.

Kennzeichen angeborenen Verhaltens

Es muss für jede Verhaltensweise separat untersucht werden, wie groß der Anteil der Gene bzw. der Umwelt/des Lernens an ihrer Ausprägung ist. Folgende Kriterien liefern Hinweise, dass ein Verhalten **angeboren** (**erbbedingt**) ist:
- Das Verhalten läuft starr, immer gleich ab.
- Das Verhalten läuft bei allen Lebewesen einer Art gleich ab, ist artspezifisch.
- Das Verhalten wird vom Individuum bereits beim ersten Mal perfekt ausgeführt.
- Das Verhalten tritt bereits auf, wenn dazugehörige Organe noch nicht voll ausgebildet und funktionsfähig sind.

Keines dieser Kriterien allein lässt den sicheren Schluss zu, dass eine Verhaltensweise angeboren ist. Je mehr Kriterien jedoch erfüllt sind, desto größer ist die Wahrscheinlichkeit dafür.

Untersuchung angeborenen Verhaltens

Als „wahrscheinlich angeboren" identifizierte Verhaltenskomponenten können mit zwei Experimentalansätzen weiter untersucht werden:

① **Kreuzungsexperimente:** Diese liefern den direkten Nachweis dafür, dass ein bestimmtes Verhaltenselement genetisch bedingt ist. Für eine Reihe von Organismen wurden entsprechende Kreuzungen durchgeführt. Es gelang dabei, Verhaltenselemente zu identifizieren, die monogen dominant-rezessiv bzw. intermediär, und solchen, die polygen vererbt werden.

② **Erfahrungsentzugsexperimente:** Hier entzieht man dem Tier während der Verhaltensentwicklung bestimmte Erfahrungsmöglichkeiten. Welche dies sind, hängt von der jeweiligen Fragestellung ab. Beim **KASPAR-HAUSER-Experiment** z. B. wird Tieren die soziale Erfahrung entzogen. Man trennt sie direkt nach dem Schlüpfen oder der Geburt von ihren Eltern und sonstigen Artgenossen. Die so isolierten Tiere werden in einer reizlosen Umgebung aufgezogen. Damit soll sichergestellt werden, dass sie weder von Artgenossen

KASPAR HAUSER (1812 – 1833): angeblich bis zum 16. Lebensjahr allein in einem dunklen Raum gefangen gehaltener Junge

lernen können, noch Eindrücke der Umgebung ihr Verhalten beeinflussen. („Aufzucht unter Erfahrungsentzug"). Das Verhalten so aufgezogener Tiere müsste angeboren, also allein auf genetische Programme zurückzuführen sein. Dieser Versuchsansatz hat aber Schwächen:

- **Eingeschränkte Aussagekraft:** Kaspar-Hauser-Experimente erlauben keineswegs immer eine eindeutige Identifizierung angeborenen Verhaltens. *Beispiel:* Der Gesang eines in freier Natur aufgewachsenen Buchfinkenmännchens unterscheidet sich deutlich von dem eines Kaspar-Hauser-Tieres. In einer ersten Schlussfolgerung könnte man die vom Kaspar-Hauser-Tier gezeigten Gesangselemente für angeboren halten. Doch weitere Experimente zeigen: Der Gesang eines zweiten Kaspar-Hauser-Tieres weicht deutlich von dem des ersten ab. Beide wiederum haben keine Ähnlichkeit mit dem Gesang eines tauben Buchfinken. Diese Befunde belegen, dass Buchfinkenmännchen ihren spezifischen Gesang erlernen. Isoliert aufgezogene Tiere orientieren sich dabei in Ermangelung von Artgenossen oder anderen Singvögeln an ihrem eigenen, zunächst spontan vorgetragenen Gesang. Einem tauben Buchfink fehlt diese Möglichkeit, weshalb sein Gesang nochmals anders klingt.
- **Ethisch bedenklich:** Im Verlauf von Kaspar-Hauser-Versuchen entwickeln die isolierten Tiere häufig schwerwiegende Verhaltensstörungen, die auch nach dem Ende des Experimentes erhalten bleiben und „normale" Kontakte mit Artgenossen erschweren oder unmöglich machen. Diese „Nebenwirkungen" lassen solche Experimente bereits bei Tieren ethisch bedenklich erscheinen. Beim Menschen sind sie der Grund, solche Versuche prinzipiell abzulehnen.

Lernen

Kennzeichen: Lernen umfasst den Prozess, der zu einer individuellen, erfahrungsbedingten Ausprägung neuer oder zu einer Änderung alter Verhaltensweisen führt. Dieser Prozess beinhaltet fünf Elemente:

① individuelle und selektive (ausgewählte) Aufnahme von Informationen aus der Umwelt
② Verarbeitung dieser Informationen
③ Abspeicherung dieser Informationen vor allem im ZNS des Individuums (→ Seite 164)
⑥ Abruf dieser Informationen in gegebenen Situationen
⑤ Ausprägung eines neuen individuellen Verhaltens oder Änderung alter Verhaltensweisen als Folge des Abrufs der verarbeiteten Information

Vorteile: Durch Lernen ist eine individuelle Verhaltensanpassung an neue Umweltsituationen innerhalb kurzer Zeit möglich. Eine Anpassung genetisch bedingter Verhaltenskomponenten im Zuge evolutionärer Prozesse dauert hingegen lange. In vielen Fällen geben angeborene Verhaltenskomponenten einen groben Verhaltensrahmen vor, dessen Feinabstimmung auf die jeweilige individuelle Lebenssituation durch Lernen erfolgt. Der Lernprozess ist in vielen Fällen reversibel, das heißt, das Verhalten kann immer wieder neu den veränderten Umweltgegebenheiten angepasst werden (hohe Flexibilität).

Nachteile: Ein zu erlernendes Verhalten steht dem Lebewesen (im Gegensatz zu angeborenem Verhalten) nicht sofort zur Verfügung. Erlerntes Verhalten muss so von Generation zu Generation immer wieder neu erworben werden. Dies kostet Zeit und Energie. Lernen ist mit Vergessen gekoppelt. Damit besteht die Gefahr des Verlustes von Erlerntem im Verlauf eines individuellen Lebens wie auch die Gefahr, dass Erlerntes mit dem Tod des Individuums für immer verloren ist. Den nachfolgenden Generationen steht es damit nicht mehr zur Verfügung. Lernen beinhaltet auch Fehler: So können auch schädliche Verhaltensweisen erlernt werden (z. B. das Rauchen).

Lerndisposition: Die Fähigkeit, bestimmte Dinge besonders gut lernen zu können, bezeichnet man als Lerndisposition (Lernbegabung). Sie beruht zum Teil auf angeborenen Eigenschaften des Lebewesens, insbesondere seines Zentralnervensystems (ZNS). Diese genetisch bedingten Fähigkeiten sind aber vielfach altersspezifisch oder durch Umwelteinflüsse veränderbar. Damit kann sich die Lerndisposition eines Lebewesens im Verlauf seiner Individualentwicklung verändern. Zwischen verschiedenen Arten, aber auch zwischen den einzelnen Individuen einer Art bestehen teils erhebliche Unterschiede in ihrer Lerndisposition. Artspezifische Lerndispositionen sind meist eng mit Besonderheiten in der Lebensweise der Art verknüpft. Kennzeichen der Lerndisposition eines Individuums sind damit: ① eine durch die Struktur seines ZNS vorgegebene ggf. je nach Lerngegenstand unterschiedliche Lernkapazität ② eine ggf. nach Lerngegenstand unterschiedliche Lernbereitschaft ③ Zeiträume für besonders effizientes Lernen (lernsensible Phasen).

lat. *dispositio* = Zuweisung, Einteilung, „Neigung", Anordnung

Obligatorisches und fakultatives Lernen: Artspezifische Lerndispositionen bestehen in der Regel für Lernvorgänge, die zum Überleben des Individuums oder zur Aufzucht der Nachkommen unbedingt notwendig sind (obligatorisches Lernen). Dazu zählt z. B. bei Bienen das Heimfinden zum Stock. Neben obligatorischem Lernen gibt es auch Lernprozesse, die nicht unbedingt notwendig sind (fakultatives Lernen). Inhalt, Zeitrahmen und Ort dieses Lernens sind nicht festgelegt. Es basiert vor allem auf individuellem Neugierverhalten.

lat. *obligare* = verpflichten, verbindlich machen
lat. *facultas* = Möglichkeit

Neugierverhalten: In einer unbekannten Umweltsituation zeigen höhere Tiere eine verstärkte Aktivität aller Sinne. Dies kann mit intensiven Bewegungen verknüpft sein (meist bei der Naherkundung), kann aber auch ohne solche erfolgen (z. B. Beobachten aus der Distanz; Fernerkundung). Man bezeichnet dieses Verhalten als Erkundungs- bzw. Neugierverhalten. Neugierverhalten kann fließend in **Spielverhalten** übergehen.

Klassische Konditionierung

Iwan P. Pawlow (1849–1936): russischer Mediziner und Physiologe; legte durch seine Forschungen den Grundstein für die behavioristischen Lerntheorien (→ Seite 285)

Verhalten beinhalten häufig erlernte und angeborene Komponenten, die eng verzahnt sind. Ein Beispiel dafür ist die klassische Konditionierung. Ihr Ablauf soll anhand des Pawlow'schen Hundeversuches vorgestellt werden.

- **Vorbedingung:** Eine klassische Konditionierung ist nur bei entsprechender Lernmotivation möglich. (*Beispiel:* Der Hund muss hungrig sein.)
- **Nullphase (Vortestphase):** Darbietung eines unbedingten (von Natur aus reaktionsauslösenden) Reizes löst eine unbedingte (angeborene) Reaktion aus. (*Beispiel:* Futterdarbietung löst beim Hund Speichelfluss aus.) Darbietung eines neutralen Reizes (*Beispiel:* Glockenton) löst keine Reaktion aus.
- **Lernphase:** Der neutrale Reiz (Glockenton) wird unmittelbar *vor* bzw. zeitgleich mit dem unbedingten Reiz (Futter) dargeboten. Der Hund sondert Speichel ab. Zu Beginn erfolgt dies noch als unbedingter Reflex auf das Zeigen des Futters hin. Nun wiederholt man die zeitlich eng gekoppelte Präsentation beider Reize viele Male. Im Gehirn des Hundes wird eine Assoziation (Verknüpfung) zwischen dem neutralen und dem unbedingten Reiz hergestellt und in Form eines **Engramms** (Gedächtnisspur) gespeichert.

lat. *associare* = verbinden, vereinigen

- **Kannphase:** Man bietet *nur* den Glockenton dar. Der Hund reagiert mit Speichelfluss. Aus dem neutralen Reiz ist ein bedingter (erlernter) Reiz geworden, auf den jetzt erfahrungsbedingt der Speichelfluss folgt. Dieser wird deshalb nun als bedingte (erlernte) Reaktion bezeichnet. Die Reaktion des Hundes hat sich also nicht verändert. Sie wird aber infolge des im Gehirn gespeicherten **Engramms** „Nach dem Glockenton kommt das Futter" jetzt durch einen anderen Reiz ausgelöst.
- **Extinktionsphase (Löschungsphase):** Der bedingte Reiz (Glockenton) wird mehrmals dargeboten, ohne dass Futter folgt. Der zunächst heftige Speichelfluss wird bei jeder Darbietung schwächer. Schließlich hört er ganz auf. Nach einer Erholungsphase wird der bedingte Reiz

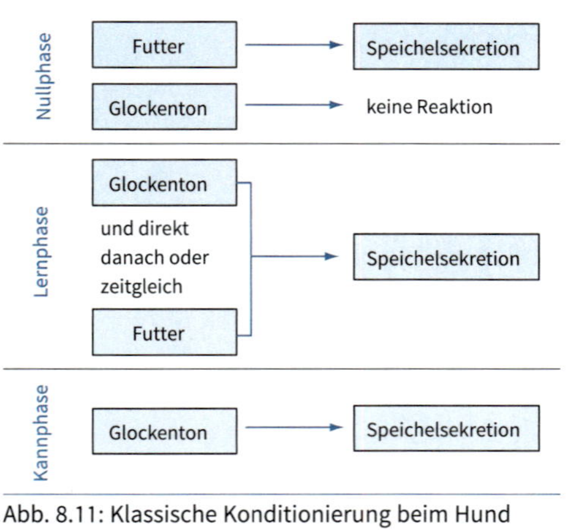

Abb. 8.11: Klassische Konditionierung beim Hund

erneut dargeboten. Jetzt erfolgt die bedingte Reaktion wieder (spontane Erholung), jedoch deutlich abgeschwächt. Im Gehirn des Hundes wurde hier eine neue Assoziation gespeichert („Auf den Glockenton folgt doch kein Futter"). Beide Engramme bestehen einige Zeit nebeneinander, wobei das zweite möglicherweise die Abrufung des ersten hemmt. Erst mehrfaches Wiederholen des Löschungsversuches führt zum völligen Verschwinden der bedingten Reaktion. Die erlernte Reiz-Reaktions-Verbindung ist damit gelöscht (extingiert). Das Lernen einer bedingten Reaktion ist also reversibel. Die Extinktion ist ein aktiver neuer Lernvorgang.

lat. *extinguere* = löschen, auslöschen

Operante Konditionierung

Bei der häufigsten Variante der operanten oder instrumentellen Konditionierung wird ein spontan gezeigtes Verhalten durch nachfolgende Belohnung in seiner Häufigkeit erhöht (**„Lernen am Erfolg"**).

- **Vorbedingung:** Lernmotivation muss gegeben sein. Das Lebewesen muss zudem spontane Aktionen zeigen.
- **Nullphase:** Ein Tier zeigt z. B. beim Neugier- oder Spielverhalten eine spontane, nicht zielgerichtete Aktivität (neutrale Aktion).
- **Lernphase:** Auf die spontane Aktion folgt eine **Belohnung** (Verstärkung). Dies kann eine direkte Belohnung (**positive Verstärkung**; z. B. Futter, Lob) oder eine indirekte Belohnung sein (**negative Verstärkung** durch Beseitigung einer unangenehmen Situation; z. B. Abschalten grellen Lichtes). In beiden Fällen führt die Verstärkung dazu, dass die anfangs spontane Aktion häufiger oder mit größerer Intensität auftritt. Sie wird zur **bedingten (erlernten) Aktion**. Im Gehirn wird eine Assoziation zwischen der neutralen Aktion und dem Folgen einer Belohnung gespeichert. Häufig unterscheidet man primäre Verstärker (wirken von Lebensbeginn an, z. B. Nahrung, Zuwen-

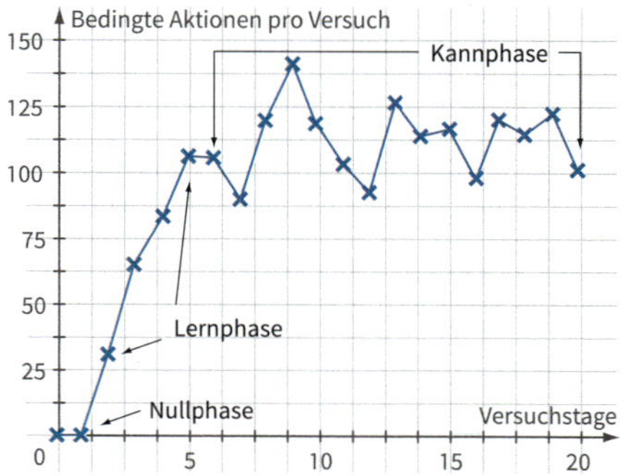

Abb. 8.12: Lernkurve eines Goldhamsters im SKINNER-Box-Versuch. Jede bedingte Aktion (Betreten und Drehen eines Laufrades) wurde mit Futter belohnt.

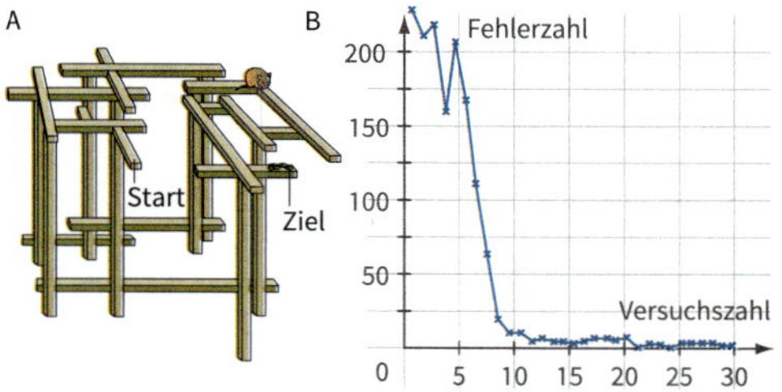

Abb. 8.13: (A) Hochlabyrinth (B) Lernkurve eines Goldhamsters im Labyrinthversuch. Am Ziel lag Futter.

dung) und sekundäre Verstärker (müssen erst als solche gelernt werden, z. B. Geld, Fernsehen).

- **Kannphase:** Das Lebewesen setzt die bedingte Aktion jetzt zielgerichtet ein, um die Belohnung zu erhalten. Dies lässt sich in **Lernkurven** erkennen, z. B. an einer gleichbleibend hohen Zahl bedingter Aktionen im SKINNER-Box-Versuch (→ Abb. 8.12), einer gleichbleibend niedrigen Fehlerzahl im Labyrinthversuch (→ Abb. 8.13) oder einer gleichbleibend hohen Rate an Richtigwahlen im Musterwahlversuch (in der Regel > 75 %).
- **Extinktionsphase (Löschungsphase):** Folgt auf die bedingte Aktion mehrfach hintereinander keine Belohnung, kommt es zur Abnahme der Häufigkeit oder Intensität der bedingten Aktion. Die erlernte Verknüpfung wird durch den neuen Lernprozess gelöscht.

BURRHUS F. SKINNER (1904 – 1990): US-amerikanischer Psychologe; prominentester Vertreter des Behaviorismus; nach ihm benannt ist die Skinner-Box, ein reizarmer Käfig für Lernversuche; typische Skinner-Box: leerer Käfig mit einem Hebel oder einer Pickscheibe sowie einer von außen bestückbaren Futterschale und einer Leuchte

Bestrafung statt Belohnung

Bei der im Laborexperiment seltener durchgeführten zweiten Form der operanten Konditionierung folgt in der Lernphase auf die spontane Aktion eine **Bestrafung**. Auch hier gibt es zwei Varianten: **aversive Bestrafung** (direkte Strafe; z. B. ein Schlag, ein Stromstoß) und **entziehende Bestrafung** (Entzug eines angenehmen Ausgangsreiz; z. B. „Liebesentzug“). Beide Formen der Bestrafung verringern die Auftrittswahrscheinlichkeit der spontanen Aktion. Hier ist also das Ausbleiben der Aktion der Lernerfolg.

lat. *aversio* = das Abwenden, Ekel, Abscheu

Weitere Lernformen

Prägung: Sie umfasst alle Lernprozesse, die an eine zeitlich eng begrenzte sensible Phase in der Verhaltensentwicklung eines Individuums gebunden sind und zu dauerhaften, in vielen Fällen irreversiblen Lernergebnissen führen. Lage und Dauer der jeweiligen sensiblen Phase sind artspezifisch. Prägungslernen ist schnell und effektiv. Die Prägung erfolgt dabei jeweils nur für einen bestimmten Bewegungsablauf (**motorische Prägung**) oder auf ein bestimmtes Objekt (**Objektprägung**). Der enge zeitliche und inhaltliche Rahmen ist genetisch vorgegeben, Belohnung und Strafe spielen keine Rolle.
Beispiele: Nachfolgeprägung (bei Entenküken die Festlegung des Objekts, dem sie nachfolgen), sexuelle Prägung (Prägung auf den Sexualpartner bei Vögeln), Gesangsprägung (Gesangslernen bei vielen Singvögeln).

irreversibel = unumkehrbar

Sensitivierung, Habituation und Dishabituation: Nimmt die Stärke der Reaktion auf einen Reiz zu, wenn dieser mehrmals dargeboten wird, so bezeichnet man dies als **Sensitivierung** (Empfindlichkeitssteigerung). Das Lebewesen reagiert zunehmend sensibler auf den Reiz. Führt mehrmaliges Auslösen einer Reaktion durch den gleichen Reiz zur Abnahme der Reaktionshäufigkeit/-intensität, so nennt man dies **Habituation** (reizspezifische Ermüdung, Gewöhnung). Sie ist durch erfahrungsbedingte Veränderungen auf Ebene der Nervenzellen zu erklären (→ Seite 165 f.). Habituation ist biologisch sinnvoll: Die Abschwächung der Reaktion bei einem Reiz, der sich in ähnlichen Situationen als bedeutungslos erwiesen hat, erspart dem Lebewesen unnötige Aktivitäten. Die Darbietung eines neuen Reizes kann Habituation verschwinden lassen (**Dishabituation**). Nun löst der ursprüngliche Reiz die Reaktion wieder aus.

Beobachtungslernen (Nachahmung, soziales Lernen): Wird die Handlung eines Artgenossen oder artfremden Individuums übernommen (kopiert), so spricht man von Beobachtungslernen. Voraussetzung dafür ist eine **hohe Aufmerksamkeit** des beobachtenden Lebewesens. Kopieren auch Tiere nachfolgender Generationen das Verhalten, kommt es zur Bildung von **Traditionen**. Vorteile: Negative wie positive Erfahrungen müssen nicht von allen Tieren gemacht werden. Die Fehlerrate beim Erwerb neuer Verhaltensweisen wird reduziert. Auch Jungtieren steht z. B. das von den Eltern durch Erfahrung erworbenes Verhalten direkt zur Verfügung. Nachahmung ist bei Tieren objektgebunden, sie müssen das Verhalten konkret sehen bzw. hören. Beim Menschen genügt auch die objektunabhängige Weitergabe von Informationen in Form einer verbalen Beschreibung.

Soziales Lernen = Veränderung des Verhaltens durch Interaktion mit Artgenossen

Abstraktion und Generalisation: Abstraktion bedeutet das Erkennen gleicher Eigenschaften/Merkmale an verschiedenen Objekten oder in verschiedenen Situationen. Generalisation bedeutet die Anwendung dieser Erkenntnis auf neue Situationen (Verallgemeinerung). Generalisation führt z. B. dazu, dass eine ursprünglich nur auf einen bestimmten Reiz hin erfolgende Reaktion auch durch ähnliche Reize ausgelöst wird. Beim Menschen führen Abstraktion und Generalisation zur Bildung von Begriffen (z. B. Stuhl, Baum, zehn). Bei höheren Wirbeltieren (Säugern, Vögeln) führen sie zur Bildung vorsprachlicher, averbaler Begriffe (Gleich-Ungleich-Begriff, Zahlbegriff).

Lernen durch Einsicht: Höchste Form des Lernens; bisher nur bei Menschen und Menschenaffen nachgewiesen. Ablauf: Das Lebewesen befindet sich in einer neuen, unbekannten Problemsituation. → Zunächst probiert es vertraute Lösungsstrategien aus. Bleiben sie erfolglos, hält es inne. → Im Kopf erfasst es nun die Gesamtstruktur der Problemsituation und bestimmt das Handlungsziel. → Es spielt mögliche Wege zum Erreichen des Zieles im Kopf durch. Dabei korrigiert es falsche Lösungen, bis es zur Erkenntnis des richtigen Lösungsweges kommt („Aha-Erlebnis"). → Nun besitzt es einen fertigen Plan. → Es führt diesen in einem Zug, ohne Phasen von Versuch-und-Irrtum-Lernen aus.

Lernen durch Versuch und Irrtum (engl. *trial and error*) = Methode zum Lösen von Problemen, bei der bekannte Lösungsmöglichkeiten so lange durchprobiert werden, bis eine Lösung gefunden ist

8.4 Verhaltensökologie/Soziobiologie

Untersuchungsrahmen

Verhaltensökologie und Soziobiologie gehen folgenden Fragestellungen nach: Welchen Nutzen bringt ein bestimmtes Verhalten dem Tier/Menschen? Welchen Beitrag leistet es zu seiner reproduktiven Fitness? Weshalb hat sich gerade dieses Verhalten im Verlauf der Evolution durchgesetzt?
Dabei untersucht die **Verhaltensökologie**, welche Selektionsvorteile bzw. -nachteile ein bestimmtes Verhalten dem Lebewesen unter bestimmten Umweltbedingungen bringt. Dazu werden Unterschiede im Verhalten von Tierarten vor dem Hintergrund der Unterschiede in der Ökologie dieser Arten analysiert. Aber auch die Untersuchung von individuellen Verhaltensunterschieden und ihren Auswirkungen auf die Fitness im Kontext der Umweltgegebenheiten, in denen die Individuen leben, ist Gegenstand der verhaltensökologischen Forschung.
Der Schwerpunkt der **Soziobiologie** ist die Untersuchung der Zusammenhänge zwischen Sozialverhalten und reproduktiver Fitness. Die Soziobiologie erklärt dabei das Sozialverhalten von Tieren und Menschen strikt durch **Individualselektion** und genetischen Eigennutz. Sozialverhalten setzt sich aus soziobiologischer Sicht dann evolutionär durch, wenn es dem Lebewesen zu einer Maximierung der Gesamtfitness verhilft.

Zentrale Begriffe

Reproduktive Fitness
Die reproduktive Fitness (häufig auch nur: Fitness) ist das Maß für den genetischen Beitrag eines Individuums zur nächsten Generation. Dabei muss man die **direkte Fitness** (eigener Fortpflanzungserfolg, Zahl eigener Nachkommen) von der **indirekten Fitness** (Fortpflanzungserfolg von Verwandten, mit denen das Lebewesen Gene gemeinsam hat) unterscheiden. Direkte und indirekte Fitness zusammen ergeben die **Gesamtfitness** (inklusive Fitness) eines Individuums. Um die Auswirkungen bestimmter Eigenschaften/Verhaltensweisen eines Individuums auf die **direkte Fitness** abschätzen zu können, werden sie hinsichtlich zweier Fragen untersucht:

① Erhöhen diese Eigenschaften/Verhaltensweisen die individuelle Lebenserwartung? Dies ist z. B. der Fall, wenn das Lebewesen Feinden besser ausweichen/entkommen kann; sich schneller/effizienter Nahrung beschaffen kann; Vorteile bei der Revierbesetzung bzw. Revierverteidigung hat; sich schneller/effizienter fortbewegen kann; besser lernen kann und über ein leistungsfähigeres Gehirn verfügt.

② Erhöhen die Eigenschaften/Verhaltensweisen den Fortpflanzungserfolg des Lebewesens direkt? Dies ist z. B. der Fall, wenn mehr/bessere Keimzellen erzeugt werden; öfter kopuliert werden kann; mehr Eizellen befruchtet werden; mehr Junge geboren werden/schlüpfen; im Verlauf des Lebens mehr Nachkommen erzeugt werden, die selbst reproduktionsfähig werden.

Eine erhöhte individuelle Lebenserwartung hat nicht zwangsläufig zur Folge, dass das Individuum auch tatsächlich mehr Nachkommen erzeugt. Sie ist damit nur ein indirektes Maß für den Fortpflanzungserfolg. Ebenso ist eigentlich nicht die Zahl der direkten Nachkommen, sondern die Zahl der Enkel ein Maß für die reproduktive Fitness. Denn nur wenn die eigenen „Kinder" wiederum selber Nachkommen bekommen, ist die Weitergabe der Gene garantiert.

Individualselektion

Soziobiologen und Verhaltensökologen sehen das Individuum als Grundeinheit der natürlichen Selektion. Es geht ihrer Meinung nach stets um die Frage: Maximiert eine Verhaltensweise den Reproduktionserfolg eines Individuums im Vergleich zu anderen Individuen? Entscheidend für die Bewertung von Verhalten im Lichte der Evolution ist also der Umfang, in dem die Gene des Individuums an die nachfolgenden Generationen weitergegeben werden. Die Gene von Individuen mit maximierter Fitness werden dabei häufiger weitergegeben als die Gene anderer Tiere der gleichen Art. Im Verlauf der Generationen wird so der Anteil fitnessmaximierender Gene am Genpool einer Art beständig zunehmen, ebenso das durch diese Gene gesteuerte fitnessmaximierende Verhalten. Die heute in weiten Teilen als überholt geltende Gegenmeinung traditioneller Evolutionsbiologen geht davon aus, dass Selektion an einem Kollektiv von Organismen (einer Gruppe, Population oder Art) ansetzt; im Sinne einer solchen **Gruppenselektion** wäre Verhalten, das der Gruppe als Ganzes nutzt, selektionsbegünstigt (Prinzip der Arterhaltung).

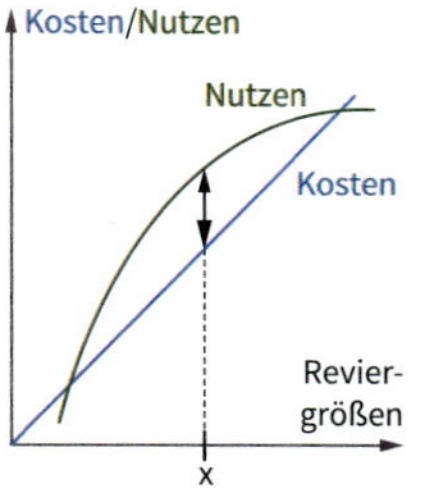

Abb. 8.14: Kosten-Nutzen-Bilanz für verschieden große Reviere bei Vögeln (x = optimale Reviergröße)

Kosten-Nutzen-Bilanz

Um den Beitrag eines Verhaltens zur reproduktiven Fitness abschätzen zu können, müssen Nutzen (Fitnessgewinn) und Kosten (Fitnessverlust; z. B. Zeitverlust, Energieaufwand) in einer Kosten-Nutzen-Analyse gegenübergestellt werden. Beispiel „Wahl der Reviergröße bei Vögeln" (→ Abb. 8.14): Bei zunehmender Reviergröße steigt der Aufwand für die Revierverteidigung (Kosten); gleichzeitig steht mehr Nahrung zur Verfügung und die Paarungswahrscheinlichkeit wird größer (Nutzen). Bei einer bestimmten Reviergröße gibt es einen maximalen Nutzenüberschuss (= optimale Reviergröße).

Je größer also der Wert $\frac{\text{N (Nutzen)}}{\text{K (Kosten)}}$, desto größer ist der „Fitness-Gewinn", den das Lebewesen aus einem Verhalten zieht, und desto stärker wird dieses durch die Selektion gefördert.

Verwandtenselektion *(kin selection)*

Hat ein bestimmtes Verhalten Einfluss auf den Fortpflanzungserfolg von Verwandten, so spielt in der Kosten-Nutzen-Bilanz ein weiterer Faktor eine wichtige Rolle: die **indirekte Fitness**. Indirekte Fitness ist das Maß für den Fortpflanzungserfolg von Verwandten, mit denen ein Individuum Allele gemeinsam hat. Auch durch Unterstützung solcher Verwandten (**altruistisches Verhalten**) kann ein Individuum die Weitergabe seiner Allele sichern. Für den Umfang dieser Weitergabe spielt der Verwandtschaftsgrad eine Rolle. So haben z. B. Eltern und Kinder mehr Allele gemeinsam als Cousins/Cousinen.

Den Anteil gemeinsamer Allele drückt der Verwandtschaftskoeffizient „r" aus.

Verwandtenbeziehung	Wahrscheinlichkeit, ein bestimmtes Allel gemeinsam zu haben	Verwandtschaftskoeffizient „r"
eineiige Zwillinge	100 %	1
Mutter/Vater – Kind	50 %	0,5
Geschwister	50 %	0,5
Großeltern – Enkel	25 %	0,25
Cousins 1. Grades	12,5 %	0,125
(Angaben gelten für Populationen ohne Inzucht)		

Tab. 8.1: Verwandtenbeziehung und Verwandtschaftskoeffizient

WILLIAM D. HAMILTON (1936 – 2000): britischer Biologe; durch seine theoretischen Arbeiten zur Verwandtenselektion (u. a. HAMILTON-Ungleichung 1964) einer der Wegbereiter der Soziobiologie

Unter Einbezug des Verwandtschaftskoeffizienten muss die Kosten-Nutzen-Bilanz für altruistisches Verhalten zur HAMILTON-Ungleichung erweitert werden: $K < r \cdot N$. Damit ein Verhalten selektionsbegünstigt ist, muss die rechte Seite der Ungleichung (Nutzen des Verhaltens für den Geholfenen mal „r") größer sein als die linke (Kosten des Verhaltens für den Helfer).

Strategie und Taktik

Zum Erreichen einer optimalen Kosten-Nutzen-Bilanz wenden Individuen bestimmte Strategien an. Eine **Strategie** ist ein komplexes Verhaltensmuster zum Erreichen eines Zieles. Jede Strategie beruht auf genetisch fixierten Verhaltenskomponenten, kann jedoch auch erlernte und damit flexible Elemente beinhalten.

In der Evolution stehen verschiedene Strategien in Konkurrenz zueinander. Die Selektion bestimmt dabei den Erfolg einer Strategie; der Maßstab für den Erfolg ist der Beitrag, den diese zur Maximierung der Fitness leistet.

Der Wert einer Strategie hängt von den jeweiligen Umweltbedingungen ab, zudem aber in vielen Fällen auch davon, welche anderen Strategien von Organismen im gleichen Lebensraum angewandt werden und in welcher Zahl Individuen mit alternativen Strategien im Lebensraum vertreten sind. Alternative Verhaltensvarianten innerhalb einer Strategie bezeichnet man auch als **Taktik**.

Strategien des Nahrungserwerbs bei Karnivoren

Kennzeichen und Funktion von Strategien sollen nun am Beispiel der Strategien des Nahrungserwerbs bei Karnivoren verdeutlicht werden:

Karnivoren = Fleischfresser, Räuber

Problemaspekte beim Nahrungserwerb von Karnivoren

Aus Sicht von Karnivoren ergeben sich bei der Nahrungsbeschaffung folgende Probleme:

- Aufspüren des Beutetieres
- Ergreifen des (fliehenden) Beutetieres
- Überwältigen der Beute
- fraßgerechte Aufbereitung des Beutetieres, falls dies z. B. durch eine Schale geschützt ist
- Konkurrenz beim Verzehren der Beute durch Tiere der eigenen Art oder anderer Arten (intra-/interspezifische Konkurrenz)

Für jeden dieser Problempunkte muss der Karnivore eine Lösungsstrategie verfolgen.

Messen des Erfolges einer Strategie

Den Erfolg einer Strategie im Rahmen des Nahrungserwerbs kann man wie folgt ermitteln: Energiegehalt der gewonnenen Nahrung minus aufgewandte Energie und Zeit zu ihrer Beschaffung = Nettoenergiegewinn pro Zeiteinheit.
Man sollte nun gemäß dem Grundsatz der Fitnessmaximierung erwarten, dass Karnivoren beim Nahrungserwerb nur Strategien verfolgen, die ihren Nettoenergiegewinn optimieren. Tatsächlich gibt es hierfür Beispiele.

Beispiel 1

Aufspüren der Beute: In Kolonien nistende Fischadler orientieren sich am Beuteerfolg der Artgenossen. Solange kein Adler mit Beute in die Kolonie zurückkehrt, fliegen Adler in verschiedene Himmelsrichtungen ab (→ Abb. 8.16 A).
Kommt ein Adler mit einem gefangenen Hering aus einer bestimmten Himmelsrichtung in die Kolonie zurück (schwarzer Pfeil in → Abb. 8.16 B), so fliegen die anderen Adler in die Richtung ab, aus der der erfolgreiche Jäger gekommen ist (Beobachtungslernen/Nachahmung; → Abb. 8.16 B).
Der Erfolg gibt ihnen recht: Solche „informierten Seeadler" stoßen häufig auf den Heringsschwarm, aus dem der erfolgreiche erste Jäger seinen Fisch geholt hat.

Abb. 8.15: Fischadler

>> Beispiel 1

Damit minimieren sie ihren Zeit- und Energieaufwand für das Suchen der Beute (→ Abb. 8.16 C).

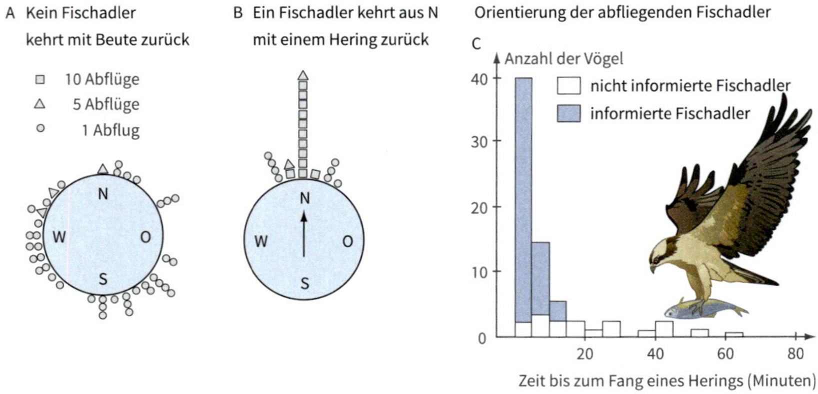

Abb. 8.16: Nachahmung als Strategie zum Auffinden von Beute beim Fischadler

Beispiel 2

Abb. 8.17: Austernfischer

Auswahl der Beute: Austernfischer wählen aus dem vorhanden Größenspektrum an Muscheln bevorzugt Muscheln mittlerer Länge aus (→ Abb. 8.18. A und B). Ihr Nahrungsauswahlverhalten lässt sich mit dem Bestreben zur Optimierung ihrer Nettoenergiebilanz erklären: Kleine Muscheln erfordern einen fast gleich hohen Energieeinsatz beim Öffnen wie mittlere, liefern aber nur wenig Nahrung. Große Muscheln bieten zwar mehr Nahrung als mittlere, lassen sich jedoch schwerer oder eventuell gar nicht öffnen. Austernfischer gehen also bei der Auswahl ihrer Beute ökonomisch vor. Ökonomisch handelnde Tiere haben eine sehr positive Kosten-Nutzen-Bilanz. Ihre reproduktive Fitness ist gegenüber Tieren mit anderen Strategien maximiert, das heißt, sie haben mehr Nachkommen als unökonomisch agierende Austernfischer. Da die ökonomische Muschelauswahlstrategie genetisch fixiert ist, hat dies im Verlauf der Evolution dazu geführt, dass Austernfischerpopulationen fast nur aus Tieren mit ökonomischem Muschelauswahlverhalten bestehen.

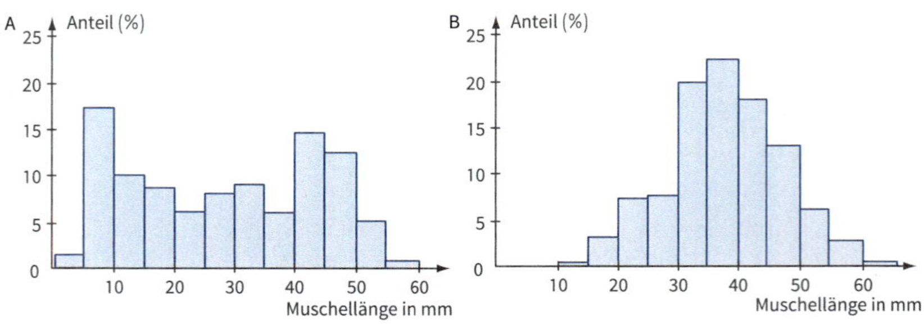

Abb. 8.18: Muschelwahl von Austernfischern
A: vorhandene Muscheln; B: geöffnete/gefressene Muscheln

Andere Karnivoren wählen bevorzugt alte, verletzte oder kranke Tiere als Beute aus. Auch hier ist der Energiegewinn im Verhältnis zum notwendigen Energieeinsatz am höchsten.
Das Nahrungsauswahlverfahren beinhaltet aber neben genetisch festgelegten auch erlernte Elemente. So kann es je nach ökologischen Rahmenbedingungen variiert werden. Möwen stürzen sich z. B. beim Abladen von Müll auf jede Art von Fressbarem. Die Ursache ist eine starke intraspezifische Konkurrenz, denn über dem Müllberg kreisen viele weitere Möwen. In solch einer Situation ist es besser, in der Auswahl seiner Nahrung weniger wählerisch zu sein als üblich, um überhaupt etwas abzubekommen.

Evolution von Strategien
Jede Strategie ist das Ergebnis eines evolutionären Prozesses. Wenn sich Strategien im Selektionsprozess behaupten konnten, also nicht durch andere mögliche Strategien verdrängt wurden, bezeichnet man sie als evolutionsstabil. Eine **evolutionsstabile Strategie (ESS)** ist also eine Strategie, zu der es unter den gegebenen Umweltbedingungen keine bessere Alternative gibt. Manchmal gibt es aber mehrere alternative ESS, die alle zu gleichen Fortpflanzungserfolgen führen.

Ein Sonderfall sind **Mischstrategien**: Bestimmte Strategien können nur erfolgreich sein, wenn in einer Population die Zahl ihrer Nutzer zur Zahl der Nutzer anderer Strategien in einem bestimmten Zahlenverhältnis steht. Man bezeichnet solche evolutionsstabilen Strategien als Mischstrategien (→ „Beispiel" auf Seite 204).

Eine Änderung der Umweltbedingungen (z. B. Änderung des Beutetierspektrums, Änderung des Nistplatzangebotes) kann dazu führen, dass neue Strategien evolutionär stabil werden, die den veränderten Bedingungen eher entsprechen und damit vorteilhafter sind.

Teilweise wird durch die genetischen Vorgaben nicht eine bestimmte Verhaltensweise, sondern ein bestimmtes Verhaltensspektrum festgelegt. Je nach Situation kann ein Individuum aus einer Reihe alternativer Verhaltensmöglichkeiten (**Taktiken**) diejenige auswählen, die der jeweiligen Situation am besten entspricht. Strategien dieses Typs nennt man **konditionale Strategien**. Eine konditionale Strategie ist dann evolutionsstabil, wenn dank ihrer Flexibilität eine gleich hohe oder höhere Fitness erreicht wird wie durch alternative Strategien mit nur einer möglichen Taktik (→ „Beispiel" auf Seite 204).

lat. conditionalis = bedingt, mit einer Bedingung verbunden

Beispiel

Weißkopfseeadler fressen Lachse.
Ein Seeadler kann einen Fisch erhalten durch Jagen (die Jagd ist energieaufwendig, aber in der Regel erfolgreich) oder durch Stehlen (Seeadlern, die mit einem Fisch zurückkehren, wird ihre Beute streitig gemacht; dies ist weniger kräftezehrend als die Jagd, allerdings ist der „Beuteerfolg" etwas geringer; zudem ist Stehlen nur möglich, wenn Artgenossen vorhanden sind, die jagen).

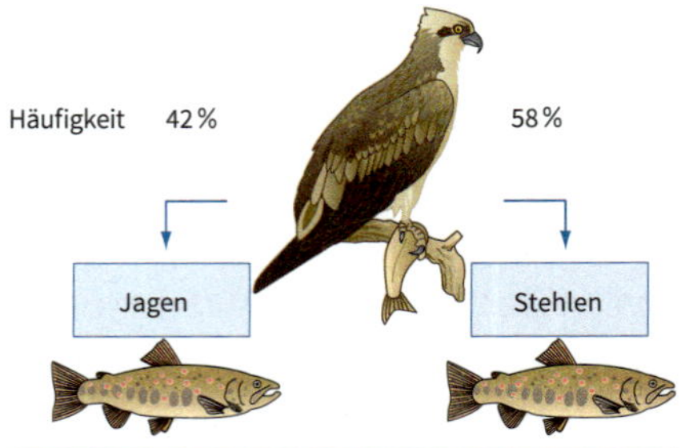

Abb. 8.19: Beuteerwerb bei Weißkopfseeadlern

Damit könnte es bei Seeadlern zwei genetisch fixierte evolutionsstabile Strategien geben:

- Jagen – Träger der Gene für diese Strategie jagen ihren Fisch stets selbst.
- Stehlen – Träger der Gene für diese Strategie stehlen ihren Fisch stets.

In den untersuchten Seeadlerpopulationen fand man ein Verhältnis von 42 : 58 zwischen Jägern und Dieben. Bei diesem Zahlenverhältnis führen offenbar beide Strategien zu einem annähernd gleichen Ergebnis in der Kosten-Nutzen-Bilanz.
Allerdings können beide Strategien innerhalb einer Seeadlerpopulation nur in dem beobachteten (oder einem ähnlichen) Zahlenverhältnis auftreten. Würden fast alle Seeadler selber jagen, hätten die stehlenden Seeadler Selektionsvorteile. Sie fänden immer einen Schwächeren, dem sie einen Fisch entwenden könnten. Ihre reproduktive Fitness würde sich erhöhen. Würden hingegen fast alle Seeadler stehlen, gäbe es bald keine Gelegenheit mehr dazu. Die Folge: Es pendelt sich ein bestimmtes Zahlengleichgewicht zwischen Jägern und Dieben ein. Es handelt sich bei diesen beiden Strategien also um **Mischstrategien**.

Es gibt noch eine dritte Strategie, nämlich Jagen ***oder*** Stehlen: Träger der Allele für diese Strategie reagieren flexibel. Erblicken sie im hungrigen Zustand einen Artgenossen, der einen Fisch erbeutet hat, so versuchen sie, diesen zu stehlen. Gelingt das nicht oder erblicken sie lange Zeit keinen Artgenossen mit Fisch, das heißt, wird ihr Hunger zu groß, so jagen sie selbst. Hier entscheiden äußere und innere Faktoren, welche der beiden möglichen Taktiken das Tier verfolgt. Es handelt sich um eine **konditionale Strategie**. Diese Strategie verändert das statistische Zahlenverhältnis von Jägern zu Dieben nicht.

Kooperation in Tierverbänden

Soziale Verbände werden von vielen Tierarten gebildet. Sie können entweder nur für begrenzte Zeit oder dauerhaft bestehen bleiben. Tierverbände, in denen Tiere aufgrund **sozialer Attraktion** zusammenkommen und -bleiben, müssen dabei von zufälligen Tieransammlungen (**Aggregationen**; z. B. Tiere am Wasserloch) unterschieden werden. Es gibt:

- **Offene anonyme Verbände**
  - Mitglieder kennen sich nicht individuell
  - keine Rangordnung oder Territorien
  - jedes artgleiche Tier kann sich anschließen (Austauschbarkeit der Individuen)

  Beispiele: Fischschwarm, Vogelschwarm
- **Geschlossene anonyme Verbände**
  - Mitglieder kennen sich nicht individuell, können sich aber als Verbandsmitglied identifizieren (z. B. verbandsspezifischer Geruch)
  - keine Rangordnung, aber Arbeitsteilung
  - Anschluss gruppenfremder Tiere wird nicht/nur unter Widerstand zugelassen

  Beispiele: Staaten bildende Insekten (z. B. Bienen, Ameisen, Termiten)
- **Individualisierte Verbände**
  - Mitglieder kennen sich individuell
  - Rangordnung/Ausbildung von Revieren
  - Zu- und Abwanderung mit Duldung der Gruppe in begrenztem Umfang möglich

  Beispiele: Löwenrudel, Paviangruppe, Menschenfamilie

Vorteile von Tierverbänden

- Erleichterter Nahrungserwerb. Insbesondere bei Karnivoren finden mehrere miteinander kooperierende Tiere schneller und leichter Nahrungsquellen als Einzelgänger (→ Fischadler Seite 201 f.); Zudem ist die Gruppenjagd häufig effektiver als die Einzeljagd (→ Schimpansen; Abb. 8.20) usw.

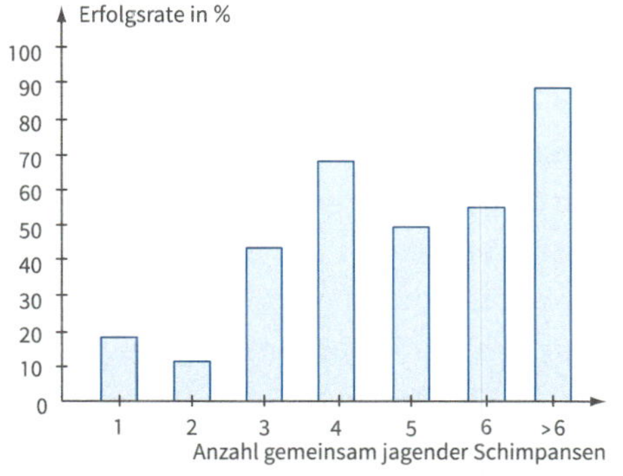

Abb. 8.20: Anteil erfolgreich abgeschlossener Jagden bei verschieden großen Jagdgruppen einer Schimpansenpopulation im Tai-Nationalpark (Elfenbeinküste)

- Erfolgreichere Ressourcenverteidigung. Jagdgruppen können ihre Beute leichter gegen Konkurrenten verteidigen als Einzeltiere, Rudel leichter ihr Revier.
- Größere Sicherheit vor Feinden. Gruppen bieten Schutz (Abschreckungseffekt, gegenseitiges Warnen usw. → Tab. 8.2).

Nachteile von Tierverbänden

- Erhöhte intraspezifische Konkurrenz: Gruppenmitglieder konkurrieren in verstärktem Maße um Nahrung, Nistmaterial, Nistplätze, Reproduktionspartner usw.
- erhöhtes Infektionsrisiko für ansteckende Krankheiten wie auch Parasiten
- erhöhte Auffälligkeit: Eine Gruppe fällt Raubfeinden eher auf als ein Einzeltier.

lat. *appetere* = erstreben, begehren, verlangen

Neben genetischen Vorgaben (**soziale Appetenz**) bestimmen die konkreten ökologischen Rahmenbedingungen, ob und in welcher Gruppengröße Tiere zusammenleben. Das folgende Beispiel mag dies verdeutlichen:

	viele Räuber		**wenig Räuber**	
geringe Gruppengröße	Gefahr	12	Gefahr	6
	Konkurrenz	2	Konkurrenz	2
mittlere Gruppengröße	Gefahr	10	Gefahr	5
	Konkurrenz	5	Konkurrenz	5
große Gruppengröße	Gefahr	6	Gefahr	3
	Konkurrenz	8	Konkurrenz	8
sehr große Gruppengröße	Gefahr	2	Gefahr	1
	Konkurrenz	9	Konkurrenz	9

Tab. 8.2: Optimale Gruppengröße (farbig umrandet) in einer Umwelt mit vielen bzw. mit wenigen Raubfeinden. Die Zahlen geben jeweils relative Werte der Gefährdung durch Raubfeinde bzw. relative Werte der Nahrungskonkurrenz an.

Kooperation (Mutualismus)

Der zentrale Vorteil der Gruppenbildung ist die Möglichkeit zur **Kooperation** (Zusammenarbeit). Der Grundsatz der Fitnessmaximierung wird dabei aber scheinbar vernachlässigt: Das kooperierende Tier mindert seine eigene Fitness und stärkt die Fitness anderer Populationsmitglieder. Warum also gibt es Kooperation?

Lebewesen mit übereinstimmenden Interessen kooperieren, weil alle Partner daraus Vorteile ziehen, die größer sind als die Investitionen.

Beispiele: Jagdkooperation im Wolfsrudel; gemeinsame Verteidigung von Nahrungsvorräten gegen innerartliche Konkurrenten; Brutpflegekooperation bei Paarungspartnern, die gemeinsame Junge großziehen.

Altruismus

Unter Altruismus versteht man Verhalten, bei dem ein Individuum einem anderen hilft, ohne eine direkte Gegenleistung dafür zu erhalten. Solch „uneigennütziges" Verhalten mindert die reproduktive Fitness des uneigennützig Handelnden und erhöht die des Handlungsempfängers. Dies kann im Extremfall mit einer Aufopferung des altruistisch Handelnden verbunden sein, im Regelfall geht es aber um Hilfeleistungen, die das Leben des uneigennützig Handelnden nicht gefährden. Altruismus scheint auf den ersten Blick einer Fitnessmaximierung entgegenzustehen. Bei näherer Betrachtung aber wandelt sich das Bild: In vielen Fällen nämlich kann der uneigennützig Handelnde erwarten, dass der „Beschenkte" bei anderer Gelegenheit die Hilfe erwidert („Wie du mir, so ich dir"). Bei dieser Form von Altruismus, dem **reziproken Altruismus**, nimmt der Helfende nur eine momentane Minderung seiner Fitness in Kauf, um zu einem späteren Zeitpunkt durch die dann erhaltene Hilfe einen Fitnessgewinn zu erzielen, der die vorherigen Investitionsverluste mindestens ausgleicht. Vorbedingungen: Die Partner müssen sich in der Regel individuell kennen; die Kosten dürfen für den Altruisten nicht zu hoch sein; seine Lebenserwartung darf nicht zu gering sein („Rückerstattungschance" muss bestehen) und der Altruist darf keine schlechten Erfahrungen mit „Betrügern" gemacht haben. Altruistisches Verhalten wird wahrscheinlicher, wenn der Geber bereits selber Empfänger war.

lat. *alter* = der andere, der Nächste, der Mitmensch

lat. *reciprocare* = hin- und zurückfließen

	Kosten an	Nutzen an		
	direkter Fitness	**direkter Fitness**		**indirekter Fitness**
Kooperation	gering	ja	und/oder	ja
nepotistischer Altruismus	ja	nein		ja
reziproker Altruismus	ja	ja	und/oder	ja

Tab. 8.3: Kosten-Nutzen-Bilanz für Kooperation und Altruismus

Eine zweite Form des Altruismus beinhaltet die Inkaufnahme individueller Fitnesseinbußen zugunsten von Verwandten (**nepotistischer Altruismus**). Hier helfen Individuen Verwandten ohne Aussicht auf eine entsprechende Gegenleistung. Nepotistischer Altruismus führt zwar zur Minderung der direkten, aber zur Steigerung der indirekten Fitness. Diese Steigerung ist umso größer, je näher Altruist und Nutznießer verwandt sind (→ Verwandtschaftskoeffizient ➝ Tab. 8.1). Der Verlust an direkter Fitness muss für den Altruisten aber kleiner sein als der Gewinn an indirekter Fitness (→ $K < r \cdot N$; Verwandtenselektion; ➝ Seite 200).

lat. *nepos* = Nachkommen, Enkel

Beispiele: Brutpflege und aufopfernde Verteidigung bei Staaten bildenden Insekten; Brutpflegehelfer bei Fischen, Vögeln, Säugern.

Das Gegenteil von Altruismus ist **Egoismus**.

Überblick

Untersuchung von Verhalten

- Fragen: 1. Wie verhält sich ein Lebewesen? 2. Warum verhält es sich so?
- Die Frage nach dem „Warum" kann unter dem Blickwinkel der Steuerung, der Entwicklung oder des biologischen Nutzens erforscht werden.

Reflexe

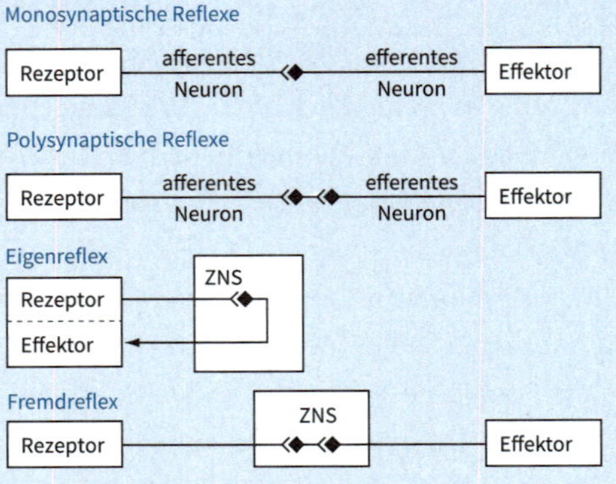

Instinktverhalten

- Komplexere, überwiegend angeborene Verhaltensweisen, deren Auslösung, Ablauf und Intensität durch äußere Reize und innere Bedingungen eines Tieres bestimmt werden, nennt man Instinktverhalten.
- Es ist artspezifisch und kann neben angeborenen auch erlernte Elemente enthalten, wobei beide in der Regel eng miteinander verzahnt sind.

Klassische Konditionierung

- Ein zunächst neutraler Reiz wird an einen von Natur aus reaktionsauslösenden Reiz gekoppelt. Nach mehrfacher Wiederholung löst der zuvor neutrale, nun bedingte (erlernte) Reiz alleine eine Reaktion aus.
- Die erlernte Reiz-Reaktions-Kopplung kann durch aktives Umlernen wieder gelöst werden (Extinktion).

Operante Konditionierung

- Ein Lernvorgang, bei dem die Auftrittswahrscheinlichkeit einer zunächst spontanen, nicht zielgerichteten Aktion durch positive/negative Verstärkung erhöht oder durch Bestrafung verringert wird.
- positive Verstärkung = direkte Belohnung; negative Verstärkung = indirekte Belohnung (z. B. Ausschalten einer unangenehmen Situation)

Soziobiologie und Verhaltensökologie

- Sie erklären die evolutionäre Entwicklung von Verhaltensweisen nach dem Prinzip der Individualselektion.
- Entscheidend dafür, dass sich eine Verhaltensweise in der Evolution durchsetzt, ist, dass sie zur Maximierung des Reproduktionserfolges des Individuums, zur Maximierung seiner reproduktiven Fitness beiträgt.

Ökologie

9

Das Zusammenwirken abiotischer und biotischer Faktoren in einem Lebensraum steht im Mittelpunkt dieses Kapitels. Dabei steht der erste Abschnitt unter der Leitfrage „Wie beeinflussen abiotische Umweltfaktoren das Leben von Pflanze und Tier?" Sodann werden die Beziehungen der Lebewesen untereinander in den Blick genommen. Der Schlussteil stellt das komplexe Geflecht der Wechselwirkungen zwischen den abiotischen und biotischen Faktoren verschiedener Ökosysteme dar.

9.1 Übersicht

Die Ökologie ist das Teilgebiet der Biologie, das sich mit den Wechselbeziehungen zwischen Organismen und ihrer Umwelt beschäftigt. Ökologische Fragestellungen können auf unterschiedlichen Ebenen untersucht werden:

① **Autökologie** – Der einzelne Organismus und die Wechselwirkungen zwischen ihm und der Umwelt stehen hier im Mittelpunkt der Betrachtung. Auf Organismen wirken unterschiedliche Umweltfaktoren ein. Diese teilt man in zwei Kategorien ein: **abiotische** und **biotische Faktoren.** Zu den abiotischen Faktoren zählen Temperatur, Wasser, Licht und pH-Wert. Nahrungsbeziehungen, Konkurrenz, aber auch Krankheitserreger und Parasiten sind Beispiele für biotische Umweltfaktoren.

griech. *a* = nicht, ohne
griech. *bios* = Leben

② **Demökologie** – Die nächsthöhere Ebene ist die der **Population**. Unter einer Population versteht man eine Gruppe artgleicher Individuen, die in einem bestimmten Lebensraum vorkommen und sich untereinander fortpflanzen. Die Demökologie untersucht beispielsweise, von welchen Faktoren das Wachstum einer Population abhängt.

③ **Synökologie** – Die Gesamtheit der in einem bestimmten abgegrenzten Lebensraum vorkommenden Organismen bildet eine Lebensgemeinschaft, die **Biozönose**. Der Lebensraum einer Biozönose wird als **Biotop** bezeichnet. Ein Bachlauf, eine Trockenmauer, aber auch ein Schulhof sind Beispiele für Biotope. Biotop und Biozönose beeinflussen sich wechselseitig und bilden eine funktionelle Einheit, das **Ökosystem**. Seen, Flüsse oder Korallenriffe sind Beispiele für aquatische Ökosysteme. Zu den terrestrischen Ökosystemen zählen etwa der mitteleuropäische Wald, der tropische Regenwald, die Savanne oder die Tundra. Die Synökologie untersucht dabei die Wechselbeziehungen zwischen verschiedenen Biozönosen, wie auch die zwischen Biozönose und Biotop.

9.2 Abiotische Faktoren

Toleranz und ökologische Potenz

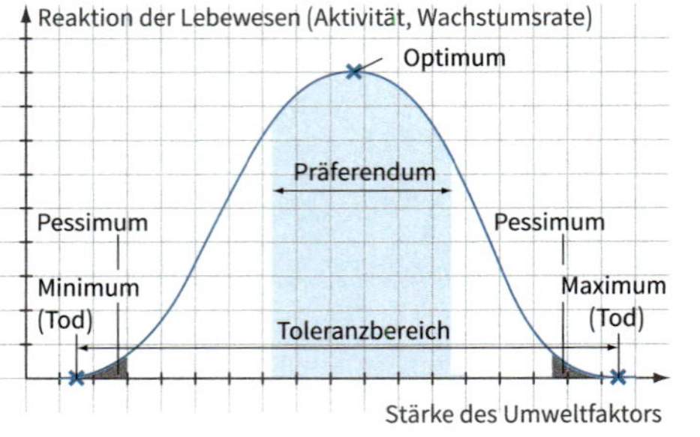

Abb. 9.1: Toleranzkurve

Abiotische Umweltfaktoren beeinflussen die Aktivität von Lebewesen in charakteristischer Weise. Variiert man experimentell einen Faktor und misst die sich ergebende Lebensaktivität, so erhält man eine typische **Toleranzkurve**. Diese wird durch das *Minimum* und das *Maximum* begrenzt. Unter bzw. über diesem Wert ist kein Leben möglich. Dazwischen liegt der *Toleranzbereich* mit dem *Optimum*. Hier ist die Aktivität der Lebewesen am höchsten. Bewegliche Lebewesen suchen nach Möglichkeit den *Vorzugsbereich* (Präferendum) auf. Innerhalb des Toleranzbereiches werden die Abschnitte, in denen ein Lebewesen für eine gewisse Zeit gerade noch überleben, sich aber nicht mehr fortpflanzen kann, als *Pessima* bezeichnet. Die Toleranzbreite und damit die Reaktionsfähigkeit einer Art sind genetisch festgelegt:

gr. *stenos* = eng
gr. *eurys* = weit

- **Stenopotente Arten** verfügen über einen engen Toleranzbereich. *Beispiel:* Das Wollgras wächst nur auf sehr feuchten Moorböden.
- **Eurypotente** Arten zeigen einen weiten Toleranzbereich hinsichtlich eines Faktors. *Beispiel:* Die Waldkiefer gedeiht sowohl an sandig trockenen wie auch an feuchten Moorstandorten.
- Unter der **physiologischen Potenz** einer Art versteht man die genetisch festgelegte Fähigkeit, ohne Konkurrenz durch andere Organismen, Schwankungen des untersuchten Umweltfaktors zu ertragen (→ „Beispiel“ auf Seite 211). Dies ist ein eher theoretischer, unter Laborbedingungen ermittelter Wert, da eine Reinkultur ohne jede Konkurrenz durch andere Arten in der Natur nur selten vorkommt.
- Die **ökologische Potenz** beschreibt hingegen die Fähigkeit einer Art, in einer Lebensgemeinschaft mit anderen Organismen, also unter den Bedingungen natürlicher Konkurrenz, die Schwankungen des untersuchten Umweltfaktors zu ertragen (→ „Beispiel“ auf Seite 211). Die ökologische Potenz beinhaltet also das Reaktionsvermögen einer Art auf eine Kombination von abiotischen (z. B. Temperatur) und biotischen Faktoren (z. B. interspezifische Konkurrenz). Die ökologische Potenz ist in der Regel deutlich geringer als die physiologische Potenz.

Beispiel

Die Waldkiefer besitzt für die Bodenfeuchte eine breite physiologische Potenz. Sie könnte theoretisch alle Böden besiedeln. Unter natürlichen Bedingungen wird sie jedoch durch die Konkurrenz verschiedener anderer Baumarten auf sehr trockene Standorte abgedrängt.
Ihre ökologische Potenz für die Bodenfeuchte ist gering. Die Waldkiefer ist damit **stenök**. Sie zeigt im Waldökosystem sehr trockene Standorte an und ist folglich eine **Zeigerpflanze** für geringe Bodenfeuchte.
Arten mit einer breiten ökologischen Potenz werden dagegen als **euryök** bezeichnet. Sie sind als Zeigerpflanzen ungeeignet.

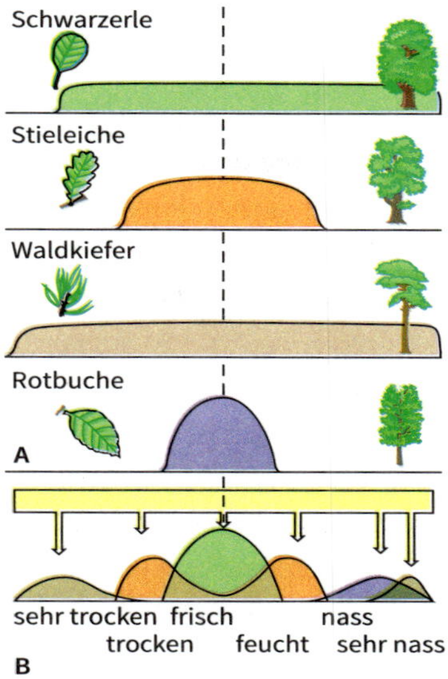

Abb. 9.2: A Physiologische Potenz B Ökologische Potenz verschiedener Baumarten bezüglich des abiotischen Umweltfaktors „Bodenfeuchte“

Umweltfaktor Temperatur

Sämtliche Lebensvorgänge sind temperaturabhängig, da ihnen temperaturabhängige chemische Reaktionen zugrunde liegen. Die individuellen Ansprüche an eine bestimmte Temperatur differieren jedoch von Art zu Art. Nach der Regulation der Körpertemperatur unterscheidet man bei Tieren zwei Typen: wechselwarme und gleichwarme Organismen. Diese weisen unterschiedliche Merkmale auf:

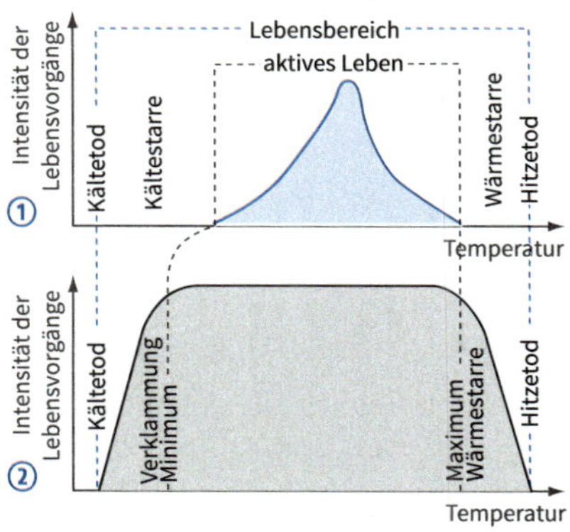

Abb. 9.3: Temperatur-Toleranzkurven
① wechselwarme Tiere,
② gleichwarme Tiere

Wechselwarme oder ektotherme (poikilotherme) Organismen

- geringe Wärmeproduktion durch eigenen Stoffwechsel
- Körpertemperatur gleicht sich der Umgebungstemperatur an
- im Bereich zwischen Minimum und Optimum werden die Lebensprozesse bei einer Temperaturerhöhung um 10 °C um das Zwei- bis Dreifache beschleunigt (**RGT-Regel** → Seite 27)

- unterhalb sowie oberhalb bestimmter Temperaturgrenzwerte zeigen sie keine aktiven Lebensäußerungen (Kältestarre bzw. Wärmestarre)
- keine bzw. kaum Kühlungsmechanismen (z. B. kein Schwitzen)
- Energie- und damit auch Nahrungsbedarf geringer als bei gleichwarmen Tieren ähnlicher Größe
- Vorteile: geringerer Nahrungsbedarf als bei gleichwarmen Tieren; im Winter keine Nahrungszufuhr nötig
- Nachteile: es können nur Regionen mit hinreichenden Temperaturen besiedelt werden (Ausnahme: Sonderanpassungen z. B. bei arktischen Fischen)
- Tiergruppen: Wirbellose, Fische, Amphibien, Reptilien

Gleichwarme oder endotherme (homoiotherme) Organismen

- hohe Wärmeproduktion durch eigenen Stoffwechsel
- annährend konstante Körpertemperatur unabhängig von der Umgebungstemperatur
- Federn, Haarkleid, Fettschichten usw. unterstützen Wärmeregulation (Isolationseffekt)
- effiziente Temperaturregulation durch körpereigene Regulationsmechanismen: bei sinkenden Außentemperaturen Gegenmaßnahmen wie Muskelzittern (Wärmeproduktion), Aufstellen der Haare oder Einrollen; bei steigenden Außentemperaturen Möglichkeit zur Kühlung des Körpers durch Schwitzen oder Hecheln

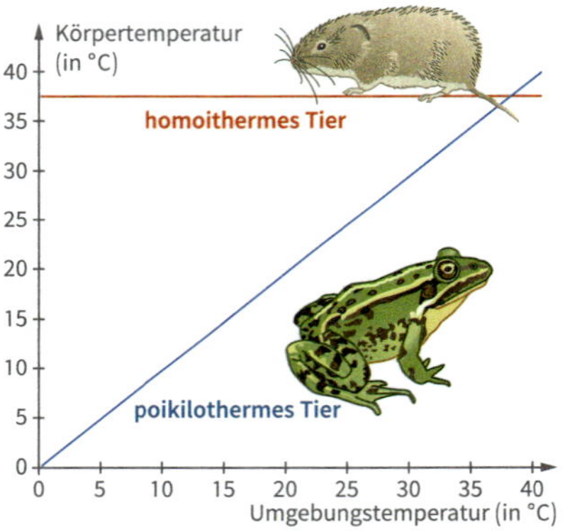

Abb. 9.4: Körpertemperatur eines gleichwarmen und eines wechselwarmen Tieres im Vergleich

- Energie- und damit auch Nahrungsbedarf deutlich höher als bei wechselwarmen Tieren ähnlicher Größe
- Vorteile: optimale Aktivität in einem breiten Temperaturspektrum; auch bei Temperaturen unter 0 °C Aktivität möglich; daher Besiedlung annährend aller Lebensräume der Erde möglich
- Nachteile: hoher Nahrungsbedarf für Wärmeproduktion bzw. Kühlung
- Tiergruppen: Vögel, Säugetiere
- **Winterruhe** (Eichhörnchen, Dachs, Bär) – wenig abgesenkte Körpertemperatur und damit relativ geringer Energieverbrauch
- **Winterschlaf** (Igel, Hamster, Fledermäuse) – stark abgesenkte Körpertemperatur und damit hohe Energieeinsparung

Klimaregeln für gleichwarme Tiere

Für endotherme Tiere lassen sich die folgenden Zusammenhänge zwischen dem Klima und der Tiergestalt formulieren:

Individuen einer Art oder nahe verwandter Arten sind in kalten Gebieten größer als in warmen Regionen. BERGMANN'sche Regel

Physiologisch wird die BERGMANN'sche Regel so erklärt, dass große Tiere im Verhältnis zum Körpervolumen eine relativ geringe Körperoberfläche besitzen. Das Volumen eines Körpers steigt mit wachsender Größe in der dritten Potenz, die Oberfläche nur mit der zweiten Potenz. In kühlen Regionen ist eine kleine Körperoberfläche bei relativ großem Volumen von Vorteil, da der Wärmeaustausch mit der Umwelt über die Oberfläche erfolgt. Voraussetzung ist jedoch ausreichend Nahrung.

Abb. 9.5: In kalten Regionen lebende Pinguine sind größer als solche aus warmen Regionen.

Bei verwandten Arten gleichwarmer Tiere sind Körperanhänge wie Ohren oder Schwänze in kalten Klimazonen kleiner als in wärmeren Gebieten. ALLEN'sche Regel

Auch die ALLEN'sche Regel wird durch die zuvor genannten Zusammenhänge verständlich: Große Körperanhänge haben eine relativ große Oberfläche. Sie kühlen daher schneller aus. In warmen Regionen dienen beispielsweise große Ohren der Abgabe überschüssiger Wärme und somit der Thermoregulation. Dort findet man folglich Arten, deren Körperanhänge relativ groß sind.

Abb. 9.6: ALLEN'sche Regel am Beispiel verschiedener Fuchsarten

Umweltfaktor Wasser

Wassertiere: Der Wasserhaushalt aquatisch lebender Organismen wird durch den osmotischen Wert des umgebenden Mediums bestimmt.

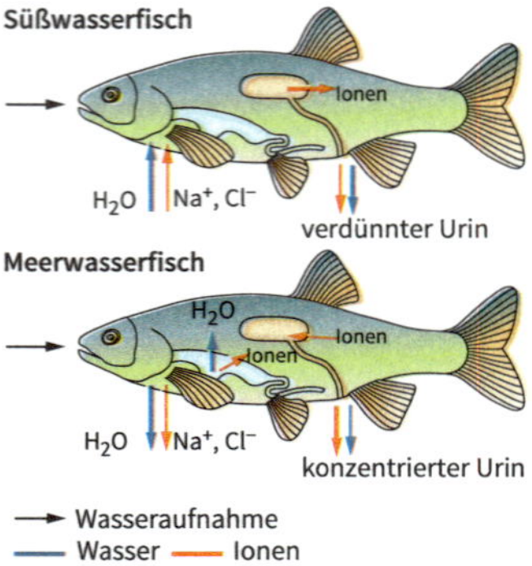

Abb. 9.7: Osmoseregulation

- **Isoosmotisch:** Bei marinen Wirbellosen wie Muscheln und Würmern entspricht die Konzentration osmotisch aktiver Moleküle in der Körperflüssigkeit der des umgebenden Wassers.
- **Hypoosmotisch:** Bei marinen Knochenfischen weisen die Flüssigkeiten innerhalb des Körpers eine niedrigere Konzentration als das umgebende Wasser auf. Dies führt zu einem konstanten Wasserverlust. Durch Trinken von Meerwasser und Ausscheiden der aufgenommenen Salze über die Kiemen gleichen diese Fische den Wasserverlust aus.
- **Hyperosmotisch:** Bei Süßwassertieren und Wirbeltieren des Meeres ist die Konzentration osmotisch aktiver Moleküle in der Körperflüssigkeit höher als im umgebenden Medium.

Durch aktive Wasserausscheidung wird dem osmotischen Wassereinstrom entgegengewirkt und das Ionenmilieu der Tiere konstant gehalten.

griech. *iso* = gleich
griech. *hypo* = unter
griech. *hyper* = über

Landtiere: Auch für terrestrisch lebende Tiere ist ein konstanter osmotischer Wert der Körperflüssigkeit notwendig. Dem Wasserverlust durch Verdunstung und Ausscheidungsprodukte (Kot, Harn) steht ein Gewinn durch Trinken und die Wasseraufnahme über die Haut entgegen. Eine besondere Situation besteht bei Wüstenbewohnern. Sie decken ihren Wasserbedarf hauptsächlich durch die Wassersynthese bei der Zellatmung (Oxidationswasser). Um den Wasserverlust gering zu halten, haben **Trockenlufttiere** unterschiedliche Mechanismen des Verdunstungsschutzes entwickelt: Wachsüberzüge aus Chitin bei Insekten, Horn und Haarbildungen bei Säugern, Vögeln und Reptilien oder Schleimüberzüge bei Schnecken. **Feuchtlufttieren** wie Amphibien und Nacktschnecken fehlt ein solcher Schutz. Sie können nur in einer Umgebung mit hoher Luftfeuchtigkeit überleben.

Pflanzen: Moose und Flechten sind **wechselfreuchte Pflanzen**. Bei ihnen variiert der Wassergehalt mit der Umgebungsfeuchte. Geringe Luftfeuchtigkeit führt zur Austrocknung der Pflanzenkörper. Die Pflanzen gehen dann in einen Ruhezustand über. Bei hoher Luftfeuchtigkeit erfolgt Wasseraufnahme über Quellung. Die Lebensvorgänge werden wieder aktiviert. Der Wassergehalt **eigenfeuchter Pflanzen** ist weitgehend unabhängig von der aktuellen Luftfeuchtigkeit. Der Wasserverlust über Transpiration wird durch wachsartige Überzüge des Pflanzenkörpers eingeschränkt. Eine kontrollierte Wasserabgabe erfolgt über die Spaltöffnungen.

Je nach Wasserangebot zeigen Pflanzen charakteristische Angepasstheiten:

- **Wasserpflanzen (Hydrophyten):** Bei untergetauchten Organen fehlen hier die Spaltöffnungen und meist auch die Cuticula, sodass Wasser und Mineralien über die gesamte Oberfläche aufgenommen werden können. Die Schwimmblätter besitzen große Interzellularen, die den Auftrieb erleichtern. Die Spaltöffnungen sind auf der Blattoberseite.

griech. *hydros* = Wasser
griech. *phyton* = Pflanze

- **Feuchtpflanzen (Hygrophyten):** Pflanzen feuchter Standorte verfügen über Merkmale, die die Transpiration fördern, z. B. zarte Blätter mit dünner Cuticula sowie oft auch herausgehobene Spaltöffnungen.

griech. *hygros* = feucht, nass

- **Wandlungsfähige Pflanzen (Tropophyten):** Diese Pflanzen sind in gemäßigten Klimazonen beheimatet und überstehen ungünstige Jahreszeiten durch Laubabwurf.

griech. *trope* = Umkehr, Wendung

- **Trockenpflanzen (Xerophyten):** Kleine Blätter mit eingesenkten Spaltöffnungen und verdickter Cuticula sind transpirationsmindernde Merkmale dieser Pflanzen. Sukkulenten wie Kakteen und Euphorbien speichern Wasser in Geweben. Einige Sukkulenten (CAM-Pflanzen → Seite 41 f.) zeigen eine besondere Stoffwechselanpassung: Sie öffnen die Spaltöffnungen nur nachts und schränken so die Transpiration ein. Des nachts fixiertes Kohlenstoffdioxid wird am Tag in Zucker umgewandelt.

griech. *xeros* = trocken

Umweltfaktor Licht

Der Einfluss des Lichtes auf Tiere ist vielfältig.

- **Vogelzug:** Veränderungen der Tageslänge bewirken Änderungen im Hormonhaushalt mancher Vögel. Es entsteht die Zugunruhe und die Bereitschaft zum Vogelzug.
- **Vogeluhr:** Ausgelöst durch die morgendliche Helligkeit beginnen die verschiedenen Vogelarten nacheinander mit ihrem Gesang (→ Seite 181). Auch Verhaltensweisen anderer Tiere (z. B. das nächtliche Schwärmen der Mücken) werden durch periodische Änderungen der Lichtintensität ausgelöst. Man spricht hier von *Fotoperiodik*.
- **Vitamin-D-Bildung:** Bei Säugern ist längerwelliges UV-Licht für die Bildung von Vitamin D erforderlich. Lichtmangel hat eingeschränkte Vitamin-D-Bildung mit Knochenerweichung (Rachitis) zur Folge.
- **Innere Uhr und circadiane Rhythmik:** Tiere und Menschen verfügen über eine sogenannte innere Uhr, die biologische Aktivitäten steuert und beeinflusst. So ist z. B. die Ratte nachtaktiv und ruht am Tag. Diese Aktivitäten zeigen einen 24-Stunden-Wechsel, die circadiane Rhythmik. Unter natürlichen Bedingungen ist das Licht der Taktgeber für die innere Uhr.

lat. *circa* = etwa,
lat. *dies* = Tag

Bei Pflanzen liefert Licht die Energie für die Fotosynthese und beeinflusst pflanzliche Differenzierungs- und Anpassungserscheinungen.

Kurz- und Langtagspflanzen: Die Anlage der Blüten wird bei vielen Arten durch die Tageslänge bestimmt.

- Kurztagspflanzen blühen nur, wenn eine bestimmte kritische Tageslänge nicht überschritten wird, z. B. Mais, Hirse, Reis, Soja.
- Langtagspflanzen blühen nur, wenn die kritische Tageslänge überschritten wird, z. B. Zwiebel, Senf, Karotte, Kopfsalat.
- Daneben gibt es auch tagneutrale Pflanzen wie Erbse oder Sonnenblume.

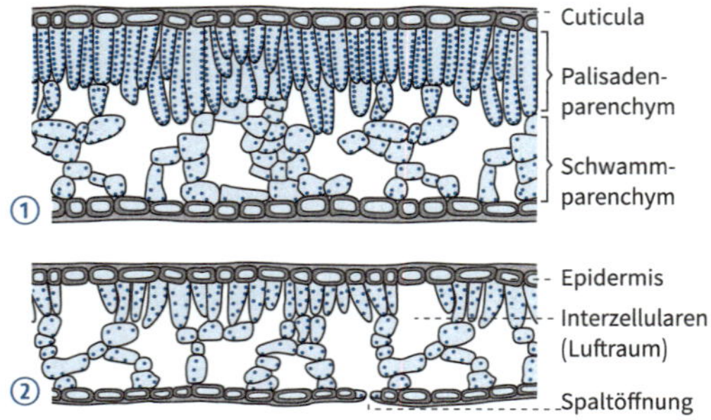

Abb. 9.8: ① Sonnenblatt, ② Schattenblatt

Sonnen- und Schattenblätter: Beide Blatttypen unterscheiden sich in ihrer Morphologie und ihrer Fotosyntheseleistung: Sonnenblätter verfügen über ein ausgeprägtes, meist mehrlagiges Blattgewebe mit zahlreichen Chloroplasten. Schattenblätter besitzen hingegen eine zarte Epidermis und einen hohen Chlorophyllgehalt bei geringer Blattdicke. Schattenblätter zeigen im Vergleich zu Sonnenblättern niedrigere Lichtkompensationspunkte und geringe Lichtsättigungen. Sie erreichen folglich bereits bei niedrigen Lichtintensitäten eine positive Fotosynthesebilanz. Die maximale Syntheserate fällt jedoch im Vergleich zu Sonnenblättern gering aus. Vergleichbare Angepassheit findet man auch bei **Sonnenpflanzen** und **Schattenpflanzen**. Diese sind allerdings mit ihrem ganzen Organismus an sonnige oder schattige Standorte angepasst.

Umweltfaktoren im Wechselspiel

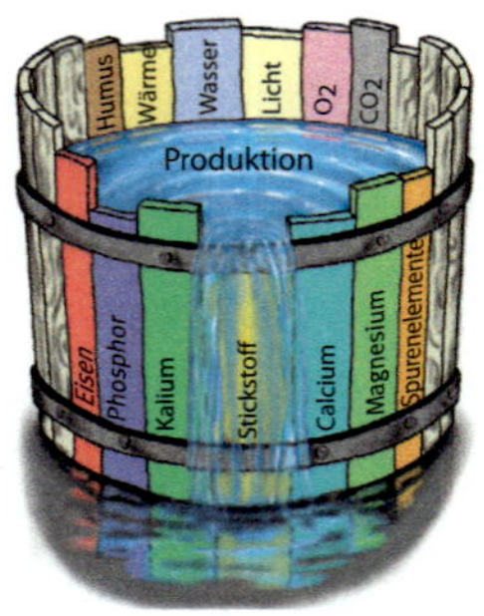

Abb. 9.9: Minimumgesetz

Einzelne Umweltfaktoren wirken nie isoliert, sondern stets im Zusammenspiel mit anderen Faktoren. Nach LIEBIG bestimmt jeweils der im Minimum vorliegende Faktor die Möglichkeiten des Lebewesens zu leben, zu wachsen und sich fortzupflanzen (**Minimumgesetz**). Ein Mangel an Mineralstoffen zum Beispiel limitiert das pflanzliche Wachstum, auch wenn die übrigen Umweltfaktoren im Optimum vorliegen. Verallgemeinernd kann man formulieren: Der Faktor, der am meisten vom Optimum entfernt ist, bestimmt am stärksten das Gedeihen einer Art (**Wirkungsgefüge der Umweltfaktoren**).

9.3 Biotische Faktoren

Erfolg und Überleben einer Art hängen nicht nur von abiotischen Umweltfaktoren ab, sondern auch von anderen Lebewesen. Solche biotischen Umweltfaktoren können innerartlich (intraspezifisch), aber auch zwischenartlich (interspezifisch) wirksam werden.

Intraspezifische Faktoren

Individuen einer Art können in unterschiedlichen Wechselbeziehungen zueinander stehen.

- **Sexualpartner:** Unterschiedliche artspezifische Signale dienen dem Auffinden des Sexualpartners. Neben optischen und akustischen (Färbungen, Muster, Balzgesänge) sind hier chemische Signale (Sexuallockstoffe) zu nennen. Bleibt die Partnerbeziehung nach der eigentlichen Paarung erhalten, spricht man von Dauer-Ehen (z. B. Graugänse), sonst von Saison-Ehen (z. B. Stockenten).
- **Angehörige sozialer Verbände/Kooperationen:** Kennen sich die Mitglieder einer größeren Tiergruppe nicht, so liegt ein **anonymer Verband** vor (Vogelschwarm, Staaten bildende Insekten). Er bietet den Mitgliedern den Vorteil eines besseren Schutzes vor Räubern und die Möglichkeit der Arbeitsteilung (Arbeiterinnen, Drohnen und Königin bei Bienen). Obwohl sich die Angehörigen eines Insektenvolkes individuell nicht kennen, können sie sich am spezifischen Geruch (Stockgeruch) identifizieren. Kennen sich die Mitglieder persönlich, so spricht man von **individualisierten Verbänden** (z. B. Wolfsrudel). Innerhalb dieser bildet sich ein komplexes Beziehungsgefüge aus, die Rangordnung. Sie bietet den Vorteil einer wirkungsvollen Verteidigung vor Feinden und den Schutz von Ressourcen, sie erhöht jedoch auch die Konkurrenzsituation (→ Seite 205 f.).
- **Konkurrenten:** Individuen einer Art können um Geschlechtspartner, Raum und Nahrung miteinander konkurrieren. Bei vielen Tieren führt dieser intraspezifische Konkurrenzdruck zur Aufteilung des Lebensraumes in Territorien. Die Revierbildung ist dann häufig mit innerartlicher Aggression verknüpft (Revierkämpfe).

Interspezifische Beziehungen

Individuen verschiedener Arten zeigen unter anderem die folgenden Beziehungsmöglichkeiten: Konkurrenz, Räuber-Beute-Beziehungen, Parasitismus und Symbiose.

Interspezifische Konkurrenz: Die Lebewesen einer Biozönose stehen in Konkurrenz um Nahrung, Raum und sonstige Ressourcen. Der Konkurrenzkampf fällt umso deutlicher aus, je ähnlicher die Ansprüche der konkurrierenden Arten an die Umwelt sind. Auf längere Sicht kann sich in dieser Situation nur eine der zwei konkurrierenden Arten durchsetzen, die andere stirbt aus. Man spricht vom **Konkurrenzausschlussprinzip**. Arten mit gleichen ökologischen Ansprüchen können demnach nicht gemeinsam existieren. Eine **Konkurrenzvermeidung** kann hingegen erfolgen, wenn unterschiedliche Ansprüche an die Umwelt entwickelt, also unterschiedliche **ökologische Nischen** (→ Seite 223) besetzt werden.

Beispiel

Pantoffeltierchen ernähren sich von Bakterien. Bei getrennter Kultivierung zeigen Populationen der Arten ***Paramecium aurelia*** und ***Paramecium caudatum*** typische Wachstumskurven. In gemeinsamer Kultur konkurrieren beide um die begrenzt vorliegende Nahrung. Die schneller wachsende Art ***P. aurelia*** verdrängt dann die Art ***P. caudatum***.
Die beiden Arten ***P. aurelia*** und ***P. bursaria*** können jedoch gemeinsam in einem Kulturgefäß koexistieren, da sich ***P. bursaria*** bevorzugt von Bakterien am Boden des Gefäßes ernährt, ***P. aurelia*** von Bakterien an der Oberfläche.

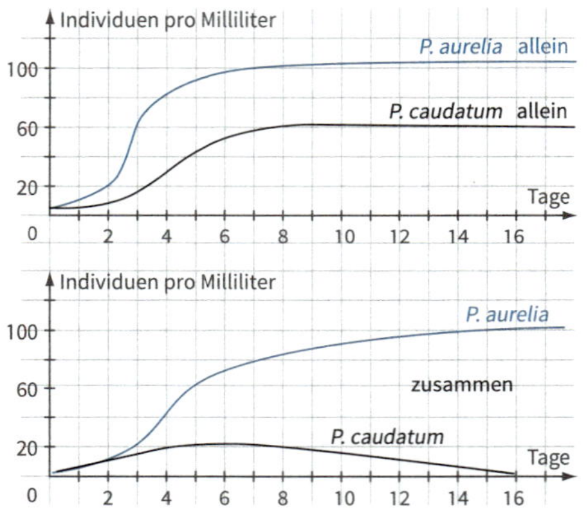

Abb. 9.10: Konkurrenzausschlussprinzip bei Pantoffeltierchen

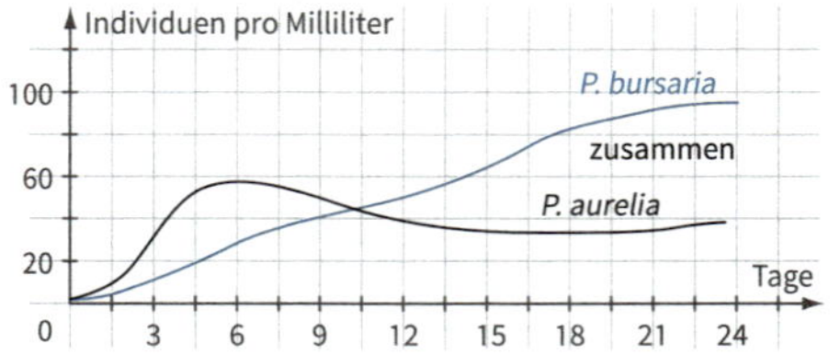

Abb. 9.11: Konkurrenzvermeidung

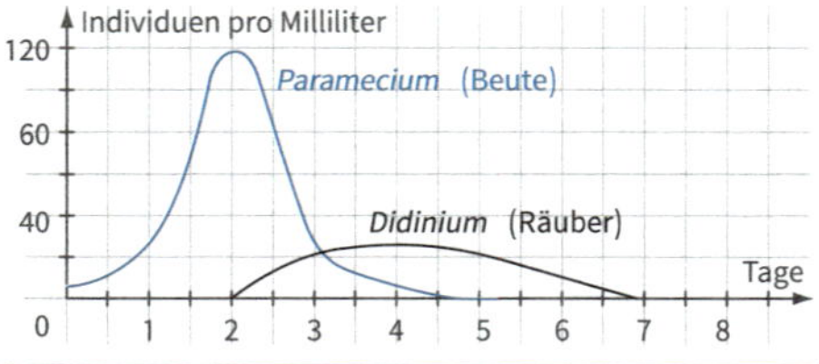

Abb. 9.12: Räuber-Beute-Beziehung unter Laborbedingungen

Räuber-Beute-Beziehungen: Räuber ernähren sich von ihrer Beute. Werden beide im Laborversuch zusammengeführt, so sterben sowohl Räuber als auch Beute nach kurzer Zeit aus. Der Räuber rottet die Beute aus und verhungert anschließend. In der Natur entwickelt sich zwischen Räuber und Beute jedoch häufig ein komplexes Zusammenspiel, das die Koexistenz beider erlaubt (→ Seite 222).

Parasitismus: Ähnlich wie bei der Räuber-Beute-Beziehung lebt beim Parasitismus ein Individuum auf Kosten des anderen. Der Parasit tötet jedoch seinen Wirt in der Regel nicht, er schädigt ihn aber auf vielfältige Art und Weise. Unter Parasitismus versteht man folglich eine wechselseitige Beziehung zwischen zwei verschiedenen Organismen zum einseitigen Vorteil des Parasiten auf Kosten des Wirtes. Parasiten zeigen oft charakteristische Anpassungen an ihren Lebensraum bzw. Wirt, beispielsweise eine Reduktion von Sinnes- und Bewegungsorganen (z. B. Flügellosigkeit bei Läusen) oder Veränderung der Körpergestalt. Viele Parasiten sind wirtsspezifisch: Humanparasiten wie der Syphiliserreger und Phytoparasiten finden sich beispielsweise jeweils nur bei Mensch bzw. Pflanze.

Abb. 9.13: Die Kopflaus, ein Ektoparasit des Menschen

Die Vielzahl der Parasiten lässt sich nach unterschiedlichen Kriterien ordnen:

- **Ektoparasiten** leben auf der Oberfläche des Wirtes, z. B. Flöhe, Läuse.
- **Endoparasiten** leben im Körperinneren, z. B. Bandwürmer, Leberegel.
- **Fakultative** (temporäre) **Parasiten** schmarotzen nur zeitweise, z. B. Stechmücken.
- **Vollparasiten** sind höhere Pflanzen, die ihre autotrophe Lebensweise verloren haben und völlig auf die Nährstoff- und Wasserzufuhr der Wirtspflanze angewiesen sind, z. B. Schuppenwurz, Nesselseide.
- **Halbparasiten** besitzen Chlorophyll und betreiben Fotosynthese. Ihrer Wirtspflanze entnehmen sie Wasser und gelöste Salze, z. B. Mistel.

griech. *ektos* = außen
griech. *endo* = innen

Symbiose: Der Begriff Symbiose beschreibt das Zusammenleben artverschiedener Lebewesen zum wechselseitigen Nutzen. Bei dieser interspezifischen Beziehung wird folglich keiner der beiden Partner geschädigt.
Weniger eng sind die wechselseitigen Beziehungen beim **Nutznießertum** (Kommensialismus). Hier hat nur einer der Partner einen deutlichen Nutzen. So profitieren Aasgeier einseitig von den Beuteresten der Raubtiere.
Die **Allianz** kennzeichnet eine gleichfalls eher lockere Beziehung, bei der beide Partner aber einen Vorteil haben. Die Putzsymbiose zwischen bestimmten Vögeln (Madenhackern) und Huftieren beschreibt eine solche Allianz und ist gleichzeitig Beispiel für eine **Ektosymbiose**, da hier jeder Partner außerhalb des anderen lebt. Im Gegensatz dazu lebt bei der **Endosymbiose** ein Partner im Inneren des anderen. Die Cellulose abbauenden Bakterien und Ciliaten im Darm von Wiederkäuern stellen ein solches Beispiel dar.
Bei der **obligaten Symbiose** handelt es sich um eine sehr enge symbiotische Beziehung, die für wenigstens einen der Partner lebensnotwendig ist. Ein Beispiel sind die Flechten, eine Symbiose zwischen heterotrophem Pilz und verschiedenen Algenarten. Der Pilz nimmt Wasser und Nährsalze auf und gibt diese an die Algen weiter. Auch schützt er die Algen vor Austrocknung. Im Gegenzug liefern diese dem heterotrophen Pilz Assimilate.

9.4 Populationsökologie

Populationswachstum

Populationen sind dynamische Systeme. Ihre Individuenzahl ändert sich durch Vermehrung und Tod ständig. Ein Wachstum findet naturgemäß nur dann statt, wenn die Geburtenrate (Natalitätsrate) größer als die Sterberate (Mortalitätsrate) ist. Man unterscheidet zwei Wachstumsformen.

- **Exponentielles oder ungebremstes Wachstum:** Bei gleichbleibender Vermehrungsrate und dem Fehlen von Faktoren, die das Wachstum der Population einschränken könnten, wächst diese um einen gleichbleibenden Prozentsatz. Dies ist häufig dann möglich, wenn Organismen neue Lebensräume konkurrenzlos besiedeln können.
- **Logistisches oder gebremstes Wachstum:** Populationen können nicht dauerhaft unbegrenzt wachsen. Als Folge steigender Individuenzahlen wirken intraspezifische Faktoren (z. B. Konkurrenz um Nahrung und Raum). Die Geburtenrate sinkt, die Sterberate steigt. Das Wachstum verlangsamt sich. Nimmt die Populationsdichte weiter zu, so hört das Wachstum auf **(stationäre Phase).** Geburtenrate und Sterberate sind nun gleich groß. Die Population hat ihre **Umwelt-Kapazität K** erreicht. Darunter versteht man die unter den gegebenen Umweltbedingungen maximale Populationsgröße einer Art. Häufig schwankt die Populationsgröße um diese Kapazitätsgrenze. Diese Schwankungen werden als **Massenwechsel** bezeichnet.

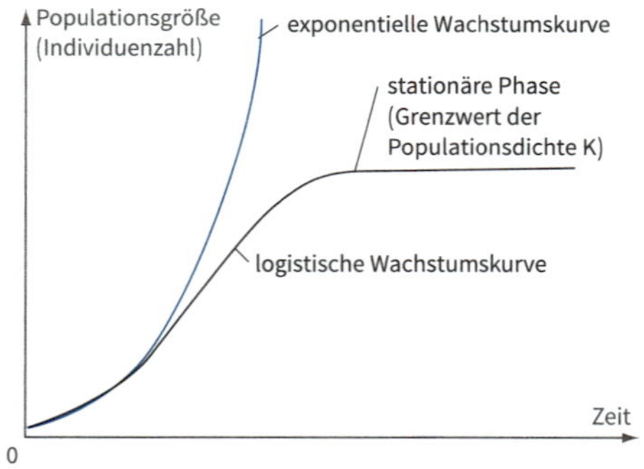

Abb. 9.14: Exponentielle und logistische Wachstumskurve

K- und r-Strategen

Organismen zeigen beim Populationswachstum verschiedene Strategien.

- **K-Strategen** (K = Kapazität) setzen auf geringe Vermehrungsraten, Langlebigkeit und Sicherung der Nachkommen durch Brutpflege. Die spezifische Umweltkapazität K wird erreicht. K-Strategen finden sich in Lebensräumen mit relativ konstanten Umweltbedingungen. *Beispiel:* Menschenaffen
- **r-Strategen** (r = Rate der Vermehrung) zeigen hohe Vermehrungsraten und Kurzlebigkeit. Sie erreichen nur selten den K-Wert und finden sich in Lebensräumen mit schwankenden Umweltbedingungen. Veränderungen der Umweltkapazitäten können sie durch rasches Populationswachstum nutzen. *Beispiele:* Wasserflöhe, viele Insekten, Mäuse

Regulation der Populationsdichte

Die Populationsdichte wird von verschiedenen Faktoren beeinflusst. Je nachdem, ob sie von der Individuenzahl der Population abhängig sind oder nicht, unterscheidet man dichteabhängige und dichteunabhängige Faktoren.

Dichteabhängige Faktoren

Mit der Zunahme der Individuenzahl wächst auch die Bedeutung von Faktoren, die direkt von der Populationsdichte abhängen: Die Nahrung wird knapp, die Anzahl artspezifischer Feinde wächst an, sozialer Stress kommt hinzu. Als Folge sinkt die Geburtenrate, die Sterberate steigt.

Beispiel

Feldmäuse vermehren sich innerhalb von wenigen Jahren oft explosionsartig. Bei anhaltendem Populationswachstum führt der **Gedrängefaktor** zu Störungen des Hormonsystems mit sinkender Fortpflanzungsfähigkeit der Weibchen. Kannibalismus kommt hinzu. In der Folge bricht die Population zusammen. Einige Tiere überleben und bauen die Population neu auf. Wiederholt sich dieser Massenwechsel, so entstehen **Populationswellen**.

Dichteunabhängige Faktoren

Populationsschwankungen können auch durch Klimaeinflüsse, nicht spezifische Feinde oder nicht ansteckende Krankheiten verursacht werden. Diese Schwankungen treten ein, gleichgültig, ob in der Ausgangspopulation eine hohe oder niedrige Dichte herrscht. So wird z. B. in extrem kalten Wintern eine bestimmte Anzahl von Meisen erfrieren, unabhängig von der Populationsgröße. Da die Geburten- und Sterberate hier unabhängig von der Populationsdichte sind, gibt es auch keinen Regulationsmechanismus, welcher das Populationswachstum verlangsamen könnte. Bei dichteunabhängigen Faktoren fehlt damit – im Gegensatz zu dichteabhängigen Faktoren – eine Beschränkung des Populationswachstums durch negative Rückkopplung.

Dichteabhängige Faktoren	Dichteunabhängige Faktoren
– **intraspezifische Konkurrenz,** z. B. Nahrungsmenge, Raumangebot, Revierbildung – **Gedrängefaktor** (sozialer Stress) – **Tierwanderungen** – **Kannibalismus**	– **Klima und Wetter,** z. B. Temperatur, Niederschlag, Luftfeuchte, Wind – **Boden** – **Nahrungsqualität** – **Katastrophen** (Vulkanausbruch usw.)
– **artspezifische Feinde, z. B.** Räuber, Parasiten	– **nicht spezifische Feinde:** Räuber, die sich normalerweise von anderer Beute ernähren.
– **ansteckende Krankheiten**	– **nicht ansteckende Krankheiten**

Tab. 9.1: Dichteregulierende Faktoren

Räuber-Beute-Beziehungen

Zu den dichteabhängigen Faktoren zählt auch das Wechselspiel zwischen artspezifischem Fressfeind (Räuber) und seiner Beute. Bewohnen beide den gleichen Lebensraum und ernährt sich der Räuber primär von dieser Beute, so führt eine Zunahme der Beutetiere auch zur Vermehrung der Räuber. Gleicht die Vermehrungsrate der Beuteart diese Verluste nicht aus, so wird die Beutepopulation dezimiert. Der entstehende Nahrungsmangel beim Räuber verringert unter anderem dessen Fruchtbarkeit und erhöht die Anfälligkeit für Parasiten und Krankheiten. Die Räuberpopulation verringert sich und die Beuteart kann sich wieder vermehren. Es entstehen fortgesetzte Populationswellen zwischen Räuber und Beute.

ALFRED J. LOTKA (1880–1949): österreichisch-US-amerikanischer Chemiker und Statistiker

VITO VOLTERRA (1860–1940): italienischer Mathematiker und Physiker

Die Beziehungen zwischen Räuber und Beute wurden von LOTKA und VOLTERRA in einem mathematischen Modell beschrieben und folgendermaßen zusammengefasst (**LOTKA-VOLTERRA-Regeln**):

① Die Individuenzahlen von Räuber und Beute schwanken periodisch. Die Maxima für die Räuber folgen phasenverschoben denen für die Beute.

② Langfristig bleiben die Mittelwerte beider Populationen konstant.

③ Eine Ursache, die Räuber und Beute gleichermaßen dezimiert, vergrößert die Beutepopulation und vermindert die des Räubers.

Die Regeln ließen sich im Laborexperiment wie auch in der Natur bestätigen.

Beispiel

Marienkäfer (Räuber) und Zitrusschildläuse (Beute) zeigen Populationsschwankungen, die der 1. und 2. Regel entsprechen. Durch Anwendung von Insektiziden (z. B. DDT) versuchte man, die schädlichen Schildläuse anhaltend zu dezimieren. Das Insektizid traf jedoch auch die Marienkäfer. Nach Wegfall der chemischen Bekämpfung wuchs die Zahl der schädlichen Schildläuse zunächst schneller als die der Marienkäfer. Die Marienkäfer wurden durch den Nahrungsmangel (fehlende Beute) zusätzlich dezimiert.

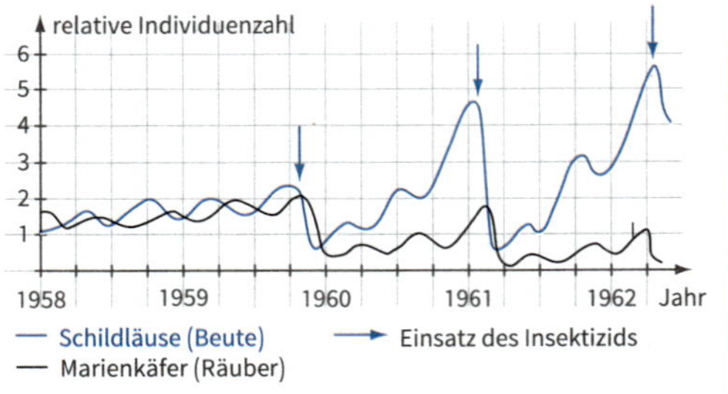

Abb. 9.15: Räuber-Beute-Beziehung

Die LOTKA-VOLTERRA-Regeln beschreiben aber nur einen vereinfachten Fall, da weitere abiotische und biotische Faktoren, die Einfluss auf die Entwicklung der Räuber- und/oder Beutezahlen haben, nicht erfasst werden (z. B. kalte Winter, Dichtestress). Auch gelten die Regeln nur, wenn eine enge Wechselbeziehung zwischen Räuber und Beute besteht. Wenn sich also der Räuber nur von dieser einen Beute ernährt und die Beute nur diese Räuberart als Fressfeind hat.

9.5 Ökologische Nische

Einfache Definition der ökologischen Nische: Jede Art besitzt ein Spektrum **ökologischer Potenzen** (Fähigkeiten, die Ressourcen der Umwelt zu nutzen) und **ökologischer Toleranzen** (Fähigkeiten, Umweltbedingungen in bestimmten Grenzen zu ertragen). Aus diesen ökologischen Fähigkeiten einer Art ergeben sich ihre Umweltansprüche. Man bezeichnet die Gesamtheit der ökologischen Potenzen/Toleranzen und der daraus resultierenden Umweltansprüche der Art als deren **ökologische Nische**. Im übertragenen Sinne spricht man auch vom „Beruf" der Art. (Leitfrage: „Was kann die Art?")

Ökologische Planstelle: In einem Ökosystem liegen die abiotischen und biotischen Faktoren in einer Fülle von Kombinationen vor. Damit stellt ein Ökosystem eine Vielzahl unterschiedlicher Existenzangebote für Organismen (ökologische Planstellen) bereit. (Leitfrage: „Was bietet die Umwelt?") Jede noch unbesetzte, freie **ökologische Planstelle** kann nun von einem Organismus mit entsprechendem Potenz-/Toleranzmuster besetzt werden. Besetzt ein Organismus eine ökologische Planstelle, so spricht man von **Einnischung**. Der Organismus „übt also seinen Beruf aus". Der Begriff **Standort (Habitat)** bezeichnet hingegen den Ort, an dem ein Organismus lebt.

Komplexe Definition der ökologischen Nische: Viele Ökologen sehen die obige Definition der ökologischen Nische als zu starr an. Lebewesen nehmen nicht einfach einen bestimmten, ihnen angebotenen Platz im Ökosystem ein. Vielmehr beeinflussen sie ihrerseits die Umwelt, stehen mit ihr in vielfältiger Wechselwirkung. Diese Wechselwirkungen und Abhängigkeiten zwischen Organismus und Umwelt werden nach der erweiterten Definition als **ökologische Nische** bezeichnet.

Konkurrenzvermeidung durch Einnischung: Die Ausprägung unterschiedlicher ökologischer Nischen stellt ein wirkungsvolles Prinzip zur Vermeidung interspezifischer Konkurrenz dar. So können zwei in ihren Potenzen und Toleranzen ähnliche Arten Konkurrenz dadurch vermeiden, dass sie z. B.

- unterschiedliche Nahrung nutzen (*Beispiel:* Körner, Insekten und Nektar fressende Vögel mit jeweils spezifischer Schnabelform);
- unterschiedliche Nahrungsgröße bevorzugt (*Beispiel:* Sperber jagt überwiegend kleine Vögel, Habicht mittelgroße Vögel und Säuger);
- ihre Nahrung an unterschiedlichen Orten suchen (*Beispiel:* Kohlmeisen suchen Nahrung am Boden, Blaumeisen im Bereich der Astspitzen);
- unterschiedliche Aktivitätszeiten besitzen (*Beispiel:* nachtaktive Eulen, tagaktive Greifvögel wie Mäusebussard oder Turmfalke).

9.6 Ökosysteme

Kennzeichen von Ökosystemen

griech. *bios* = Leben
griech. *koinos* = gemeinsam

Ein Ökosystem stellt ein komplexes Netz von Wechselwirkungen zwischen den abiotischen Faktoren eines bestimmten **Biotops** (Lebensraum) und der dieses Biotop bevölkernden **Biozönose** (Gemeinschaft der Lebewesen) dar. Es ist ein offenes System. Stoffe, Lebewesen und Energie können von außen in das System eingebracht werden (z. B. Nährstoffeintrag durch Niederschlag, Zuwanderung von Tieren, Sonneneinstrahlung). Es können jedoch auch Stoffe und Lebewesen das System verlassen (z. B. Nährstoffverluste durch abfließendes Wasser, Abwanderung von Tieren).

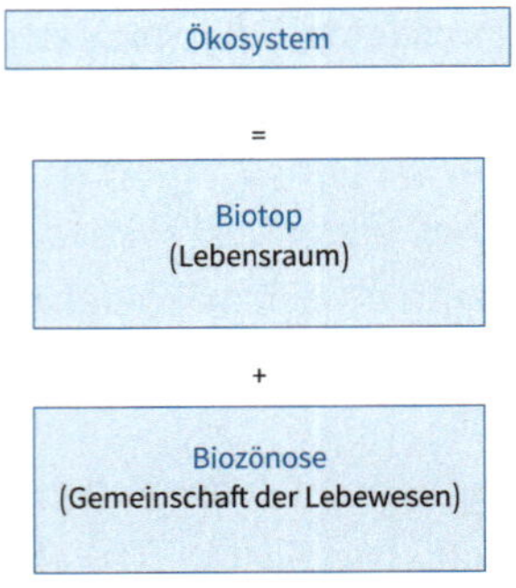

Abb. 9.16: Grobgliederung eines Ökosystems

Ein natürliches bzw. naturnahes Ökosystem besitzt bis zu einem gewissen Grad die **Fähigkeit zur Selbstregulation:** Innerhalb eines Ökosystems gibt es Stoffkreisläufe, die über längere Zeit gesehen trotz Zu- und Abflüssen zu annähernd konstanten Verhältnissen der abiotischen Parameter führen (**Fließgleichgewicht**). Zwischen den Organismen der Biozönose bestehen vielfältige Beziehungen, die bewirken, dass auch die Biozönose langfristig gesehen trotz Zu- und Abgängen eine weitgehend stabile Zusammensetzung hat (**biozönotisches Gleichgewicht**). Die Zahl der Arten und der Individuen in einem Ökosystem bleibt in der Regel innerhalb gewisser Grenzen (natürliche Schwankungsbreite) konstant.

Viele Ökosysteme befinden sich jedoch heute nicht mehr in ihrem natürlichen Zustand, da der **Mensch** in vielfältiger Weise verändernd in sie eingegriffen hat. Dies hat oftmals zu einem Verlust ihrer Selbstregulationsfähigkeit geführt.

Beispiele für Ökosysteme

- natürliche und naturnahe aquatische Ökosysteme (Gewässer-Ökosysteme) wie z. B. Korallenriff, Wattenmeer, See, Teich, Fluss
- natürliche und naturnahe terrestrische Ökosysteme (Land-Ökosysteme) wie z. B. Moore, Tropischer Regenwald, Mitteleuropäische Wälder, Savannen, Tundra
- urban-industrielle Ökosysteme

Struktur eines Ökosystems

Ein Ökosystem beinhaltet vier Komponenten:

Abiotische Umwelt: Licht, Wärme, Wasser, Mineralstoffe/Nährsalze, CO_2, O_2 usw.

Produzenten (Erzeuger): Dies sind Lebewesen, die organische Substanzen (Biomasse) aus anorganischem Material aufbauen. Zu ihnen zählen neben den chemo- bzw. fotoautotrophen Bakterien die Fotosynthese betreibenden Pflanzen. Im Wasser handelt es sich bei diesen vor allem um Algen, an Land um höhere grüne Pflanzen. Von der Biomasse, die die Produzenten aufbauen, leben alle anderen Organismen eines Ökosystems.

Konsumenten (Verbraucher): Sie ernähren sich von lebender organischer Substanz. Zu ihnen zählen pflanzenfressende Tiere (Herbivoren), fleischfressende Tiere (Karnivoren) und pflanzliche wie tierische Parasiten. Herbivore und Karnivore sind über **Nahrungsketten** miteinander verbunden. Entsprechend der Stellung in einer solchen Nahrungskette werden sie als Primär-, Sekundär- oder Tertiärkonsumenten bezeichnet. Das Endglied einer Nahrungskette nennt man Endkonsument. *Beispiel:* Gras (Produzent) → Kaninchen (Primärkonsument, Herbivore) → Fuchs (Sekundärkonsument, Karnivore) → Habicht (Tertiärkonsument, Karnivore, Endkonsument). Pflanzenfresser verzehren in der Regel nicht nur eine Pflanzenart und Fleischfresser ernähren sich meist von unterschiedlichen Beutetieren. So sind verschiedene Nahrungsketten miteinander zu einem komplexen **Nahrungsnetz** verwoben. Es gibt Tierarten, die Pflanzen- und zugleich Fleischfresser sind (Allesfresser, Omnivore).

Destruenten (Reduzenten, Zersetzer): Sie bauen tote organische Substanz (Tierleichen, Laub, Kot

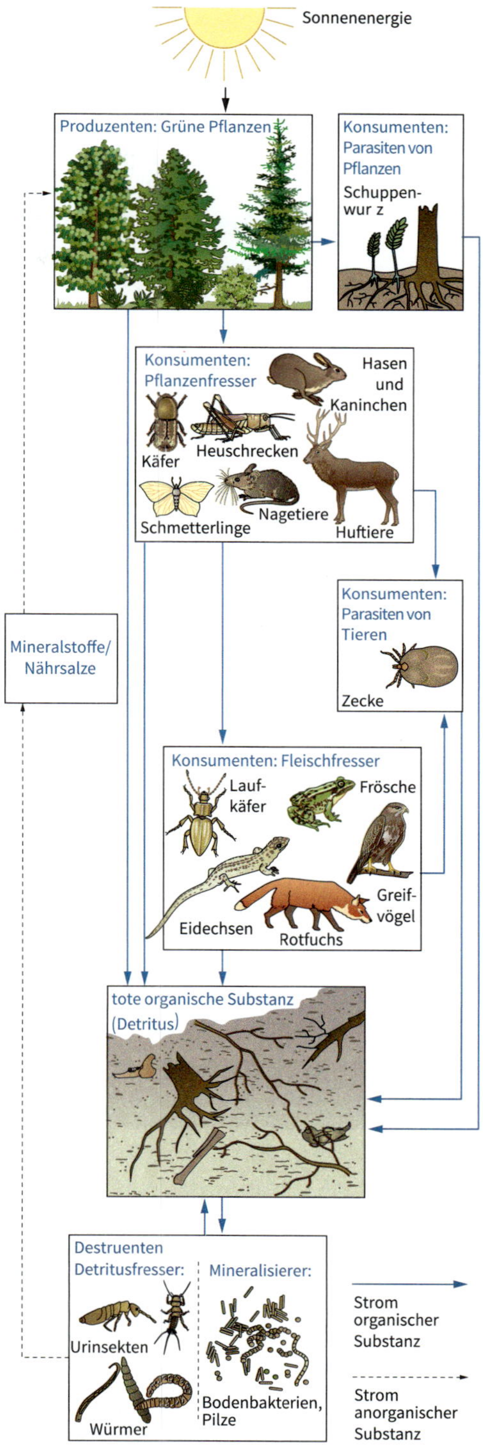

Abb. 9.17: Funktionelle Gliederung und Stoffflüsse in einem mitteleuropäischen Waldökosystem

lat. *detritus* = Abnutzung, Abrieb, Abfall

usw. = **Detritus**) zu einfachen anorganischen Stoffen ab. Man unterscheidet **Detritusfresser** (Abfallfresser, Saprovoren) wie z. B. Würmer oder Insektenlarven, die sich von Streu, Aas usw. ernähren, selber aber noch wieder organisches Material ausscheiden, und **Mineralisierer** (Bakterien, Pilze usw.), die das organische Material zu anorganischen Verbindungen abbauen. Die anorganischen Stoffe stehen dann den Produzenten wieder zur Verfügung.

Energiefluss und Produktivität in Ökosystemen

griech. *trophie* = Nahrung, Ernährung

Die Lebewesen eines Ökosystems lassen sich verschiedenen Trophieebenen zuordnen. Als **Trophieebenen** (Trophiestufen, Nahrungsstufen) bezeichnet man Großgruppen von Lebewesen, die jeweils aus Organismen mit gleicher Ernährungsweise bestehen. Meist unterscheidet man: Produzenten – Primärkonsumenten (Herbivoren) – Sekundärkonsumenten (Karnivoren 1. Ordnung) – Tertiärkonsumenten (Endkonsumenten, Karnivoren 2. Ordnung).

Der Energiefluss zwischen den Trophieebenen eines Ökosytems erfolgt über die Nahrungsketten. Er lässt sich grafisch als Fließdiagramm darstellen (→ Abb. 9.18).

Jedes Ökosystem erhält einen Energieeintrag (Input) in Form von Sonnenstrahlung, die in unseren Breiten ca. 12 000 kJ/m²/Tag beträgt (Globalstrahlung). Davon werden nur ca. 240 kJ/m²/Tag oder 2 % für die **Bruttoprimärproduktion**, die Bildung neuer organischer Substanz per Fotosynthese, genutzt.

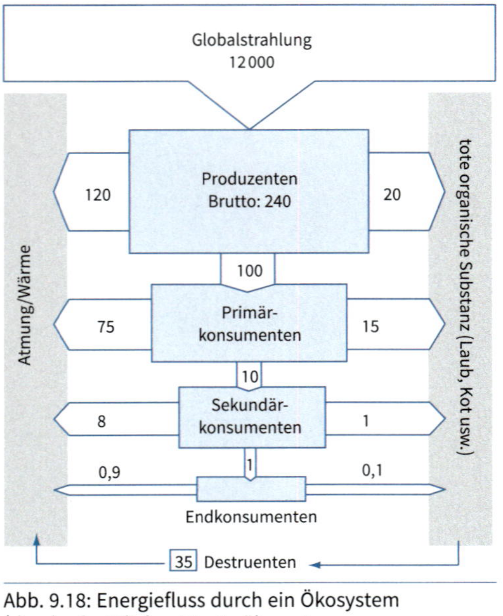

Abb. 9.18: Energiefluss durch ein Ökosystem (durchschnittliches Musterökosystem; Angaben in KJ/m²/Tag)

Ihr weiterer Weg sieht nun wie folgt aus: Etwa 50 % der neu gebildeten organischen Substanz wird von den Produzenten selbst veratmet, also für die Aufrechterhaltung ihrer Lebensprozesse genutzt bzw. in Wärme überführt. Die verbleibenden 50 %, 120 kJ/m²/Tag bezeichnet man als **Nettoprimärproduktion**. Sie werden für den Aufbau neuer Pflanzenmasse verwendet. Bis zum Ende des Pflanzenlebens fallen im Schnitt 20 kJ/m²/Tag als organischer Abfall an (Laub, Holz usw.). 100 kJ können von Primärkonsumenten (Herbivoren) gefressen werden. Auch die Primärkonsumenten weisen Energieverluste auf. Von gefressenen 100 kJ legen sie nur rund 10 kJ in Körpermasse an. Werden sie nun von Sekundärkonsumenten gefressen, so veratmen auch diese einen großen Teil der aufgenommenen Energie. Nur etwa 1 kJ speichern sie in Körpermasse. Und nur die wird dann ggf. an Endkonsumenten weitergereicht. Die letzte Stufe sind die Destruenten, die rund 35 kJ/m^2/Tag zur Remineralisierung des Detritus benötigen, der bei einem „vollen Durchlaufen" der Nahrungskette anfällt.

Die Energieweitergabe von einem Glied der Nahrungskette zum nächsten ist also durch beständige Verluste gekennzeichnet. Sie stellt eine Einbahnstraße dar. Deshalb bezeichnet man sie, im Gegensatz zu den Stoff**kreisläufen** (→ Seite 228 f.), auch als Energie**fluss**. Damit ist ein Ökosystem prinzipiell auf Energieinput von außen angewiesen.

Ökosysteme weisen z. B. bezogen auf die Individuenzahl, die Biomasse oder den Energiefluss sehr charakteristische Verhältnisse zwischen den verschiedenen Trophieebenen auf. Diese Trophiestruktur eines Ökosystems kann in sogenannten **ökologischen Pyramiden** dargestellt werden. Drei Typen ökologischer Pyramiden sind gängig (→ Abb. 9.19).

- **Zahlenpyramiden:** Hier wird die Anzahl der Individuen jeder Trophieebene auf einer bestimmten Fläche zu einem bestimmten Zeitpunkt angegeben.
- **Biomassenpyramiden:** Hier wird die Biomasse der Einzelorganismen jeder Trophiestufe auf einer bestimmten Fläche zu einem bestimmten Zeitpunkt summiert.
- **Energiepyramiden:** Sie stellen den Energiegehalt der Lebewesen auf den einzelnen Trophieebenen dar. Alternativ kann auch die Produktivität der einzelnen Trophiestufen (in Kilojoule pro Fläche und Zeiteinheit) und damit der **Energiefluss** im Ökosystem abgebildet werden.

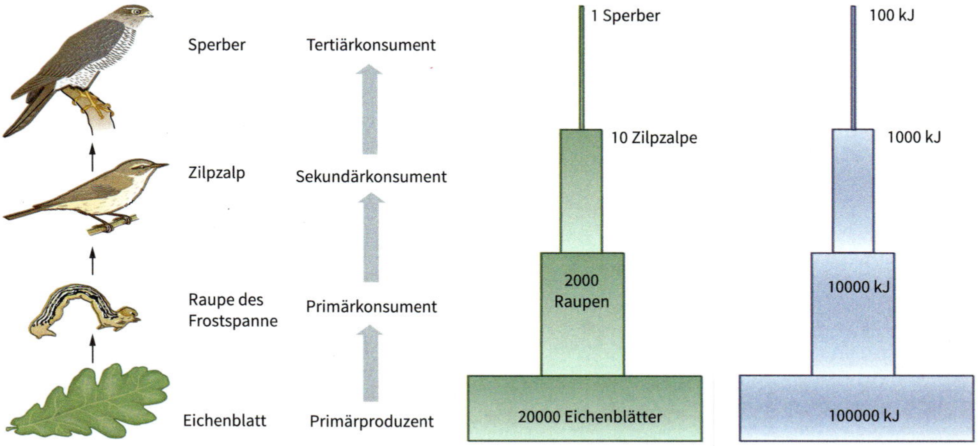

Abb. 9.19: Trophieebenen, Zahlenpyramide und Energiepyramide in einem Waldökosystem

Stoffkreisläufe in Ökosystemen

Anorganische Stoffe durchlaufen im Ökosystem einen beständigen Kreislauf. Sie werden in der Nahrungskette in Form verschiedener Verbindungen von Stufe zu Stufe weitergereicht. Durch Ausscheidung oder Mineralisierung toten organischen Materials gelangen sie wieder in den abiotischen Bereich. Nun können sie erneut von den Lebewesen aufgenommen werden.

Kreisläufe existieren sowohl für **Makronährstoffe** wie Kalium, Calcium, Kohlenstoff oder Stickstoff als auch für **Spurenelemente** wie Jod, Eisen oder Kupfer.

Beispiel Kohlenstoffkreislauf

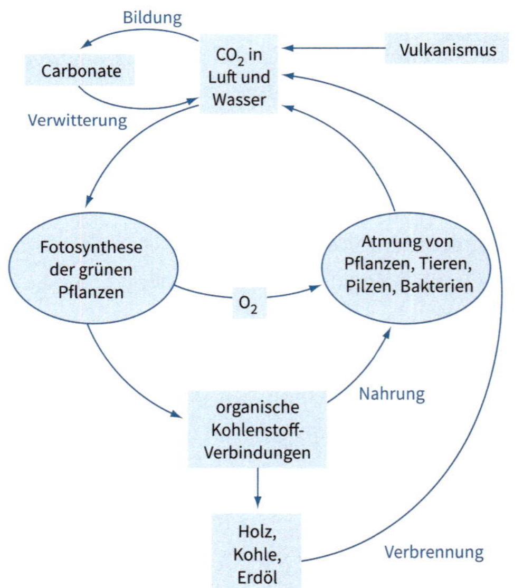

Abb. 9.20: Der Kohlenstoffkreislauf

Für alle Organismen stellt Kohlenstoff einen Grundbaustein dar.
Der Kohlenstoffkreislauf weist außer dem **Hauptkreislauf** (CO_2 → Fotosynthese → organische Verbindungen → Atmung/Gärung → CO_2) zwei **Nebenkreisläufe** auf: Kohlenstoff kann für längere Zeit in Kalkgesteinen (Carbonaten) oder fossilen Brennstoffen (z. B. Kohle, Öl, Erdgas) gebunden sein und damit aus dem Hauptkreislauf ausscheiden. Durch Verwitterung der Carbonate bzw. Verbrennung fossiler Brennstoffe kehrt er jedoch wieder in diesen zurück. Dabei führt die derzeitige übermäßige Verbrennung fossiler Brennstoffe durch den Menschen zu einer Erhöhung des CO_2-Gehaltes der Atmosphäre, da die Produzenten nicht alles freigesetzte CO_2 verwerten können. CO_2 gehört zu den Treibhausgasen. Dies sind Gase, die auch natürlicherweise in der Atmosphäre vorkommen (CO_2, Methan usw.). Sie halten die langwellige Wärmeabstrahlung der Erde in der Atmosphäre fest. Ohne Treibhausgase würde diese in das Weltall abgegeben. Dank der Treibhausgase aber bleibt sie in der Atmosphäre und erwärmt diese. Dieser natürliche Treibhauseffekt sorgt dafür, dass die Temperatur auf der Erde im Mittel + 15 °C beträgt und nicht – 18 °C,

wie ohne Treibhausgase zu erwarten wäre. Die starke Freisetzung von CO_2 führt zu einer Verstärkung des Treibhauseffektes (**anthropogener Zusatztreibhauseffekt**). Die Folge ist nach Meinung vieler Wissenschaftler eine Erhöhung der globalen Mitteltemperatur. Dies zieht weitere Folgen nach sich (Klimaveränderungen, Gletscherschmelze usw.).

anthropogen = vom Menschen gemacht

Beispiel Stickstoffkreislauf

Stickstoff hat einen Anteil von 78 % an den Gasen der Atmosphäre. Dennoch ist er in vielen Ökosystemen ein Minimumfaktor. Denn den Luftstickstoff (N_2) können Pflanzen und Tiere nicht nutzen. Stickstoff ist aber Bestandteil von Eiweißen, Cofaktoren und Nukleinsäuren und damit für alle Lebewesen unverzichtbar. Während ihn Tiere mit der Nahrung aufnehmen, decken Pflanzen ihren Stickstoffbedarf in terrestrischen Ökosystemen meist aus dem Boden, in aquatischen aus dem Wasser. Stickstoff liegt dort überwiegend als Nitrat (NO_3^-) bzw. Ammonium (NH_4^+) vor. Woher stammt dieses?

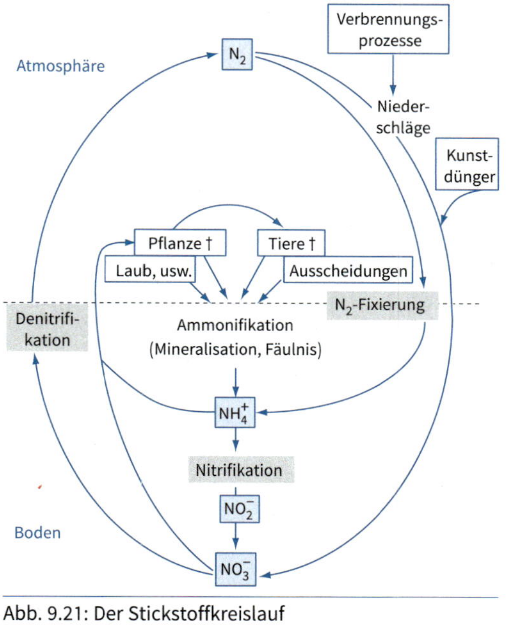

Abb. 9.21: Der Stickstoffkreislauf

- **N_2-Fixierung:** Im Boden lebende Cyano- und Knöllchenbakterien sind in der Lage, Luftstickstoff aufzunehmen und in Form von Ammonium biologisch verfügbar zu machen. Knöllchenbakterien können zudem mit bestimmten Pflanzen (Hülsenfrüchtler) eine Symbiose eingehen.
- **Ammonifikation:** Auf allen Trophieebenen fällt Detritus an (Laub, Kot usw.). Destruenten setzen den darin enthaltenen Stickstoff in Form von Ammonium (NH_4^+) oder Ammoniak (NH_3) frei.
- **Nitrifikation:** Nitrifizierende Bakterien oxidieren Ammonium über Nitrit (NO_2^-) zu Nitrat (NO_3^-). Dieses ist für Pflanzen besser verwertbar als Ammonium. Die Bakterien gewinnen bei diesem Prozess Energie.
- **Weitere Eintragsmöglichkeiten:** Stickstoffhaltiger Dünger; zudem Stickoxide, die bei Verbrennungsprozessen (z. B. Blitze, in Motoren) entstehen und mit dem Regen in den Boden gelangen (saurer Regen).

Ökosystem Wald

Ein Ökosystem kann z. B. unter folgenden Aspekten analysiert werden:
- Entwicklung und Aufbau des Ökosystems
- Zusammensetzung der Biozönose
- chemische und physikalische Parameter
- Stoffkreisläufe
- das Ökosystem und der Mensch

Am Beispiel des Ökosystems Wald soll eine solche Ökosystemanalyse näher vorgestellt werden.

Entwicklung des Ökosystems Wald

Ursprüngliche Wälder werden als **Primärwälder** bezeichnet. In weiten Teilen der Erde haben Eingriffe des Menschen diese Primärwälder verändert oder verschwinden lassen. Teils werden die ehemaligen Urwaldflächen heute landwirtschaftlich genutzt, teils haben sich hier andere Vegetationsformationen entwickelt (Steppen, Heide usw.), teils aber auch wieder Waldformationen, die man **Sekundärwälder** nennt. Sekundärwälder sind vom Menschen angepflanzt worden oder nach der Abholzung auf natürlichem Wege entstanden. Dabei lässt sich eine bestimmte zeitliche Abfolge verschiedener Organismengemeinschaften, eine **Sukzession**, beobachten. Das verhältnismäßig stabile, dauerhafte Endstadium einer solchen Sukzessionsfolge wird **Klimax** genannt. Dabei können sich in benachbarten Räumen je nach Boden-, Relief- und Klimabedingungen deutlich verschiedene Klimaxgesellschaften ausbilden (→ Abb. 9.22).

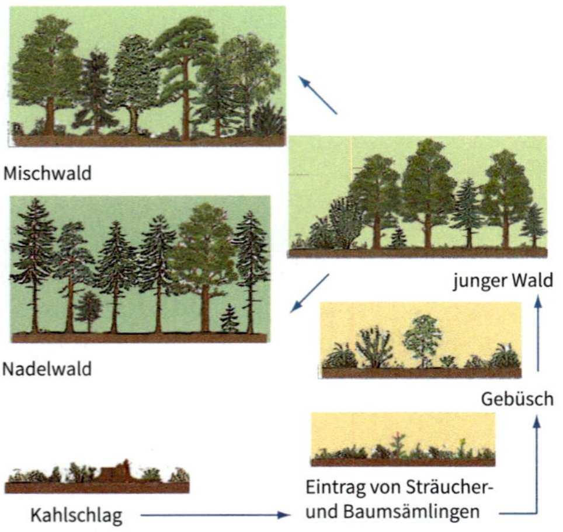

Abb. 9.22: Sukzession vom Kahlschlag zum Bergwald

Aufbau des Ökosystems Wald

Viele der heutigen Hochwälder Mitteleuropas sind vom Menschen gepflanzt worden. Bei der Anpflanzung wurden häufig schnellwachsende Nadelbäume den Laubbäumen vorgezogen, sodass, anders als in den ursprünglichen Urwäldern, in den heutigen **Wirtschaftswäldern** Nadelbäume überwiegen. Teils wurden die Nadelbäume als **Monokulturen** gesetzt. Da diese sich als sehr anfällig gegenüber Schädlingen, Windbruch und Waldbrand erwiesen, werden heute bei Neuanpflanzungen naturnahere **Mischwälder** bevorzugt. Sie weisen, wie alle naturnahen Wälder, einen typischen **Stockwerkbau** auf.

Das oberste Stockwerk bilden jeweils die Baumriesen (in Mitteleuropa meist Buchen, Eichen oder Fichten mit bis zu 40 m Höhe). Darunter befindet sich ein zweites Baumstockwerk mit nachwachsenden Jungbäumen und kleineren Baumarten. Es folgt die Strauchschicht mit Heckenkirsche, Holunder usw. und die aus Baumschösslingen, Zwergsträuchern (Heidelbeere, Preiselbeere usw.) Farnen, Kräutern und Gräsern bestehende Krautschicht. Direkt am Boden bilden dann Moose, Pilze und Flechten die Moosschicht. Andere Waldgesellschaften, so die tropischen Regenwälder, weisen gegebenenfalls noch weitere Baumstockwerke auf (→ Abb. 9.23).

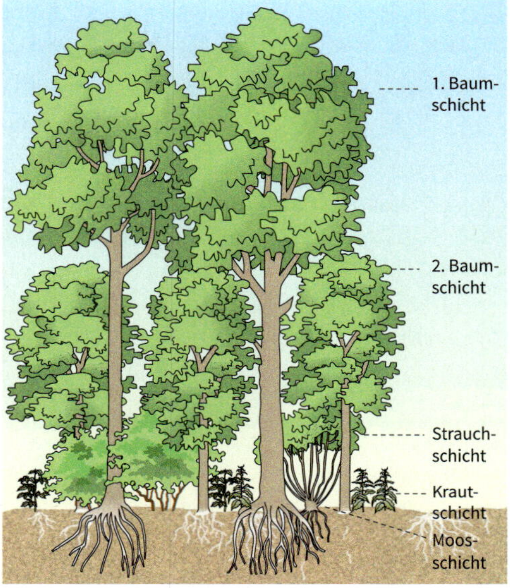

Abb. 9.23: Stockwerke eines Laubwaldes

Zusammensetzung der Biozönose

Die Komplexität der Wechselbeziehungen innerhalb der Lebensgemeinschaft des Waldes (Biozönose) lässt sich nur schwer darstellen. Auch in einer Waldbiozönose können aber die Trophieebenen benannt werden:

- **Produzenten** (überwiegend Bäume, in geringerem Maße auch Sträucher, Kräuter usw.)
- **Primärkonsumenten** (z. B. Reh, Hase, Käfer)
- **Sekundärkonsumenten** (z. B. Igel, Fuchs, Meise)
- **Tertiärkonsumenten** (z. B. Uhu, Habicht)

Im Wald fällt durch Laub, Bruchholz, Tierkot usw. jährlich eine große Menge an Detritus an. Von besonderem Interesse im Nahrungsnetz des Waldes sind daher die **Destruenten**, welche dafür sorgen, dass diese „Waldabfälle" den Produzenten wieder als Nährstoffe zur Verfügung stehen. Sie zählen zum Edaphon (Gesamtheit aller im Boden lebenden Organismen) und wandeln das tote organische Material teilweise durch **Humifizierung** in langlebige Huminstoffe, teilweise durch **Mineralisierung** in Mineralstoffe (Nährsalze) um. An dieser Umwandlung sind eine Vielzahl von Lebewesen beteiligt, die zusammen das

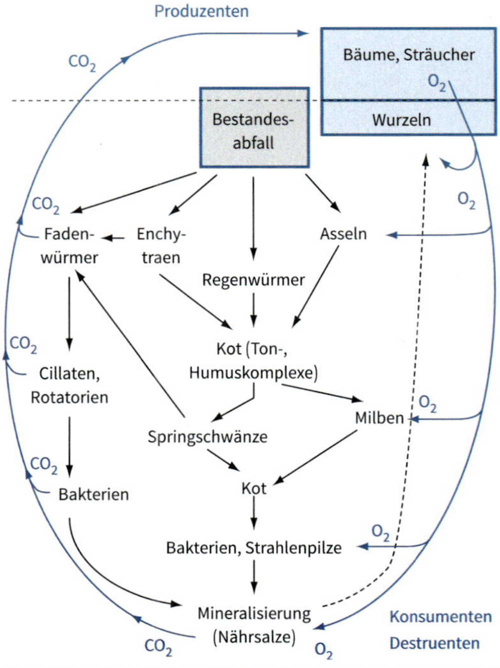

Abb. 9.24: Ausschnitt aus dem Nahrungsnetz des Edaphons

griech. *edaphos* = Boden
lat. *aer* = Luft

Nahrungsnetz des Edaphons bilden (→ Abb. 9.24). Einige dieser Lebewesen ernähren sich von Kot. Man bezeichnet sie als Koprophagen (Kotfresser). Diese meisten Lebewesen des Edaphons arbeiten aerob, verbrauchen also Sauerstoff und geben Kohlenstoffdioxid ab.

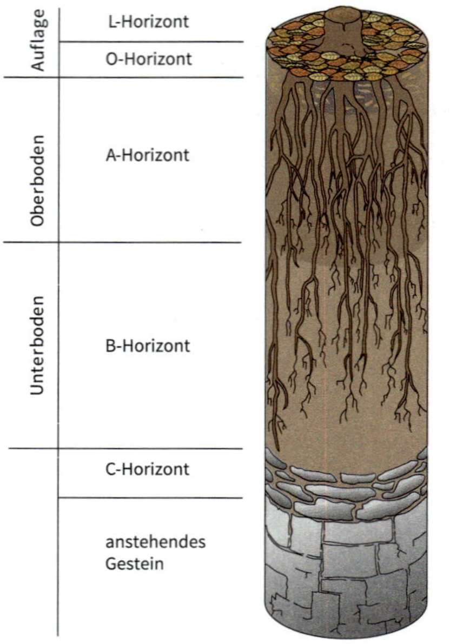

Abb. 9.25: Bodenprofil eines Laubwaldbodens

Der Boden als Basis des Ökosystems Wald

Dem Boden entnehmen die Produzenten die für den Aufbau neuer Biomasse wie für den Zellstoffwechsel benötigten Mineralstoffe. Böden sind in Abschnitte, die Bodenhorizonte, gegliedert.

Man unterscheidet

- **L-Horizont:** Streu (Laub, Bruchholz – nicht bzw. wenig zersetzte Pflanzensubstanz)
- **O-Horizont:** weitgehend zersetztes Pflanzenmaterial; Humus
- **A-Horizont:** mineralischer Oberboden mit relativ hohem Humusanteil
- **B-Horizont:** mineralischer Unterboden, durch Verwitterung des Ausgangsgesteins entstanden; auch Einschwemmungen aus dem Oberboden sind hier eventuell bedeutend
- **C-Horizont:** Gestein unter dem Boden; meist das weitgehend unverwitterte Bodenausgangsgestein

Für Produzenten wichtige Bodenbestandteile sind

- **Mineralstoffe:** Die für Pflanzen wichtigen Nährstoffe wie z. B. K^+, Ca^{2+}, Mg^{2+}, NH_4^+ oder NO_3^- stammen aus verschiedenen Quellen (der Verwitterung des Ausgangsgesteins, der Mineralisierung toten organischen Materials durch die Destruenten, dem Regen).
- **Tonminerale:** Sie haben die Eigenschaft, positiv geladene Nährstoff-Ionen reversibel anzulagern und so z. B. deren Auswaschung aus dem Boden durch Sickerwasser zu verhindern. Diese Eigenschaft, Kationen anzulagern und bei Bedarf wieder an die Pflanzen abzugeben, nennt man Kationen-Austausch-Kapazität (KAK).
- **Huminstoffe:** Ihre KAK ist noch größer als die der Tonminerale. Sie bilden mit diesen auswaschungsresistente Ton-Humus-Komplexe. Sie sind beim Abbau von Detritus durch Humifizierung entstanden. Es sind komplexe Verbindungen, die selber Nährstoffe enthalten, welche aber erst nach und nach durch Humuszersetzung frei werden. Sie erhöhen die Bodenfruchtbarkeit.
- **Poren:** In ihnen ist insbesondere auch das für Pflanzen wichtige Bodenwasser, aber auch Luft und damit Sauerstoff enthalten.

Die meisten Landpflanzen (darunter alle Bäume) decken ihren Nährstoffbedarf aber nur teilweise dadurch, dass sie über ihre Feinwurzeln Nährstoffe direkt aus dem Bodenwasser entnehmen. Vielmehr nutzen sie zur Nährstoffaufnahme vor allem die Symbiose mit bestimmten Pilzen. Diese Symbiose wird **Mykorrhiza** („Pilzwurzel") genannt. Die Pilze vermögen Nährstoffe besser aufzunehmen als die Pflanzen. Teilweise bereiten sie diese sogar erst pflanzengerecht auf. Sie fungieren als Nährstoffsammelfallen. Die gesammelten Nährstoffe geben sie teils zusammen mit Hormonen und Abwehrstoffen über die unterirdischen Hyphen (das Mycel) an den Symbiosepartner weiter. Im Gegenzug erhalten die Pilze vom pflanzlichen Partner Kohlenhydrate.

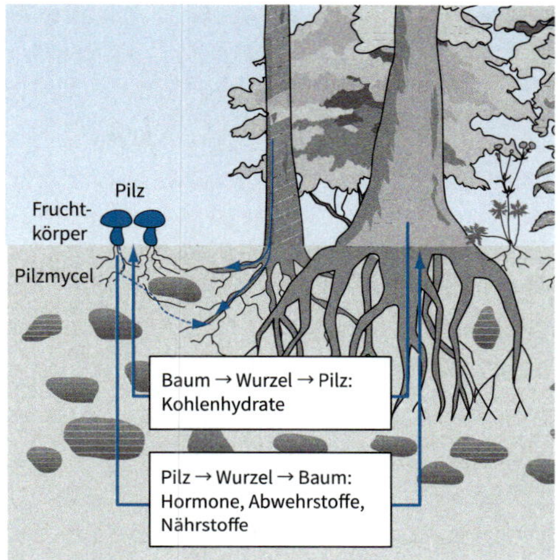

Abb. 9.26: Mykorrhiza – Symbiose von Pilz und Pflanze

Chemische und physikalische Parameter

Im Wald-Ökosystem beeinflussen abiotische Umweltfaktoren wie Klima oder chemische Bodenparameter die Zusammensetzung der Biozönose. Hierfür ist der Boden-pH-Wert ein Beispiel. Er bestimmt unter anderem die Pflanzenverfügbarkeit wichtiger Nährstoffe. So sind Stickstoff, Calcium und Magnesium für Pflanzen bei leicht saurem bis leicht basischem Boden-pH besonders gut verfügbar. Ähnliches gilt für Phosphor und Kalium. Insgesamt ist die Nährstoffverfügbarkeit bei pH-Werten von 6 bis 7 (leicht sauer bis neutral) am höchsten, in stark saurem Boden am niedrigsten. Zudem werden bei niedrigem Boden-pH Aluminium-Ionen freigesetzt, die für viele Pflanzen toxisch wirken. Damit legt der pH-Wert bereits grob fest, welche Bäume bevorzugt an welchen Standorten vorkommen. Nimmt man weitere Standortfaktoren hinzu, ergibt sich ein immer differenzierteres Bild:

pH-Wert = ein Maß für den Säuregrad einer wässrigen Lösung

toxisch = giftig

	stark sauer	**mäßig sauer**	**neutral**
trocken	–	Eiche	Eiche
mäßig trocken	Traubeneiche	Eiche, Elsbeere	Eiche, Linde, Ahorn
mäßig frisch	Stieleiche	Rotbuche	Esche
frisch	Hängebirke	Rotbuche	Rotbuche
mäßig feucht		Winterlinde	Esche, Bergahorn, Bergulme
feucht	Moorbirke	Hainbuche	Bergahorn
mäßig nass	Moorbirke	Moorbirke	Esche, Ulme, Schwarzerle

Tab. 9.2: Standorte von Baumarten (Standortfaktoren: Bodenfeuchte und Boden-pH)

Umgekehrt wirkt der Wald auf verschiedene abiotische Parameter ein. So beeinflusst er z. B. den Temperaturgang.

Belaubter Wald wirkt temperaturdämpfend, das heißt die Tagesspitzen der Temperatur werden gegenüber freien Flächen abgemildert. Nachts ist es im Wald wärmer und tagsüber kühler als auf freiem Feld (→ Abb. 9.27). In den Wäldern der Tropen treten am Boden teilweise sogar so gut wie keine Temperaturschwankungen auf.

Dieser kühlende Effekt der Waldvegetation im Sommer (z. B. im Juli) lässt sich an einem vertikalen Temperaturprofil beobachten. Er nimmt zum Boden hin zu, wofür die zunehmende Dicke des abschirmenden Laubdaches verantwortlich ist. Sind die Bäume wie z. B. im Mai noch weitgehend ohne Laub, so dreht sich dieser Effekt. Jetzt erreicht ein Großteil der Sonnenstrahlen den Waldboden und wird hier in Wärme umgewandelt. Es kommt zu einem Erwärmungseffekt in Bodennähe (→ Abb. 9.28).

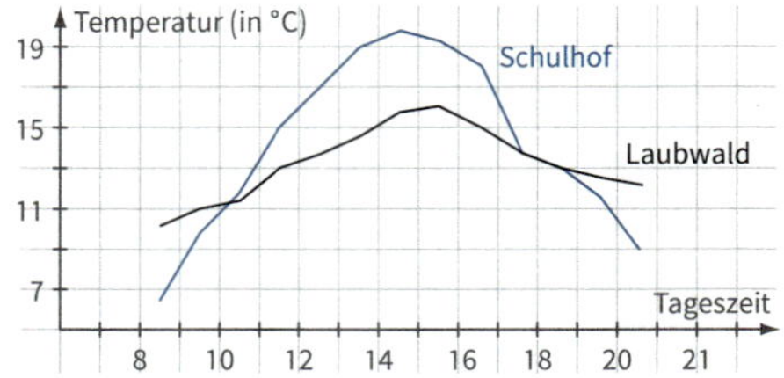

Abb. 9.27: Tagestemperaturgang in einem Laubwald und auf einem nahen Schulhof, ermittelt am 29.5. ca. 50 cm über dem Boden

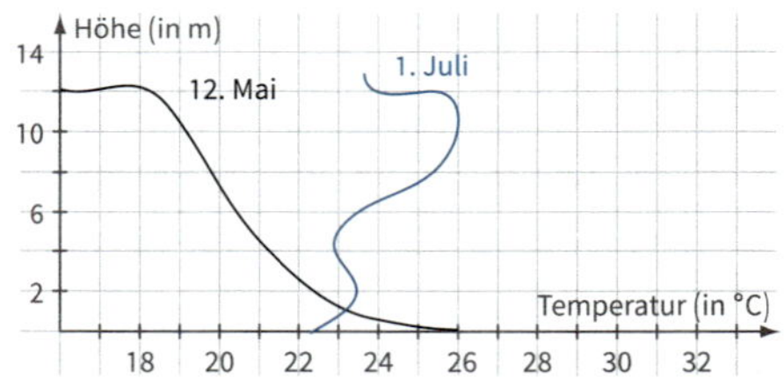

Abb. 9.28: Vertikale Temperaturprofile in einem Eichenwald

Bei anderen physikalischen Parametern lässt sich Ähnliches beobachten. So nimmt im belaubten Wald die Lichtmenge von oben nach unten ab. Dies hat unter anderem für die Pflanzen der Krautschicht erhebliche Konsequenzen: Im mitteleuropäischen Wald herrschen am Boden im Frühling günstige Lichtverhältnisse (ca. 50 % des Sonnenlichtes erreicht den Boden) und relativ hohe Temperaturen – ideale Bedingungen für lichtliebende **Frühblüher** wie z. B. das Buschwindröschen. Im Sommer sind die Temperaturen in Bodennähe zwar oft ähnlich wie im Frühling, doch ist der Lichteinfall geringer (nur ca. 2 % des Sonnenlichtes erreicht den Boden). Viele krautige Pflanzen können unter diesen Bedingungen nicht gedeihen. Sie verlieren ihre Blätter und überdauern als Knolle, Zwiebel oder Wurzelstock. Die in diesen Speicherorganen deponierten Reservestoffe erlauben es ihnen dann im Frühjahr rasch zu wachsen und Laub auszubilden, um so die für sie optimalen Lichtverhältnisse effizient zu nutzen. Oberirdische Teile schützen viele Frühblüher durch spezielle Anpassungen (z. B. Einlagerung von Frostschutzmitteln wie Zucker oder Salze) vor den im Frühjahr auftretenden Nachtfrösten. Teilweise sind ihre Blätter und unterirdischen Speicherorgane zudem giftig, als Fraßschutz gegen hungrige Herbivoren.

Zu den Frühblühern zählen z. B. Scharbockskraut, Buschwindröschen, Lerchensporn oder Leberblümchen.

Wald und Mensch

Wälder sind für den Menschen von großer Bedeutung. Dazu zwei Beispiele:

Regulation des Wasserhaushaltes: Der Wald ist ein wichtiger Wasserspeicher mit ausgleichender Funktion im Wasserhaushalt der Landschaft. Er nimmt große Mengen an Regenwasser auf und gibt sie nach und nach durch Transpiration wieder an die Atmosphäre ab. Damit leistet er einen bedeutsamen Beitrag zur Aufrechterhaltung des regionalen Wasserkreislaufs. Ein übermäßiger Abfluss von Regenwasser wird verhindert, der Gefahr von Hochwasser vorgebeugt. Das Kronendach sorgt dafür, dass der Regen den Boden nur stark abgebremst erreicht. Der Boden wird zudem von den Pflanzenwurzeln festgehalten. Beides trägt zu einer Minimierung des Bodenabtrags (Erosion) bei. Der humusreiche Waldboden saugt den ankommenden Regen wie ein Schwamm auf, filtert ihn und trägt so zur Bildung von qualitativ hochwertigem Grundwasser bei. Dieses wird als Trinkwasser genutzt.

Wirtschaftsfaktor: Wälder sind Wirtschafträume. Sie liefern den Rohstoff Holz für industrielle Prozesse und zur Verbrennung. Sie sind aber auch Erholungs- und Erlebnisraum und damit beliebte touristische Ziele. Außerdem sind sie Jagdreviere. Und in all diesen Bereichen bieten sie Arbeitsplätze.

Gefährdung durch den Menschen

So wichtig die Wälder für den Menschen sind, so stark sind sie auch durch menschliche Aktivitäten in ihrer Stabilität und Selbstregulationsfähigkeit gefährdet. Neben direkten Eingriffen (z. B.

Abb. 9.29: Leistungen der Wälder

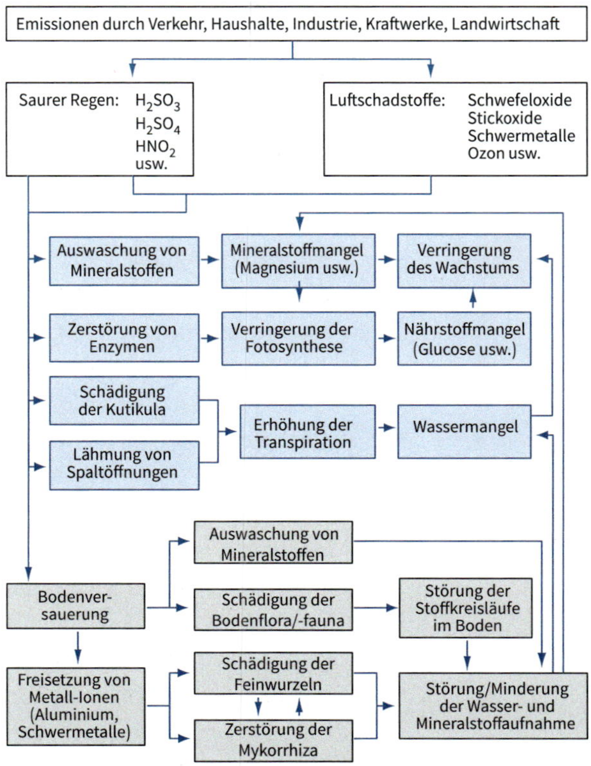

Abb. 9.30: Die Folgen eines vom Menschen verursachten Schadstoffeintrags in das Ökosystem Mitteleuropäischer Wald (blau: Blattorgane, grau: Boden/ Wurzeln)

Abholzung) sind es auch indirekte Eingriffe des Menschen, die zu Störungen in den Wald-Ökosystemen führen. Abb. 9.30 stellt die Folgen eines solchen indirekten Eingriffs für das Ökosystem „Mitteleuropäischer Wald“ dar: Der Mensch produziert eine Vielzahl von Schadstoffen. Ihr Eintrag über Luft und Wasser („Saurer Regen“) führt zu Schäden an den Pflanzen. Diese sind zunächst oft geringfügig, können sich aber im Laufe der Zeit summieren. Zudem stellt auch bereits eine geringe Schädigung die betroffenen Pflanzen unter Stress. Sie sind dann nicht mehr bzw. in geringerem Umfang in der Lage, natürliche Stressfaktoren (UV-Strahlung, Frost, Trockenheit, Schädlinge usw.) zu verkraften.

Nachhaltigkeit

Die Begriffe „Nachhaltigkeit“ und „nachhaltiges Wirtschaften“ stammen ursprünglich aus der Forstwirtschaft. Sie bezeichnen eine Wirtschaftsweise, bei der dem Wald nur so viel Holz entnommen wird, wie nachwachsen kann. Er kann sich so immer wieder regenerieren. Heute werden diese Begriffe auf alle Lebensbereiche übertragen. Menschliches Handeln ist dann nachhaltig, wenn es die aktuellen Bedürfnisse befriedigt, ohne die Lebensgrundlage zukünftiger Generationen zu schmälern. Nachhaltiges Handeln ist also langfristig ausgerichtet. Es hat die Gegenwart und die Zukunft im Blick. Dabei sind nach heutigem Verständnis vier Bereiche *gleichgewichtig* zu berücksichtigen (→ weißes Kästchen in der Mitte der Abb. 9.31):

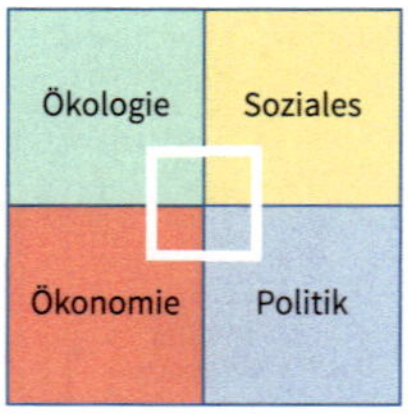

Abb. 9.31: Nachhaltigkeitsviereck

- **Ökologie**. Ziel: Natur und Umwelt für die nachfolgenden Generationen erhalten. Aspekte sind u. a.: mit den natürlichen Ressourcen sparsam umgehen, Belastungen des Ökosystems vermeiden/minimieren, Artenvielfalt erhalten, das Klima schützen.
- **Ökonomie**. Ziel: so wirtschaften, dass dauerhaft eine tragfähige Grundlage für wirtschaftlichen Erfolg und Wohlstand gegeben ist. Aspekte sind u.a.: Wachstum langfristig planen und gestalten, Ressourcen optimal und schonend nutzen, Kapital effizient und zukunftsorientiert einsetzen.
- **Soziales**. Ziel: so handeln und wirtschaften, dass alle Mitglieder der Gesellschaft angemessen am Wohlstand teilhaben können. Aspekte sind u.a.: Erhöhung des Lebensstandards für alle, Eröffnung von Aufstiegschancen, Ausgleich sozialer Unterschiede, Gerechtigkeit zwischen den Generationen.
- **Politik**. Ziel: eine Regierungsführung, die die Verantwortung für das Wohlergehen aller Mitglieder der Gesellschaft und den schonenden Umgang mit der Natur im Blick hat. Aspekte sind u.a.: Staatstätigkeit und Staatsfinanzen zukunftsfähig gestalten, Korruption beseitigen, Frieden erhalten.

Damit sähe eine **nachhaltige Waldwirtschaft** zum Beispiel so aus:

- Der Wald ist so angelegt, dass in ihm standortgemäße Baumarten wachsen. In seiner Artenzusammensetzung und Bestandsstruktur gleicht er weitgehend den in der Region ursprünglich vorkommenden Wäldern.

- Verjüngung des Waldes erfolgt über natürlich aufgeschlagene Schösslinge.
- Bäume werden einzeln gefällt und bodenschonend abtransportiert.
- Der Holzeinschlag gewährt Waldbesitzern ein kalkulierbares Einkommen.
- Die Waldarbeiter werden gerecht entlohnt und ggf. am Gewinn beteiligt.
- Die Nutzung des Waldes als Erholungsraum ist reglementiert. Autoverkehr ist verboten. Es dürfen z. B. nur die naturnah angelegten Wege genutzt werden. Es gibt ein Angebot an geführten Walderlebniswanderungen. Die Erlöse kommen den Waldbesitzern zugute.
- Die beschriebene Form der Waldnutzung ist gesetzlich festgeschrieben.

Ökosystem See

Aquatische Ökosysteme (Gewässer) sind sehr vielfältig. Man unterteilt sie in *Meere* und *Binnengewässer*. Bei den Binnengewässern wird weiterhin unterschieden zwischen *Fließgewässern* (natürliche Fließgewässer wie Flüsse oder Bäche und künstlich angelegte wie Kanäle) und *Stillgewässern* (natürliche stehende Gewässer wie Tümpel und künstliche wie Teiche und Stauseen).

Kennzeichen eines Sees

Definition: Bei einem See handelt es sich in der Regel um ein natürliches Stillgewässer, doch kann er auch vom Menschen künstlich angelegt sein (Baggersee, Stausee). Seen haben stets eine gewisse Tiefe (in der Regel mehr als drei bis fünf Meter), sodass sich im Sommer eine über längere Zeit stabile Temperaturschichtung ausbilden kann. Im tiefen Bereich ist der Boden eines Sees wegen der hier zu geringen Lichtmenge ohne Pflanzenbewuchs.

Räumliche Gliederung (→ Abb. 9.32): Man unterteilt einen See in

- die **Freiwasserzone** (das **Pelagial**), die den Wasserkörper des Sees oberhalb des Gewässerbodens bis zu den ersten wurzelnden Wasserpflanzen im Uferbereich umfasst;
- die **Uferzone** (das **Litoral**); sie ist sonnenlichtdurchflutet und daher Lebensraum verschiedener im Boden wurzelnder, ganz oder teilweise vom Wasser umspülter Pflanzen; in Abhängigkeit von der Wassertiefe ist der Bewuchs sehr unterschiedlich; den Uferbereich kann man deshalb in verschiedene Zonen untergliedern (z. B. Röhrichtzone, Tauchpflanzenzone).
- den **Gewässerboden** (das **Benthal**), den man wiederum in den durchsonnten Uferbereich (Litoral) und den lichtlosen **Bodenbereich im tiefen Teil des Sees** (das **Profundal**) untergliedert.

griech. *pélagos* = offene See

lat. *litus* = Küste, Ufer

griech. *bénthos* = Tiefe

lat. *profundum* = Meerestiefe

Rahmenbedingungen für das Leben im See: Es sind im wesentlichen Lichtintensität, Temperatur sowie Sauerstoff- und Mineralstoffgehalt, die den Existenzrahmen für die Lebewesen im See abstecken. Je nach Wassertiefen und/oder Jahreszeit variieren diese Parameter jedoch erheblich.

- **Im oberen Teil des Sees:** Das Oberflächenwasser wird vom Sonnenlicht durchflutet. Im Sommer sorgt die hohe Sonneneinstrahlung für warme Temperaturen. An der Seeoberfläche diffundiert fortlaufend Sauerstoff aus der Luft ins Wasser. All dies schafft ideale Bedingungen für viele Lebewesen. So ermöglicht das einfallende Licht fotoautotrophen Organismen (z. B. Grünalgen) den Aufbau neuer Biomasse. Ihre Fotosynthesetätigkeit erhöht den Sauerstoffgehalt des Wassers. Der hohe Sauerstoffgehalt wiederum erlaubt heterotophen Lebewesen (z. B. Fischen) die Atmung. Der obere Teil des Sees ist also reich an Leben. In der Summe produzieren hier fotoautotrophe Organismen mehr Sauerstoff und Biomasse, als durch deren eigene Zellatmung und die Atmung heterotropher Organismen verbraucht wird. Deshalb bezeichnet man den oberen Teil des Sees als *Nährschicht.*
- **Der bodennahe Teil des Sees:** Hierher kommt kaum/kein Licht. Aufgrund des Lichtmangels ist Fotosynthese so gut wie unmöglich. Wegen des großen Abstands zur Seeoberfläche und fehlender Fotosynthese ist der Sauerstoffgehalt des Wassers gering. Allerdings sinkt Detritus aus der Nährschicht in diesen Bereich, den am/im Seeboden lebende Destruenten abbauen. Sie verbrauchen den wenigen vorhandenen Sauerstoff, wodurch es zeitweilig zu anaeroben Verhältnissen kommt. In diesem Teil des Sees dominiert der Abbau von Biomasse. Der Verbrauch von Sauerstoff überwiegt hier dessen Produktion, weshalb man diese Zone als *Zehrschicht* bezeichnet.
- Zwischen Nähr- und Zehrschicht liegt die **Kompensationsschicht**, in der sich Fotosynthese und Zellatmung ungefähr die Waage halten.

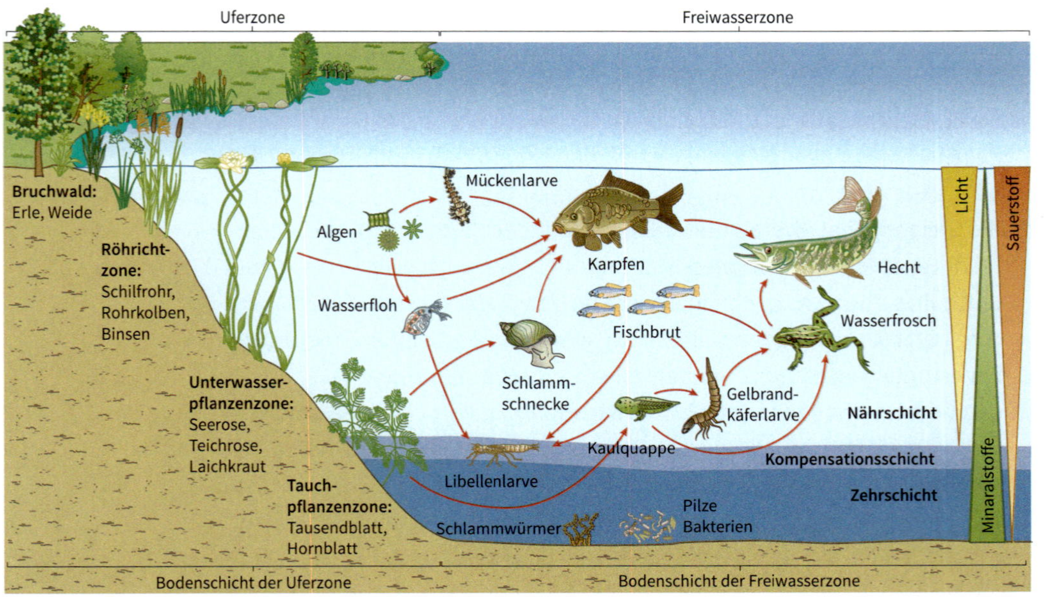

Abb. 9.32: Räumliche Gliederung und Biozönose eines Sees

Jahreszeitliche Temperaturveränderungen im See

Die Temperaturverhältnisse in einem See hängen im Wesentlichen von drei Faktoren ab:

- der Sonneneinstrahlung,
- der Wasserbewegung und
- einer besonderen physikalischen Eigenschaft des Wassers, der **Dichteanomalie des Wassers**. Wie bei anderen Flüssigkeiten auch nimmt die Dichte des Wassers bei Abkühlung bis ca. 4 °C zu. Kühlt man Wasser aber unter 4 °C ab, so verringert sich seine Dichte wieder. Es bildet Kristallgitter aus, die mehr Platz benötigen. Bei Temperaturen unter 4 °C dehnt sich Wasser also wieder aus, ein Verhalten, das Wasser von fast allen anderen Flüssigkeiten unterscheidet.

Die drei zuvor genannten Faktoren bestimmen die Temperaturverhältnisse im See (→ Abb. 9.33):

- Im **Sommer** erwärmt die starke Sonneneinstrahlung das Oberflächenwasser, das dadurch weniger dicht und folglich leichter wird. Im oberen Teil des Sees kommt es zudem zu geringfügigen Umwälzbewegungen, teils durch Wind, teils durch den Wechsel von Erwärmung am Tag und Abkühlung in der Nacht ausgelöst. Diese reichen ebenso wie der erwärmende Einfluss des Sonnenlichtes aber nur bis in eine bestimmte Wassertiefe. Die obere, wärmere und damit leichtere Wasserschicht wird **Epilimnion** genannt.

  Die Wasserschicht in der Tiefe des Sees wird von der Sonne nicht mehr erreicht. Hier hat sich das „schwerste" Seewasser, das Wasser mit der größten Dichte gesammelt. Gemäß der Dichteanomalie des Wassers hat dies eine Temperatur von etwa 4 °C. Es bleibt den ganzen Sommer über bei dieser Temperatur. Diese Wasserschicht in der Tiefe des Sees bezeichnet man als **Hypolimnion**.

  griech. *hypo* = unter, darunter

  Die Schicht zwischen Epilimnion und Hypolimnion ist durch eine rasche Abnahme der Wassertemperatur gekennzeichnet. Man nennt diese „Temperatursprungschicht" **Metalimnion**.

  griech. *meta* = dazwischen, inmitten

  Diese Schichtung des Seewassers bleibt im Prinzip den ganzen Sommer über erhalten. Daher spricht man auch von der **Sommerstagnation**. Im Laufe des Sommers kann aber mit zunehmender Erwärmung des Epilimnions die Temperatursprungschicht immer weiter nach unten wandern. In flachen Seen erreicht sie teilweise sogar den Seeboden.

  Mit der Temperaturschichtung geht auch eine auffällige Ungleichverteilung chemischer Parameter einher. So ist der Sauerstoffgehalt im Epilimnion hoch, dank der intensiven Fotosynthesetätigkeit der Produzenten und der Aufnahme von Luftsauerstoff an der Wasseroberfläche. Im Hypolimnion hingegen kann beim Anfallen größerer Mengen an Detritus der gesamte Sauerstoff durch die Aktivitäten der Destruenten aufgebraucht werden.

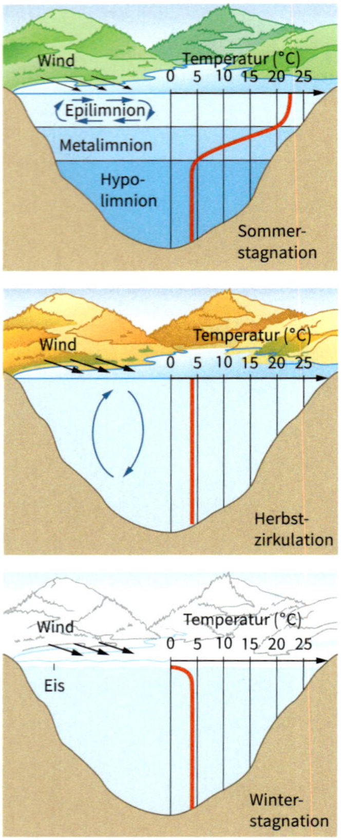

Abb. 9.33: Temperaturverhältnisse im See im Jahresverlauf

- Im **Herbst** wird die Sonneneinstrahlung geringer. Das Epilimnion kühlt ab, sein Wasser wird damit dichter und schwerer. Es sinkt in größere Tiefe. Im Gegenzug steigt noch sommerwarmes, leichteres Wasser auf. Es bildet sich ein Wasserkreislauf, den man als **Herbstzirkulation** bezeichnet. Starke Winde unterstützen diesen Prozess. Er läuft so lange ab, bis der gesamte Wasserkörper eine gleichmäßige Temperatur von etwa 4 °C erreicht hat. Durch die Herbstzirkulation wird Sauerstoff bis zum Seeboden transportiert. Im Gegenzug gelangen die von den Destruenten am Boden frei gesetzten Mineralstoffe bis an die Seeoberfläche.
- Im **Winter** kühlt das Oberflächenwasser unter 4 °C ab. Seine Dichte verringert sich. Es ist damit leichter als das Tiefenwasser und bleibt an der Seeoberfläche. Die Zirkulation kommt zum Erliegen. In kalten Wintern gefriert das Wasser an der Oberfläche. In der Tiefe liegt die Wassertemperatur hingegen weiterhin bei etwa 4 °C. So können hier z. B. Fische und Amphibien überwintern. Dieses Bild bleibt den ganzen Winter über erhalten. Man spricht daher auch von der **Winterstagnation**.
- Im **Frühjahr** erwärmt sich das Oberflächenwasser wieder. Irgendwann ist das Wasser des Sees fast gleichmäßig 4 °C warm. Nun reicht schon ein starker Wind, um das Seewasser bis in die Tiefe des Sees zu durchmischen. Diese Zirkulation des Wassers, bei der Sauerstoff und auch Mineralstoffe gleichmäßig im See verteilt werden, bezeichnet man als **Frühjahrszirkulation**.

In tropischen Regionen ist die Sonneneinstrahlung das ganze Jahr über hoch. Tropische Seen weisen daher oftmals ganzjährig annähernd gleichbleibende Temperaturverhältnisse und eine ausgeprägte Schichtung auf.

Zusammensetzung der Biozönose

Die Biozönose im See setzt sich aus den gleichen Organismengruppen zusammen wie die Biozönose anderer Ökosysteme (→ Abb. 9.32). Die Besonderheit ist jedoch, dass viele der hier lebenden Organismen mikroskopisch klein sind und in sehr großen Zahlen vorkommen. Sie gehören zum **Plankton**, das alle Schwebeorganismen im Pelagial umfasst, also alle Organismen deren Bewegungsrichtung allein von der Wasserströmung bestimmt wird.

griech. *planktos* = umherirrend, umhergetrieben

Im See findet man:

- **Produzenten**. In diese Gruppe fallen neben den im Litoral anzutreffenden Wasserpflanzen insbesondere das **Phytoplankton** („pflanzliches" Plankton). Zu letzterem zählen alle fotoautotrophen Organismen des Planktons (z. B. Grünalgen, Kieselalgen oder Cyanobakterien).

griech. *phyto* = pflanzlich

- **Konsumenten**. Hierzu zählen neben Säugetieren, Fischen, Amphibien, Schnecken, Krebsen und Insekten bzw. deren Larven insbesondere auch die Kleinstlebewesen des **Zooplanktons** („tierisches" Plankton; z. B. Wasserflöhe, Ruderfußkrebse, Hüpferlinge). Die Herbivoren unter ihnen ernähren sich von Wasserpflanzen oder Phytoplankton.
- **Destruenten**. In diese Gruppe gehören z. B. Würmer, Pilze und Bakterien. Sie leben überwiegend am oder im Seeboden und zersetzen dort das herabsinkende organische Material. Meist arbeiten sie aerob, verbrauchen also Sauerstoff, und setzen Mineralstoffe frei, die dann den Produzenten wieder zur Verfügung stehen.

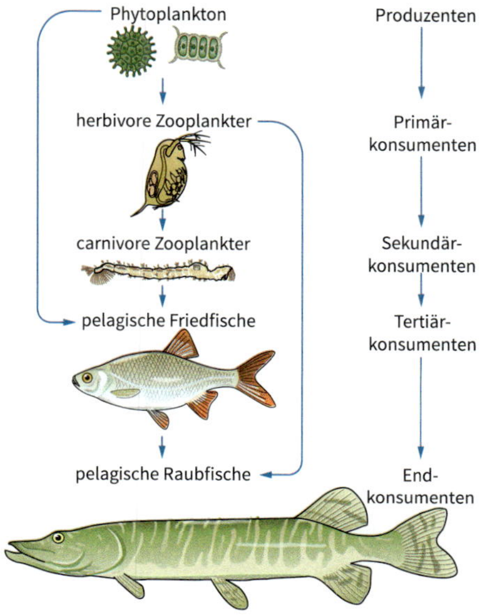

Abb. 9.34: Nahrungskette im Pelagial

Auch im See sind die Organismen über Nahrungsketten miteinander verbunden (→ Abb. 9.34). Deren Gesamtheit bildet das Nahrungsnetz eines Sees (→ Abb. 9.32). Dabei können auch Lebewesen, die nicht dauerhaft im Wasser leben, Teil dieses Nahrungsnetzes sein (z. B. Fischadler, Reiher, Stockente oder Bär).

Chemische Parameter

Die chemischen Zusammensetzung des Seewassers hängt ab von:

- der chemischen Zusammensetzung des den See umgebenden Gesteins bzw. Lockermaterials (z. B. Sand),
- dem Eintrag in den See über eventuelle ober- oder unterirdische Zuflüsse,
- Einspülungen aus dem ufernahen Bodenbereich oder auch
- Eintrag durch Niederschlag und Verlusten durch Verdunstung.
- Auch die Aktivitäten des Menschen haben merklichen Einfluss, etwa durch das Ausbringen von Dünger auf seenahe Felder oder die Verschmutzung der Wasserzuflüsse eines Sees. Die Art der im Seewasser gelösten oder im Seeboden enthaltenen chemischen Stoffe wie auch deren Menge bzw. Mengenverhältnisse bestimmen die chemischen Eigenschaften des Seewassers.

Die Vielfalt der Seentypen kann anhand verschiedener Kriterien klassifiziert werden. Eine gängige Klassifizierung orientiert sich an der **Menge der Mineralstoffe**, die den Produzenten im See für das Wachstum zur Verfügung stehen. So unterscheidet man:

- **Oligotrophe Seen** mit niedrigem Mineralstoffgehalt und niedriger Produktion neuer Biomasse durch die Produzenten (Primärproduktion). Diese Seen weisen zwar eine geringe Individuendichte auf, doch leben hier viele unterschiedliche Spezialisten, die das knappe Nahrungsangebot effizient nutzen.

griech. *oligos* = wenig
griech. trophos = nährend

griech. *mesos* = mittel, mäßig
griech. *eu* = gut

- **Mesotrophe Seen** mit mittlerem Mineralstoffgehalt.
- **Eutrophe Seen** mit hohem und **hypertrophe Seen** mit extrem hohem Mineralstoffgehalt. Sie weisen insbesondere im Sommer eine starke Primärproduktion auf. In der oberflächennahen, lichtdurchfluteten Nährschicht ist die große Zahl an Produzenten im Wasser oftmals mit dem bloßen Auge zu erkennen („Algenblüte"). Sterben diese dann und sinken in die Zehrschicht ab, können aerob arbeitende Destruenten den großen Anfall an toter Biomasse nicht mehr bewältigen. In der Folge lagert sich unzersetztes organisches Material als **Faulschlamm** am Seeboden ab. (→ Seite 243)

Stoffreisläufe im See – das Beispiel des Phosphorkreislauf

Neben Stickstoff und Kohlenstoff (→ Kreisläufe siehe Abb. 9.20 und Abb. 9.21) zählt auch Phosphor zu den Makronährstoffen. Im See ist dieser allerdings oftmals nur in geringen Mengen vorhanden und somit ein **begrenzender Faktor** für das Wachstum der Produzenten. Ablauf des Phosphorkreislaufs:

① Anders als Stickstoff oder Kohlenstoff kommt Phosphor in der Atmosphäre nicht in nennenswerter Menge vor. Der für die Produzenten verfügbare Phosphor stammt deshalb ganz überwiegend aus Gesteinen oder natürlichen Phosphatvorkommen in der Erdkruste. Mit organischem Material, über Zuflüsse oder durch per Wind transportiertem Staub gelangt er in den See.

② Phytoplankter nehmen den Phosphor in Form gelöster organischer Phosphate auf. Sie nutzen ihn zum Aufbau von Nukleinsäuren, ATP und anderen Phosphatverbindungen.

③ Über die Nahrungsketten gelangt der Phosphor bis zu den Destruenten, die im Zuge der Mineralisierung toten organischen Materials einen Teil des Phosphors wieder ins Seewasser freisetzen.

④ Ein anderer Teil aber wird in Form organischer Verbindungen im Sediment des Seebodens abgelagert. Er kann für längere Zeit hier verbleiben oder durch den Abbau der organischen Verbindungen nach und nach freigesetzt werden.

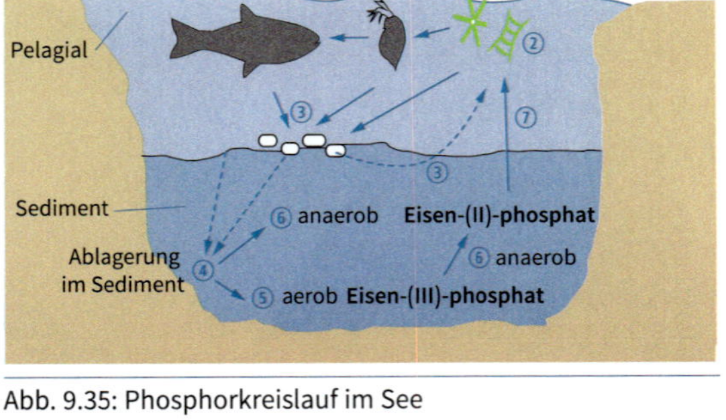

Abb. 9.35: Phosphorkreislauf im See

⑤ Die freigegebenen Phosphate werden im Sediment an Eisenionen gebunden. Ist im Tiefenwasser hinreichend Sauerstoff vorhanden, so liegt das Eisen in Form von Fe^{3+}-Ionen vor.
Diese bilden mit dem Phosphat unlösliches Eisen-(III)-phosphat, das am Seeboden verbleibt. Phosphat ist damit im Sediment „gefangen" („Phosphatfalle") und dem Nährstoffkreislauf des Sees entzogen.

⑥ Kommt es am Grunde des Sees z.B. durch die intensive Abbautätigkeit der Destruenten zu anaeroben Verhältnissen, so wird das Eisen zu Fe^{2+} reduziert. Aus Eisen-(III)-phosphat wird lösliches Eisen-(II)-phosphat.

⑦ Dieses wird in das Seewasser freigesetzt und gelangt somit zurück in den Nährstoffkreislauf.

Die Verfügbarkeit von Phosphat im See hängt damit in starkem Maße vom Sauerstoffgehalt im Hypolimnion ab.

Eutrophierung

Durch den Eintrag von Mineralstoffen aus angrenzenden Gebieten kommt es in allen Seen zu einer fortschreitenden natürlichen Eutrophierung (Anreicherung/Zunahme von Nährstoffen). Diese vollzieht sich in Zeiträumen von Jahrtausenden und führt dazu, dass aus oligo- oder mesotrophen Gewässern irgendwann eutrophe Seen werden, die schließlich verlanden und vermooren können (→ Abb. 9.36).

Durch Einflüsse des Menschen kann die Eutrophierung wesentlich schneller ablaufen. Einleitung ungeklärter phosphat- und nitrathaltiger Abwässer oder Überdüngung von Feldern in der Nähe von Seen sind zwei der wichtigsten Ursachen hierfür. Dadurch kann es im See zu einem starken Wachstum des Phytoplanktons („Algenblüte") und bei dessen Absterben zu einem hohen Anfall toter organischer Materie kommen. Dies kann wiederum dazu führen, dass von den Destruenten aller Sauerstoff im Hypolimnion für den Detritus-Abbau verbraucht wird. Dadurch wird zum einen die „Phosphatfalle" außer Kraft gesetzt, was zur Freisetzung zuvor gebundenen Phosphates aus dem Sediment und damit zur Verstärkung der Algenblüte führt. Zum anderen lagert sich das massenhaft anfallende tote organische Material nun unzersetzt am Seeboden ab. Es entsteht **Faulschlamm**, in dem anaerob arbeitende Mikroorganismen den Detritusabbau übernehmen, wobei giftige Gase wie Methan, Ammoniak oder Schwefelwasserstoff gebildet werden. Im Ergebnis ist das Gewässer dann biologisch tot. Den aus der Eutrophierung resultierenden Prozess, der zum Zusammenbrechen der Seebiozönose infolge von Sauerstoffmangel sowie der Produktion giftiger Gase führt, bezeichnet man als **„Umkippen" des Sees**. Allerdings kommt es häufig nicht so weit, sondern es stellt sich vorher ein biologisches Gleichgewicht auf niedriger trophischer Ebene ein. Den Grad der Eutrophierung eines Gewässers kann man unter anderem am Auftreten bestimmter Indikatororganismen (z.B. der Häufigkeit bestimmter Fischarten) erkennen. Um bei erkannter Eutrophierung einem möglichen

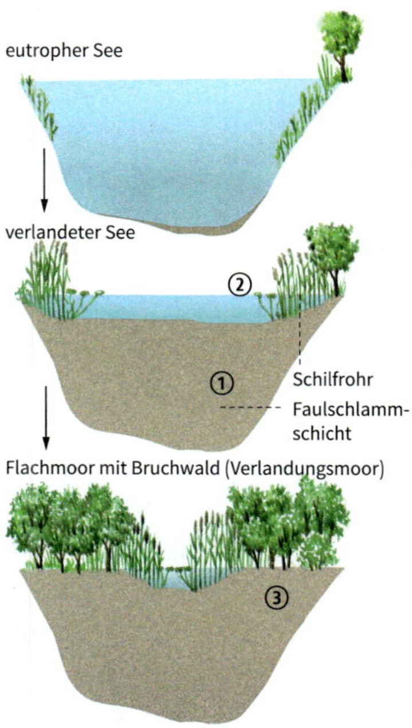

Abb. 9.36: Sukzession von Seen

„Umkippen" vorzubeugen, kann man z. B. Sauerstoff in den See einleiten oder Biomasse, Faulschlamm bzw. in Form von Eisen-(III)-phosphat gebundenen Phosphor aus dem See entfernen. Alle diese Maßnahmen sind jedoch aufwändig und teuer.

Überblick

Der Einfluss abiotischer Umweltfaktoren auf Pflanze und Tier

- Toleranzkurven zeigen, in welchem Ausmaß ein Lebewesen auf verschiedene Intensitäten eines Umweltfaktors reagiert.
- Für endotherme (gleichwarme) Tiere beschreiben BERGMANN'sche und ALLEN'sche Regel den Zusammenhang zwischen bestimmten Körpermerkmalen, Temperatur und geografischer Verbreitung von Arten.
- Bei Pflanzen dienen Anpassungen der Blattanatomie der Transpirationskontrolle.

Die Wechselwirkungen zwischen den Lebewesen

- Die Populationsschwankungen innerhalb einer Räuber-Beute-Beziehung werden durch die LOTKA-VOLTERRA-Regeln modellhaft beschrieben.
- Konkurrierende Arten können durch unterschiedliche Einnischung und damit verbundene Konkurrenzvermeidung koexistieren.
- Ein Parasit lebt auf Kosten seines Wirtes, der dadurch geschädigt wird.
- Symbiose ist eine Beziehung zum gegenseitigen Nutzen zweier Arten.

Die Entwicklung von Populationen

- Als Population bezeichnet man alle artgleichen Individuen eines geografisch definierten Gebietes, die sich untereinander fortpflanzen.
- Die Populationsdichte wird durch dichteunabhängige (z. B. Klima, Boden) und dichteabhängige Faktoren (z. B. Nahrungsmenge) reguliert.

Ökosysteme

- Ein Ökosystem stellt ein Netz von Wechselwirkungen zwischen abiotischen Faktoren eines Biotops und der es bevölkernden Biozönose dar.
- Die Biozönose eines Ökosystems untergliedert man in Produzenten, Konsumenten und Destruenten. Diese sind über Nahrungsketten bzw. komplexe Nahrungsnetze miteinander verbunden.
- Innerhalb eines Ökosystems gibt es Kreisläufe für Makronährstoffe (Stickstoff, Phospor usw.) und für Spurenelemente (Eisen, Jod usw.).
- Fast alle natürlichen Ökosysteme sind heute durch die Aktivitäten des Menschen beeinflusst und verändert worden.

Evolution

10

Der gemeinsame Ursprung aller Lebewesen, ihre Verwandtschaft und Veränderlichkeit sind Grundelemente des Evolutionsgedankens. Verschiedene Theorien liefern Erklärungsansätze für diese Evolution des Lebens. Sie werden bis heute beständig weiterentwickelt.

10.1 Evolutionstheorien

Die Lehre von der Artkonstanz

Bevor der **Evolutionsgedanke** in der Mitte des 18. Jahrhunderts allmählich Gestalt annahm, dominierte über Jahrtausende die **Lehre von der Artkonstanz**: Danach sind alle Lebewesen ewig und unveränderlich. Die großen Weltreligionen übernahmen diese Lehre und erweiterten sie um den Gedanken, dass Gott alle Lebewesen erschuf.

lat. *evolvere* = abwickeln

CARL VON LINNÉ (1707 – 1778). Der schwedische Naturforscher schuf ein hierarchisch gegliedertes System, mit dem die Vielzahl verschiedener Pflanzen und Tiere geordnet werden konnte. Es basierte auf dem Prinzip abgestufter Ähnlichkeiten. Noch heute gilt die von ihm konzipierte binäre Nomenklatur, wonach jede Art eindeutig durch ihren Gattungsnamen und ihren Artnamen charakterisiert wird. Für LINNÉ war sein System der Versuch, die göttliche Schöpfungsordnung zu erfassen.

GEORGE DE CUVIER (1769 – 1832). Bei der Erforschung geologischer Schichten fand CUVIER zahlreiche Fossilien, die in den verschiedenen Gesteinsschichten deutlich voneinander getrennt lagen. Er nahm an, dass die Tiere jeder Gesteinsschicht durch immer wiederkehrende Naturkatastrophen umgekommen sein mussten. Auf jede dieser Katastrophen sollte dann die göttliche Neuschöpfung von Arten folgen (**Katastrophentheorie**).

Auch heute noch legen **Kreationisten** die biblische Schöpfungsgeschichte wörtlich aus und lehnen eine Evolution der Lebewesen ab. Vertreter des **Intelligenten Designs**, einer pseudowissenschaftlichen Spielart des Kreationismus, akzeptieren zwar zum Teil den Evolutionsgedanken, nehmen aber teilweise übernatürliche Ursachen an.

lat. *creare* = erschaffen

Lamarck und die Vererbung erworbener Eigenschaften

Lamarck: Vererbung erworbener Eigenschaften

Jean Baptiste de Lamarck (1744 – 1829) legte die erste in sich widerspruchsfreie Evolutionstheorie vor. Er ging – wie später Darwin – von einem kontinuierlichen Artenwandel und der Abstammung heutiger Lebewesen von früheren Formen aus. Die Kernpunkte seiner Theorie sind:

- **Innerer Trieb zur Vervollkommung** – Diesen Trieb findet man bei allen Lebewesen.
- **Veränderliche innere Bedürfnisse der Lebewesen** – Änderungen der Umwelt rufen veränderte innere Bedürfnisse hervor. Der Organismus ändert daraufhin aktiv sein Verhalten und nutzt bestimmte Organe seines Körpers stärker oder weniger stark.
- **Gebrauch stärkt Organe, Nichtgebrauch schwächt sie** – Der häufige Gebrauch eines Organs führt zu dessen Entwicklung und Stärkung, Nichtgebrauch schwächt es und führt zum Verschwinden des Organs (1. Naturgesetz).
- **Erworbene Eigenschaften sind erblich** – Die durch Gebrauch bzw. Nichtgebrauch von Organen individuell erworbenen Eigenschaften werden weitervererbt (2. Naturgesetz).

Darwin und die Theorie der natürlichen Zuchtwahl

Darwin: Selektionstheorie

Charles Darwin (1809 – 1882) war vom evolutionären Wandel der Lebewesen überzeugt. Er lieferte eine eigene kausale Erklärung des Evolutionsgeschehens. Dabei wurde er durch das **Aktualitätsprinzip** des Geologen Charles Lyell mit beeinflusst. Dieses Prinzip beruht auf der Annahme, dass die Naturgesetze, die heute wirksam sind, auch in der Vergangenheit wirksam waren. Darwin übertrug dieses Prinzip auf die Biologie: Heute wirksame Faktoren des Artenwandels, wie er sie unter anderem bei der Züchtung von Haustieren beobachtete, mussten auch für die Veränderungen der Lebewesen in der Vergangenheit Gültigkeit besitzen.

Darwin beobachtete bei der Haustierzucht:

- **Variabilität.** Individuen einer Art zeigen individuelle, in Bezug auf die meisten Merkmale erbliche Unterschiede. Darwin bezeichnete sie als Varietäten.
- **Nachkommenüberschuss.** Alle Lebewesen erzeugen mehr Nachkommen als überleben.
- **Auslese.** Aus den vielen Varianten wählt der Züchter die aus, die ihm am geeignetsten erscheinen. Diese werden zur Weiterzucht verwendet.

Darwin wandte diese Beobachtungen auf die Evolution an. Auch hier gibt es die Faktoren der erblichen Variabilität und des Nachkommenüberschusses. Die Rolle des Züchters, der ausliest, wird von der Natur übernommen (**natürliche Zuchtwahl, Selektion**).

Darwin zog aus diesen Überlegungen die folgenden Schlussfolgerungen:

- Die Individuen stehen miteinander um knappe Ressourcen in Konkurrenz. Diese Konkurrenz nannte er „struggle for life", also **Kampf ums Dasein.**
- In diesem Kampf kommt es zum Überleben des an die gegebenen Umweltbedingungen am besten Angepassten (***survival of the fittest***). Diese haben folglich auch mehr Nachkommen als andere.
- Dieser Prozess der **natürlichen Selektion** hat im Verlauf vieler Generationen zur Veränderung von Arten und damit zur Evolution geführt.

Mit seiner Theorie, die er unter dem Titel: „Die Entstehung der Arten durch natürliche Zuchtwahl" veröffentliche, zerstörte Darwin nachhaltig ein jahrhundertelang gelehrtes Weltbild. Darwin entwickelte später auch die Theorie der „geschlechtlichen Zuchtwahl", in der er die Grundlagen der **sexuellen Selektion** (→ Seite 255 f.) beschrieb.

Vergleich beider Theorien

Sowohl die Theorie Lamarcks als auch die Selektionstheorie Darwins gehen von einem Artenwandel aus. Die Bedeutung der Umwelt und die Rolle des Individuums sind jedoch bei beiden verschieden:

	Lamarck	**Darwin**
Umwelt	Die Umwelt löst beim Individuum innere Bedürfnisse nach Veränderung aus.	Die Umwelt wählt aus den Varietäten die am besten geeigneten aus.
Individuen	Die Individuen passen sich aktiv an die Umwelt an.	Die Individuen werden passiv von der Umwelt angepasst.

Tab. 10.1: Lamarck und Darwin im Vergleich

Die Grundaussage Lamarcks von der Vererbung erworbener Eigenschaften ist aus heutiger Sicht nicht haltbar. Zwar kennt man Änderungen des äußeren Erscheinungsbildes infolge von Umwelteinflüssen (Modifikationen), diese individuell erworbenen Eigenschaften werden jedoch nicht weitervererbt. Und auch die Epigenetik (→ vgl. Seite 67 f.) liefert deutliche Hinweise auf einen Zusammenhang zwischen Umwelt und Erbgut. Ob epigenetische Mechanismen jedoch die Anpassung an Umweltbedingungen erlauben, ist nach wie vor fraglich. Darwins Theorie hat dagegen in ihren Grundzügen bis heute Bestand.

Synthetische Theorie

DARWINS Theorie einer Evolution der Lebewesen aus gemeinsamen Vorfahren konnte sich rasch durchsetzen. Strittig blieb jedoch die Frage, nach welchem Mechanismus der Artenwandel erfolgen sollte. Die von DARWIN vertretene natürliche Selektion forderte einen Vererbungsvorgang, den er zur damaligen Zeit nicht erklären konnte. So war unklar, wie zufällige Variationen entstehen können und Merkmalsanlagen von den Eltern auf die Nachkommen weitergegeben werden.

Genpol = Gesamtheit der Gene einer Population

Erst die modernen Erkenntnisse der Genetik konnten dieses Problem lösen. Danach sind die Zufallsprozesse Mutation und Rekombination für die Entstehung der Varietäten verantwortlich. Im **Genpool** sammeln sich so kleine Veränderungen an. Sie liefern das Rohmaterial, an dem dann die natürliche Selektion ansetzt und zur Anpassung an eine gegebene Umwelt führt. Evolution wird folglich als Veränderung des Genpools einer Population verstanden. Jeder Faktor, der diesen Genpool ändert, führt zu einer Artumwandlung. Zu diesen Evolutionsfaktoren zählen auch **Gendrift** und **Isolation**.

Werden Populationen durch geografische Barrieren getrennt, kann kein Genaustausch mehr zwischen ihnen stattfinden. In den isolierten Teilpopulationen können unabhängig voneinander Mutationen, Rekombinationen und verschiedene Evolutionsfaktoren wirken, die den Genpool verändern. Auf diese Weise kann die Ursprungsart in zwei Arten aufspalten.

Auf diese Weise entstand in den 40er-Jahren des 20. Jahrhunderts die **Synthetische Theorie** der Evolution. Sie vereint die Ideen DARWINS mit den Erkenntnissen der Genetik, insbesondere der Populationsgenetik. Beobachtungen und Entdeckungen aus anderen Bereichen der Biologie (Biogeografie, Paläontologie, Verhaltenslehre) stützen die Synthetische Theorie.

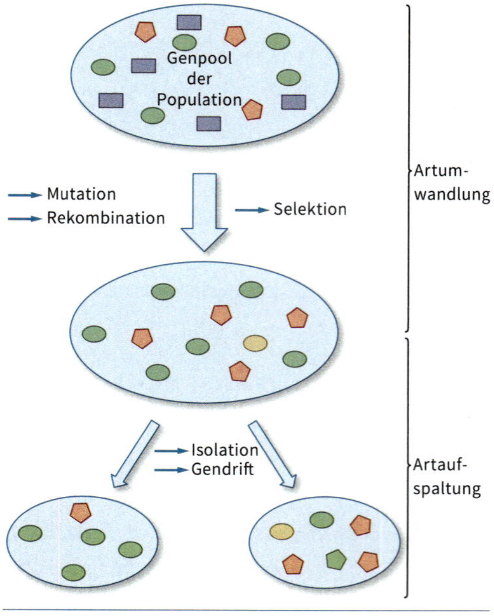

Abb. 10.1: Die Synthetische Theorie der Evolution

Aber auch Evolutionstheorien unterliegen einem Wandel. In der Mitte des 20. Jahrhunderts wurden weitere Theorien formuliert. Beispielsweise bezweifeln Vertreter des **Punktualismus**, dass neue Arten durch Anhäufung gradueller kleiner Veränderungen entstehen. Stattdessen sollen sie sich plötzlich und punktuell als Folge größerer Evolutionsschübe gebildet haben. Tatsächlich kann Evolution sehr schnell erfolgen, dennoch bleibt die Selektion auch hier der dominierende Faktor. Damit steht dieser Ansatz nicht im Gegensatz zur Synthetischen Theorie.

Überblick

Artkonstanz

- Carl von Linné: göttliche Schöpfungsordnung; binäre Nomenklatur
- Georges Cuvier: Katastrophentheorie
- Kreationisten/Intelligent Design: biblische Schöpfungsgeschichte / pseudowissenschaftliche Lehrmeinung

Lamarck – Vererbung erworbener Eigenschaften

- innerer Vervollkommnungstrieb
- Änderungen der Umwelt ruft veränderte innere Bedürfnisse hervor
- Gebrauch von Organen stärkt diese, Nichtgebrauch schwächt sie (1. Naturgesetz)
- Individuell erworbene Eigenschaften werden vererbt (2. Naturgesetz)

Darwin – Selektionstheorie

- Kampf ums Dasein – Individuen stehen miteinander in Konkurrenz um knappe Ressourcen
- *Survival of the fittest* – am besten an die gegebenen Umweltbedingungen angepassten Individuen überleben
- Natürliche Selektion führt im Verlauf vieler Generationen zum evolutionären Wandel

Synthetische Theorie

- basierend auf Darwins Selektionstheorie, erweitert um Erkenntnisse aus anderen biologischen Bereichen, insbesondere der Genetik
- Population und Genpool als zentrale Begriffe
- Genpool = Gesamtheit der Gene einer Population
- Evolution = Änderung des Genpools einer Population
- Die Evolutionsfaktoren Mutationen, Rekombinationen, Gendrift, Isolation und Selektion bewirken eine Änderungen des Genpools
- Änderungen des Genpools können zu einer Artenumwandlung und/oder zu einer Artenaufspaltung führen
- Punktualismus – Änderungen des Genpools erfolgen plötzlich als Folge größerer Evolutionsschübe

10.2 Evolutionsfaktoren

Genetische Variabilität

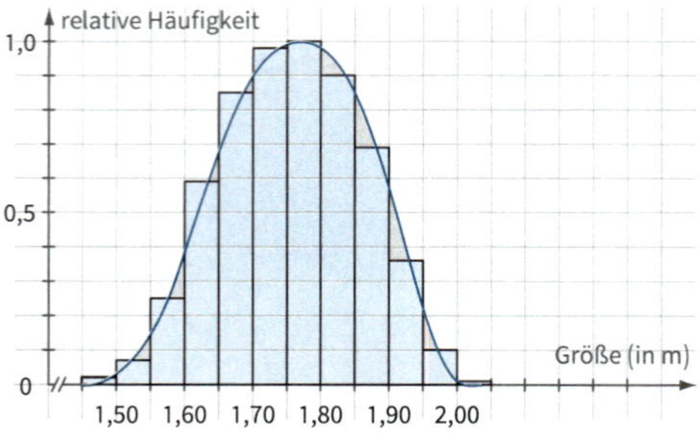

Abb. 10.2: Variabilität des Merkmals Körpergröße

Populationen zeigen ein hohes Maß an Variabilität für bestimmte Merkmale. Betrachtet man beispielsweise die Verteilung der Körpergröße menschlicher Populationen, so erhält man eine typische Variationskurve. Ursache dieser Variabilität sind Umwelteinflüsse wie unterschiedliche Nahrung, aber auch genetische Einflüsse.
Für die Evolution von Bedeutung ist nur die **genetisch bedingte Variabilität**. Sie wird durch den Genpool einer Population bestimmt und ist damit Ansatzpunkt evolutionärer Veränderungen.

Mutation

Neue Gene bzw. neue Allele eines Genpools sind Folge von **Mutationen**. Mutationen entstehen spontan. Sie sind ungerichtet und keine gezielte Antwort auf bestimmte Umwelteinflüsse. Den experimentellen Nachweis erbrachte der **Fluktuationstest** von LURIA und DELBRÜCK (→ Abb. 10.3): Bakterien, die zunächst keine Resistenz gegen ein Antibiotikum zeigten, wurden vermehrt und dann auf mehrere Petrischalen mit Antibiotikum gegeben. Vereinzelt traten danach resistente Bakterienkolonien auf. Die Resistenz konnte nicht durch das Antibiotikum verursacht sein, denn dann wären alle Petrischalen gleichmäßig mit Kolonien übersät gewesen. Die Resistenz war Folge zufälliger Mutation. Einige Bakterien besaßen demnach noch vor dem Kontakt mit dem Antibiotikum die Resistenz und somit einen Selektionsvorteil. Diese Anpassung im Voraus nennt man **Prädisposition**.

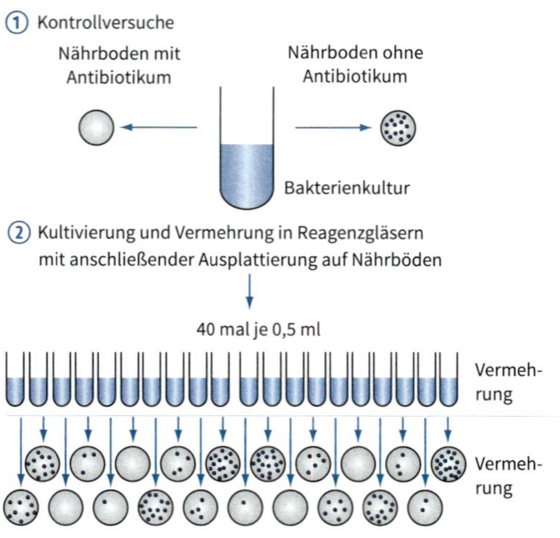

Abb. 10.3: Fluktuationstest

Mutationen sind seltene Ereignisse. Da die entsprechenden Allele meist rezessiv sind, wirken sie sich bei diploiden Organismen phänotypisch nicht aus. Bei Eukaryoten schätzt man, dass die Mutationsrate bei 10^{-4} bis 10^{-6} Mutationen pro Basenpaar und Generation liegt.

Rekombination

Die genetische Variabilität einer Population wird bei diploiden Organismen durch Rekombination erhöht. Rekombination wird verursacht durch:

- zufällige Verteilung väterlicher und mütterlicher Chromosomen während der Meiose (interchromosomale Rekombination)
- Crossing-over während der Meiose (intrachromosomale Rekombination)
- zufällige Auswahl von Ei- und Samenzelle während der Befruchtung (vgl. 3. MENDEL'sche Regel).

Zufallsfaktoren: Mutation + Rekombination + Gendrift

Rekombination führt zwar nicht zur Bildung neuer Allele, wohl aber zu neuen Allelkombinationen und damit zu Individuen mit neuen Merkmalskombinationen. Lebewesen, die sich ungeschlechtlich fortpflanzen, besitzen diese Möglichkeit der Rekombination nicht. Die Entwicklung der Sexualität bildete daher einen bedeutsamen evolutionären Schritt.

Gendrift

Der Genpool einer Population kann durch einen weiteren zufallsabhängigen Evolutionsfaktor verändert werden, die **Gendrift**. Beispielsweise kann es vorkommen, dass zufällig der einzige Träger eines bestimmten Allels ganz ohne Nachkommen stirbt. Eine deutliche Änderung des Genpools ist die Folge. Gendrift spielt insbesondere in kleinen Populationen eine Rolle.

Flaschenhalseffekt

Katastrophen wie Waldbrände oder Wirbelstürme werden häufig nur von einzelnen Individuen zufällig überlebt. Ein Großteil der Population wird vernichtet und wenige Überlebende bilden die Basis für eine neue Population. Man spricht vom Flaschenhalseffekt. Die wenigen Individuen, die der Katastrophe zufällig entgehen, repräsentieren nur noch einen kleinen Teil des ursprünglichen Genpools. Die damit einhergehende genetische Verarmung kann schwerwiegende Folgen haben: Die Restpopulation ist möglicherweise anfälliger für Infektionen, fortgesetzte Inzucht führt dazu, dass nachteilige rezessive Gene homozygot werden. Eine Population kann auf diese Weise schnell weiterschrumpfen und damit endgültig aussterben.

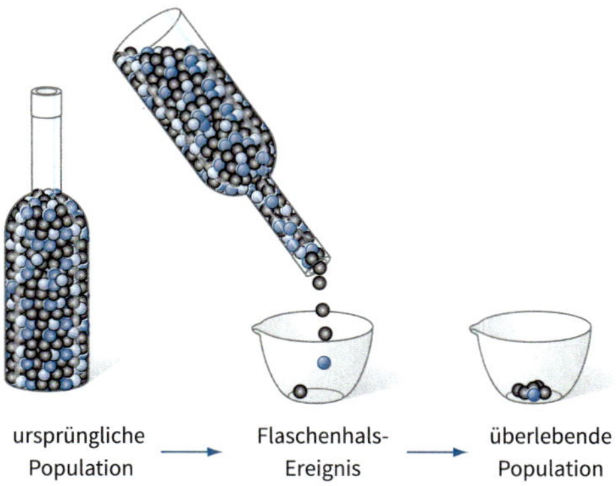

Abb. 10.4: Modell des Flaschenhalseffekts

Gründereffekt

Besiedeln einzelne Individuen einer Stammpopulation zufällig einen neuen Lebensraum, so repräsentieren sie gleichfalls nur einen kleinen Teil des ursprünglichen Genpools. Die Wirkung ähnelt dem Flaschenhalseffekt, mit dem Unterschied, dass die ursprüngliche Population nicht vernichtet wird.
Der Gründereffekt ist insbesondere für die Besiedlung neuer, weit entfernter Inseln von Bedeutung (→ Galapagos-Archipel, → Abb. 10.13 auf Seite 263).

Selektion

Die Evolutionsfaktoren Mutation, Rekombination und Gendrift sind Zufallsfaktoren. Sie bilden gleichsam das Rohmaterial, an dem die **Selektion** ansetzt. Erst die Selektion gibt dem Evolutionsgeschehen eine Richtung. Im übertragenen Sinne prüft sie, welches Individuum in einer gegebenen Umwelt mehr oder weniger angepasst ist und sich fortpflanzen kann.

Fitness engl. Angepasstheit, Tauglichkeit

Begünstigt sind die Individuen mit der größeren **reproduktiven Fitness**. Darunter versteht man die Fähigkeit, mehr Nachkommen als andere zu erzeugen. Selektion wird also als statistische Größe aufgefasst, die zu einer gerichteten Änderung der Genhäufigkeiten eines Genpools führt.
Ursachen dieser unterschiedlichen Fitness sind:

- unterschiedliche Lebenserwartung
- unterschiedliche Fortpflanzungsrate
- unterschiedliche Fähigkeit, einen Geschlechtspartner zu finden
- unterschiedliche Generationsdauer

Selektionsfaktoren

Die Umwelt beeinflusst und verändert durch verschiedene Faktoren den Genpool von Populationen. Je nachdem, ob es sich dabei um Faktoren der unbelebten oder belebten Natur handelt, unterscheidet man abiotische von biotischen Selektionsfaktoren.

Zu den **abiotischen Selektionsfaktoren** zählen beispielsweise:

- Temperatur (→ BERGMANN'sche Regel, Seite 213)
- Gifte (→ Resistenzbildung bei Bakterien, Seite 250)
- Wind (z. B. flügellose Insekten auf stürmischen Inseln)

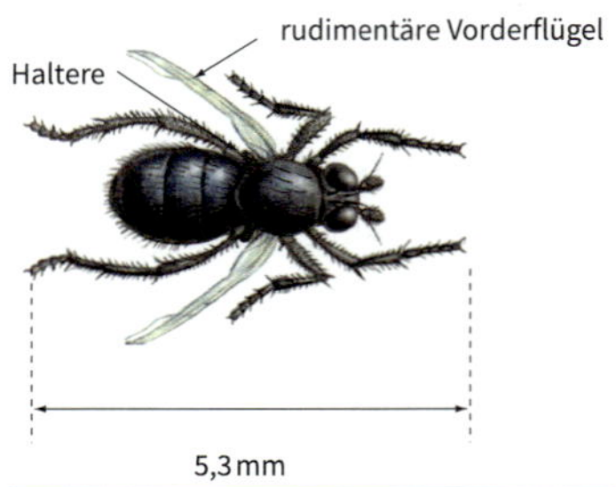

Abb. 10.5: Flugunfähige Fliege der Kerguelen-Inseln

Zu den **biotische Selektionsfaktoren** zählen beispielsweise:

- **Fressfeinde und Beute** – Lebewesen haben Strategien entwickelt, um sich vor Feinden durch **Tarnung** zu schützen. Der weiß-graue Birkenspanner ist durch seine gefleckten Flügel auf Birkenrinde gut getarnt. In Industriegebieten mit starker Luftverschmutzung werden die hellen Formen des Birkenspanners jedoch auf dunklen Rinden gut erkannt und gefressen. Dunkle Mutanten, die durch Melaninbildung in den Flügeln entstanden sind, besitzen hier einen Selektionsvorteil (**Industriemelanismus**).

Abb. 10.6: Helle und dunkle Form des Birkenspanners

  Weitere Formen der Tarnung sind die Gestaltsauflösung durch optische Zerlegung der Körperumrisse (**Somatolyse**) sowie die Nachahmung bestimmter Gegenstände (**Mimese**). Eine weitere Strategie, sich vor Feinden zu schützen, ist die **Warnung**. Durch auffällige Färbungen, Bänderungen und Zeichnungen warnen wehrhafte, ungenießbare oder giftige Tiere ihre potenziellen Feinde. Bei der Scheinwarntracht (**Mimikry**) haben harmlose Tiere die Warntracht wehrhafter Tiere nachgeahmt.

Mimikry = Scheinwarntracht

- **Parasiten** – Ein klassisches Beispiel für den Einfluss von Parasiten auf Populationen ist das Vorkommen der Malariaerreger und die Verbreitung des Sichelzellgens. Homozygote, erkrankte Träger des Sichelzellgens (ss) sterben früh an der Sichelzellenanämie. Im Blut heterozygot Erkrankter (Ss) können sich die Erreger nicht ausbreiten. In Malariagebieten besitzen diese daher einen Selektionsvorteil. Trotz starker Selektion gegen das Sichelzellgen verschwindet das entsprechende Allel in diesen Gebieten nicht.
- **Konkurrenten** – Stellen zwei nahe verwandte Arten ähnliche Ansprüche an ihren Lebensraum, so kann sich auf lange Zeit nur eine davon durchsetzen, die andere wird verdrängt (**Konkurrenzausschlussprinzip**). Diese Konkurrenz kann durch Einnischung vermindert bzw. aufgehoben werden. Im Überlappungsgebiet zweier konkurrierender Arten werden dabei vorhandene Unterschiede hervorgehoben, um die Konkurrenzsituation zu mindern (**Kontrastbetonung**).

Selektionsformen

Den Einfluss, den die Umwelt über die Selektionsfaktoren auf eine Population ausübt, nennt man **Selektionsdruck**. Dieser führt, je nachdem welche Phänotypen begünstigt werden, zu verschiedenen Selektionsformen:

- **Richtende oder transformierende Selektion** – Einseitiger Selektionsdruck führt zur Veränderung des Genpools in Richtung einer besseren Anpassung.
  Beispiel: Die Wuchshöhe eines Grases variiert stark. Beweidung führt dazu, dass höher wachsende Gräser gefressen werden. Nach einiger Zeit mit starker Beweidung hat sich die Population in Richtung der kleineren Formen verändert.
- **Stabilisierende Selektion** – Ist eine Population gut an einen Lebensraum angepasst, so werden extreme Varianten eliminiert. Die Selektion verhindert eine Veränderung.
  Beispiel: Die Körpergröße einer Vogelpopulation variiert um einen Mittelwert. Extreme Umweltbedingungen wie Stürme selektieren im Besonderen die kleineren und größeren Tiere. Die Variabilität wird zugunsten der Durchschnittsform verringert.
- **Spaltende oder disruptive Selektion** – Sind Teile einer Population unterschiedlichen Bedingungen ausgesetzt, so entwickeln sich diese verschieden. Die Population zerfällt in Teilpopulationen.
  Beispiel: Die häufigsten Varianten einer Insektenart werden von Vögeln bevorzugt gefressen, da sie auf diese Form geprägt wurden. Die weniger häufigen Formen entwickeln sich dann am stärksten.

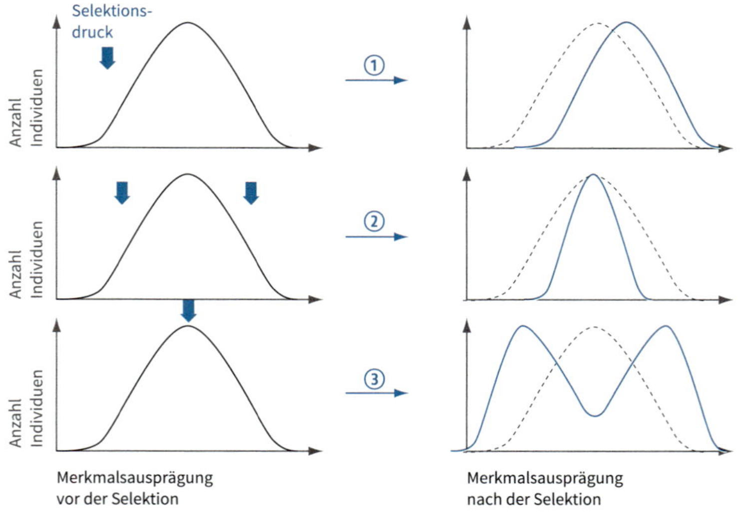

Abb. 10.7: Selektionsformen: ① richtende Selektion, ② stabilisierende Selektion, ③ spaltende Selektion

Sexuelle Selektion

Männliche Tiere sind meist größer und auffälliger gezeichnet als ihre weiblichen Artgenossen. So findet man beispielsweise nur beim Pfauenhahn eine lange Federschleppe, die Henne ist deutlich unauffälliger. Solche Unterschiede zwischen den Geschlechtern bezeichnet man als **Geschlechts- oder Sexualdimorphismus**. Die natürliche Selektion liefert hier keine Erklärung. Im Gegenteil, die Federschleppe des Pfauenhahns ist eher hinderlich bei der Fortbewegung und stellt somit ein **Handicap** dar.

DARWIN erklärte dieses Phänomen mithilfe der **sexuellen Selektion**. Diese erklärt, dass die auffälligen sekundären Geschlechtsmerkmale einen Selektionsvorteil darstellen, da die betreffenden Tiere dadurch vermehrt zur Fortpflanzung gelangen. Der Vorteil durch die höhere Fortpflanzungsrate überwiegt den Nachteil des Handicaps. Das prachtvolle Gefieder ist demnach Ergebnis der weiblichen Partnerwahl *(female choice)*. Die sexuelle Selektion führt daneben zur Konkurrenz zwischen den Männchen um den Zugang zu den Weibchen *(male competition)*. Kräftigere und größere Männchen sind in diesem Wettbewerb im Vorteil.

Verwandtenselektion

Im Tierreich findet man bei einigen Arten ein Verhalten, dass scheinbar selbstlos oder **altruistisch** ist. So verzichten etwa die Arbeiterinnen eines Bienenstaates zeitlebens auf die eigene Fortpflanzung, um bei der Aufzucht ihrer jüngeren Geschwister zu helfen. Dieses Verhalten erklärte man früher damit, dass es dem Erhalt der eigenen Art dienlich sei. Demnach würde die Selektion Merkmale hervorbringen, die dem Wohl der Gruppe oder Art dienen (**Gruppenselektion**). Tatsächlich setzt aber die Selektion am Individuum an und nicht an der Gruppe (**Individualselektion**). Nur Individuen, die sich fortpflanzen, steuern ihre Gene zum Genpool der Population bei. Der Verzicht auf eigene Fortpflanzung stünde aber im Widerspruch dazu.

Altruismus
lat. *alter* = der Andere

Altruistisches Verhalten lässt sich mithilfe der Individualselektion erklären: Neben der eigenen Fortpflanzung (= **direkte Fitness**) gibt es eine weitere Möglichkeit, eigene Gene an die nächste Generation weiterzugeben: Verwandte tragen Kopien dieser Gene in sich. Indem Bienen-Arbeiterinnen ihren Verwandten bei der Fortpflanzung helfen, gelangen diese Kopien in die nächste Generation (= **indirekte Fitness**). Die Gesamtfitness eines Individuums ergibt sich somit aus der Summe von direkter und indirekter Fitness.

Gesamtfitness =
direkte Fitness +
indirekte Fitness

Die **Verwandtenunterstützung** hat also nur scheinbar altruistische Motive. Sie dient ausschließlich der eigenen Fitnessmaximierung. In der Evolution kann sich ein derartiges Verhalten durchsetzen, wenn es der Förderung Verwandter dient und dadurch die Gesamtfitness gesteigert wird.

Hardy-Weinberg-Gesetz

Godfrey Harold Hardy (1877 – 1947)
Wilhelm Weinberg (1862 – 1937)

Die Mathematiker Hardy und Weinberg berechneten die Veränderungen der Allelhäufigkeiten in Populationen. Sie gingen von einer **„idealen" Population** aus, in der folgende Bedingungen herrschen:

- *sehr große Population* – Die in kleinen Populationen bedeutsamen Zufallsereignisse (Gendrift) spielen hier *keine Rolle.*
- *Panmixie* – Alle Individuen können sich beliebig paaren („jeder kann mit jedem").
- *keine Mutationen*
- *keine Migration* – Es finden keine Zu- und Abwanderungen aus der Population statt.
- *keine Selektion*

Mathematische Herleitung

Eine Population soll aus 810 schwarzen Mäusen (Genotyp AA), 180 grauen Mäusen (Aa) und 10 weißen Mäusen (aa) bestehen. Die Population weist folglich insgesamt 2000 Allele auf. Das Allel A findet sich in schwarzen (je zweimal) und grauen Mäusen (je einmal).

- Die Häufigkeit p des Allels A liegt also bei $p = \frac{(810 \cdot 2) + 180}{2000} = 0{,}9$.
- Die Häufigkeit q des Allels a beträgt $q = \frac{180 + (2 \cdot 10)}{2000} = 0{,}1$.
- Für die Allelhäufigkeit der Ausgangspopulation gilt also $p + q = 0{,}9 + 0{,}1 = 1$.

Die Tiere sollen sich nun unter der Annahme einer Idealpopulation vermehren: Damit beispielsweise erneut eine schwarze Maus (AA) entsteht, müssen Eizelle und Spermium das Allel A enthalten. Die Wahrscheinlichkeit dafür, dass aus der Population mit 2000 Allelen eine Eizelle das Allel A enthält, beträgt $p = 0{,}9$. Gleiches gilt für das Spermium.
Die Gesamtwahrscheinlichkeit für die Bildung des AA-Tieres ergibt sich aus dem Produkt der Einzelwahrscheinlichkeiten: $p \cdot p = p^2 = 0{,}9 \cdot 0{,}9 = 0{,}81$.
Entsprechend lassen sich die übrigen Wahrscheinlichkeiten ermitteln.

- Genotypenhäufigkeit der F_1-Generation:
  $p^2 + 2pq + q^2 = 0{,}81 + 0{,}18 + 0{,}01 = 1$
- Allelhäufigkeiten in der F_1-Generation:
  $p = 0{,}81 + \frac{0{,}18}{2} = 0{,}9$ und $q = \frac{0{,}18}{2} + 0{,}01 = 0{,}1$

Ein Vergleich von Ausgangsgeneration und F_1-Generation zeigt, dass sich die Allelhäufigkeiten nicht geändert haben. Auch die Genotypenhäufigkeiten zeigen in den Folgegenerationen keine Veränderungen. Die Formulierung des **HARDY-WEINBERG-Gesetzes** lautet:

HARDY-WEINBERG-Gesetz

In einer Idealpopulation bleiben die Allelhäufigkeit und die Genotypenhäufigkeit eines Genpools konstant.

Mathematische Formulierung:

Allelhäufigkeit: $p + q = 1$

Genotypenhäufigkeit: $p^2 + 2pq + q^2 = 1$ bzw. $p^2 + 2pq + q^2 = \text{konstant}$

Diese Regel ist gleichbedeutend mit der Feststellung, dass es unter den genannten Voraussetzungen keine Evolution geben kann, da Evolution als Veränderung des Genpools verstanden wird. Man kann daraus schließen, dass Evolution stets dann stattfindet, wenn die Voraussetzungen einer Idealpopulation *nicht* gelten.

Anwendung des Hardy-Weinberg-Gesetzes

Das HARDY-WEINBERG-Gesetz kann näherungsweise auch in natürlichen Populationen für einzelne Allele angewandt werden. Dies gilt insbesondere dann, wenn die Population sich im Gleichgewicht befindet und eine hinreichende Größe besitzt. Das Gesetz wird daher häufig bei dominant-rezessiven Erbgängen benutzt, um den Anteil heterozygoter Individuen (Aa) zu ermitteln, die phänotypisch von dominant homozygoten (AA) nicht zu unterscheiden sind.

Beispiel

Albinismus ist eine autosomale rezessive Erbkrankheit, die mit einer Häufigkeit von 1 : 40 000 auftritt.

Für die homozygot rezessiven Individuen gilt:

$aa = q^2 = \frac{1}{40\,000} \Rightarrow q = \sqrt{\frac{1}{40\,000}} = 0{,}005$

HARDY-WEINBERG-Gesetz:

$p + q = 1 \Rightarrow p = 1 - q = 1 - 0{,}005 = 0{,}995$

Die Genotypenhäufigkeit der Heterozygoten (Aa) beträgt somit

$2pq = 2 \cdot 0{,}005 \cdot 0{,}995 = 0{,}00995$.

Das heißt, etwa 1 % in der Bevölkerung sind heterozygote Träger des rezessiven Allels.

Isolation und Artbildung

Unter dem Begriff **Isolation** werden die Faktoren zusammengefasst, die den Genfluss innerhalb einer Population verhindern und so die Panmixie einschränken. Isolierend kann beispielsweise ein voranschreitender Gletscher wirken, der die Population allmählich in zwei Teilpopulationen trennt. In den getrennten Arealen können nun unterschiedliche Evolutionsfaktoren auftreten. Die Teilpopulationen entwickeln sich dann unterschiedlich. Neue Unterarten können sich bilden (→ Definitionen unten).

Eine Neubildung von Arten ist auf zwei grundsätzlich verschiedenen Wegen möglich:

- **Allopatrische Artbildung** – Eine Population wird räumlich in zwei Teile getrennt (**geografische Isolation oder Separation**). Die Tochterpopulationen entwickeln sich in den getrennten Gebieten unterschiedlich. Sind die Unterschiede zwischen diesen so groß, dass keine fruchtbaren Nachkommen mehr möglich sind, so liegt eine **reproduktive Isolation** (Fortpflanzungsisolation) vor. Neue Arten sind entstanden.
- **Sympatrische Artbildung** – Einzelne Individuen einer Population werden durch Mutation schlagartig von der Restpopulation reproduktiv isoliert. Die Artenneubildung findet also innerhalb eines Verbreitungsgebietes ohne vorherige geografische Isolation statt.

Wissen

Isolation

Unterbindung des Genflusses zwischen Individuen oder Populationen einer Art. Man unterscheidet:

- Geografische Isolation = Separation = räumliche Trennung von Populationen
- Reproduktive Isolation (Fortpflanzungsisolation) = Individuen zweier Populationen paaren sich nicht mehr, obwohl sie nicht (mehr) räumlich getrennt sind.

Artdefinitionen

Merke: „Alles, was sich schart und paart, gehört zu einer Art.“

- Biologische Art: Eine Art (Spezies) ist eine sich wirklich oder potenziell fortpflanzende natürliche Population, die von anderen reproduktiv isoliert ist. Diese Artdefinition versagt bei allen sich ungeschlechtlich fortpflanzenden Individuen sowie bei Fossilien.
- Morphologische Art: Eine Art ist die Gesamtheit der Individuen, die in allen wesentlichen Merkmalen untereinander und mit ihren Nachkommen übereinstimmen.
- Unterart (Subspezies, Rasse): Population einer Art, die sich in wenigstens einem homozygoten Merkmal von der Restpopulation unterscheidet. Bei Pflanzen bezeichnet man sie gelegentlich auch als „Sorten“.

Allopatrische Artbildung

Ablauf – Die Auftrennung des Genpools erfolgt bei der allopatrischen Artbildung durch geografische Isolation (Separation). In den isolierten Arealen sind dann vor allem drei Evolutionsfaktoren wirksam.

gr. *allos* = anderer, fremd; gr. *patris* = Heimat

- **Gendrift:** Gründerindividuen eines neu besiedelten Areals tragen nur eine zufällige Auswahl des Genpools der Stammpopulation.
- **Mutation und Rekombination:** In den isolierten Populationen finden diese Zufallsereignisse unabhängig von der Stammpopulation statt.
- **Selektion:** Die Umweltbedingungen und damit die abiotischen und biotischen Selektionsfaktoren unterscheiden sich im isolierten Areal zumeist von denen im Ausgangsgebiet.

Ist der Genfluss zwischen dem isolierten Areal und dem Stammgebiet für lange Zeit unterbunden, so häufen sich genetische Unterschiede an. Es bilden sich zunächst lokale Unterarten. Weitere Trennung kann dann über eine reproduktive Isolation zur Artenneubildung führen. Geschieht die reproduktive Isolation, ohne das sich der Phänotyp der beiden neuen Arten wesentlich ändert, entstehen sogenannte *Zwillingsarten*.

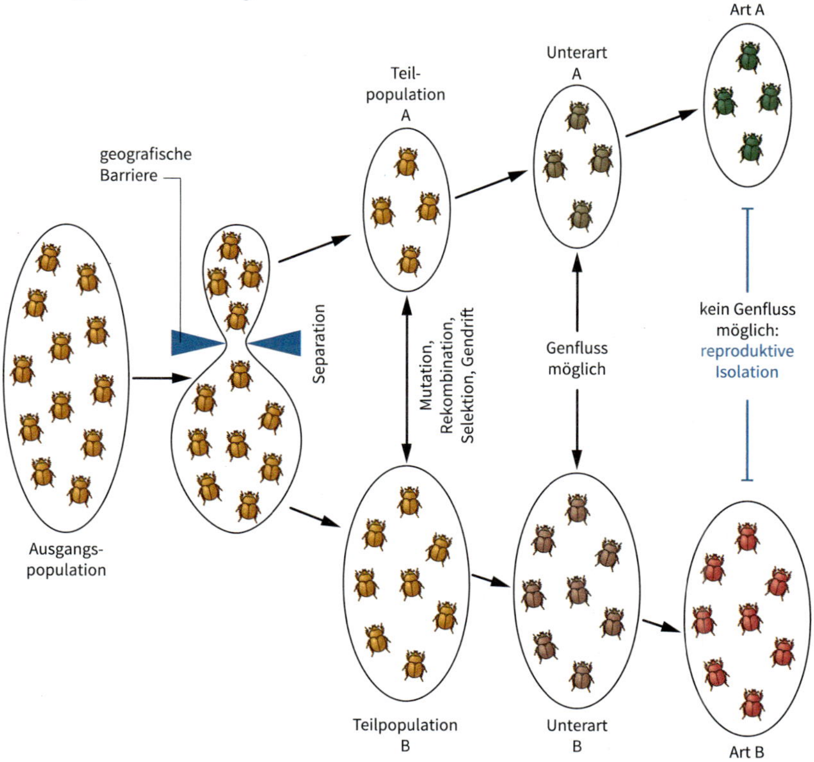

Abb. 10.8: Schema zur allopatrischen Artbildung

Geografische Isolation

Verschiedene Formen geografischer Isolation sind bekannt:

① **Klimatische Veränderungen** können dazu führen, dass ein zunächst zusammenhängendes Siedlungsgebiet einer Art in Teilgebiete getrennt wird.

Beispiel

Die Stammpopulation der europäischen Krähen wurde durch das Vordringen der Gletscher in eine westliche und östliche Population getrennt. Es bildeten sich lokale Rassen (Nebelkrähe und Rabenkrähe). Nach dem Rückzug der Gletscher trafen beide Teilpopulationen im Bereich der Elbe wieder aufeinander und bildeten dort gemeinsam Nachkommen. Nebelkrähe und Rabenkrähe sind folglich verschiedene Unterarten einer Art.

② **Große Entfernungen** zwischen den Randbereichen eines zusammenhängenden Verbreitungsgebietes schränken den Genfluss ein.

Beispiel

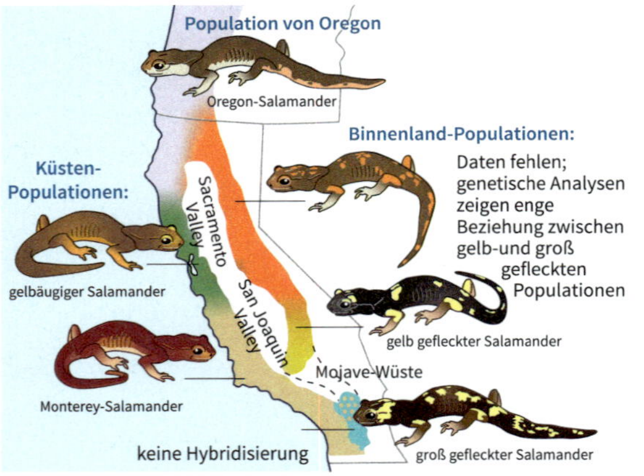

Abb. 10.9: Artbildung bei Salamandern

In Oregon und Kalifornien findet man verschiedene Salamander-Populationen, die sich in ihrer Färbung unterscheiden.
Nahezu sämtliche Populationen sind durch Mischformen verbunden.
Die genetischen Unterschiede verstärken sich in südlicher Richtung.
Dort wo sich die Gebiete der Küstenform und der Binnenform überlappen, erfolgt keine Hybridisierung.

③ **Tektonische Veränderungen** (z. B. Kontinentaldrift) und **Änderungen des Meeresspiegels** können zu unüberwindbaren Barrieren führen.

Beispiel

Vor etwa 2,5 Millionen Jahren verband die neu entstandene mittelamerikanische Landbrücke Nord und Südamerika.
Dadurch wurden marine Populationen getrennt, aus denen später atlantische und pazifische Arten entstanden.

Reproduktive Isolation

Der wesentliche Schritt zur Artneubildung ist dann erreicht, wenn sich Individuen zweier Populationen nicht mehr miteinander fortpflanzen, obwohl sie die Möglichkeit dazu hätten. Man unterscheidet je nach dem Zeitpunkt, zu dem die reproduktive Isolation wirksam wird, zwei Formen:

1. **Präzygotische Barrieren**. Die Isolation ist soweit fortgeschritten, dass es zu keiner Paarung zwischen den Sexualpartnern kommt. Man unterscheidet:

- **Habitatisolation/zeitliche Isolation** – Eine unterschiedliche Einnischung kann zu verschiedenen Paarungszeiten und -orten führen, sodass eine mögliche Paarung verhindert wird. *Beispiele:* Verschiedene Biotope bei Haus- und Wanderratte, tag- bzw. nachtaktive Enten.
- **Verhaltensisolation** – Artspezifische Verhaltensweisen wie Balzrituale, Balzgesänge, Sexuallockstoffe und optische Signale können sich soweit unterscheiden, dass eine reproduktive Isolation vorliegt. *Beispiele:* Unterschiedliche Farbmuster von Möwenaugen, Froschrufe, Pheromone bei Insekten.
- **Mechanische Isolation** – Unterschiede in der Form und Größe der Geschlechtsorgane können ein wirksamer Isolationsmechanismus sein. *Beispiel:* Gewundene Geschlechtsöffnungen bei Schmetterlingen (Heliconia-Falter), die artspezifisch gebaut sind.
- **Gametische Isolation** – Bei artfremden Gameten passen die jeweiligen molekularen Erkennungssignale nicht zueinander. *Beispiel:* Chemische Unverträglichkeit bei Pflanzen, die das Austreten des Pollenschlauches auf die Narbe einer artfremden Blüte verhindern.

2. **Postzygotische Barrieren.** Bei dieser Isolationsform findet zwar noch eine Befruchtung statt, die Nachkommen sind jedoch nicht lebensfähig, steril oder benachteiligt. Man unterscheidet:

- **Hybridsterblichkeit** – Die Mischlinge oder Hybriden sterben kurz nach der Geburt. *Beispiel:* Gelb- und Rotbauchunke
- **Hybridsterilität** – Hierbei entstehen zwar Nachkommen, diese sind jedoch steril. *Beispiel:* Maultier/Maulesel.
- **Hybridzusammenbruch** – Die fertilen Nachkommen können im Mittel weniger eigene Nachkommen zeugen als die Ausgangsarten. *Beispiel:* Verschiedene Baumwollarten.

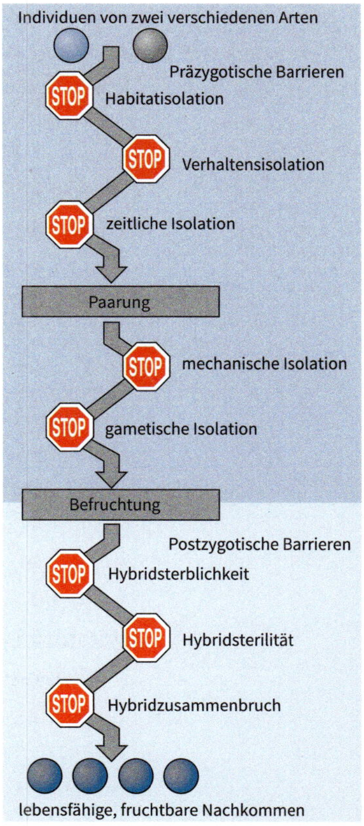

Abb. 10.10: Fortpflanzungsbarrieren im Überblick

Sympatrische Artbildung

gr. *sym* = zusammen, gr. *patris* = Heimat

Bilden sich neue Arten ohne vorherige geografische Isolation, so liegt eine sympatrische Artbildung vor. Diese Form der Artbildung ist bei Pflanzen gut untersucht. Einzelne Pflanzen werden durch eine Genommutation (Polyploidisierung) sofort von anderen reproduktiv isoliert und bilden somit den Ausgangspunkt für eine neue Art.

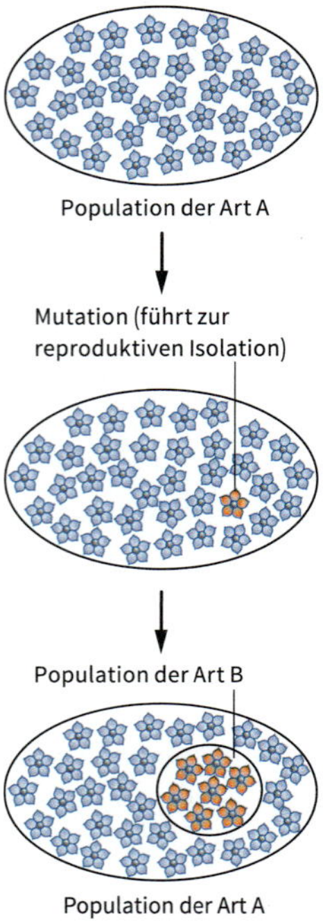

Abb. 10.11: Schema zur sympatrischen Artbildung

Eine sympatrische Artbildung bei Tieren war lange Zeit umstritten, mittlerweile wird sie auch hier akzeptiert. Einen möglichen Mechanismus bildet die weibliche Partnerwahl (→ sexuelle Selektion, Seite 254 f.). Führt eine Mutation zur Änderung des Partnerwahlverhaltens, so paaren sich die Weibchen nur noch mit Männchen, die das entsprechende Merkmal besitzen. Dadurch kann innerhalb der Population eine Teilpopulation entstehen, deren Genpool deutlich von dem der Stammpopulation abweicht. Dieser Mechanismus wird derzeit bei der Evolution der Buntbarsche ostafrikanischer Seen diskutiert.

Beispiel

Der Ausfall bzw. die Störung der Meiose führt bei einer diploiden Pflanze (AA) zu diploiden Keimzellen. Bei anschließender Selbstbefruchtung entstehen tetraploide, fruchtbare Individuen (AAAA). Diese sind von den diploiden Individuen reproduktiv isoliert, da mögliche triploide Bastarde (AAA) steril sind. Drei homologe Chromosomen lassen sich nicht gleichmäßig auf zwei Zellen verteilen.

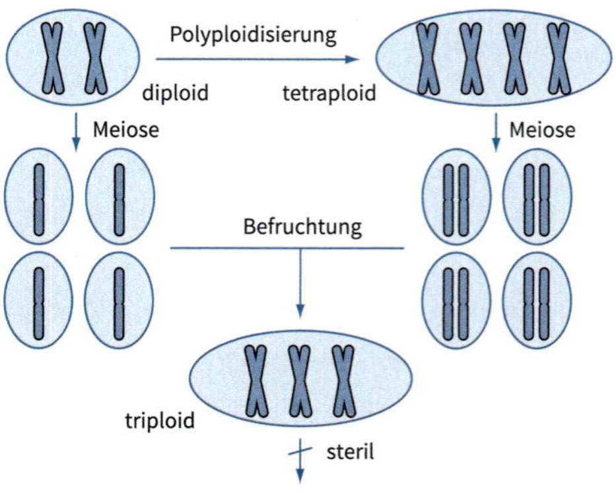

Abb. 10.12: Sympatrische Artbildung durch Polyploidisierung

Adaptive Radiation

Auf dem Galapagos-Archipel findet man eine Vielzahl von Finkenarten, die nur dort vorkommen (**Endemiten**). Untersuchungen mitochondrialer DNA bestätigten, dass sie aus einer Stammart hervorgingen. Aus dieser haben sich 14 Finkenarten (Darwinfinken) gebildet, die sich unter anderem in der Schnabelform unterscheiden. Die verschiedenen Schnabelformen sind Ausdruck unterschiedlicher Nahrungsquellen und verschieden besetzter ökologischer Nischen. Eine solche Artaufspaltung als Folge unterschiedlicher Einnischung nennt man **adaptive Radiation**.

Die einzelnen Phasen der **adaptiven Radiation** bei Darwinfinken erklärt man modellhaft wie folgt:

① **Gründung der Stammpopulation** – Einige Finken wurden zufällig durch Stürme vom Festland auf den Archipel verschlagen (Gründerindividuen). Auf dem noch unbesiedelten Archipel konnten sie sich stark vermehren.

② **Geografische Isolation** – Einige Finken gelangten auf Nachbarinseln. Der Genfluss zur Stammpopulation wurde unterbunden.

③ **Einnischung** – Auf den Nachbarinseln herrschten andere ökologische Bedingungen. Mit zunehmender Individuenzahl entwickelte sich im Laufe der Zeit ein starke intraspezifische Konkurrenz. Einnischung führte zur Konkurrenzvermeidung. Die Populationen wurden an unterschiedliche Nahrungsquellen angepasst, die Schnabelformen veränderten sich.

④ **Radiation** – Kehrten Individuen der Nachbarinseln zur Ausgangspopulation zurück, so konnten sie aufgrund unterschiedlicher Ansprüche an die Umwelt nebeneinander existieren, ohne sich zu vermischen (ökologische Isolation). Eine neue Art hatte sich gebildet. Wiederholung der Phasen ② und ③ führte zur heute bekannten Artenzahl.

Adaptive Radiation findet man vor allem dann, wenn ein Areal zahlreiche, noch unbesetzte ökologische Nischen bietet. *Beispiele:* Beuteltiere in Australien, Buntbarsche Ostafrikas, Lemuren Madagaskars, Kleidervögel Hawaiis.

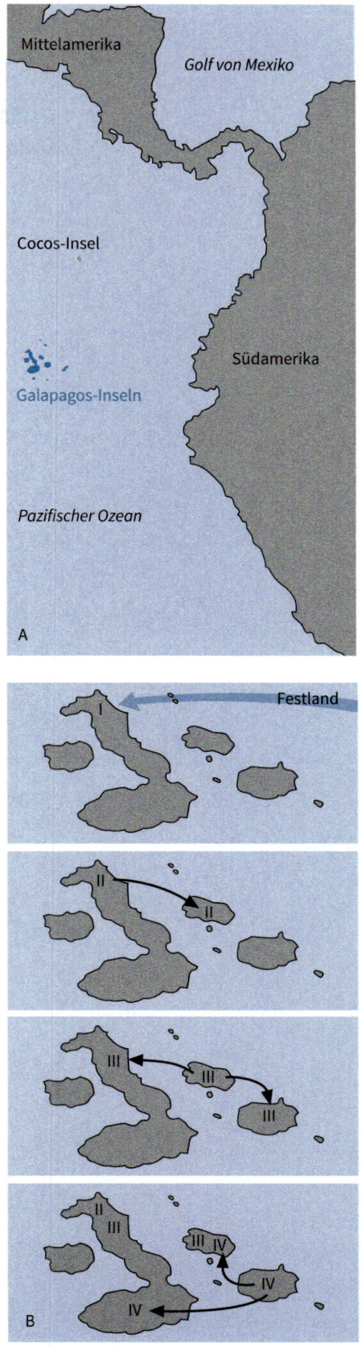

Abb. 10.13: **A** Lage des Galapagos-Archipels. **B** Modell der adaptiven Radiation auf einem beliebigen Archipel

Überblick

Evolutionsfaktoren

Mutation

- ungerichtet, spontan, selten
- führt durch Bildung neuer Allele zur Änderung des Genpools

Rekombination

- Folge der Neuverteilungen von Chromosomen bzw. Chromosomenabschnitten während der Meiose
- führt zu neuen Allelkombinationen und erhöht damit die genetische Variabilität von Populationen

Gendrift

- Änderung des Genpools einer Population durch Zufallsereignisse
- Flaschenhalseffekt/Gründereffekt

Selektion

- gerichteter Vorgang, verringert die genetische Variabilität
- Selektionsfaktoren: abiotisch/biotisch
- Selektionsformen: stabilisierende Selektion, richtende Selektion, spaltende Selektion
- Sexuelle Selektion: auffällige sekundäre Geschlechtsmerkmale erhöhen die reproduktive Fitness des Merkmalsträgers
- Verwandtenselektion: Förderung Verwandter steigert indirekte Fitness; Gesamtfitness = direkte Fitness + indirekte Fitness

Isolation

- Isolation = Einschränkung oder Verhinderung des Genflusses in einer Population
- geografische Isolation = Separation = räumliche Trennung
- reproduktive Isolation = Fortpflanzungsisolation

Artbildung

- biologische Artdefinition: wirklich oder potenziell sich fortpflanzende natürliche Population, die von anderen reproduktiv isoliert ist
- allopatrische Artbildung = geografische Isolation führt zu reproduktiver Isolation
- sympatrische Artbildung = Artbildung innerhalb eines Gebietes ohne vorherige geografische Isolation
- adaptive Radiation = Aufspaltung einer Art in zahlreiche neue Arten unter Anpassung an verschiedene ökologische Bedingungen

10.3 Belege für die Evolution

Belege aus der Morphologie und Anatomie

Man unterscheidet zwei Formen von Ähnlichkeit: Ähnlichkeit, die auf gleicher Funktion beruht (**Analogie**) und Ähnlichkeit, die auf Übereinstimmung im Bauplan von Organen beruht (**Homologie**).

Analogie

Diese Form der Ähnlichkeit ist Folge der Anpassung an ähnliche Umweltbedingungen (**konvergente Entwicklung**). Analogie erlaubt keine Aussagen zur Stammesverwandtschaft.

Analogie = Funktionsgleichheit

Beispiel: Maulwurf und Maulwurfsgrille besitzen ähnliche Vorderbeine, die zum Graben im Erdreich geeignet sind. Die Vorderextremitäten zeigen jedoch nur eine äußere Übereinstimmung, die Folge gleicher Umweltanforderung sind. Der Grundbauplan von Säugern und Insekten ist hingegen völlig verschieden.

Homologie

Diese Form der Ähnlichkeit beruht auf gemeinsamer Erbinformation und gemeinsamer Abstammung. Unterschiedliche Umwelt kann zu unterschiedlichen Funktionen und unterschiedlichem Aussehen bei gleichem Grundbauplan führen.

Homologie = Ähnlichkeit aufgrund von Verwandtschaft

Beispiel

Die Vorderextremitäten von Maulwurf und Fledermaus haben unterschiedliches Aussehen und unterschiedliche Funktion.
Beide lassen jedoch denselben allgemeinen Grundbauplan der Wirbeltierextremität erkennen.

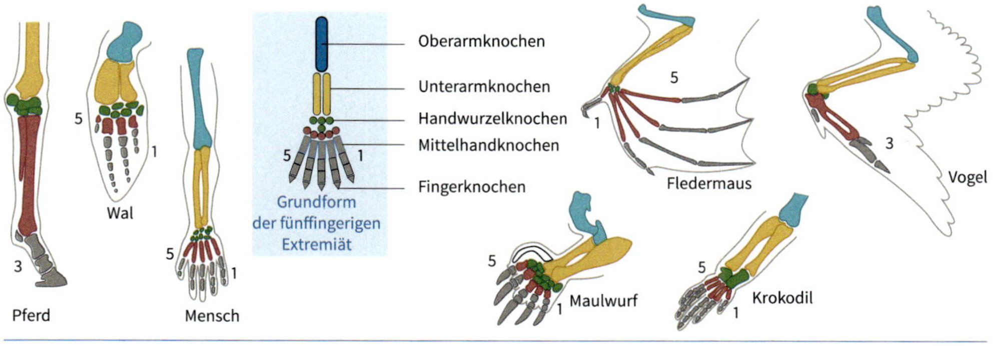

Abb. 10.14: Homologie bei Wirbeltierextremitäten

Homologiekriterien

Als Folge von Spezialisierungen und Funktionswechsel können sich homologe Organe im Verlauf der Evolution deutlich verändern. Eine Homologisierung ist dann schwierig. Eine Hilfe liefern die folgenden Kriterien:

① **Kriterium der Lage** – Organe verschiedener Lebewesen sind homolog, wenn sie nach Zahl und Anordnung einem gemeinsamen Bauplan zugeordnet werden können.
Beispiel: Gliedmaßen der Wirbeltiere.

② **Kriterium der Kontinuität** – Körperteile oder Organe sind homolog, wenn sie sich durch Zwischenformen verbinden lassen. Diese treten manchmal während der Embryonalentwicklung auf, sie lassen sich auch an Fossilfunden nachweisen.
Beispiel: Zwei Knochen des Kiefergelenkes und ein weiterer Schädelknochen der Knochenfische wurden bei den Säugetieren zu den Gehörknöchelchen Hammer, Amboss und Steigbügel. Es fand also ein Funktionswechsel statt. Beim Säugerembryo wird vorübergehend noch ein primäres Kiefergelenk ausgebildet. Dies belegt die Homologie des primären Kiefergelenks der Fische mit den Gehörknöchelchen der Säuger.

③ **Kriterium der spezifischen Qualität** – Komplex gebaute Organe sind dann homolog, wenn sie in zahlreichen Einzelheiten des Baues übereinstimmen.
Beispiel: Die Säugetierzähne und die Hautzähne des Hais bestehen aus vergleichbaren Strukturen wie Schmelz und Dentin.

Rudiment

lat. *rudimentum* = Rest

Morphologisch-anatomische Hinweise auf die Verwandtschaft und Abstammung der Lebewesen liefern neben homologen Organen auch Rudimente. Man versteht darunter funktionslose, zurückgebildete Organe.

Beispiele

Bartenwale besitzen im Körperinneren funktionslose Reste des Beckengürtels und des Oberschenkelknochens. Sie zeigen, dass Bartenwale von vierfüßigen Vorfahren abstammen. Als diese vom Land zum Lebensraum Wasser übergingen, wurden die Hintergliedmaßen funktionslos.

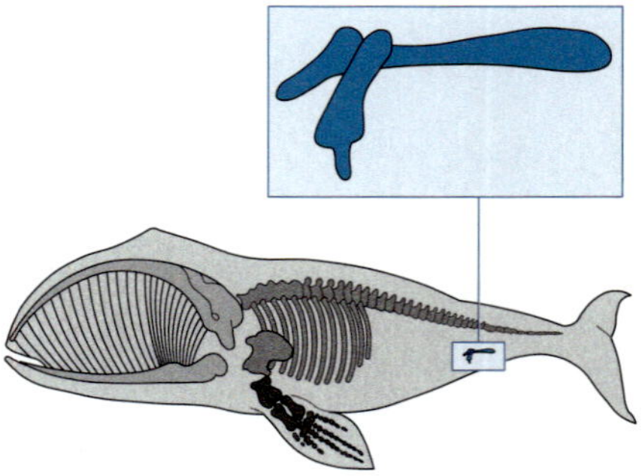

Abb. 10.15: Rudiment beim Bartenwal

Beim **Menschen** sind die Restbehaarung, das Steißbein, aber auch die Weisheitszähne rudimentäre Organe.

Atavismus

In seltenen Fällen tritt bei einem Individum ein rudimentäres Organ in einer weniger stark zurückgebildeten Form auf. Ein solches anatomisches Merkmal, das eigentlich für Urahnen des Individums typisch war, nennt man Atavismus. Man erklärt die Bildung eines Atavismus damit, dass eine normalerweise abgeschaltete genetische Information durch eine Mutation wieder realisiert wird.

lat. *atavus* = Großvater

Beispiele

Das Steißbein des Menschen besteht aus drei oder vier verkümmerten Wirbelknochen. Es sind seltene Fälle bekannt, bei denen dieses Rudiment schwanzartig verlängert ist.
Weitere Beispiele für Atavismen bei Menschen sind zusätzliche Brustwarzen und eine Ganzkörperbehaarung („Wolfskinder").

Belege aus der Embryologie

Die Embryonalstadien heute lebender Tiere und Pflanzen zeigen häufig Organisationsmerkmale von stammesgeschichtlich älteren Lebewesen. Diese Tatsache kann man nur mit der Abstammung der Lebewesen voneinander erklären.

Beispiel

Die frühen Entwicklungsstadien von Fisch, Reptil, Vogel und Mensch weisen bemerkenswerte Übereinstimmungen im äußeren und inneren Aufbau auf. Die gemeinsame Abstammung und die Entwicklungslinie der Wirbeltiere vom Fisch zum Säuger werden hier dokumentiert.

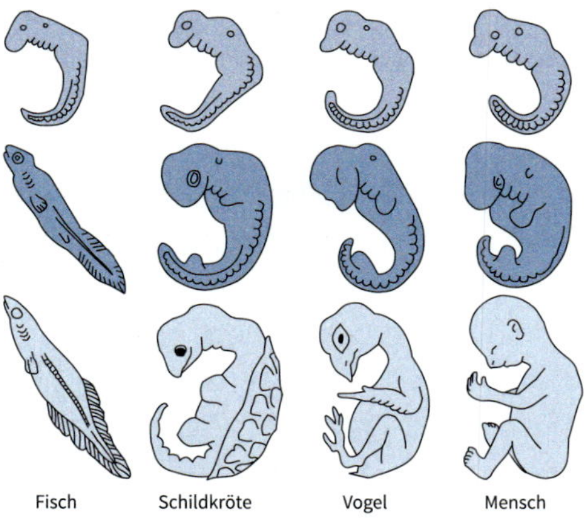

Abb. 10.16: Embryonalstadien bei Wirbeltieren

Ernst Haeckel formulierte 1866 unter anderem auf der Basis des Embryonenvergleiches das **biogenetische Grundgesetz**:

Gesetz von Haeckel

Die Keimesentwicklung (Ontogenese) ist eine kurze und schnelle Rekapitulation der Stammesentwicklung (Phylogenese).

Diese ursprüngliche Formulierung des biogenetischen Grundgesetzes hat im Laufe der Zeit zahlreiche Modifizierungen erfahren. Nicht vollständige Organe stammesgeschichtlicher Vorfahren werden in der Embryonalphase realisiert, sondern deren Anlagen. So bilden menschliche Embryonen keine Kiemenspalten aus, sondern nur die Anlagen hierzu. Man spricht daher heute besser von der **Biogenetischen Regel**.

Belege aus der Molekularbiologie

Vergleicht man Makromoleküle wie Nucleinsäuren oder Proteine verwandter Organismen, so zeigt sich auch hier eine abgestufte Ähnlichkeit. Die dabei deutlich werdenden Übereinstimmungen sind Ausdruck der gemeinsamen Abstammung. Man spricht von **molekularer Homologie**. Der Grad der Übereinstimmung kann für die Erstellung molekularer Stammbäume verwendet werden.

DNA-Sequenzvergleiche

Die verwandtschaftliche Nähe verschiedener Arten basiert auf der Ähnlichkeit ihrer DNA-Sequenzen. Um diese Ähnlichkeit quantitativ zu bestimmen, nutzte man früher das Verfahren der **DNA-DNA-Hybridisierung**. Es basiert darauf, dass DNA-Einzelstränge umso stabilere Hybrid-Doppelstränge bilden, je mehr Wasserstoffbrücken zwischen ihnen gebildet werden können. Ablauf:

① **Schmelzen der DNA** – DNA-Doppelstränge verschiedener Arten werden durch Erwärmen voneinander getrennt.

② **Hybridisierung** – Einsträngige DNA verschiedener Arten paart sich an komplementären Abschnitten. Dabei gilt: Je näher zwei Arten miteinander verwandt sind, umso mehr komplementäre Bereiche gibt es.

③ **Schmelzpunktbestimmung** – Erwärmen führt zur Trennung der hybridisierten Stränge. Die Temperatur, bei der sich 50 % der Hybrid-DNA trennt, nennt man Schmelzpunkt. Aus der Differenz der Schmelzpunkte artreiner und Hybrid-DNA (ΔT_{50}-Werte) lassen sich Rückschlüsse auf die verwandtschaftliche Nähe ziehen: Je kleiner der ΔT_{50}-Werte, desto größer die Verwandtschaft.

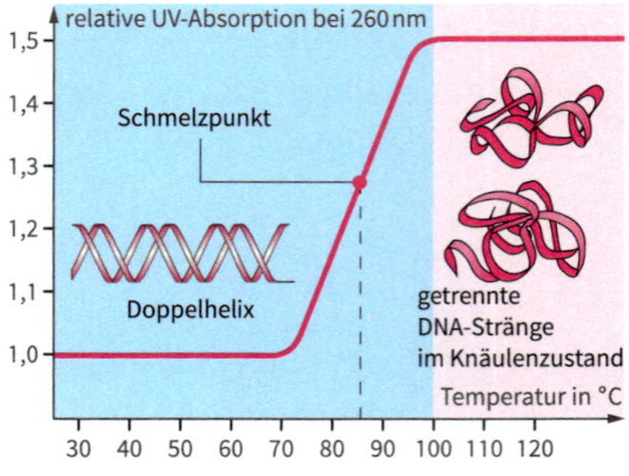

Abb. 10.17: Schmelzkurve artreiner DNA

Heutzutage ist die DNA-Sequenzierung das Standardverfahren um Gene oder Genome miteinander zu vergleichen. Das Ergebnis einer solchen **DNA-Sequenzanalyse** ist wesentlich genauer als das einer DNA-DNA-Hybridisierung, da man hierbei die Basensequenzen verwandter Arten direkt miteinander vergleicht. Die Anzahl der Unterschiede in der Basensequenz lässt sich als **molekulare Uhr** verwenden, um Stammbäume zu erstellen: Je mehr Mutationen zwischen zwei vergleichbaren Formen aufgetreten sind, desto mehr Zeit ist verstrichen, bis sich beide Formen aus einem gemeinsamen Vorfahren entwickelt haben. Kennt man den gemeinsamen Vorfahren und kann man anhand von Fossilien sein Alter datieren, so lässt sich die durchschnittliche Mutationsrate pro Zeiteinheit ermitteln. Die Mutationsrate ist jedoch nicht für alle DNA-Abschnitte gleich hoch: Bei mitochondrialer DNA (mtDNA) ist sie beispielsweise höher als bei Kern-DNA (ncDNA). Es gibt also keine universell gültige molekulare Uhr.

DNA-Sequenzvergleiche werden häufig mit nichtcodierenden DNA-Abschnitten durchgeführt. Sie unterliegen nicht der Selektion, sodass sich hier Mutationen ansammeln können. Auch nutzt man verstärkt mtDNA, da diese nur mütterlicherseits vererbt wird. Rekombinationsvorgänge bei der Meiose sind damit ausgeschlossen.

Amerikan, Plattegel	TTA	TAA	AGT	TTA	ATG	ATC	CTA	AAA	TTG	ATG	ATG	CCC	CAG
Zweiäugiger Plattegel	...	...	...	...	...	.C.	...	G..	...	...	.A.	.T.	...
Europäischer Plattegel	...	...	...	...	...	.T.	...	...	...	...	...	.A.	.T.
Kaulquappenegel	.A.	...	...	...	.A.	.T.	...	.G.	.A.	.G.	...	.A.	.T.
Kleiner Schneckenegel	.G.	...	.A.	...	.A.	.A.	...	...	...	...	...	...	.T.
Großer Schneckenegel	.A.	...	.A.	...	...	.A.	...	...	.A.	.A.	...	.A.	.T.
Entenegel	.A.	...	.A.	...	...	C..	...	...	.A.	.A.	...	...	.T.
Regenwurm	.G.	...	.A.	.A.	T..	C..	.G.	.G.	.A.	.A.	...	...	.C.

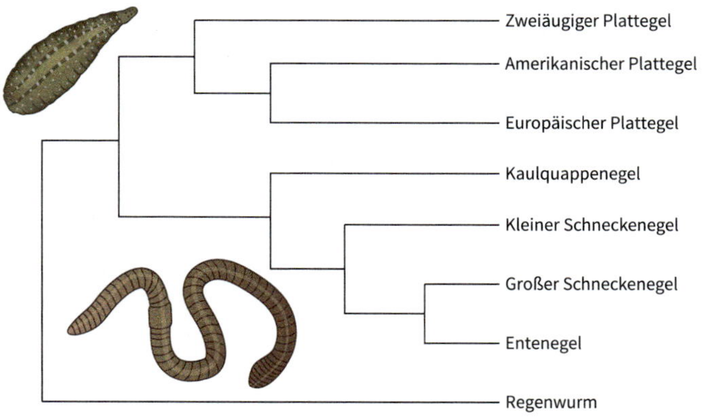

Abb. 10.18: Sequenzvergleich mitochondrialer DNA-Abschnitte bei Süßwasseregeln und daraus abgeleiteter Stammbaum

Aminosäuresequenz-Vergleiche

Vergleicht man die Aminosäuresequenzen verschiedener Proteinen, die bei verschiedenen Lebewesen mit gleicher Funktion vorkommen, so erkennt man

- Übereinstimmungen bei zahlreichen Positionen. Diese sind für die Funktion des Proteins unerlässlich.
- Abweichungen in einigen Positionen. Verantwortlich hierfür sind Mutationen, die zu Veränderungen einzelner Aminosäurepositionen führen, ohne die Funktion des Proteins zu beeinträchtigen.

Nimmt man an, dass sich diese Mutationen im Laufe der Zeit mit gleicher Häufigkeit ereignet haben, so lassen sich – wie bei der DNA – auf der Basis der Sequenzunterschiede Stammbäume erstellen. Dabei gilt: Je mehr Aminosäure-Unterschiede vorliegen, desto mehr Mutationen haben seit der stammesgeschichtlichen Trennung der Lebewesen stattgefunden.

Beispiel

Das Protein Cytochrom c kommt bei allen aeroben Organismen vor und spielt eine wichtige Rolle in der Atmungskette. Beim Menschen umfasst die Primärstruktur von Cytochrom c 104 Aminosäuren.

Mensch	… G D V E K G K K I F I M K C S Q C H T V E K G G K H K T G P N L H G …
Schimpanse	… G D V E K G K K I F I M K C S Q C H T V E K G G K H K T G P N L H G …
Kaninchen	… G D V E K G K K I F **V Q** K C **A** Q C H T V E K G G K H K T G P N L H G …
Taube	… G D **I** E K G K K I F **V Q** K C S Q C H T V E K G G K H K T G P N L H G …
Krallenfrosch	… G D V E K G K K I F **V Q** K C **A** Q C H T **C** E K G G K H K **V** G P N L **Y** G …
Drosophila	… G D V E K G K K I F **V Q R** C **A** Q C H T V E **A** G G K H K **V** G P N L H G …
Weizen	… G **N P D A** G **A** K I F **K T** K C **A** Q C H T V **D A** G **A G** H K **Q** G P N L H G …
Bäckerhefe	… G **S A K** K G **A T L** F **K T R** C **E L** C H T V E K G G **P** H K **V** G P N L H G …

Abb. 10.19: Aminosäuresequenz von Cytochrom c verschiedener Arten (Ausschnitte). Für die Namen der Aminosäuren wurde der international gebräuchliche Ein-Buchstabencode verwendet. Die vom menschlichen Cytochrom c abweichenden Aminosäuren sind blau-fett hervorgehoben.

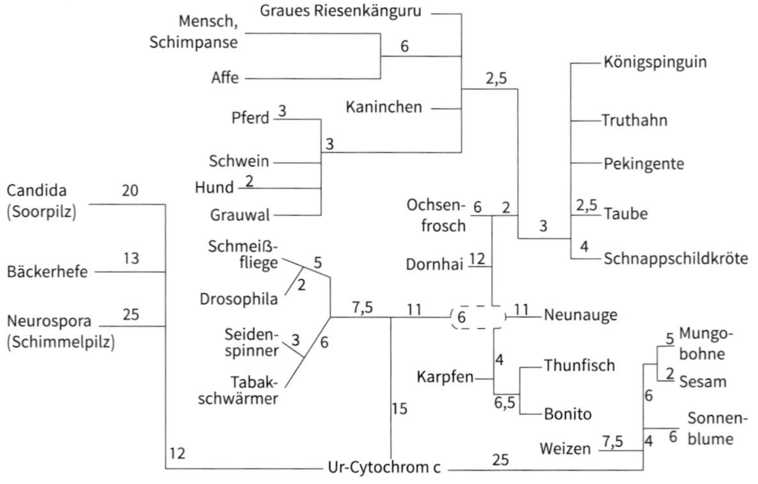

Abb. 10.20: Cytochrom c Stammbaum auf Basis des Aminosäuresequenzvergleichs. Die Ziffern geben die Zahl der ausgetauschten Aminosäuren bis zum jeweiligen Verzweigungspunkt an.

Präzipitinreaktion

Immunologische Verfahren erlauben es, den Grad der Ähnlichkeit verschiedener Proteine festzustellen. Bei der Serumreaktion vergleicht man z. B. das Blut des Menschen mit dem anderer Säugetiere. Drei Arbeitsschritte finden statt:

① **Herstellung des Antiserums** – Einem Kaninchen wird menschliches Blutserum injiziert. Das Immunsystem des Kaninchens reagiert mit der Bildung von Antikörpern gegen die menschlichen Proteine. Hieraus wird das Antiserum gewonnen.

② **Reaktion mit menschlichem Serum** – Die Mischung des Antiserums mit menschlichem Blutserum führt zur charakteristischen Antigen-Antikörper-Reaktion. Es bildet sich ein Niederschlag, das Präzipitat.

③ **Reaktion mit anderen Blutseren** – Das Antiserum des Kaninchens wird mit den Seren anderer Säuger vermischt. Die Präzipitinreaktion fällt unterschiedlich stark aus. Bei Pavianblut werden z.B. nur 29 % der Proteine gefällt. Die restlichen 71 % sind pavianspezifische Proteine, für die vom Kaninchen keine Antikörper gebildet wurden.

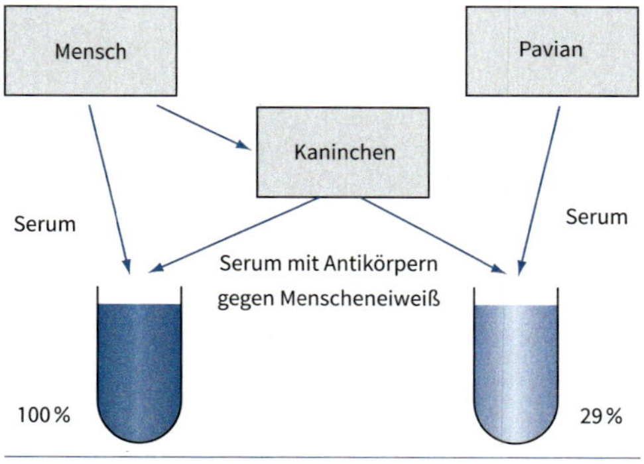

Abb. 10.21: Präzipitinreaktion

Mit zunehmender stammesgeschichtlicher Distanz nimmt auch der Grad der Ausfällung ab. Die Menge unterschiedlicher Proteine ist Folge unterschiedlich vieler Mutationen, die sich seit der Trennung der Entwicklungslinien ergeben haben. Sie sind ein Maß für die Verwandtschaft der untersuchen Arten. So ergibt die Präzipitinreaktion mit Anti-Mensch-Serum beim Rind 10 % Ausfällung, beim Huhn sind es 0 %.

Belege aus der Paläontologie

gr. *palaios* = alt; *ontos* = das Seiende; *logos* = Lehre

Die Paläontologie beschäftigt sich mit den Lebensformen der Erdgeschichte. Dokumente dieser Lebensformen sind **Fossilien**. Organismen werden nach ihrem Tod meist sehr schnell durch mechanische, biologische und chemische Vorgänge zerstört. Die Bildung von Fossilien ist folglich eher eine seltene Ausnahme.

Voraussetzung für die Fossilisation ist die rasche Einbettung in ein Medium, das Zerstörungen weitgehend verhindert. Selten findet man vollständige **Körperfossilien**, wie zum Beispiel Insekten, die als **Einschlüsse** in Bernstein erhalten sind. Ausgetrocknete Mumien und tiefgefrorene Mammuts sind weitere Beispiele. Die meisten Fossilien bestehen jedoch nur aus Resten von Hartteilen wie Schalen oder Knochen.

Fossilien besonderer Bedeutung

- **Leitfossilien:** Hierbei handelt es sich um Fossilien, die für bestimmte Abschnitte eines Erdzeitalters charakteristisch sind. *Beispiel:* Trilobiten (Dreilappenkrebse) für das Devon und spätere Phasen des Erdaltertums.
- **Lebende Fossilien:** Dies sind heute vorkommende (rezente) Lebensformen, die in entlegenen Gebieten wie der Tiefsee oder auf Inseln eine stabilisierende Selektion erfahren haben und daher im Wesentlichen unverändert geblieben sind. *Beispiele:* Quastenflosser Latimera mit knöchernen Flossen, Ginkgobaum als ursprünglicher Vertreter der Nacktsamer.
- **Brückentiere (Mosaikformen):** Hierunter versteht man Tiere, die Merkmale verschiedener Tiergruppen tragen und somit mosaikartig zusammengesetzt sind. *Beispiele:* Urvogel Archaeopteryx mit Merkmalen von Reptilien und solchen von Vögeln; Schnabeltier als Brückentier zwischen Reptilien und Säugern. Es legt Eier, nährt die Jungen aber aus Brust- und Bauchdrüsen.

Methoden der Altersbestimmung

Um den Verlauf der Evolution mithilfe von Fossilien nachvollziehen zu können, muss deren Alter bekannt sein. Man unterscheidet dabei zwei Verfahren zur Altersbestimmung.

Relative Altersbestimmung

Das Alter eines Fossils wird hierbei anhand der geologischen Schicht abgeschätzt, in der man es gefunden hat. Dabei geht man von der Überlegung aus, dass Sedimentgesteine umso älter sind, je tiefer sie in einer bestimmten Schichtabfolge liegen. Meist arbeitet man mit Leitfossilien (→ oben).

Absolute Altersbestimmung

Das eigentliche Alter eines Fossils wird anhand des Anteils radioaktiver Isotope bestimmt. Zwei Methoden werden besonders häufig angewendet.

- **Radiokarbonmethode:**

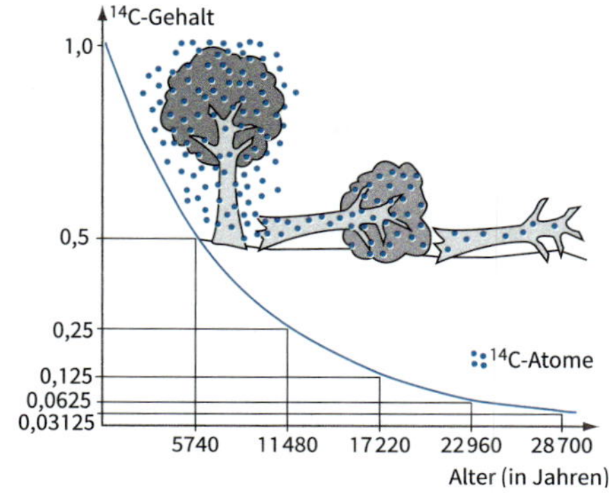

Abb. 10.22: Radiokarbonmethode

  Viele Elemente bestehen aus Atomsorten mit unterschiedlicher Neutronenzahl. Beim Element Kohlenstoff ist neben dem stabilen Isotop mit der Massenzahl 12 (^{12}C) auch das instabile ^{14}C-Isotop mit der Massenzahl 14 bekannt. Es zerfällt unter Abgabe von radioaktiver Strahlung. Nach 5740 Jahren ist die Hälfte aller ursprünglichen Atome zerfallen (**Halbwertszeit**). Neubildung und Zerfall von ^{14}C stehen in der Atmosphäre in einem stabilen Gleichgewicht. Während der Fotosynthese nehmen Pflanzen $^{14}CO_2$ auf. Mit der Nahrung gelangt das ^{14}C-Isotop auch in tierische Körper. Nach dem Tod des Lebewesens beginnt die Kohlenstoffuhr zu ticken: Es wird kein $^{14}CO_2$ mehr aufgenommen, das vorhandene ^{14}C zerfällt jedoch fortlaufend. Aufgrund der kurzen Halbwertszeit ist diese Methode nur für die Datierung relativ kurzer Zeiträume (ca. 50 000 Jahre) geeignet.
- **Kalium-Argon-Methode:** Für weiter zurückliegende Zeiträume benutzt man die Kalium-Argon-Methode. Bei ihr wird nicht das Alter des Fossils direkt bestimmt, sondern das der Gesteine, in dem das Fossil gefunden wurde. Das Element Kalium ist Bestandteil vieler Gesteine. ^{40}K zerfällt mit einer Halbwertszeit von 1,3 Milliarden Jahren. Dabei entstehen Calcium 40 (^{40}Ca) und Argon 40 (^{40}Ar). Argon entweicht bei der Gesteinsbildung aus flüssiger Lava vollständig, sodass sämtliches Argon, das man später misst, aus dem Zerfall von ^{40}K stammen muss. Mit dem Erstarren der Lava beginnt die Kalium-Argon Uhr zu ticken. Das Verhältnis ^{40}Ar/^{40}K ist zu diesem Zeitpunkt Null. Je älter das Gestein, desto mehr Argon enthält es. Aus dem Verhältnis ^{40}Ar/^{40}K wird das Alter des Gesteins und damit das des Fossils bestimmt.

Durch die technischen Weiterentwicklungen sind Altersbestimmungen in den letzten Jahren immer genauer und zuverlässiger geworden. Dennoch nimmt man nach Möglichkeit mehrere Messungen vor, um Fehlerquellen gering zu halten.

Überblick

Morphologie und Anatomie

- Homologie = Ähnlichkeit aufgrund von Übereinstimmung im Grundbauplan von Organen
- Analogie = Ähnlichkeit aufgrund ähnlicher Umweltbedingungen; Funktionsgleichheit
- Rudimente = funktionslose, zurückgebildete Organe
- Atavismus = Wiederauftreten eines im Laufe der Evolution verschwunden Merkmals

Embryologie

- Biogenetisches Grundgesetz = Die Ontogenese ist eine kurze und schnelle Wiederholung der Phylogenese
- heute: Grundregel statt Grundgesetz

Molekularbiologie

- DNA-Hybridisierung: Der Schmelztemperatur-Vergleich von artreiner DNA und Hybrid-DNA erlaubt Rückschlüsse auf die verwandtschaftliche Nähe; je kleiner der ΔT_{50}-Wert, desto größer die Verwandtschaft.
- DNA-Sequenzvergleich: Die Anzahl der Unterschiede in der Basensequenz dient als molekulare Uhr.
- Aminosäuresequenz-Vergleich: Der Vergleich von Aminosäuresequenzen ermöglicht es, Stammbäume zu erstellen: je mehr Unterschiede, desto früher die stammesgeschichtliche Trennung.
- Präzipitinreaktion: Aus dem Grad der Ausfällung von Serum-Proteinen lassen sich Rückschlüsse auf die Verwandtschaft ziehen; je höher die prozentuale Ausfällung, desto näher die Verwandtschaft.

Paläontologie

- Leitfossilien = für bestimmte Erdzeitalter typische Fossilien
- Lebende Fossilien = heutige Lebensformen, die im Wesentlichen unverändert geblieben sind
- Brückentiere = Tiere, die Merkmale verschiedener Tiergruppen tragen

Altersbestimmung

- Radiokarbonmethode: Zerfall des Isotops ^{14}C; Halbwertszeit 5740 Jahre
- Kalium-Argon-Methode: Zerfalls des Isotops ^{40}K; Halbwertszeit 1,3 Milliarden Jahre

10.4 Evolution des Menschen

Stellung im natürlichen System

Die Systematik versucht, die Vielzahl der Lebewesen nach ihrer Verwandtschaft zu ordnen. Grundlage dieses **natürlichen Systems** ist der Vergleich anatomisch-morphologischer und biochemisch-genetischer Merkmale.

natürliches System = Gruppierung von Arten aufgrund ihrer verwandtschaftlicher Beziehungen

künstliches System = Gruppierung von Arten ohne Rücksicht auf ihre verwandtschaftlichen Beziehungen

Primaten: Im natürlichen System wird der Mensch zusammen mit den Affen zur Ordnung der Primaten („Herrentiere") gezählt. Grundlage dieser Einordnung sind die typischen Primatenmerkmale:

- fünfstrahlige Greifhände und Greiffüße mit abspreizbaren Daumen und Großzehen
- nach vorn gerichtete Augen, die räumliches Sehen ermöglichen
- meist ein Paar Brustdrüsen
- geringe Nachkommenzahl und lange Abhängigkeit der Jungen von der Mutter
- große Gehirne
- komplexe Sozialstukturen

Nicht jedes dieser Merkmale kennzeichnet alle Primaten. So fehlen Menschen etwa die typischen Greiffüße der baumlebenden Arten. Dennoch lassen sich Menschen aufgrund ihrer anderen Merkmale eindeutig den Primaten zuordnen.

Die Ordnung der Primaten wird in zwei Unterordnungen unterteilt: Die Feuchtnasenaffen und Trockennasenaffen. Zu den Feuchtnasenaffen zählen etwa die Lemuren Madagaskars. Namensgebend ist der feuchte Schleimhautbezirk um die Nasenöffnung, der Nasenspiegel. Trockennasenaffen sind die Koboldmakis Südostasiens, die Neuweltaffen sowie die Altweltaffen, zu denen auch die Menschenaffen und der Mensch gehören.

„Alte Welt" = Eurasien und Afrika

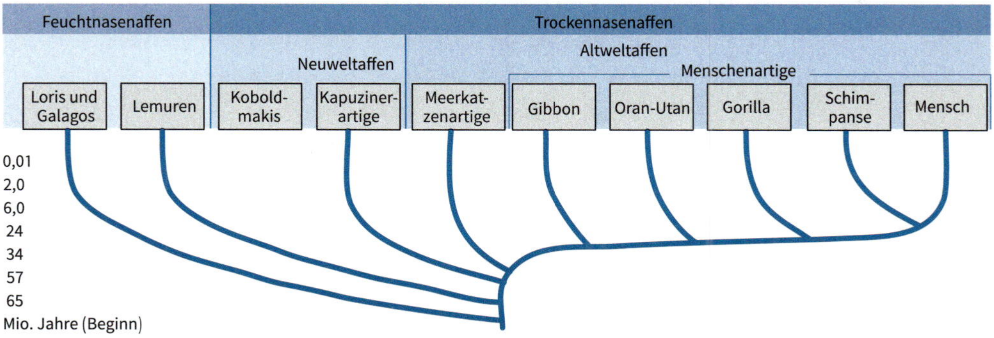

Abb. 10.23: Stammbaum der rezenten Primatengruppen

Hominoide: Verfolgt man im natürlichen System die verwandtschaftlichen Beziehungen der Altweltaffen weiter, gelangt man zur Überfamilie der Hominoiden (Menschenartige). Sie umfasst heute zwei Familien

- **Hylobatidae** („kleine" Menschenaffen oder Gibbons)
- **Hominidae** („große" Menschenaffen mit Orang-Utan, Gorilla, Schimpanse und Mensch)

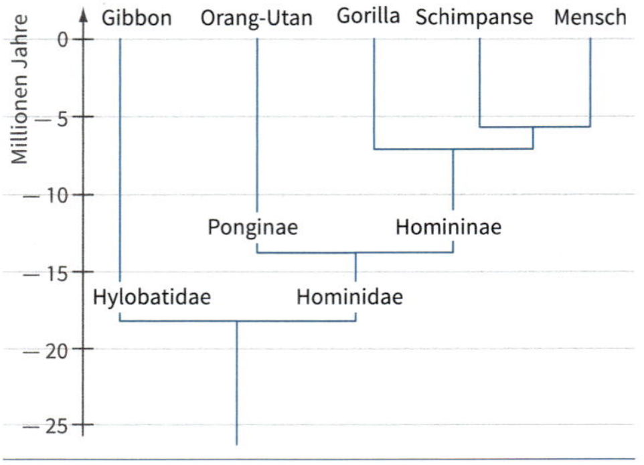

Abb. 10.24: Moderner Stammbaum der Hominoidea

Die Familie der Hominidae lässt sich in die Unterfamilie **Ponginae** (Orang-Utan) und **Homininae** (Gorilla, Schimpanse, Mensch und verwandte Fossilformen) gliedern.

Die beschriebene moderne Systematik beruht vor allem auf den Ergebnissen molekulargenetischer Methoden (DNA-Sequenzvergleich, →Seite 268). Die früher übliche Unterteilung der Hominoiden in drei Familien (Hylobatidae, Pongidae mit Orang-Utan Schimpanse, Gorilla sowie Hominidae mit dem Mensch) gilt mittlerweile als überholt.

Vergleich von Menschen und Menschenaffen

Menschen und Menschenaffen weisen eine enge Verwandtschaft auf. Dies belegen zahlreiche gemeinsame Merkmale aus verschiedenen Bereichen. Daneben finden sich Unterschiede. Sie sind beim Menschen Ausdruck der aufrechten Körperhaltung und der Fortbewegung auf zwei Beinen (**Bipedie**).

Gemeinsame anatomisch-morphologische Merkmale

- Ein verbreiterter Brustkorb und die zum Rücken verbreiterten Schulterblätter ermöglichen eine größere Beweglichkeit der Arme und sind Voraussetzung für die Fortbewegung als **Hangelkletterer**.
- Ein Schwanz fehlt, ein Steißbein wird ausgebildet.
- Die Zahnformeln stimmen überein, Backenzähne zeigen das charakteristische Muster mit fünf Höckern (**Dryopithecus-Muster**).
- Ähnlichkeit der inneren Organe, etwa das Vorhandensein eines Blinddarms.

Anatomisch-morphologische Unterschiede

- Der **Schädel** des Menschen ruht direkt auf der senkrecht stehenden Wirbelsäule. Das Hinterhauptsloch liegt etwa in der Mitte der Schädelbasis. Bei den Menschenaffen mit ihrer vornübergebeugten Körperhaltung muss der Schädel durch starke Nackenmuskulatur gehalten werden, das Hinterhauptsloch liegt weiter hinten.
- Die **Schädelform** zeigt beim Menschenaffen die typischen kräftigen Überaugenwülste, die weit vorspringende Schnauze (**Prognathie**) und ein fliehendes Kinn.
- Das **Gewicht des Gehirnschädels** des Menschen übertrifft mit 1450 g das der Menschenaffen (Schimpanse 400 g, Gorilla 500 g).
- Die **Zahnreihen** stehen beim Menschenaffen in U-Form und zeigen in jedem Kiefer die sogenannte Affenlücke (**Diastema**). Sie bietet beim Schließen des Kiefers Platz für die kräftigen Eckzähne. Dem Menschen fehlen überragende Eckzähne und Zahnlücke. Die Zahnreihe gleicht einer Parabel.
- Das **Becken** des Menschen ist stark verbreitert und verkürzt und bildet die Eingeweideschüssel. Durch die Lage der Gelenkpfanne können Becken und Oberschenkel und damit der gesamte Oberkörper eine senkrechte Linie bilden.
- Die **Wirbelsäule** ist beim Menschen am oberen Beckenrand scharf nach hinten geknickt. Eine zweite und dritte federnde Einbiegung im Brust- und Halsbereich ermöglichen erst dem Menschen die vollkommene Aufrichtung des Oberkörpers.
- Der **Fuß** eines Menschen zeigt nicht mehr den typischen Greiffuß der Affen, sondern einen Standfuß, der das gesamte Körpergewicht trägt.
- Die **Hände** des Affen werden beim Hangeln zum Haken gekrümmt; der kurze Daumen ist funktionslos. Der menschliche Daumen kann jedem anderen Finger gegenübergestellt werden (**Präzisionsgriff**).

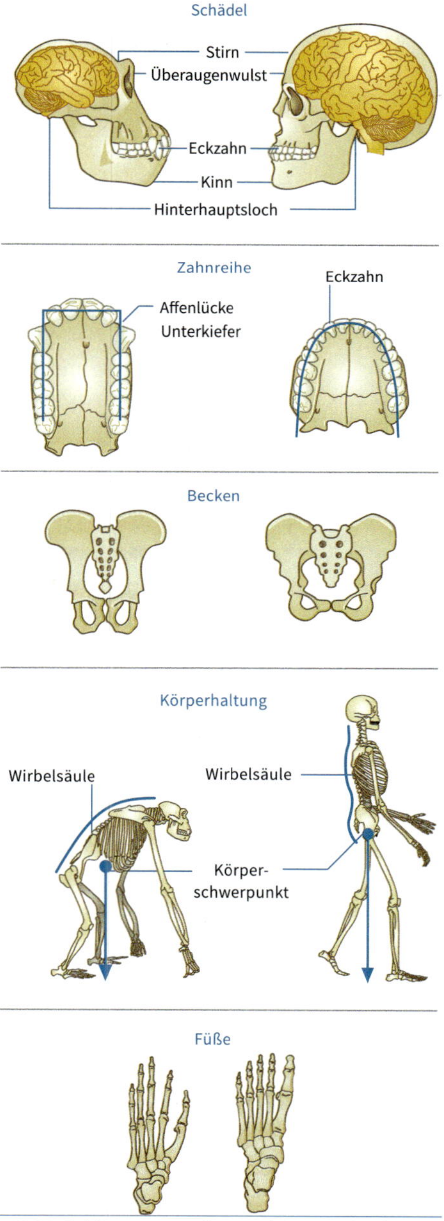

Abb. 10.25: Schimpanse und Mensch im Vergleich

Cytologisch-biochemische Unterschiede

- **Karyogramme** verschiedener Primaten zeigen Ähnlichkeiten in der Chromosomenanzahl und Gestalt. Menschenaffen besitzen 48 Chromosomen, Menschen 46. Das Chromosom 2 des Menschen entspricht den Chromosomen 2 und 3 des Schimpansen.
- **DNA-Vergleiche** auf der Grundlage der DNA-Hybridisierung ergeben eine abgestufte Ähnlichkeit. ΔT_{50}-Werte:

Mensch	Schimpanse	Gorilla	Orang-Utan	Gibbon
	1,8 K	2,4 K	3,6 K	5,2 K

- **Aminosäuresequenzen** verdeutlichen ebenfalls eine abgestufte Übereinstimmung. Beim Vergleich der β-Kette des Hämoglobins verschiedener Primaten zeigt sich völlige Übereinstimmung zwischen Mensch und Schimpanse; im Vergleich zum Gorilla findet man einen Aminosäureaustausch und zum Orang-Utan drei Änderungen.
- Der **Präzipitin-Test** (→ Seite 271) zeigt beim Schimpansen 85 % Ausfällung, beim Gorilla 64 %, beim Orang-Utan 42 % und beim Pavian 29 %.

Stammbaum des Menschen

Anhand von Fossilfunden versucht man, die Entwicklung von frühen, vormenschlichen Lebewesen bis zum heutigen Menschen zu rekonstruieren. Zu den ältesten Vorfahren, deren Fossilfunde ein Mosaik von Merkmalen des Menschen und des Affen erkennen lassen, zählen:

- *Ardipithecus ramidus* – Fundort Äthiopien, Alter knapp 5 Mio. Jahre
- *Orrorin tugensis* – Fundort Kenia, Alter 6 Mio. Jahre („Millenium-Man“)
- *Sahelenthropus tschadensis* – Fundort Tschad, Alter über 6 Mio. Jahre

Savannenhypothese und aufrechter Gang

Das Alter der genannten Fossilfunde passt genau in jene Zeit, in der sich nach Analyse von Molekulargenetikern die Entwicklungslinien von Affen und Menschen trennten. So veränderte sich vor etwa 5 bis 6 Millionen Jahren das Klima Afrikas und mit ihm die Landschaft grundlegend: Während im Westen des afrikanischen Grabenbruchs die feuchten Regenwälder erhalten blieben, schwanden diese im Osten und **Savannenlandschaft** breitete sich aus. Die klimatischen Unterschiede und die geografischen Schranken führten dann vermutlich zur Isolation von Populationen und damit zur Ausbildung des **aufrechten Ganges**: Unsere Vorfahren lebten in Bäumen und ernährten sich in erster Linie von Früchten. In der Savanne sind früchtetragende Bäume seltener und zudem weiter verstreut. Unsere Vorfahren mussten weitere Wege zurücklegen, um satt zu werden.

Der aufrechte Gang bietet mehrere Vorteile:
- Im Vergleich zur vierbeinigen Fortbewegung wird beim aufrechten Gang weniger Energie verbraucht.
- Die Wärmeregulierung ist einfacher, da die Sonne hierbei nur eine geringe Fläche bestrahlen kann.
- Der aufrechte Gang bietet die Möglichkeit, Nahrung, Werkzeuge oder Kleinkinder mit den Händen zu tragen.
- Durch das Aufrichten konnten Raubfeinde aus größerer Entfernung entdeckt werden.

Gegen die Savannenhypothese spricht allerdings, dass die frühesten Fossilfunde aufrecht gehender Hominiden in Gegenden gemacht wurden, die zur damaligen Zeit noch stark bewaldet waren.

Australopithecinen

In der Evolution der Hominiden war die Entwicklung des aufrechten Ganges eine Schlüsselanpassung, die zur adaptiven Radiation führte. So entwickelten sich in Afrika vor etwa vier Millionen Jahren eine Gruppe von Vormenschen, die man zur Gruppe der Australopithecinen zählt.

lat. *australis* = südlich, lat. *pithecus* = Affe

Merkmale der Australopithecinen sind:
- aufrechter Gang, wobei Skelettmerkmale zeigen, dass einige Vertreter noch gut an das Klettern in Bäumen angepasst waren
- geringes Hirnvolumen von 400 bis 500 cm^3 wie bei heutigen Menschenaffen, verkleinerte Eckzähne
- wahrscheinlich noch keine Steinwerkzeuge

Bekannte Vertreter der Australopithecinen:
- *Australopithecus anamensis* – Alter mehr als 4 Mio. Jahre, Verbreitung Ostafrika
- *Australopithecus afarensis* („Lucy") – Alter 3,9 bis 3,0 Mio. Jahre, Verbreitung Ostafrika, ausgeprägter Geschlechtsdimorphismus
- *Australopithecus africanus* – Alter ca. 2,3 Mio. Jahre; Verbreitung Südafrika
- *Paranthropus robustus* – Alter ca. 2,0 bis 1,5 Mio. Jahre; „Nussknackermenschen"

Die Australopithecinen lebten in Afrika bis vor etwa einer Million Jahren. Warum sie schließlich ausstarben ist unklar.

Gattung Homo

Vor etwa 2,5 Millionen Jahren wurde das Klima in Afrika trockener und kühler. Graslandschaften breiteten sich aus, die Fauna änderte sich. Zu dieser Zeit traten die ersten Vertreter der Gattung **Homo** (Mensch) auf. Merkmale dieser Gattung sind:

- größeres Hirnvolumen im Vergleich zu den Australopithecinen
- Gebrauch von Steinwerkzeugen
- Aasfresser; der zunehmende Fleischkonsum wurde zum Motor der Gehirnvergrößerung

Während sich die Australopithecinen als evolutionäre Sackgasse erwiesen, führte bei der Gattung Homo erneut eine adaptive Radiation zur Entstehung verschiedener Arten:

- *Homo rudolfensis* – Alter: 2,5 – 1,9 Mio. Jahre; Fundort: am Rudolfsee (heute: Turkana-See) in Kenia
- *Homo habilis* – Alter: 2,1 – 1,5 Mio. Jahre; lat. *habilis* = geschickt, begabt
- *Homo ergaster* – Alter: 1,9 – 1,4 Mio. Jahre; griech. *ergaster* = Arbeiter, Handwerker

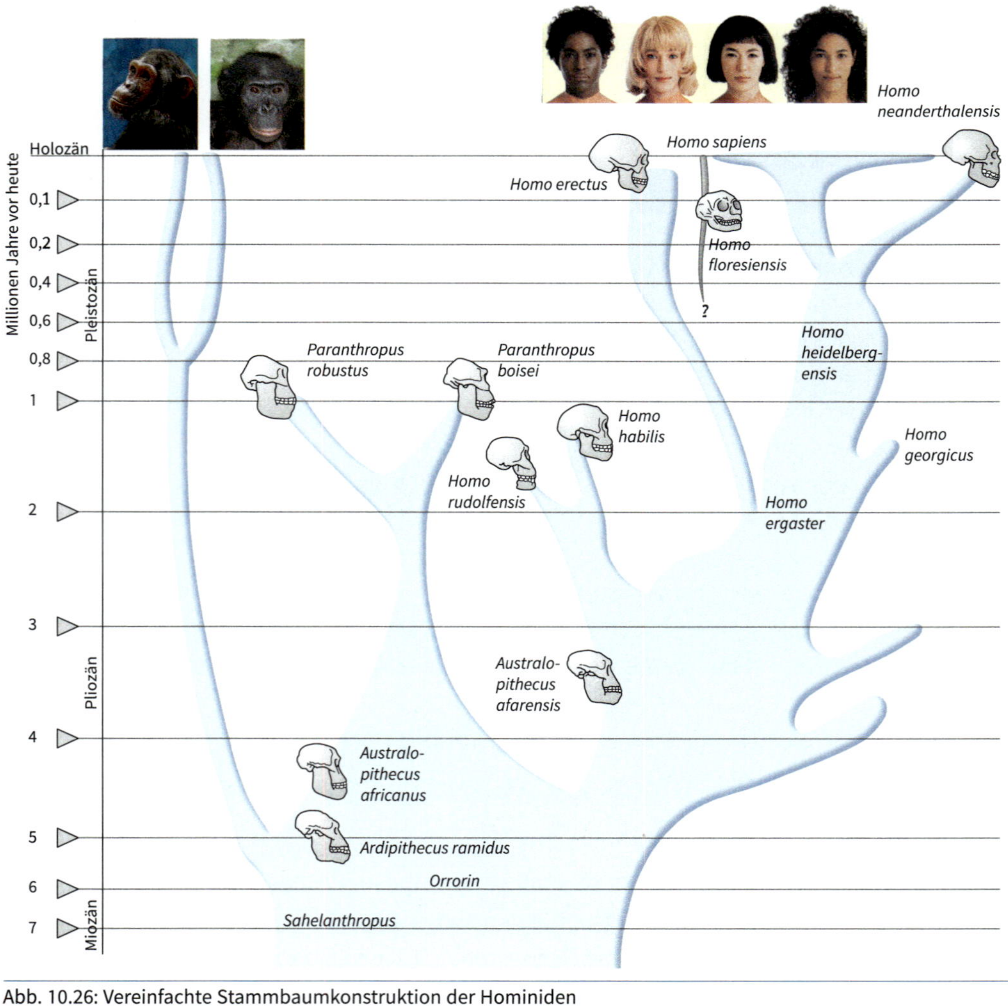

Abb. 10.26: Vereinfachte Stammbaumkonstruktion der Hominiden

Die Nachfahren von *Homo ergaster* wanderten als erste vor etwa 1,8 Mio. Jahren nach Asien aus und entwickelten sich dort zu *Homo erectus*. Der „Javamensch" und wahrscheinlich auch der zwergenhafte „Mensch von Flores", *Homo floresiensis*, gehören zu seinen heute ausgestorbenen Nachfahren. Die Nachfahren der in Afrika verbliebenen Populationen von *Homo ergaster* gelangten nach Europa und entwickelten sich dort zu *Homo heidelbergensis*, *Homo neanderthalensis* und *Homo sapiens*.

Neandertaler

Neandertaler und moderne Menschen lebten einige Tausend Jahre nebeneinander im gleichen Verbreitungsgebiet. Lange Zeit war es strittig, ob es während dieser Zeit zu einer Vermischung beider Menschenformen gekommen war. Eine Klärung brachte der Vergleich der ncDNA von Neandertaler und modernem Menschen: Demnach stimmten einige DNA-Sequenzen zwischen Neandertaler, Europäern und Asiaten überein. Zwischen Neandertaler und Homo sapiens mussten demnach sexuelle Kontakte stattgefunden haben. Obwohl Neandertaler gut an die Lebensbedingungen der nördlichen Breitengrade angepasst waren, starben sie aus bislang unbekannten Gründen vor etwa 28 000 Jahren aus.

Herkunft des modernen Menschen

Homo ergaster breitete sich vor ca. 1,8 Mio. Jahren von Afrika über die Alte Welt aus, von Europa über den Vorderen Orient bis nach Neu Guinea. Nach diesem Exodus folgten weitere Auswanderungswellen, die jeweils ihren Ursprung in Afrika hatten. Es bildeten sich regionale Gründerpopulationen.

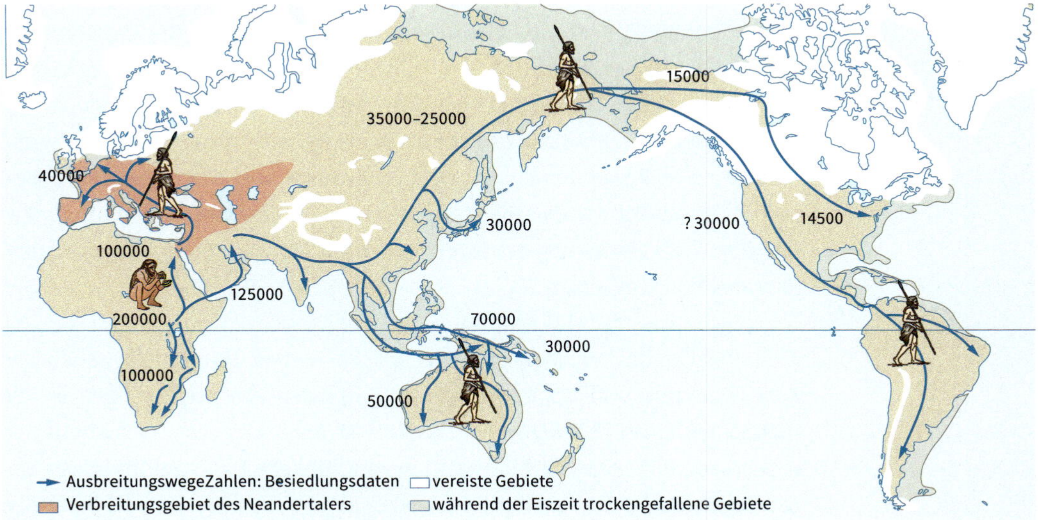

Abb. 10.27: Ausbreitungswege von *Homo sapiens*

lat. *sapiens* = weise

Über die Herkunft des modernen Homo sapiens gibt es unterschiedliche Vorstellungen:

Multiregionale Hypothese

- Entwicklung von *Homo sapiens* vor wenigstens einer Million Jahren
- mehrfache unabhängige Bildung des modernen Menschen in vielen Teilen der Erde aus regionalen Abkömmlingen von *Homo ergaster*
- Neandertaler als unsere direkten Vorfahren
- Erklärung der großen genetischen Ähnlichkeit verschiedener Menschengruppen mit gelegentlichen Kreuzungen zwischen benachbarten Populationen

„Out-of-Africa-Hypothese"

- Entwicklung von *Homo sapiens* vor 200 000 Jahren in Afrika
- nur einmalige Bildung des modernen Menschen aus *Homo ergaster*
- Verdrängung aller regionalen Populationen von *Homo erectus*
- Neandertaler nicht als Vorfahre des modernen Menschen

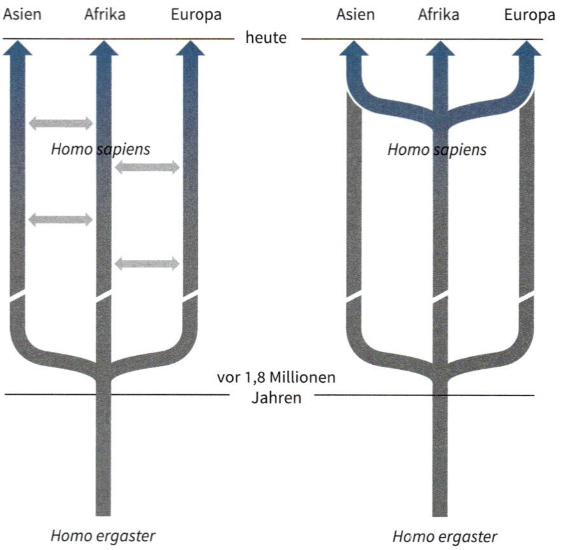

Abb. 10.28: Multiregionales Modell

Abb. 10.29: „Out-of-Africa-Modell"

Während die bisherigen Fossilfunde im Einklang mit beiden Hypothesen stehen, stützen molekulargenetische Untersuchungen die „Out-of-Africa-Theorie": Mitochondriale DNA sowie ncDNA verschiedener menschlicher Populationen der Erde wurden verglichen. Abweichungen in den Sequenzen dienten dabei als molekulare Uhr. Dabei stellte man fest, dass zwischen den Populationen auf dem afrikanischen Kontinent relativ große genetische Unterschiede existieren. Zwischen den Populationen der übrigen Erdteile sind diese vergleichsweise gering. Daraus kann man schließen, dass die Populationen außerhalb Afrikas länger zu einer gemeinsamen Gruppe gehörten. Die „Out-of-Africa-Hypothese" gilt daher heute als unstrittig.

Die unterschiedlichen Merkmale der verschiedenen Menschengruppen wie etwa Hautfarbe und Kopfform sind das Ergebnis von Anpassungen an die unterschiedlichen Lebensräume. Lange hielt man diese Unterschiede für so bedeutsam, dass man die Menschen in verschiedene Rassen unterteilte. Molekulargenetische Untersuchungen zeigten aber, dass sich die heute lebenden

Menschen genetisch nur minimal unterscheiden. Eine Einteilung der Menschen in Rassen ist daher biologisch nicht haltbar.

Überblick

Systematik

- Primatenmerkmale: große Gehirne, komplexe Sozialstrukturen, räumliches Sehen, fünfstrahlige Greifhände und -füße,
- Primaten: Feuchtnasenaffen und Trockennasenaffen
- Trockennasenaffen → Hominoiden → Hylobatidae (kleine Menschenaffen) + Hominidae (große Menschenaffen) → Homininae (Gorilla, Schimpanse, Mensch)

Vergleich Mensch – Menschenaffe

- Gemeinsamkeiten: verbreiteter Brustkorb, große Beweglichkeit der Arme → Hangelkletterer, übereinstimmende Zahnformel, fehlender Schwanz, Ausbildung des Steißbeins
- Unterschiede: Beim Menschen Anpassungen an den aufrechten Gang wie doppelt S-förmig gekrümmte Wirbelsäule, zentrales Hinterhauptsloch, verbreitertes Becken, Standfuß, Präzisionsgriff; daneben: größeres Gehirnvolumen, keine Schnauzbildung, kein fliehendes Kinn, Zahnreihe parabelförmig

Hominisation – Menschwerdung

- Savannentheorie: aufrechter Gang als Folge der Savannenbildung im Osten des afrikanischen Grabenbruchs vor 5 bis 6 Mio. Jahren
- Vorteile des aufrechten Ganges: niedrigerer Energieverbrauch, bessere Wärmeregulierung, Erkennen von Raubfeinden
- Gattung *Australopithecus*: aufrechter Gang, aber: geringes Gehirnvolumen, keine Werkzeuge; „Lucy“ als wichtigster Vertreter
- Gattung *Homo*: größeres Gehirnvolumen, Gebrauch von Steinwerkzeugen, später Gebrauch des Feuers, Aasfresser

Herkunft des modernen Menschen

- Out-of-Afrika-Theorie: Entwicklung von *Homo sapiens* vor etwa 200 000 Jahren in Afrika aus *Homo-ergaster*-Populationen; Ausdehnung über die ganze Welt, dabei Verdrängung aller frühen Population von *Homo erectus*, einschließlich Neandertaler; gilt heute als bestätigt
- Multiregionale Theorie: mehrfache, unabhängige Entwicklung von *Homo sapiens* vor etwa 1 Mio. Jahren in vielen Teilen der Erde aus regionalen Populationen von *Homo ergaster*; Neandertaler als unsere Vorfahren

Glossar

AAM
Abkürzung für: „angeborener auslösender Mechanismus“; Reizfilter + Verrechnungseinheit; → Erbkoordination.

Abiotischer Umweltfaktor
Faktor der unbelebten Umwelt wie beispielsweise Licht oder Temperatur, dem ein Lebewesen ausgesetzt ist.

Acetylcholin
Erregender Neurotransmitter, der u. a. im ZNS und an neuromuskulären Synapsen der Wirbeltiere vorkommt.

Acetylcholinesterase
Enzym, das die Spaltung von Acetylcholin zu Cholin und Acetat katalysiert.

Adaptation
Anpassung eines Rezeptors oder Sinnesorgans an unterschiedliche Reizintensitäten oder Reizdauer.

Adaptive Radiation
Aufspaltung einer Art in mehrere neue Arten unter Anpassung an verschiedene ökologische Bedingungen.

Adäquater Reiz (passender Reiz)
Reiz, für den ein Rezeptor eine große Empfindlichkeit besitzt.

Aerob
Sauerstoff verbrauchend/sauerstoffabhängig.

Afferentes Neuron
Nervenzelle, die Informationen von Sinneszellen zum ZNS leitet.

Aktionspotenzial
Kurzzeitig in den positiven Bereich hinein erfolgende Veränderung des Ruhepotenzials mit charakteristischem Verlauf; Ablauf nach → Alles-oder-Nichts-Gesetz.

Aktive Immunisierung
Durch kontrollierten Antigenkontakt hervorgerufene Immunität.

Aktiver Transport
Stofftransport durch eine Biomembran unter Energiezufuhr gegen einen Konzentrations- oder elektrochemischen Gradienten.

Aktives Zentrum
Bereich innerhalb eines Enzyms, der für die Bindung und Umsetzung des Substrats verantwortlich ist.

Allel
Eine von mehreren Zustandsformen (Schalterstellungen) eines Gens.

ALLEN'sche Regel
Regel, nach der gleichwarme Tiere kalter Klimazonen kleinere Körperanhänge besitzen als verwandte Arten in warmen Klimazonen.

Alles-oder-Nichts-Gesetz der Erregung
Eine Erregung, die das Schwellenpotenzial überschreitet, löst stets die Bildung eines Aktionspotenzials mit immer gleicher Intensität aus.

Allianz
Form der Symbiose ohne lebenswichtige Bedeutung für beide Partner.

Allopatrische Artbildung
Artbildung als Folge der geografischen Isolation von Populationen einer Ausgangsart.

Altruismus
Bezeichnung für „selbstloses“ Verhalten, bei dem die direkte Fitness des Altruisten verringert wird.

ALZHEIMER-Krankheit (ALZHEIMER-Demenz)
Erkrankung des Gehirns; tritt vorwiegend im Alter auf; zunächst fortschreitender Gedächtnisverlust, später auch Verlust anderer geistiger Fähigkeiten (Orientierungsvermögen usw.); → Amyloid-Plaques.

Amnesie
Bezeichnung für einen teilweisen oder totalen Gedächtnisverlust, der beispielsweise nach Unfall oder Krankheit auftreten kann.

Amyloid-Plaques („Senile Plaques“)
Ablagerungen zwischen den Nervenzellen im Gehirn, die vorwiegend aus dem Protein Amyloid bestehen; ihr gehäuftes Vorkommen in der grauen Hirnsubstanz ist typisch für die → ALZHEIMER-Krankheit.

Anaerob
Ohne Sauerstoffverbrauch ablaufend.

Analogie
Funktionsgleichheit von Merkmalen bei unterschiedlicher stammesgeschichtlicher Herkunft

Anticodon
Basentriplett der tRNA, das zum Codon der mRNA komplementär ist.

Antigen
Körperfremder Stoff, der die Bildung von Antikörpern auslöst.

Antikörper
Proteine, die als Bestandteil der spezifischen Immunabwehr Antigene binden.

Apoptose
Bezeichnung für den genetisch (vor)programmierten Zelltod.

Art (Spezies)
Eine sich wirklich oder potenziell fortpflanzende Population, die von anderen Populationen reproduktiv isoliert ist (biologischer Artbegriff).

Assimilation
Umwandlung aufgenommener körperfremder Stoffe in körpereigene Stoffe.

Atavismus
Wiederauftreten von Merkmalen eines Vorfahren.

Autökologie
Teilgebiet der Ökologie, das sich mit dem einzelnen Organismus und den auf diesen wirkenden Umweltfaktoren befasst.

Autoradiografie
Nachweis radioaktiv markierter Stoffe durch Schwärzung eines Röntgenfilms.

Autosomen
Sämtliche Chromosomen einer Zelle mit Ausnahme der Geschlechtschromosomen.

Autotrophie
Synthese von energiereichen organischen Stoffen aus energiearmen anorganischen Stoffen.

Bahnung
Erhöhung des Wirkungsgrades gleich starker Reize durch strukturelle Veränderungen an wiederholt benutzten Nervenbahnen.

Bakteriophage
→ Phage

Bastard
Synonyme Bezeichnung für den Begriff Hybrid.

Befruchtung
Das Verschmelzen der haploiden Kerne von Eizelle und Spermium zum diploiden Kern der Zygote.

Behaviorismus
Richtung der Verhaltensbiologie, die das gesamte Verhalten auf einfache Reiz-Reaktions-Muster (insbesondere Konditionierung) reduziert.

Benthal
Bodenzone eines Gewässers; im See gegliedert in → Litoral und → Profundal.

BERGMANN'sche Regel
Regel, nach der gleichwarme Tiere kälterer Klimazonen größer sind als verwandte Arten in warmen Klimazonen.

Binäre Nomenklatur
Auf CARL VON LINNÉ zurückgehende Regel, nach der jede Art durch einen lateinischen Gattungsnamen und Artnamen gekennzeichnet wird (z. B.: *Canis lupus* = Wolf).

Biogenetisches Grundgesetz
Von ERNST HAECKEL vertretene Hypothese, nach der die Keimesentwicklung (Ontogenese) eine verkürzte Wiederholung der Stammesentwicklung (Phylogenese) ist.

Biotischer Umweltfaktor
Faktor, dem ein Lebewesen in seiner Umwelt durch den Kontakt mit anderen Lebewesen ausgesetzt ist (z. B. ein Räuber oder Parasit).

Biotop
Lebensraum der Organismen eines Ökosystems.

Biozönose
Lebensgemeinschaft aller Organismen eines Biotops.

Blastula (Bläschenkeim)
Bezeichnung für ein frühes Embryonalstadium vieler Tiere, mit flüssigkeitsgefülltem Hohlraum (Blastocoel) im Inneren.

Brückentier
Bezeichnung für eine Übergangsform, die Merkmale verschiedener Tiergruppen in sich vereint.

Bruttoprimärproduktion
Gesamtmenge der von autotrophen Lebewesen pro Zeit- und Flächeneinheit gebildeten Biomasse.

B-Zelle
Lymphozyt mit Rezeptoren für Antigene; nach Stimulierung durch T-Helferzelle wird daraus eine Plasmazelle.

C3-Pflanzen
Pflanzen, deren erstes Produkt der CO_2-Fixierung ein C_3-Körper (3-Phosphoglycerat) ist.

C4-Pflanzen
Pflanzen, deren erstes Produkt der CO_2-Fixierung ein C_4-Körper (Oxalacetat) ist.

CAM-Pflanzen
Pflanzen, die nachts CO_2 fixieren und dieses in der Vakuole in Form des C_4-Körpers Äpfelsäure speichern.

Carotinoide
Gelb oder rot gefärbte Hilfs- oder Antennenpigmente in den Chloroplasten.

Centromer
Strukturelement des Chromosoms, an dem die Spindelfasern im Verlauf der Mitose bzw. Meiose ansetzen.

Chiasma
Im Lichtmikroskop sichtbare Überkreuzung zweier homologer Chromatiden.

Chorda
Embryonaler knorpelartiger Skelettstab bei allen Chordatieren.

Chorionzottenbiopsie
Methode der pränatalen Diagnostik, bei der Plazentagewebe entnommen wird.

Chromatid
Chromosomen-Spalthälfte

Chromosom
Im Zellkern vorhandene fädige Struktur aus DNA und Protein, die zu Beginn der Kernteilung durch Spiralisierung eine charakteristische Gestalt annimmt.

Codogen
Basentriplett der DNA, das die Information für eine Aminosäure enthält.

Codon
Basentriplett der mRNA, das die Information für eine Aminosäure enthält.

Cofaktoren
Organische Moleküle oder Metall-Ionen, die zur Funktion bestimmter Enzyme notwendig sind.

CRISPR/Cas-Methode
Biochemische Methode, um DNA gezielt zu schneiden und anschließend zu verändern.

crossing-over
Vorgang in der Meiose, bei dem homologe Chromatidenstücke ausgetauscht werden (→ intrachromosomale Rekombination).

Cyanobakterien
Gruppe von Bakterien, die zur Fotosynthese befähigt sind.

Demenz
Fortschreitende, krankhafte Einschränkung der geistigen Leistungsfähigkeit, die mit dem Verlust erworbener Fähigkeiten, insbesondere des Gedächtnisses verbunden ist.

Demökologie (Populationsökologie)
Teilgebiet der Ökologie, das sich mit dem Einfluss abiotischer und biotischer Faktoren auf Populationen beschäftigt.

Depolarisation
Veränderung des Membranpotenzials einer erregbaren Zelle vom negativen Wert des Ruhepotenzials hin zu einem weniger negativen oder sogar positiven Wert.

Destruenten
Lebewesen, die totes organisches Material abbauen und zu Mineralstoffen reduzieren (→ Detritusfresser und → Mineralisierer).

Determination
Bei embryonalen Zellen: Festlegen der Entwicklungsrichtung und Programmierung auf einen bestimmten Endpunkt der Entwicklung.

Detritus
Bezeichnung für totes organisches Material, wie etwa tote Pflanzen und Tiere oder Teile davon, wie Laub oder Kot.

Detritusfresser (Saprophage)
Lebewesen, das totes organisches Material frisst.

Dichteanomalie des Wassers
Bei Abkühlung nimmt die Dichte des Wassers bis ca. 4 °C zu; bei noch tieferen Temperaturen verringert sie sich dann aber wieder.

Differenzierung
Prozess der Spezialisierung embryonaler Zellen.

Dihybrider Erbgang
Erbgang, bei dem die Vererbung von zwei Merkmalen untersucht wird.

Diploid
Bezeichnung für den doppelten Chromosomensatz.

Dissimilation
Umwandlung körpereigener energiereicher Stoffe in körperfremde energiearme Stoffe unter Freisetzung von Energie.

Diurnaler Säurezyklus
Bei → CAM-Pflanzen erfolgende regelmäßige Änderung des Säuregehaltes im Tag-Nacht-Wechsel. Nachts sinkt der pH-Wert durch Bildung von Äpfelsäure, tagsüber steigt er an, da nun die Äpfelsäure wieder zerlegt wird.

DNA-Methylierung
Form der epigenetischen Genregulation, bei der Methylgruppen zumeist auf die Base Cytosin übertragen werden.

Dominant
Eigenschaft eines Allels, den Phänotyp zu bestimmen und das rezessive Allel in seiner Wirkung zu unterdrücken.

Down-Syndrom
Erbkrankheit mit verschiedenen, unterschiedlich stark ausgeprägten Symptomen, die auf einer Trisomie 21 beruht.

Efferentes Neuron
Nervenzelle, die Informationen vom ZNS zu den Effektoren leitet (z. B. Motoneurone); Teil des peripheren Nervensystems.

Egoismus
Steigerung der individuellen Fitness auf Kosten anderer.

Ektotherm
Bezeichnung für Lebewesen, die vollständig von der Außentemperatur abhängig und nicht zur aktiven Temperaturregulation befähigt sind (wechselwarm).

Elektrophorese
Verfahren zur Trennung von Molekülen in einem elektrischen Feld aufgrund ihrer Ladung und Größe.

Endemisch
Bezeichnung für Lebewesen, die nur in einem bestimmten Gebiet vorkommen.

Endoplasmatisches Retikulum
Netzförmiges Membransystem in Eukaryotenzellen, das dem Transport und der Stoffsynthese dient.

Endotherm
Bezeichnung für Lebewesen, die zur aktiven Temperaturregulation befähigt und damit relativ unabhängig von der Außentemperatur sind.

Endplattenpotenzial (EPP)
Bezeichnung für das postsynpatische Potenzial einer motorischen Endplatte.

Engramm
Stoffliche Gedächtnisspur im → Zentralnervensystem.

Enhancer
Regulationssequenz bei Eukaryoten, die die Transkriptionsgeschwindigkeit eines Gens erhöht.

Enzym
Biokatalysator, der eine chemische Reaktion beschleunigt und dabei unverändert aus dieser Reaktion hervorgeht.

Epigenetik
Teilgebiet der Genetik, das sich mit vererbbaren Änderungen der Genaktivität beschäftigt, die nicht auf Änderungen der DNA-Sequenz beruhen.

Epilimnion
Obere Wasserschicht im See; im Sommer wärmer und damit leichtere als das darunter liegende → Hypolimnion; von diesem durch das → Metalimnion getrennt.

Epitop
Bereich auf einem Antigen, das von einem Antikörper erkannt wird.

Erbkoordination (instinktive Endhandlung)
Genetisch fixierte, durch einen → Schlüsselreiz über einen AAM ausgelöste, starre, komplexe,

artspezifische und arterhaltende Verhaltensweise.

Erregungsschwelle
Potenzial, bis zu dem die Membran erregbarer Zellen depolarisiert werden muss, damit ein Aktionspotenzial ausgelöst wird.

Eukaryot
Ein- oder vielzelliges Lebewesen, das sich durch den Besitz eines Zellkerns sowie weiterer Organellen von Prokaryoten unterscheidet.

Euryöke Organismen
Organismen, die große Schwankungen lebenswichtiger Umweltfaktoren vertragen; sie können daher in unterschiedlichen Lebensräumen vorkommen.

Eurypotent
Bezeichnung für Arten mit großer ökologischer Potenz.

Eutrophe Gewässer
Gewässer mit hohem Nährstoffgehalt.

Eutrophierung
„Überdüngung"; Anreicherung von Nährstoffen in einem Gewässer, häufig infolge des übermäßigen Eintrags durch den Menschen.

Exocytose
Freisetzung von Substanzen in den extrazellulären Raum durch Verschmelzung von Vesikeln mit der Zellmembran.

Exon
Codierender DNA-Abschnitt eines Eukaryotengens, das exprimiert wird.

Exponenzielles Wachstum
Bezeichnung für das kontinuierliche Wachstum einer Population, das nicht durch die Populationsdichte begrenzt wird.

F-Faktor (Fertilitätsfaktor)
Bestandteil eines Plasmids, das Bakterien in die Lage versetzt, bei der Konjugation Gene zu übertragen.

Fitness
Maß für die relative Anzahl an Genen, die ein Individuum durch eigene Fortpflanzung (direkte Fitness) oder durch Verwandtenunterstützung (indirekte Fitness) in den Genpool der nächsten Generation einbringt.

Flechten
Symbiotische Lebensgemeinschaft zwischen einem Pilz und Grünalgen oder Cyanobakterien.

Fossil
Bezeichnung für erhaltene Reste oder Spuren ausgestorbener Lebewesen vergangener Erdzeitalter.

Fotolyse
Lichtinduzierte Spaltung von Wasser in Sauerstoffmoleküle, Protonen und Elektronen im Verlauf der Fotosynthese.

Fotophosphorylierung
Bildung energiereicher ATP-Moleküle im Zuge der lichtabhängigen Reaktion der Fotosynthese.

Fotosystem
Funktionelle Gruppe von Pigmenten und ihren Reaktionszentren in der Thylakoidmembran von Chloroplasten, die Lichtenergie in chemische Energie wandeln.

Fruchtwasserpunktion (Amniozentese)
Verfahren der pränatalen Diagnostik, bei dem Fruchtwasser mithilfe einer Nadel aus der Fruchtblase entnommen wird.

Furchung
Bildung einer Vielzahl undifferenzierter Zellen durch erste, rasch ablaufende Teilungen der Zygote.

Gamet
Bezeichnung für die haploide Keim- oder Fortpflanzungszelle.

Ganglion
Bezeichnung für eine Ansammlung von Nervenzellkörpern im peripheren Nervensystem.

gap junction
Porenbildende Proteinkomplexe zwischen zwei Zellen, die die direkte Verbindung zwischen dem Plasma beider Zellen herstellen.

Gastrulation
Verlagerung von Zellen ins Innere eines Keimes und damit verbundener Bildung der → Keimblätter; das Endstadium der Gastrulation ist die Gastrula.

Gedächtnis
Die Fähigkeit des Gehirns/Zentralnervensystems, Informationen zu speichern, zu katalogi-

sieren, wieder abzurufen und ggf. ins Bewusstsein treten zu lassen; Erinnerungsvermögen; Gesamtheit aller → Engramme.

Gedächtniszelle
Lymphozyt, der erst nach einem zweiten Antigenkontakt Antikörper produziert.

Gen
In der klassischen Genetik Bezeichnung für den Abschnitt eines Chromosoms, der ein Merkmal bestimmt. In der molekularen Genetik versteht man hierunter die Kombination von DNA-Abschnitten, die zusammen die Information für ein Polypeptid oder eine RNA codieren.

Gendrift
Veränderungen von Genhäufigkeiten im Genpool einer Population durch zufällige Auswahl von Genotypen z. B. als Folge von Katastrophen.

Generalisation
Übertragung einer ursprünglich an einen bestimmten Reiz gekoppelten Reaktion auf ähnliche Reize.

Genexpression
Umsetzung der genetischen Information durch Transkription und Translation.

Genfluss
Bezeichnung für den ungehinderten Austausch von Genen zwischen zwei Populationen.

Genom
Gesamtheit der Erbinformation eines Virus, einer Zelle oder eines Organismus.

Genotyp
Gesamtheit der Erbanlagen eines Individuums; auch als Erbbild bezeichnet.

Genpool
Bezeichnung für die Gesamtheit der Gene einer Population.

Gliazellen
Begleitzellen von Nervenzellen, die die Nährstoffversorgung der Neurone sichern und die Myelinscheide bilden.

Gonade
Bezeichnung für das Organ, in dem die Keimzellen und die Sexualhormone gebildet werden. Beim männlichen Geschlecht wird die Gonade als Hoden, beim weiblichen als Eierstock bezeichnet.

Gonosomen
Chromosomen, die das Geschlecht eines Individuums festlegen; sie werden auch als Geschlechtschromosomen bezeichnet.

Grüne Gentechnik
Anwendung gentechnischer Verfahren im Bereich der Pflanzenzüchtung.

Gruppenselektion
Überholte Vorstellung, nach der die Selektion Merkmale begünstigt, die dem Erhalt der Art oder Gruppe dienen (gegensätzliche Vorstellung: → Individualselektion).

Habitat
Aufenthaltsbereich einer Art in einem → Biotop.

Habituation („Gewöhnung")
Abschwächung der Reaktionsstärke bei längerer gleichbleibender Reizeinwirkung oder bei wiederholt auftretenden unbedeutenden Reizen.

Haploid
Bezeichnung für den einfachen Chromosomensatz. Haploide Zellen entstehen in der Meiose aus diploiden Zellen.

Hemizygot
Allele, die bei heterozygoten Individuen nur einmal vorkommen; beim Mann liegen sämtliche Allele des X-Chromosoms hemizygot vor.

Herbivore
Pflanzenfresser; Konsument, der sich von Produzenten (v. a. Pflanzen) ernährt.

Heterozygot
Mischerbig, mit zwei verschiedenen Allelen für ein Gen ausgestattet.

HFR-Zelle
Bakterienzelle, die den → F-Faktor in ihr Chromosom eingebaut hat und somit häufig Rekombination zeigt.

Hippocampus
Zentrale Schaltstation des limbischen Systems im Gehirn, die u. a. an der Abspeicherung im Langzeitgedächtnis beteiligt ist.

Histon
Basische Proteine, die im Zellkern von Eukaryoten vorkommen.

Histonmodifikation
Form der epigenetischen Genregulation, bei der Histone des Chromatins durch Acetylgruppen oder Phosphatgruppen chemisch modifiziert werden.

Homoitherm
Bezeichnung für Tiere, die ihre Körpertemperatur selbst regulieren können; Synonyme: gleichwarm; → endotherm.

Homologie
Ähnlichkeit von Merkmalen aufgrund gemeinsamer Abstammung und damit ähnlicher genetischer Ausstattung.

Homöobox
Bezeichnung für eine stets gleichartige Basensequenz einer Gruppe von Genen, die für Transkriptionsfaktoren codieren.

Homöodomäne
Abschnitt bestimmter als Transkriptionsfaktoren agierender Proteine, der die Bindung dieser Proteine an die DNA ermöglicht.

Homöotische Gene
Entwicklungsgene mit → Homöobox, deren Translationsprodukte zentrale Schritte in der Festlegung der Körperstrukturen eines Embryos steuern.

Homozygot
Reinerbig, mit zwei identischen Allelen für ein Gen ausgestattet.

Humifizierung
Umwandlung von → Detritus in → Huminstoffe.

Huminstoffe
Organische Makromoleküle, die beim Abbau von → Detritus entstehen; sie besitzen eine hohe → KAK und werden von Mikroben nur langsam zersetzt.

Humorale Immunantwort
Immunantwort, die durch Antikörper erfolgt.

Hybrid
Lebewesen, das durch Kreuzung von Eltern verschiedener Zuchtlinien, Rassen oder Arten hervorgegangen ist.

Hydrophyten
Bezeichnung für Pflanzen, die ganz oder teilweise unter Wasser leben; Synonym: Wasserpflanzen.

Hygrophyten
Bezeichnung für Pflanzen, die dauerhaft an feuchten Standorten vorkommen; Synonym: Feuchtpflanzen.

Hyperpolarisation
Herbeiführung eines Membranpotenzials, das negativer ist als das Ruhepotenzial.

Hypertrophe Gewässer
Gewässer mit extrem hohem Nährstoffgehalt.

Hypolimnion
Gleichmäßig kalte Wasserschicht in der Tiefe des Sees; durch das → Metalimnion vom → Epilimnion getrennt.

Individualselektion
Theorie, nach der die Selektion Merkmale fördert, die dem Fortpflanzungserfolg des Individuums dienen (gegensätzliche Vorstellung: → Gruppenselektion).

Induktion
Auslösen eines Entwicklungsschrittes im Embryo durch benachbarte Zellgruppen.

Infantizid
Bezeichnung für das Töten von Nachkommen (Embryonen, Jungtieren) durch die Eltern, Stiefeltern oder andere artgleiche Tiere; Synonym: Kindstötung.

Insertion
Einbau einer Base oder Basensequenz in die DNA.

Instinkt
Heute umstrittene Bezeichnung für ein komplexes angeborenes Verhalten, das, durch einen → Schlüsselreiz ausgelöst, starr abläuft.

Interchromosomale Rekombination
Durchmischung des Erbgutes als Folge der zufälligen Anordnung und Paarung homologer Chromosomen im Verlauf der Meiose.

Interneuron
Nervenzelle, die ganz innerhalb des Zentralnervensystems verläuft.

Interphase
Teil des Zellzyklus, in dem die Verdopplung der Erbinformation stattfindet.

Interspezifisch
Zwischen Angehörigen verschiedener Arten.

Intrachromosomale Rekombination
Durchmischung des Erbgutes als Folge von *crossing-over* im Verlauf der Meiose.

Intraspezifisch
Zwischen Angehörigen derselben Art.

Intron
Nicht codierender Abschnitt eines → Eukaryoten-Gens, der zwar transkribiert, nicht aber translatiert wird.

Isolation
Evolutionsfaktor, der den Genfluss zwischen Individuen oder Populationen einer Art verhindert.

IVF (In-vitro-Fertilisation)
Bezeichnung für die Befruchtung von Eizellen „im Reagenzglas" (d. h. in künstlichem Nährmedium).

KAK (Kationenaustauschkapazität)
Fähigkeit insbesondere von Tonmineralen und Huminstoffen, positiv geladene Pflanzennährstoffe reversibel zu binden.

Kapazität
Bezeichnung für die unter gegebenen Umweltbedingungen maximal mögliche Populationsdichte einer Art.

Karnivore
Bezeichnung für Lebewesen, die sich hauptsächlich von Fleisch ernähren; Synonym: Fleischfresser.

Karyogramm
Nach Chromosomengröße und -bänderung geordnete Darstellung von Metaphase-Chromosomen einer Zelle.

Kaspar-Hauser-Experiment
Bezeichnung für Experimente, bei denen Tiere isoliert und damit unter Erfahrungsentzug aufgezogen werden.

Keimbahn
Eigenständige Zelllinie, die von der Zygote zu den Keimzellen (Spermien, Eizellen) führt.

Keimblätter
Bei Tieren Bezeichnung für die Zellschichten, aus denen die Gastrula aufgebaut ist; bei Pflanzen die ersten schon im Embryo angelegten Blätter.

Keimscheibe
Flächige Ansammlung von durch Furchung entstandenen Zellen, aus denen sich der Embryo entwickelt.

Klassische Ethologie
Vergleichende Verhaltensforschung, die vor allem angeborene Komponenten und Mechanismen von Verhalten untersucht; weist der → Gruppenselektion große Bedeutung bei der Entwicklung von Verhalten zu.

Klimax
Stabiles Endstadium einer → Sukzession.

Klon
Bezeichnung für genetisch identische Individuen oder Zellen.

Kompetitive Hemmung
Hemmung, bei der ein Hemmstoff oder Inhibitor aufgrund seiner Strukturähnlichkeit mit dem Substrat um das aktive Zentrum eines Enzyms konkurriert.

Konkurrenzausschlussprinzip
Die Konkurrenz zweier Arten um dieselben Ressourcen schließt deren längere Koexistenz im selben Lebensraum aus.

Konsument
Lebewesen, das sich von Produzenten ernährt.

Konvergenz
Anpassungsähnlichkeiten bei verschiedenen Arten als Folge vergleichbarer Umweltbedingungen; → Analogie.

Kreationismus
Religiös geprägte Vorstellung, nach der Lebewesen durch göttliche Schöpfung entstanden sind.

Kriechstrom
Strom geringer Größe, der unter Abschwächung an der Oberfläche eines Isolators oder an der Grenzschicht zwischen unterschiedlich geladenen Räumen fließt.

K-Strategen
Lebewesen, die zumeist die Umweltkapazität *K* erreichen, da sie auf geringe Vermehrungsraten,

lange Generationsdauer und Betreuung der Nachkommen setzen.

Langzeitdepression
Lang andauernde Minderung der Signalübertragung an Synapsen von Nervenzellen nach einer kurzen Serie von Aktionspotentialen.

Langzeitpotenzierung
Lang andauernde Verstärkung der Signalübertragung an Synapsen von Nervenzellen durch vielfache oder besonders intensive Stimulation des präsynaptischen Neurons.

Leitfossilien
Fossilien, die für bestimmte Erdzeitalter charakteristisch sind und sich daher zur Altersbestimmung von Gesteinsschichten eignen.

Lerndisposition
Die durch genetische Veranlagung und erfahrungsbedingte Komponenten bestimmten individuellen Rahmenvorgaben eines Lebewesens für den Lernprozess.

Leukozyten
Weiße Blutkörperchen, zu denen Lymphozyten, Monozyten und Granulozyten zählen.

Lichtkompensationspunkt
Lichtintensität, bei der sich CO_2-Abgabe durch Atmung und CO_2-Aufnahme durch Fotosynthese entsprechen.

Litoral
Lichtdurchfluteter Uferbereich eines Gewässers.

Logistisches Wachstum
Populationswachstum, das durch abiotische und biotische Faktoren begrenzt wird und die Umweltkapazität erreicht.

Makrophage
Bewegliche Fress-Zelle, die zur Phagozytose befähigt ist und an der Antigenpräsentation beteiligt ist.

Mangelmutante
Lebewesen, das die Fähigkeit zur Synthese einer bestimmten essentiellen Substanz verloren hat.

Mesotrophe Gewässer
Gewässer mit mittlerem Nährstoffgehalt.

Metalimnion („Temperatursprungschicht“)
Mittlere Wasserschicht im See; Grenzschicht zwischen → Epilimnion und → Hypolimnion.

Mimese
Nachahmung eines Gegenstandes oder eines anderen Tieres zur Tarnung; Tarntracht.

Mimikry
Eine harmlose Art ahmt Gestalt, Muster, Farbe oder Bewegung einer ungenießbaren, wehrhaften oder giftigen Art nach; Synonym: Scheinwarntracht.

Mineralisierer
Gruppe der → Destruenten, die organische Stoffe zu anorganischen abbaut; vor allem Bakterien und Pilze.

Minimalmedium
Medium, das nur die zum Überleben eines Lebewesens notwendigen Bestandteile enthält.

Minimum-Gesetz
Von Liebig formuliertes Gesetz, nachdem das Wachstum einer Pflanze durch die knappste Ressource begrenzt wird; Verallgemeinerung: Der im Minimum vorliegende Umweltfaktor bestimmt das Gedeihen einer Art.

Modifikation
Umweltbedingte Änderung des Phänotyps, die nicht vererbt wird, da das Erbgut hierbei nicht verändert wird.

Monosomie
Chromosomenanomalie, bei der ein bestimmtes Chromosom nur einmal vorhanden ist.

Motoneuron (Motorisches Neuron)
Nervenzelle, die von ZNS zu den Muskeln führt und die Kontraktion eines Muskels steuert .

Motorische Endplatte
Kontaktstelle zwischen → Motoneuron und Skelettmuskelfaser bei Wirbeltieren.

mRNA-Prozessierung
Veränderung der prä-mRNA zur reifen RNA bei der Proteinbiosynthese von Eukaryoten.

Multiregionale Hypothese
Hypothese, nach der der Übergang vom *Homo erectus* zum anatomisch modernen Menschen in verschiedenen Regionen der Welt mehrfach unabhängig voneinander stattgefunden hat.

Mutation
Spontane oder durch Mutagene verursachte stabile Änderung des Erbgutes.

Myelinscheide
Hülle aus Myelin, welche die Axone markhaltiger Nervenzellen umgibt und isoliert; Bildung durch spezialisierte Gliazellen.

Mykorrhiza
Symbiose zwischen den Wurzeln von Samenpflanzen und Pilzhyphen.

Nahrungskette
Bezeichnung für die Weitergabe organischer Substanz von den Produzenten auf die folgenden Konsumenten 1., 2. und 3. Ordnung eines Ökosystems.

Nahrungsnetz
Bezeichnung für das komplexe Gefüge der Nahrungsbeziehungen innerhalb einer Biozönose bzw. eines Ökosystems.

Natrium-Kalium-Pumpe
Membranprotein, das unter Verbrauch von ATP in einem gekoppelten Transportprozess drei Na^+-Ionen aus der Zelle und zwei K^+-Ionen in die Zelle transportiert.

Nekton
Aktiv schwimmende Tiere im → Pelagial (z. B. Fische, Meeressäuger); ihre Bewegung ist von Wasserströmungen unabhängig.

Nerv
Bündel von Nervenfasern, das von einer Bindegewebshülle umschlossen ist.

Nettoprimärproduktion
Gesamtmenge der von Produzenten gebildeten organischen Substanz abzüglich des durch Zellatmung von den Pflanzen wieder verbrauchten Anteils.

Neuromuskuläre Synapse
Kontaktstelle zwischen Nervenzelle und Muskelzelle; → motorische Endplatte.

Neurotransmitter
Chemischer Überträgerstoff an Synapsen.

Neurulation
Entwicklung des Neuralrohres, aus dem dann das ZNS entsteht. Ein Keim im Stadium der Neurulation heißt Neurula.

Nichtkompetitive Hemmung
Hemmungsmechanismus, bei dem ein Hemmstoff oder Inhibitor außerhalb des aktiven Zentrums an einem Enzym bindet und dadurch die Substratumsetzung behindert.

Nondisjunction
Fehlende Trennung homologer Chromosomen oder Schwesterchromatiden während der Meiose.

Nucleosid
Baustein des Nucleotids, bestehend aus Base und Zucker.

Nucleotid
Baustein der Nukleinsäuren, der aus Base, Zucker und Phosphat-Gruppe besteht.

Nukleinsäuren
Bezeichnung für die aus Nucleotiden aufgebauten Makromoleküle, zu denen DNA und RNA zählen.

Numerische Chromosomenanomalie
Veränderung der Chromosomenanzahl als Folge einer Mutation.

OKAZAKI-Fragment
Kurzes DNA-Fragment, das bei der diskontinuierlichen Replikation der DNA gebildet wird.

Ökologische Nische
Gesamtheit der ökologischen Potenzen und Toleranzen und der daraus resultierenden Umweltansprüche einer Art; auch als „Beruf" einer Art bezeichnet.

Ökosystem
Beziehungsgefüge aller Lebewesen eines bestimmten Gebietes untereinander (→ Biozönose) und mit ihrem Lebensraum (→ Biotop).

Oligotrophe Gewässer
Gewässer mit geringem Nährstoffgehalt.

Ontogenese
Bezeichnung für die Individualentwicklung, also die Entwicklung des einzelnen Lebewesens von der befruchteten Eizelle zum erwachsenen Lebewesen.

Oogenese
Bezeichnung für die Entwicklung einer befruchtungsfähigen Eizelle aus einer Zelle der → Keimbahn.

Operator
DNA-Abschnitt eines Operons, an dem der Repressor bindet.

Operon
Oberbegriff für die Funktionseinheit aus Promotor, Operator und Strukturgenen.

Organisator
Bezirk eines Keimes oder eines anderen sich entwickelnden Systems, der durch Aussenden von Signalen die Entwicklung seiner Nachbarschaft steuert.

„Out of Africa"-Hypothese
Hypothese, nach der der anatomisch moderne Mensch seinen Ursprung in Afrika hatte.

Paläontologie
Lehre von den Lebewesen der geologischen Vorzeit; Forschungsgegenstand sind die Fossilien.

Panmixie
Als Panmixie bezeichnet man den theoretischen Fall, dass alle geschlechtsreifen Individuen einer Population die gleiche Paarungswahrscheinlichkeit untereinander haben.

Parasitismus
Beziehung zwischen zwei Arten zum Nutzen der einen und zum Schaden der anderen Art.

Parasympathicus
Teil des vegetativen Nervensystems; Gegenspieler ist der → Sympathicus.

Parthenogenese (Jungfernzeugung)
Sonderform der geschlechtlichen Fortpflanzung, bei der sich aus unbefruchteten Eizellen vollständige Individuen entwickeln.

Passive Immunisierung
Herbeiführen einer Immunität durch Zufuhr von Antikörpern.

PCR (Polymerase Chain Reaction)
Methode zur schnellen Vervielfältigung von DNA-Sequenzen.

Pelagial
Freiwasserzone eines Sees oder Meeres, in der sich → Nekton und → Plankton aufhalten.

Peptidbindung
Bindung, die bei der Verknüpfung von zwei Aminosäuren unter Wasserabspaltung entsteht.

Peripheres Nervensystem
Teil des Nervensystems, der nicht dem → Zentralnervensystem zuzurechnen ist; umfasst das → vegetative Nervensystem und die → afferenten und → efferenten Neurone.

Pflanzengallen
Anomalien im Wachstum von Pflanzen (Wucherungen), die durch andere Lebewesen hervorgerufen werden; Form des Parasitismus.

Phagen
Viren, die Bakterien befallen.

Pheromon
Signalsubstanz, die außerhalb des Körpers wirkt und das Verhalten und den Stoffwechsel von Artgenossen beeinflusst.

Phylogenese
Stammesgeschichtliche Entwicklung der Arten.

Phytohormone
Hormone, die das Wachstum und die Entwicklung von Pflanzen steuern und koordinieren.

Phytoplankton
Pflanzliches → Plankton; besteht aus fotoautotrophen Organismen (z. B. Algen).

PID (Präimplantationsdiagnostik)
Verfahren zur Überprüfung und Auswahl von Eizellen oder Embryonen im Zuge der → IVF; in Deutschland nur in engen Grenzen erlaubt.

Pilus
Zellfortsatz von Bakterien, über den Bakterien miteinander in Kontakt treten.

Plankton
Alle Schwebeorganismen im → Pelagial; ihre Bewegungsrichtung wird von der Wasserströmung bestimmt.

Plasmazelle
Antikörper produzierende Zelle, die aus aktivierten B-Zellen hervorgegangen ist.

Plasmid
Bezeichnung für ringförmige, extrachromosomale DNA-Moleküle in Bakterien.

Plaques
→ Amyloid-Plaques

Pluripotent (multipotent)
Bezeichnung für Zellen, die noch viele, aber nicht mehr alle Entwicklungsmöglichkeiten besitzen.

Poikilotherm
Bezeichnung für Tiere, die ihre Körpertemperatur nicht selbst regulieren können; Synonyme: wechselwarm, ektotherm; Gegenteil: → endotherm.

Population
Gruppe artgleicher Individuen, die in einem Gebiet leben und eine Fortpflanzungsgemeinschaft bilden.

Postzygote Isolation
Form der reproduktiven Isolation, bei der noch eine Befruchtung stattfindet, die Nachkommen jedoch nicht lebensfähig, steril oder benachteiligt sind.

Prädisposition (Genetik/Medizin)
„Vorprägung"; genetisch bedingte Empfänglichkeit bzw. Veranlagung für eine Erkrankung.

Prädisposition (Evolutionsbiologie)
„Anpassung im Voraus": Entstehung von zunächst eher unauffälligen Eigenschaften und Merkmalen, die unter veränderten Umweltgegebenheiten für die Lebewesen von Vorteil sind; Synonym: Präadaptation.

Prägung
Bezeichnung für einen einmaligen und in der Regel irreversiblen Lernvorgang, der nur in bestimmten sensiblen Entwicklungsetappen möglich ist.

Präzygote Isolation
Form der reproduktiven Isolation, bei der die Paarung potenzieller Sexualpartner unterbunden ist.

Primer
Bezeichnung für kurze Starter-Moleküle, an deren 3′-Ende von einer Polymerase Nucleotide gebunden werden können.

Priming („Vorprägung")
Der Begriff beschreibt das erleichterte Identifizieren von bereits einmal erlebten Situationen oder Reizen bzw. von solchen, die den bereits erlebten ähnlich sind.

Prinzip der Doppelten Quantifizierung
Grundprinzip der Verhaltenssteuerung, wonach die Intensität und die Häufigkeit von Verhalten durch innere und äußere Faktoren bestimmt werden.

Produzent
Lebewesen, das mithilfe der Chemosynthese oder Fotosynthese neue organische Substanz aufbaut.

Profundal
Lichtloser Bodenbereich im tiefen Teil eines Sees.

Prokaryoten
Lebewesen wie Bakterien und Cyanobakterien, deren Erbmaterial nicht von einer Membran umhüllt ist.

Promotor
DNA-Abschnitt, an den die RNA-Polymerase bindet.

Proximate Erklärungen
Erklärungen, die sich auf die unmittelbar wirkenden Ursachen eines Phänomens, etwa auf die körperlichen Strukturen und die physiologischen Prozesse beziehen.

Prozedurales Gedächtnis (nichtdeklaratives Gedächtnis, implizites Gedächtnis)
Der Begriff beschreibt die Inhalte des Langzeitgedächtnisses, deren Wiedergabe unbewusst und nicht verbal erfolgt; u. a. motorische Fertigkeiten, Automatismen.

Radiokarbonmethode
Methode zur Altersbestimmung von Fossilien, die den Zerfall des radioaktiven Kohlenstoffisotops ^{14}C nutzt.

Reaktionsspezifität
Eigenschaft von vielen Enzymen, nur bestimmte Typen chemischer Reaktionen zu katalysieren.

Reaktionszentrum
Chlorophyll-Moleküle in der Thylakoidmembran, die Elektronen auf ein höheres Energieniveau befördern können und diese dann an ein Akzeptor-Molekül abgeben.

Refraktärzeit
Kurzer Zeitraum nach einem Aktionspotenzial, während dessen die Membran eines Axons nicht erregbar und unempfindlich gegenüber Reizen ist.

Regulatorgen
Gen, dass die Information zur Bildung des Repressor-Proteins enthält.

Reizschwelle
Energiewert, den ein Reiz überschreiten muss, um im Organismus eine Erregung, Empfindung oder Reaktion auszulösen.

Rekombinante DNA
DNA, die aus verschiedenen Fragmenten neu kombiniert wurde.

Replikation (Reduplikation)
Vorgang in der Interphase des Zellzyklus, die zur genetisch identischen Verdopplung der DNA führt.

Repolarisation
Wiederherstellung des Ruhepotenzials an einer erregten Nervenzelle.

Repressor
Protein, das an den Operator bindet und so die Transkription unterbindet.

Reproduktive Isolation (Fortpflanzungsisolation)
Form der Isolation, bei der sich Individuen zweier Populationen nicht mehr paaren, obwohl sie im gleichen Verbreitungsgebiet leben.

Resistenz-Faktor
Erbinformation auf bakteriellen Plasmiden, die die Resistenz gegenüber Antibiotika bedingt.

Restriktionsenzym
Enzym, das die Erbinformation an einer genau definierten Basensequenz schneidet.

reuptake
Wiederaufnahme von Neurotransmittern bzw. deren Spaltprodukten in das Endknöpfchen durch spezielle Transmitterpumpen.

Reverse Transkriptase
Enzym, das die Erbinformation der RNA in DNA umschreibt.

Rezent
Bezeichnung für heute vorkommende Lebewesen.

Rezeptor (Cytologie, Neurobiologie)
Proteinmolekül, an dessen Bindungsstelle beispielsweise Neurotransmitter oder Hormone andocken und dadurch Effekte auslösen.

Rezeptor (Sinnesphysiologie; sensorischer Rezeptor oder Sensor)
Zellen, Zellorganellen oder Moleküle, die Reize aus der Umwelt oder dem Inneren eines Lebewesens aufnehmen.

Rezeptorpotenzial (Sensorpotenzial, Generatorpotenzial)
Potenzialänderung an einer Rezeptorzelle (Sinneszelle), die durch einen Reiz hervorgerufen wird; amplitudenmoduliertes Potenzial.

Rezessiv
Eigenschaft eines Allels, sich gegenüber einem dominanten Allel nicht auszuwirken; rezessive Allele werden in ihrer Wirkung nur dann sichtbar, wenn sie homozygot vorliegen.

RFLP (Restriktionsfragment-Längenpolymorphismus)
Beim Schneiden unterschiedlicher DNA-Moleküle mit dem gleichen Restriktionsenzym entstehen aufgrund von Mutationen im Bereich der Schnittstelle des Enzyms unterschiedlich lange Fragmente.

RGT-Regel (Reaktionsgeschwindigkeit-Temperatur-Regel)
Die Erhöhung der Temperatur um 10 °C beschleunigt die Geschwindigkeit einer Stoffwechselreaktion auf das Zwei- bis Dreifache.

Ribosom
Ein aus zwei Untereinheiten aufgebautes Organell, an dem die Proteinbiosynthese stattfindet.

RNA-Interferenz
Form der Genregulation, bei der kurze RNA-Moleküle an mRNA-Moleküle binden und diese dadurch zerstören.

Rote Gentechnik
Anwendung gentechnischer Verfahren im Bereich der Tierzüchtung.

r-Strategen
Lebewesen, die auf eine hohe Vermehrungsrate *r* mit kurzer Generationsdauer setzen; sie erreichen folglich selten die Kapazitätsgrenze.

Rudimente
Bezeichnung für völlig oder teilweise funktionslose Organe, die nur noch als Reste vorhanden sind.

Ruhepotenzial
Membranpotenzial, welches erregbare Zellen im nicht erregten Zustand aufweisen.

Saltatorische Erregungsleitung
Weiterleitung von Aktionspotenzialen in myelinisierten markhaltigen Nervenfasern; das Aktionspotenzial „springt“ dabei von Schnürring zu Schnürring.

Schlüsselreiz
Reiz, der über den AAM eine → Erbkoordination auslöst; heute umstrittener Begriff aus der → Klassischen Ethologie.

SCHWANN'sche Zellen
Eine spezielle Form der Gliazellen bei einigen Krebsarten sowie den Wirbeltieren. Sie übernehmen hier die Myelinisierung der peripheren Nervenzellen (→ Myelinscheide) und wickeln sich dabei als Ganzes mehrere Male um deren Axon.

second messenger (sekundärer Botenstoff)
Botenstoff, der das Signal nicht membrangängiger Botenstoffe ins Zellinnere überträgt; wird im Zellinneren gebildet, nachdem das Hormon bzw. der Neurotransmitter an Rezeptor in der Zellaußenmembran angedockt hat; Beispiele: cAMP, IP_3, NO.

Sekundärreaktion („Dunkelreaktion“)
Reaktionsfolge der Fotosynthese, bei der die Produkte der lichtabhängigen Reaktion (Primärreaktion) zur Bildung von Glucose aus CO_2 verwendet werden; Synonym: lichtunabhängige Reaktionen.

Selektion
Veränderung der Genhäufigkeiten einer Population als Folge unterschiedlicher Fitness bestimmter Individuen in einer gegebenen Umweltsituation.

Sensitivierung („Empfindlichwerden“)
Bezeichnung für die Zunahme der Reaktionsintensität bei wiederholter Darbietung des gleichen Reizes.

Sexualdimorphismus
Unterschiede zwischen den Geschlechtern einer Art, die die sekundären Geschlechtsmerkmale betreffen.

Sexuelle Selektion
Evolutionsmechanismus, der auf individuell unterschiedlichem Erfolg im Zugang zu Sexualpartnern beruht.

Somatolyse
Form der Tarnung durch optische Gestaltsauflösung („Verschmelzen mit der Umgebung“).

Soziale Appetenz
Bezeichnung für die angeborene Disposition eines Individuums, Anschluss an einen oder mehrere Artgenossen zu suchen und zu bewahren.

Soziale Attraktion
Anziehungskraft, die von Artgenossen bzw. Sozialpartnern ausgeht und die Mitglieder einer Gruppe zusammenführt und zusammenhält.

Soziobiologie
Zweig der Verhaltensbiologie, der die evolutionäre Entwicklung von Sozialverhalten strikt durch Individualselektion und genetischen Eigennutz erklärt.

Spleißen
Bezeichnung für das Herausschneiden der Introns aus der prä-mRNA im Verlauf der Transkription.

Stammzelle
Zelle, die noch nicht vollständig differenziert und determiniert ist; embryonale Stammzellen sind → toti- oder pluripotent, adulte Stammzellen ausgewachsener Lebewesen dagegen → pluri- oder unipotent.

Stenöke Organismen
Organismen, die nur geringe Schwankungen lebenswichtiger Umweltfaktoren vertragen; sie können daher nur in bestimmten Lebensräumen vorkommen.

Stenopotent
Bezeichnung für Arten mit geringer ökologischer Potenz.

STR (short tandem repeat)
Bezeichnung für kurze, sich wiederholende DNA-Sequenzen im nicht codierenden Bereich der DNA, die für den genetischen Fingerabdruck genutzt werden.

Strukturelle Chromosomenanomalie
Veränderungen der Chromosomengestalt als Folge einer Mutation.

Strukturgen
Gen, das für eine mRNA und ein Protein codiert und kein Regulatorgen ist.

Substratspezifität
Eigenschaft vieler Enzyme, nur ein bestimmtes Substrat umzusetzen.

Sukzession
Bezeichnung für die zeitliche Abfolge verschiedener Lebensgemeinschaften in einem Ökosystem.

Summation
Bei der zeitlichen Summation lösen mehrere, kurz hintereinander gegebene unterschwellige Reize die Reaktion aus; der gleiche Effekt tritt bei mehreren in enger räumlicher Nachbarschaft gegebenen unterschwelligen Reizen auf und wird dann als räumliche Summation bezeichnet.

Symbiose
Beziehung zwischen artverschiedenen Lebewesen zum wechselseitigen Nutzen.

Sympathicus
Teil des vegetativen Nervensystems, Gegenspieler ist der → Parasympathicus.

Sympatrische Artbildung
Artbildung, bei der es ohne vorherige geografische Isolation zur → reproduktiven Isolation kommt.

Synapse (chemische)
Kontaktstelle zwischen Neuron und folgender Zelle; der Signaltransfer erfolgt über Neurotransmitter.

Synapse (elektrische)
Kontaktstelle zwischen Neuron und nachfolgender Zelle; über → gap junctions können elektrische Impulse direkt übertragen werden.

Synökologie
Teilgebiet der Ökologie, das sich mit den interspezifischen Beziehungen in Biozönosen sowie den Beziehungen zwischen Biozönosen und ihrer Umwelt beschäftigt.

TATA-Box
Nucleotidsequenz aus Adenin und Thymin in der eukaryotischen Promotorregion.

Tetrade
Bezeichnung für die vier Chromatiden eines homologen Chromosomenpaares in der Metaphase der Meiose.

T-Helferzelle
Lymphozyt, der im Thymus reift und T-Zell-Rezeptoren besitzt.

Thylakoid
Membransystem im Inneren von Chloroplasten, das in gestapelte Grana- und nicht gestapelte Stromathylakoiden unterschieden wird.

Ti-Plasmid
Tumor induzierendes Plasmid, das für den Gentransfer in Pflanzen genutzt wird.

Totipotent
Bezeichnung für Zellen, die in geeigneter Umgebung zu vollständigen Individuen heranwachsen können, da sie noch mit allen Entwicklungsmöglichkeiten ausgestattet sind.

Transduktion (sensorische)
Umwandlung der Reizenergie in ein lokales Rezeptorpotenzial.

Transduktion
Übertragung genetischen Materials zwischen Bakterien durch Phagen.

Transformation (sensorische)
Umwandlung eines Rezeptorpotenzials in Aktionspotenziale.

Transformation
Übertragung isolierter DNA in eine Zelle.

Transgener Organismus
Organismus mit fremder Erbinformation.

Transkription
Überschreibung der Basensequenz der DNA in die der mRNA im Verlauf der Proteinbiosynthese.

Transkriptionsfaktor
Element der eukaryotischen Genregulation.

Translation
Übersetzung der in der Basensequenz der mRNA vorliegenden Information in die Aminosäuresequenz eines Proteins.

Treibhauseffekt
Erhöhung der globalen Mitteltemperatur infolge der Absorption von Wärmestrahlung durch in der Atmosphäre enthaltene Treibhausgase (u. a. Kohlenstoffdioxid).

Triplett
Eine aus drei Nucleotiden bestehende Einheit, die eine Aminosäure codiert.

tRNA (Transfer RNA)
Nukleinsäure, die die freien Aminosäuren zu den Ribosomen transportiert und dort mit ihrem Anticodon an dem spezifischen Codon der mRNA bindet.

Trophieebene (Trophiestufe)
Stufe in einem Nahrungsnetz, die alle Lebewesen mit ähnlicher Ernährung umfasst; Einteilung der Lebewesen eines Ökosystems anhand ihrer Ernährung in Produzenten, Konsumenten und Destruenten.

Ultimate Erklärungen
Erklärungen dafür, warum sich ein bestimmtes Phänomen oder Verhalten im Laufe der Evolution entwickelt.

Urmund
Stelle, an der im Zuge der Gastrulation Zellen ins Innere des Keimes strömen.

Vegetative Fortpflanzung
Fortpflanzung, die ungeschlechtlich, also nicht über eine befruchtete Eizelle erfolgt.

Vegetatives Nervensystem
Teil des peripheren Nervensystems, das nicht willentlich kontrolliert wird; es steuert die Tätigkeit der inneren Organe und untergliedert sich in → Sympathicus, → Parasympathicus und Darmnervensystem.

Vektor
Plasmid oder Virus, das als „Gentaxi“ zum Transfer von DNA in Zellen dient.

Verwandtenselektion
Förderung der indirekten Fitness eines Individuums durch Förderung der Fortpflanzung Verwandter.

Verwandtschaftskoeffizient
Maß für genetische Übereinstimmung; Anteil gemeinsamer Gene zwischen Verwandten.

Wildtyp
Bezeichnung für die in einer Population am häufigsten vorkommende Form bzw. das häufigste Allel eines Gens.

Wirkungsspezifität
Eigenschaft von Enzymen, jeweils nur eine spezifische Wirkung auf ihr Substrat zu haben; → Reaktionsspezifität.

Xerophyten
Pflanzen, die an sehr trockene Standorte angepasst sind; Synonym: Trockenpflanzen.

Zeigerart (Indikatorart)
Art mit enger Kopplung an einen bestimmten Umweltfaktor; ihr Vorkommen oder Fehlen weist auf bestimmte Standorteigenschaften hin (z. B. Stickstoffreichtum); kann ggf. auch als Anzeiger für bestimmte Umweltbelastungen (Bioindikator) dienen.

Zelluläre Immunantwort
Immunantwort, die von T-Zellen durchgeführt wird.

Zellzyklus
Vorgang, bei dem aus einer Zelle zwei genetisch identische Zellen entstehen; besteht aus Interphase, Mitose und Cytokinese.

Zentralnervensystem (ZNS)
Bezeichnung für den übergeordneten Teil des Nervensystems mit zentraler Verarbeitungs-, Speicher- und Steuerfunktion.

Zooplankton
Tierisches → Plankton; besteht aus heterotrophen Organismen, die sich direkt oder indirekt vom Phytoplankton ernähren (z. B. Ruderfußkrebse)

Zwei-Chromatid-Chromosom
Chromosom, das aus zwei genetisch identischen Chromatiden besteht.

Zwitter
Lebewesen mit funktionstüchtigen männlichen und weiblichen Geschlechtsorganen.

Zygote
Bezeichnung für die diploide befruchtete Eizelle.

Stichwortverzeichnis

Bildquellennachweis

2 & 3d design Renate Diener, Wolfgang Gluszak, Düsseldorf: 74, 121, 122, 213, 213, 230. | Atelier tigercolor Tom Menzel, Klingberg: 24, 26, 43, 66, 72, 99, 125, 126, 129, 130, 140, 153, 161, 162, 170, 173, 174, 175, 175, 176, 248, 251, 259, 262, 266, 280, 281. |Biermann-Schickling, Birgitt, Hannover: 75, 84, 132. |dieKLEINERT.de, München: 181, 181. | Domke, Franz-Josef, Hannover: 182. | Focus Photo- u. Presseagentur GmbH, Hamburg: Todd Eberle 280. | Fürst, Prof. Dieter O./PhD, Bonn: 175. | Gall, Eike, Enkirch: 137, 157, 157, 172, 214, 219, 231, 243, 252. | juniors@wildlife Bildagentur GmbH, Hamburg: Usher 202. | Karnath, Brigitte, Wiesbaden: 8, 18, 20, 20, 20, 21, 21, 21, 22, 27, 27, 28, 28, 29, 29, 31, 32, 33, 36, 38, 39, 39, 40, 44, 45, 46, 48, 52, 68, 73, 76, 76, 77, 79, 81, 82, 101, 107, 108, 110, 111, 111, 111, 113, 114, 114, 114, 114, 114, 114, 114, 115, 115, 115, 115, 116, 116, 116, 116, 116, 116, 117, 117, 117, 119, 120, 121, 121, 122, 128, 147, 160, 161, 166, 166, 167, 171, 185, 187, 189, 195, 202, 204, 211, 212, 216, 225, 238, 260, 261, 265, 277, 282. | Kolb, Arno, Uelversheim: 49. | Lüddecke, Liselotte, Hannover: 102, 131, 136, 173, 183, 183, 263, 267. | Mall, Karin, Berlin: 16, 37, 54, 55, 55, 57, 59, 60, 61, 63, 67, 69, 80, 80, 83, 95, 227, 232, 240, 241, 268. | OKAPIA KG – Michael Grzimek & Co., Frankfurt/M.: Claude Nuridsany/Marie Pérennou 253; Mark D. Phillips/NAS 57; Tony Camacho 280; VCL 280. |Saile, Stefanie, Berlin: 269. | Tierbildarchiv Angermayer, Holzkirchen: Pölking 201. | Visuals Unlimited, Milford NH: 135. | Vrande, Henk van der, BV Lith (Niederlande): 67, 104, 104. | Wohlgemuth, Frank, Bremen: 14, 62, 64, 65.